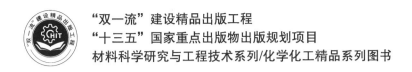

"双一流"建设精品出版工程

"十三五"国家重点出版物出版规划项目

材料科学研究与工程技术系列/化学化工精品系列图书

应用界面化学

APPLIED INTERFACE CHEMISTRY

姚忠平　姜兆华　孙德智　马志鹏　主编

U0223505

哈尔滨工业大学出版社

HARBIN INSTITUTE OF TECHNOLOGY PRESS

内容简介

本书是编者多年教学经验的总结,主要阐述了界面化学的基本原理及应用。本书分别对液-气、固-气、固-液、固-固和液-液五类界面进行了介绍,还对润湿与洗涤、乳状液与泡沫、表面活性剂、界面催化、低维材料制备技术及应用等内容进行了介绍。

本书可作为化学、化工、材料等专业高年级本科生教材,也可作为相关专业的研究生教学用书,以及有关科研人员的参考书。

图书在版编目(CIP)数据

应用界面化学/姚忠平等主编. —哈尔滨:哈尔滨工业大学出版社,2020.4(2025.2 重印)

ISBN 978 - 7 - 5603 - 8722 - 2

Ⅰ.①应… Ⅱ.①姚… Ⅲ.①表面化学-高等学校-教材 Ⅳ.①O647

中国版本图书馆 CIP 数据核字(2020)第 031999 号

策划编辑 许雅莹 杨 桦 张秀华
责任编辑 张 颖 杨 硕
封面设计 屈 佳
出版发行 哈尔滨工业大学出版社
社　　址 哈尔滨市南岗区复华四道街 10 号　邮编 150006
传　　真 0451 - 86414749
网　　址 http://hitpress.hit.edu.cn
印　　刷 哈尔滨圣铂印刷有限公司
开　　本 787mm×1092mm　1/16　印张 22　字数 519 千字
版　　次 2020 年 4 月第 1 版　2025 年 2 月第 3 次印刷
书　　号 ISBN 978 - 7 - 5603 - 8722 - 2
定　　价 44.00 元

前　言

随着科学技术的进步及学科间交叉与渗透的大趋势越加明显,界面科学越来越被人们重视,界面现象所涉及的领域遍及国民经济的各个行业。本书是编者多年教学经验的总结,并引入部分科研成果,体现了界面科学的新动态。

本书首先阐述了界面热力学基本理论,对液-气、固-气、固-液、固-固和液-液五类界面分别进行了介绍,其中固-气、固-液两类界面具体介绍了固体表面的吸附和固液界面电化学。其次,对润湿与洗涤、乳状液和泡沫及表面活性剂进行了介绍。最后对当今界面科学中的重要研究领域固体界面催化以及低维功能材料如纳米、纤维材料和膜的制备和应用等进行了阐述。本书基本知识和基本规律的介绍均与实例相结合,对于启发读者的科研思路、建立界面科学的观点大有益处。

本书绪论由哈尔滨工业大学姜兆华和姚忠平编写,第 1 章由哈尔滨工业大学姜兆华编写,第 2 章由哈尔滨工业大学刘志刚和燕山大学马志鹏编写,第 3 章由哈尔滨工业大学姜兆华和北京林业大学孙德智编写,第 4 章由燕山大学马志鹏编写,第 5 章由哈尔滨工业大学刘志刚编写,第 6 章由哈尔滨工业大学姚忠平编写,第 7 章由哈尔滨工业大学姚忠平和吴晓宏编写,第 8 章由北京林业大学孙德智编写,第 9 章由哈尔滨工业大学吴晓宏编写,第 10 章由哈尔滨工业大学李文旭编写。全书由姚忠平、姜兆华统一定稿。

编书如盖楼,具体内容的一砖一瓦多为他(她)人之结晶,而砖瓦如何堆砌则略显编者之拙见和设计风格。由于编者水平所限,书中难免有疏漏之处,敬请读者指正。

编　者
2019 年 9 月

目　　录

绪　　论

在 19 世纪中期或更早一些时候,科学家们就已经注意到界面区具有与体相不同的性质。1875—1878 年间,美国耶鲁大学数学和物理学教授 J. W. Gibbs(吉布斯)首先应用数学推理的方法指出,在界面区上物质的浓度一般不同于体相中的浓度,从而使界面科学一开始就建立在稳固的理论基础上。一个多世纪前就有了许多比较成熟的界面测量技术,如液体界面张力的测定、气体在固体界面上吸附量的测定等。许多科学家对黏附、摩擦、润滑、吸附等这些界面现象做了大量的研究工作,其中美国科学家 Langmuir(朗缪尔)于1913—1942 年期间,在界面科学领域做出了杰出的贡献,特别是对蒸发、凝聚、吸附、单分子膜等的研究更为显著。他在 1932 年荣获诺贝尔奖,并被誉为界面化学的先驱者和新领域的开拓者。

20 世纪 40 年代前,界面化学得到了迅猛发展,大量的研究成果被广泛应用于各生产领域,如涂料、建材、冶金、能源等行业。但就学科领域而言,当时还只是作为物理化学的一个分支 —— 胶体化学。在 20 世纪 50 年代,尽管各种光谱技术和微观测试技术不断出现,使得化学领域中许多研究工作可以深入微观的水平,从分子结构探索化学过程的机理,但这些先进的测试技术当时还不能成功地用于界面现象的研究工作中。因为大多数的微观测试技术都是采用电磁辐射的原理来研究分子的结构,这一般适用于气态或固态的整体,而界面现象的研究则要求在厚度为几个分子层的准三维区域内进行,由于被扫描的横截面积太小,不一定能满足测试仪敏感度的要求。在这一时期,可以说界面科学的发展相对其他化学领域较为缓慢。20 世纪 50 年代后期,电子工业及航天技术的发展,打破了界面科学进展缓慢的局面。因为电子工业及航天技术对部件小型化提出了更高的要求,半导体技术及航天工业的发展在一定程度上被材料的界面特性所控制,这就迫切需要将微观测试手段应用于界面研究上。于是,新的界面测试技术应运而生,超高真空设备不断完善,可制备足够清洁的界面和复制界面。如低能电子衍射、俄歇电子能谱和光电子能谱等的出现,只需在很小的面积上进行测试,便能得到可鉴别的信号。这些新测试技术被科学家们得心应手地用于界面问题的研究。到 20 世纪 60 年代末 70 年代初,人们从微观水平上对界面现象进行研究,使得界面科学得到飞速发展,界面科学作为一门基础学科的地位被真正确立。

众所周知,材料、信息、能源是现代社会发展的三大支柱,而材料是物质基础,界面科学又是材料科学与工程的基础学科,同时其学科交叉特色非常明显,在当今学科大融合的趋势下,本书内容的重要性不言而喻。

1. 界面化学的研究对象

任何自然科学都是以物质(实物粒子及其场)为研究对象,而化学热力学则是以大量的实物粒子组成的宏观体系为研究对象。把体相与界面相的成分、性质、结构看成是没有差别的均一体,这在界面现象影响不大时还基本正确。而当把研究对象的线性尺寸缩小至几个分子的量级时,构成界面质点数占整个体系质点具有相当的比例,在这种情况下界面因素不能忽略,这就是界面化学的任务。它是以不均匀体系内相与相的界面上发生的物理化学变化规律及体相与界面相的相互影响关系为研究对象,从体相与界面相的联系入手,研究体相变化时所引起界面性质的变化规律。要注意,这里所说的相界面不是真正的二维平面,而是一个准三维的区域,其广度是无限的,而厚度约为几个分子(线性尺寸为 $10^{-9} \sim 10^{-7}$ m)。

2. 界面相(表面相)与体相

界面是相与相之间的交界所形成的物理区域。根据相的概念,在界面的两侧必然存在物理性质或化学性质的不均匀。考虑到分子的线度,这种不均匀体相间的界面应该是准三维的界面区域 —— 界面相(表面相) γ。那么,与界面相相邻的相就称为体相,如图 0.1 所示。

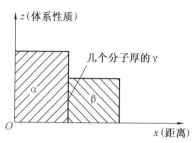

图 0.1 生产界面相

可以这样看,体系性质保持常数的区域为体相,是相对内部而言。某一性质发生变化的过渡区为界面相,是相对原来体相的界面而言的,所以又称为界面相 γ。

3. 界面的分类

根据物质的聚集状态,所组成的界面通常可分为五类:固 – 气(S – g)、固 – 液(S – L)、固 – 固($S_1 – S_2$)、液 – 液($L_1 – L_2$)、液 – 气(L – g)。习惯上把凝聚态物质相对于其纯气相的界面称为表面(严格讲,应该是物质相对于真空才是表面)。若按上述定义,S – g、L – g 才可算作表面,而许多文献中常常把两个不同体相间的界面也称为表面,因此表面化学这一术语目前被广泛采用,但严格来讲应该称为界面化学。目前界面及界面化学的概念越来越被大家所接受,因此本书以界面化学来命名,但为方便理解,在某些习惯称谓上还是沿用"表面"的概念。

研究不均匀体系中体相与界面相的相互影响关系及相界面上发生的物理化学变化规律是界面化学的根本任务。由此看出,可把其研究内容分为以下三个方面。

① 界面热力学。界面的平衡态性质、自发性及稳定性的问题。

② 界面过程动力学。界面上反应的形成机理、影响界面反应速率的因素等。

③ 界面结构。界面上质点所处的状态、微观结构等。

在生产实践中,界面问题随处可见,如电池行业,就是利用金属与溶液界面(固 – 液界面)通过电极过程将化学能直接转变为电能。而在干电池、蓄电池行业,人们也设法通过增加电极的比界面积来减少极化。哈尔滨工业大学的王纪三教授根据这一点,发明了发泡镍电极,使极化大大降低。表面处理行业、化学热处理一般为固 – 气界面,摩擦问题属于固 – 固界面,蒸馏、精馏等为液 – 气界面,乳状液为液 – 液界面。近代科学实验已充分证明,一般金属表相与体相成分有时存在很大差异。即使把界面磨光,在空气介质中新鲜界面一旦露出,由于其界面活性很高,会很快与介质作用,如吸附、氧化等,能造成界面相与体相的差异。在理想的真空中,由于界面电子密度要向真空扩展,因此会产生纵向弛豫,同时出现界面重构。正因界面区域和体相有差异,界面化学就是要研究产生差异的原因及规律。界面化学所涉及学科领域也非常广泛,可以说是处于物理化学与材料、能源、环境、生命等不同学科的交叉结合部,目前正处于发展、完善的阶段,随着新测试手段的出现,人们对界面现象的研究将不断深入,其内容会更加丰富。瑞典皇家科学院将 2007 年度诺贝尔化学奖授予德国科学家 Gerhard Ertl,以表彰他在固体界面化学过程研究中做出的开拓性贡献。Gerhard Ertl 不仅成功地描述了合成氨、CO 氧化、H 在金属界面的吸附等基本化学反应的具体过程,而且建立了一套界面化学研究方法,奠定了现代界面化学研究的基础。这也充分说明人们对界面科学的认可。

第1章 界面热力学基础

为使问题简化,本章重点讨论 L－g 这类界面,也就是通常所讲的液体表面。基础物理化学的热力学理论与本章的内容有直接联系。

1.1 界面张力与界面 Gibbs 函

1.1.1 定义

1. 界面张力 γ

界面张力概念在基础物理化学中已经介绍过,其产生原因是界面相内质点受力不均造成的。不同相内质点所处的状态不同,而且在体相内某一质点所受其他质点的作用力从统计观点看是对称的,合力 $F_{内} = \sum F_{i内} = 0$,但界面相中质点受到的力是非对称的,$F^g = \sum F_i^g \neq 0$。如空气中的一个水滴在重力影响可忽略的情况下呈球状,这是由于在 L－g 界面两侧各自的分子间力存在 $F_i^g < F_i^L$,即液相分子间力比气相的大,导致存在受到指向液体内部且垂直于界面的引力,单位面积上的这种引力称为内压 $p_{内}$。由于它的存在,有使液体界面尽量缩小的趋势,这种收缩倾向犹如在界面上有一张绷紧的薄膜(把 $p_{内}$ 分解为界面上的分力),该膜上存在收缩张力,如图 1.1 所示。

设想在液滴上画一圆周作为分界边缘,将球面分为上、下两部分。由于界面有缩小的趋势,在边缘两侧,沿着界面的切线方向应有垂直于界面边缘的收缩张力在作用着,它们各自指向能使界面面积缩小的方向,而且这种收缩张力的总和与边缘长度成正比,单位长度上的这种收缩张力称为界面张力 γ ,通常也称表面张力。内压与界面张力都是物质的特性,它们产生的原因虽然相同(界面剩余力),但表现形式却不同,$p_{内}$ 是垂直于界面;γ 是沿着界面的切线方向并垂直作用于界面边缘上(要注意界面张力是个有向量,一个点谈不上有界面张力的概念,必须是单位长度)。

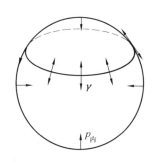

图 1.1 空气中水滴受力情况

以上是从力学的角度引入了界面张力的概念,从能量的角度讨论如下。

2. 界面 Gibbs 函 G^γ

界面张力既然有使界面缩小的趋势,那么要想增大界面的面积时,必须克服这一张力,要外界对体系做功。若是在等温、等压、组成不变(组分数为 k) 的条件下,可逆地使界面面积增加 dA,外界对体系所做功为 $-\delta W_R = \gamma dA$,这就是界面功。根据 Gibbs 函的概念,有

$$dG_{T,p,\sum n_i} = -\delta W'_R = \gamma dA = dG^\gamma \tag{1.1}$$

由式(1.1)可以得到界面张力 γ 的数学定义式

$$\gamma = \left(\frac{\partial G}{\partial A}\right)_{T,p,\sum n_i} = \frac{\partial G^\gamma}{\partial A} \tag{1.2}$$

这就是将 γ 称为比界面 Gibbs 函(习惯上称为比表面积 Gibbs 函)的原因。

实际上根据麦克斯韦关系式,还有

$$\gamma = \left(\frac{\partial G}{\partial A}\right)_{T,p,\sum n_i} = \left(\frac{\partial F}{\partial A}\right)_{T,V,\sum n_i} = \left(\frac{\partial H}{\partial A}\right)_{S,p,\sum n_i} = \left(\frac{\partial U}{\partial A}\right)_{S,V,\sum n_i} \tag{1.3}$$

只是在等温、等压条件下讨论问题。此时,G^γ 可以看成是界面质点所储存的能量。当体系只有一个界面时,则直接可得

$$G^\gamma = \gamma \cdot A \tag{1.4}$$

3. G 和 G^γ 的关系

G 为体相加界面相整个体系的 Gibbs 函,可将体相 Gibbs 函称为 $G_内$(构成体系时所有质点都按内部质点处理,不考虑界面问题,它与基础物理化学中 Gibbs 函含义完全相同)和界面相 Gibbs 函 G^γ(把构成界面相的对应的质点从内部拉向界面外界所做的可逆功)相加,有

$$G = G_内 + G^\gamma \tag{1.5}$$

对于只有一种界面的多组分体系,则有下列麦克斯韦关系

$$\begin{cases} dG = -SdT + Vdp + \gamma dA + \sum_i \mu_i dn_i \\ dH = TdS + Vdp + \gamma dA + \sum_i \mu_i dn_i \\ dF = -SdT - pdV + \gamma dA + \sum_i \mu_i dn_i \\ dU = TdS - pdV + \gamma dA + \sum_i \mu_i dn_i \end{cases} \tag{1.6}$$

1.1.2 温度、压力对界面张力的影响

在关系式(1.6)中,若附加组分恒定 $\sum \mu_i dn_i = 0 (i = 1, 2, 3, \cdots, k)$,对 F、G 分别在给定等容和等压条件下取偏微分,即

$$dF_V = -SdT + \gamma dA \tag{1.7}$$

$$dG_p = -SdT + \gamma dA \tag{1.8}$$

可以根据式(1.7)、式(1.8)讨论温度对界面张力的影响。

1. T 对 γ 的影响

对于式(1.7)、式(1.8),因为 F、G 是热力学函数,由全微分的性质得其混合偏导相等,分别有

$$-\left(\frac{\partial S}{\partial A}\right)_{T,V,\sum n_i} = \left(\frac{\partial \gamma}{\partial T}\right)_{V,A,\sum n_i} \tag{1.9}$$

$$- \left(\frac{\partial S}{\partial A} \right)_{T,p,\sum n_i} = \left(\frac{\partial \gamma}{\partial T} \right)_{p,A,\sum n_i} \tag{1.10}$$

成立。根据界面张力的定义,即

$$\gamma = \left(\frac{\partial F}{\partial A} \right)_{T,V,\sum n_i} = \left[\frac{\partial}{\partial A} (U - TS) \right]_{T,V,\sum n_i} = \left(\frac{\partial U}{\partial A} \right)_{T,V,\sum n_i} - T \left(\frac{\partial S}{\partial A} \right)_{T,V,\sum n_i}$$

将式(1.9)代入上式得

$$\gamma = \left(\frac{\partial U}{\partial A} \right)_{T,V,\sum n_i} + T \left(\frac{\partial \gamma}{\partial T} \right)_{V,A,\sum n_i} \tag{1.11}$$

同样方法,结合式(1.10)也可推出

$$\gamma = \left(\frac{\partial H}{\partial A} \right)_{T,p,\sum n_i} + T \left(\frac{\partial \gamma}{\partial T} \right)_{p,A,\sum n_i} \tag{1.12}$$

由式(1.11)和式(1.12)看出,$\left(\frac{\partial U}{\partial A} \right)_{T,V,\sum n_i}$、$\left(\frac{\partial H}{\partial A} \right)_{T,p,\sum n_i}$ 是特定条件下改变一个单位界面面积时,内能与焓的相应变化。而 $\left(\frac{\partial \gamma}{\partial T} \right)_{V,A,\sum n_i}$、$\left(\frac{\partial \gamma}{\partial T} \right)_{p,A,\sum n_i}$ 是 $(V、A)$、$(p、A)$ 恒定条件下界面张力的温度系数。由式(1.9)和式(1.10)可以看出,若在等温条件下,体系可逆地增加单位面积时,其吸收的热量可用界面张力的温度系数来表示,即

$$\delta Q = T dS = -T \left(\frac{\partial \gamma}{\partial T} \right)_{V,A,\sum n_i} dA = -T \left(\frac{\partial \gamma}{\partial T} \right)_{p,A,\sum n_i} dA \tag{1.13}$$

当体系的界面面积增加时,其内能增量为 $\left(\frac{\partial U}{\partial A} \right)_{T,p,\sum n_i} = \gamma - T \left(\frac{\partial \gamma}{\partial T} \right)_{V,A,\sum n_i}$,所增加的内能分为两部分,一部分来自环境对体系所做的界面功,另一部分是体系为保持等温从环境所吸收的热量。由物理概念可知,分子从内部迁到界面来增大界面面积时,因受内部分子的引力作用,会减弱其热运动,只有吸热才能维持温度恒定。一般情况下,$Q > 0$,即 $-T \left(\frac{\partial \gamma}{\partial T} \right)_{V,A,\sum n_i} > 0$,故有 $\left(\frac{\partial \gamma}{\partial T} \right)_{V,A,\sum n_i} < 0$。这意味着温度升高将导致界面张力下降,大量事实表明,液体界面张力都符合这种关系。

从分子运动论观点看,这是由于温度上升时液体内分子的热运动加剧,分子间距离增大,密度减小,从而减弱了对界面分子的引力;而气相因温度增加,密度反而增大,因此增加了对界面分子的引力,两种效应使 $F_i^{\,g}$ 与 $F_i^{\,L}$ 的差别减小,因而界面张力下降。当温度升高至临界温度 T_C 时,气液两相密度相等界面消失 $\gamma = 0$。

2. p 对 γ 的影响

与推导温度对界面张力影响的思路一样,在温度恒定的条件下有

$$dF_T = -p dV + \gamma dA \tag{1.14}$$

$$dG_T = V dp + \gamma dA \tag{1.15}$$

由式(1.15)有 $\left(\frac{\partial \gamma}{\partial p} \right)_{T,A,\sum n_i} = \left(\frac{\partial V}{\partial A} \right)_{T,p,\sum n_i}$,再根据内能的微分表达式 $dU = TdS - pdV + \gamma dA$,在等温、等压、恒组成的条件下,将此式对 A 取偏微分

$$\left(\frac{\partial U}{\partial A} \right)_{T,p,\sum n_i} = T \left(\frac{\partial S}{\partial A} \right)_{T,p,\sum n_i} - p \left(\frac{\partial V}{\partial A} \right)_{T,p,\sum n_i} + \gamma$$

进一步整理,利用偏微分及混合偏导相等的性质得

$$\gamma = \left(\frac{\partial U}{\partial A}\right)_{T,p,\sum n_i} - T\left(\frac{\partial \gamma}{\partial T}\right)_{p,A,\sum n_i} + p\left(\frac{\partial \gamma}{\partial p}\right)_{T,A,\sum n_i} \tag{1.16}$$

由 $F = U - TS$ 可将式(1.16)简化为

$$\gamma = \left(\frac{\partial F}{\partial A}\right)_{T,p,\sum n_i} + p\left(\frac{\partial \gamma}{\partial p}\right)_{T,A,\sum n_i} \tag{1.17}$$

关于压力对 γ 的影响实验数据甚少,只能从偏微分中的固定条件看其影响关系。同时还要注意,影响界面张力的因素不只是 T、p 两个因素,由于构成体相质点间相互作用力的不同,就表现出不同的 γ,这是决定 γ 的内因。此外,所接触相的本性不同,γ 也随之改变,其至少量的杂质往往能极大地影响 γ 值。例如,当气相中含压力为 393 Pa 水蒸气时,汞的 γ 就下降了 38.4 mN/m(165 ℃)。

3. 物性对界面张力的影响

界面张力是系统的热力学性质,其本质是由于界面上质点受力不均而产生的。不同物相中质点间作用力不同,将导致其界面张力的数值差别很大,见表1.1。

表 1.1　几种物质的界面张力(20 ℃)

物质名称	$\gamma/(\text{mN}\cdot\text{m}^{-1})$	物质名称	$\gamma/(\text{mN}\cdot\text{m}^{-1})$
汞	485.00	二甲基苯胺	36.56
水	72.80	油酸	32.50
二碘甲烷	67.00	甲苯	28.40
四溴乙烷	49.67	乙醇	22.39
硝基苯	43.38	全氟戊烷	9.89

对于固体与气体界面而言,界面张力还受所接触气相的本性影响。例如,在 1 470 ℃时,Ni 的界面张力在真空条件下为 1 735 mN/m,而在氢气气氛下则为 1 615 mN/m。严格地讲,液－液界面张力受所接触相的影响更明显,表 1.2 所示的数据说明,同是水为公共相而另一相不同时,界面张力变化也很大。

表 1.2　水与不同液体之间界面张力(20 ℃)

物质名称	$\gamma/(\text{mN}\cdot\text{m}^{-1})$	物质名称	$\gamma/(\text{mN}\cdot\text{m}^{-1})$
汞	375.00	二硫化碳	48.36
四溴乙烷	38.82	苯	35.00
硝基苯	25.66	辛酸	8.22
硝基甲烷	9.66	蓖麻油	22.90
油酸	15.59	乙醚	10.70

第三种物质的加入会影响原来两液相间的界面张力,这对乳化、溶解是非常有用的。第三种物质的加入使界面张力下降,使原来两液相的互溶度增大。例如,$\gamma_{\text{石蜡-水相}}$ 为 40.60 mN/m,若向水相中加入油酸皂,$\gamma_{\text{石蜡-水相}}$ 就下降至 7.20 mN/m,因此油酸皂是乳化石蜡的有用添加剂之一。

1.2 界面体系的热力学平衡

1.2.1 Gibbs 界面热力学(无厚度界面相热力学)

1. 界面相模型

1.1 节介绍界面相概念时,认为它是一个准三维的界面区域,而 Gibbs 则把它抽象为一个无厚度的界面相 γ,其位置在界面层内,如图 1.2 所示。设体系由 α、β 个体相和一个表面相 γ 构成,其组合数为 k。界面区变化范围为 δ,γ 为一个数学分界面,体相的容量性质具有自体相连续不变地达到该数学分界面的数值。界面相的体积为零,$V^\gamma \equiv 0$,则有

$$\begin{cases} U = U^\alpha + U^\beta + U^\gamma \\ H = H^\alpha + H^\beta + H^\gamma \\ F = F^\alpha + F^\beta + F^\gamma \\ G = G^\alpha + G^\beta + G^\gamma \\ S = S^\alpha + S^\beta + S^\gamma \\ V = V^\alpha + V^\beta \\ n = n^\alpha + n^\beta + n^\gamma (\text{或 } n_i = n_i^\alpha + n_i^\beta + n_i^\gamma) \end{cases} \quad (1.18)$$

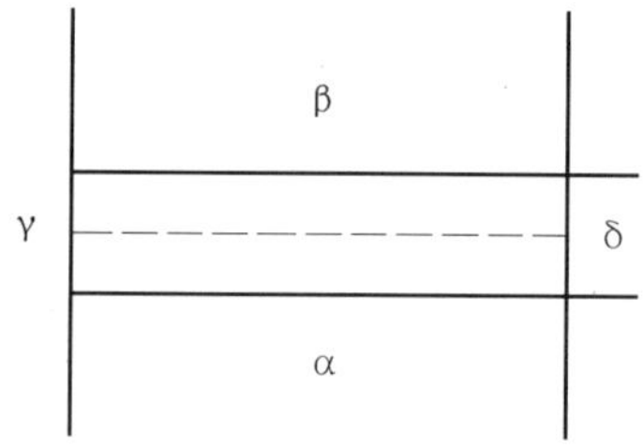

图 1.2 Gibbs 表面相模型

从式(1.18)可以看出,尽管界面相没有体积,但 S^γ、H^γ、U^γ 都存在,物质是和能量不可分的,因此应把界面相看成是一个由实物粒子组成的实体,只不过厚度与体相比非常薄,近似为零,如果体系中有 Φ 个体相,g 个界面相,组分数为 i 的物质,式(1.18)可变为

$$\begin{cases} U = \sum_\Phi U^\Phi + \sum_g U^{\gamma_g} \\ G = \sum_\Phi G^\Phi + \sum_g G^{\gamma_g} \\ n_i = \sum_\Phi n_i^\Phi + \sum_g n_i^{\gamma_g} \\ V = \sum_\Phi V^\Phi \end{cases} \quad (1.19)$$

2. Gibbs – Duhem 公式

根据基础物理化学的知识,对于任意一个均相体系,有

$$\mathrm{d}G^\Phi = - S^\Phi \mathrm{d}T + V^\Phi \mathrm{d}p^\Phi + \sum_i \mu_i^\Phi \mathrm{d}n_i^\Phi \quad (1.20)$$

$$\mathrm{d}G^{\gamma_g} = - S^{\gamma_g} \mathrm{d}T + V^{\gamma_g} \mathrm{d}p^{\gamma_g} + \sum_i \mu_i^{\gamma_g} \mathrm{d}n_i^{\gamma_g} + \gamma_g \mathrm{d}A_g \quad (1.21)$$

在此处,界面相在所选定的数学分界上也按均相体系处理,但因其界面张力作用增加了非体积功,而且 γ_g 的定义仍为前面关系式,只是含有多个界面相时,其面积因素要予以考虑,即

$$\gamma_g = \left(\frac{\partial G}{\partial A}\right)_{T,p,\sum n_i, A_{i \neq g}} \quad (1.22)$$

根据式(1.20)、式(1.21)和式(1.22),得

$$dG = -S^\Phi dT + V^\Phi dp^\Phi + \sum_\Phi \sum_i \mu_i^\Phi dn_i^\Phi - \sum_g S^{\gamma_g} dT + \sum_g V^{\gamma_g} dp^{\gamma_g} +$$

$$\sum_g \sum_i \mu_i^{\gamma_g} dn_i^{\gamma_g} + \sum_g \gamma_g dA_g \tag{1.23}$$

当选定一个界面相 g 是平面,且在等温、等压、组成不变的条件下,并考虑到 $V^{\gamma_g} \equiv 0$ 的假设,对式(1.21)积分,由于 T、p、浓度不变,μ_i、γ_g 均为常数,则有

$$G^{\gamma_g} = \sum_i \mu_i^{\gamma_g} n_i^{\gamma_g} + \gamma_g A_g \tag{1.24}$$

再将其微分,有

$$dG^{\gamma_g} = \sum_i \mu_i^{\gamma_g} dn_i^{\gamma_g} + \sum_i n_i^{\gamma_g} d\mu_i^{\gamma_g} + \gamma_g dA_g + A_g d\gamma_g \tag{1.25}$$

比较式(1.21)和式(1.25)得

$$S^{\gamma_g} dT + \sum_i n_i^{\gamma_g} d\mu_i^{\gamma_g} + A_g d\gamma_g = 0 \tag{1.26}$$

这就是 Gibbs – Duhem 公式(简称"G – D 公式"),对每一个界面相均做处理并相加可得

$$\sum_g S^{\gamma_g} dT + \sum_g \sum_i n_i^{\gamma_g} d\mu_i^{\gamma_g} + \sum_g A_g d\gamma_g = 0 \tag{1.27}$$

此式也称为 Gibbs – Dubem 方程式,它对今后处理界面问题会更加方便。

3. Gibbs 吸附公式

现根据 G – D 公式,讨论在等温条件下吸附量和 γ 的关系。

(1)吸附量的定义。

根据 Gibbs 模型,在 α、β 两相界面上第 i 种物质的量为 n_i^γ mol,则有

$$n_i = n_i^\alpha + n_i^\beta + n_i^\gamma = C_i^\alpha V^\alpha + C_i^\beta V^\beta + n_i^\gamma$$

所以

$$n_i^\gamma = n_i - [C_i^\alpha V^\alpha + C_i^\beta V^\beta]$$

一般将 n_i^γ 称为组分 i 的界面过剩量(过剩二字是体现在体相总量和 i 物质总量之差上), 单位面积上的过剩量称为界面浓度,$\Gamma_i = \dfrac{n_i^\gamma}{A}$,这就是界面吸附量的定义式。但是,也存在一个问题,在图 1.2 中的 δ 范围内,使 γ 位置向上移动,$V^\beta \downarrow$,$n_i^\beta \downarrow$,$n_i^\alpha \uparrow$,将造成 Γ_i 的数值不定,Gibbs 为了使 Γ_i 不变化,对 δ 的位置做出规定,如图 1.3 所示。γ 选在这样的位置上,图中两块斜影的面积 A_1 和 A_2 相等时,可使某一组分 j 在界面的过剩量为零。当将界面选在 x_1 位置时,$A_1 < A_2$,此时 $C_i^\alpha V^\alpha$ 比实际多算的数量同面积 A_1 对应,$C_i^\beta V^\beta$ 比实际少算的数量同面积 A_2 对应,这样多算少算加在一起则总的结果比实际少算了,总量 $n_i > C_i^\alpha V^\alpha + C_i^\beta V^\beta$,故此时 $n_i^\gamma > 0$;当选在 x_2 位置时,$A_2 < A_1$,总的结果是比实际多算了,$n_i < C_i^\alpha V^\alpha + C_i^\beta V^\beta$,$n_i^\gamma < 0$;当选在 x 位置时,$A_1 = A_2$,$n_i = C_i^\alpha V^\alpha + C_i^\beta V^\beta$,$n_i^\gamma = 0$。在溶液中,往往根据这一规定将 γ 位置选在使溶剂的界面浓度为零,即 $n_j^\gamma = 0$ 或 $\Gamma_j = 0$ 处,这样就把 γ 的位置固定。如图 1.4 中,$\Gamma_2^{(1)} > 0$,而 $\Gamma_4^{(1)} < 0$,这都是以溶剂 $\Gamma_j = 0$ 为参考点而言的。$\Gamma_3^{(1)} < 0$ 也是对应同样参考点的。选择合适的参考点在实际研究中用处极大,能给处理问题带来方便。

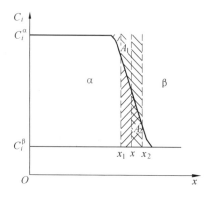

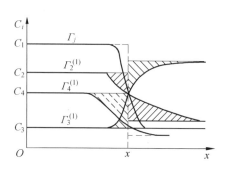

图 1.3　界面过剩图解说明　　　　图 1.4　以 $\Gamma_j = 0$ 为参考点的示意图

（2）Gibbs 吸附公式。

根据 G – D 公式,在平衡条件下,将式(1.26)两边同时除以 A_g,令 $\Gamma_i = \dfrac{n_i^{\gamma_g}}{A_g}$,$\overline{S^{\gamma_g}} = \dfrac{S^{\gamma_g}}{A_g}$,得

$$d\gamma_g = -\overline{S^{\gamma_g}}dT - \sum_i \Gamma_i d\mu_i^{\gamma_g} \tag{1.28}$$

当等温条件下只有一个界面相时,考虑到 i 种物质在各相分配的化学势相等,即

$$d\gamma = -\sum_i \Gamma_i d\mu_i \tag{1.29}$$

这就是基础物理化学中介绍的 Gibbs 吸附等温方程式。

对于两组分只有一个界面相的体系,当考察 L – g 界面时,把溶液中的溶剂 1 选作参考点 $\Gamma_1 = 0$,此时有

$$d\gamma = -\Gamma_1 d\mu_1 - \Gamma_2 d\mu_2 = -\Gamma_2^{(1)} RTd\ln a_2$$

即

$$\Gamma_2^{(1)} = -\frac{a_2}{RT}\left(\frac{\partial\gamma}{\partial a_2}\right) \tag{1.30}$$

这就是基础物理化学讲的界面张力与活度关系的数学表达式。

1.2.2　Guggenheim 的界面热力学(有厚度界面相的热力学)

Guggenheim 考虑到 Gibbs 规定的无厚度界面相的抽象性,很难想象只有面积无厚度的实物相体系是合理的。针对这一点,他提出了界面相具有一定厚度的概念,认为界面相虽然很薄但总有一定的厚度,设界面相厚度为 τ,面积为 A,则界面相体积 $V_\gamma = A \cdot \tau$(把 γ 以下标放在右下角是为了和 Gibbs 模型相区别),如图 1.5 所示。

在这种情况下,U_γ、H_γ、G_γ、S_γ 等界面相热力学函数与通常的热力学函数一样,它不是几何界面上的过剩量,可按基础物理化学的热力学平衡理论直接处理。但有一点要注意,当把界面相按有厚度模型处理时,受力情况变得复杂。假设界面相是一个扁方形体,如图1.5(b)所示,在其上下两面皆是均匀体相,根据流体静力学原理,在一个均相体系中,无论一个平面的取向如何,其单位面积所受力都是一样的,这就是压力的定义。但是,在界

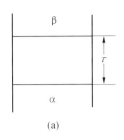
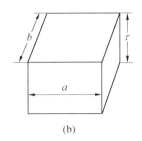

图 1.5　有厚度界面相模型

面相中就不同了,由于有界面张力的影响,使得 ab 与 $b\tau$ 所受力不同,单位面积所受之力要考虑界面张力的因素。在等温、等压、组成不变的条件,假设 b 不变,使界面相体积 $V_\gamma \rightarrow V_\gamma + \mathrm{d}V_\gamma$,对应厚度为 $\tau + \mathrm{d}\tau$、面积为 $A + \mathrm{d}A$,在 ab 平面上,体积增加克服外压 p 所做之功为 $pA\mathrm{d}\tau$。在 $b\tau$ 面上,需要考虑界面张力对抗,故此面所受之力不只是 $pb\tau$,而且考虑到 γ 为单位长度上的力,$b\tau$ 这个力是指向面积缩小的方向和压力方向相反,因而其合力为 $pb\tau - \gamma b$,故增加 $\mathrm{d}a$ 时所做之功为

$$(pb\tau - \gamma b)\mathrm{d}a = (p\tau - \gamma)\mathrm{d}A$$

总功为

$$\delta W_\gamma = pA\mathrm{d}\tau + (p\tau - \gamma)\mathrm{d}A = p(A\mathrm{d}\tau + \tau\mathrm{d}A) - \gamma\mathrm{d}A = p\mathrm{d}V_\gamma - \gamma\mathrm{d}A$$

由热力学第一定律

$$\mathrm{d}U_\gamma = \delta Q_\gamma - \delta W_\gamma$$

当可逆变化时

$$\delta Q_\gamma = T\mathrm{d}S_\gamma$$

所以

$$\mathrm{d}U_\gamma = T\mathrm{d}S_\gamma - p\mathrm{d}V_\gamma + \gamma\mathrm{d}A \tag{1.31}$$

由 $F_\gamma = U_\gamma - TS_\gamma$,即

$$\mathrm{d}F_\gamma = \mathrm{d}U_\gamma - T\mathrm{d}S_\gamma - S_\gamma\mathrm{d}T$$

将此代入式(1.31)可得

$$\mathrm{d}F_\gamma = -S_\gamma\mathrm{d}T - p\mathrm{d}V_\gamma + \gamma\mathrm{d}A \tag{1.32}$$

同理也能得到 Gibbs 函的微分表达式

$$\mathrm{d}G_\gamma = -S_\gamma\mathrm{d}T - V_\gamma\mathrm{d}p + \gamma\mathrm{d}A \tag{1.33}$$

这些结果都是在组成不变的条件下得到的,若界面相与其他相有物质交换时,则直接有以下两式成立

$$\mathrm{d}U_\gamma = T\mathrm{d}S_\gamma - p\mathrm{d}V_\gamma + \gamma\mathrm{d}A + \sum \mu_{i\gamma}\mathrm{d}n_{i\gamma} \tag{1.34}$$

$$\mathrm{d}G_\gamma = -S_\gamma\mathrm{d}T + V_\gamma\mathrm{d}p + \gamma\mathrm{d}A + \sum \mu_{i\gamma}\mathrm{d}n_{i\gamma} \tag{1.35}$$

式中,$V \neq 0$,这一点与式(1.21)有所区别。

根据式(1.34)和式(1.35)讨论以下几个问题。

1. 有厚度界面相的 G - D 公式

方法同前,在等温、等压及恒定组成条件下对式(1.35)积分得

$$G_\gamma = \gamma A + \sum \mu_{i\gamma} n_{i\gamma} \tag{1.36}$$

再对其微分并与式(1.35)比较,得

$$S_\gamma \mathrm{d}T - V\mathrm{d}p + A\mathrm{d}\gamma + \sum n_{i\gamma} \mathrm{d}\mu_{i\gamma} = 0 \tag{1.37}$$

注意到 $V_\gamma = \tau \cdot A$, $\Gamma_{i\gamma} = \dfrac{n_{i\gamma}}{A}$ 和 $\overline{S_\gamma} = \dfrac{S_\gamma}{A}$,将式(1.37)两边同时除以 A,得

$$\mathrm{d}\gamma = -\overline{S_\gamma}\mathrm{d}T + \tau \mathrm{d}p - \sum \Gamma_{i\gamma}\mathrm{d}\mu_{i\gamma} \tag{1.38}$$

要注意式(1.38)中 $\Gamma_{i\gamma}$ 的定义,此时因为是有厚度界面相,$n_{i\gamma}$ 为界面相中 i 种物质的量(mol),不是过剩量,所以 $\Gamma_{i\gamma} \geq 0$,不可能出现小于零的情况。

2. 二组分双体相的 $\Gamma_{i\gamma}$ 与 Γ_i 的关系

当等温条件再附加一个等压条件后,式(1.38)直接简化为

$$-\mathrm{d}\gamma = \Gamma_{1\gamma}\mathrm{d}\mu_{1\gamma} + \Gamma_{2\gamma}\mathrm{d}\mu_{2\gamma} \tag{1.39}$$

当平衡时,对于每一个均相体系 G - D 都成立,对于体相没有界面张力因素,此时 $\sum n_i^\Phi \mathrm{d}\mu_i^\Phi = 0$ 或 $\sum X_i^\Phi \mathrm{d}\mu_i^\Phi = 0$,具体到 α、β 两相的二组分体系,平衡后 $\mu_i^\alpha = \mu_i^\beta = \mu_i^\gamma$。

α 相:
$$\sum X_i^\alpha \mathrm{d}\mu_i = X_1^\alpha \mathrm{d}\mu_1 + X_2^\alpha \mathrm{d}\mu_2 = 0$$

β 相:
$$\sum X_i^\beta \mathrm{d}\mu_i = X_1^\beta \mathrm{d}\mu_1 + X_2^\beta \mathrm{d}\mu_2 = 0$$

由以上两式可知有一个规律,即

$$\mathrm{d}\mu_1 = -\frac{X_2^\alpha}{X_1^\alpha}\mathrm{d}\mu_2 = -\frac{X_2^\beta}{X_1^\beta}\mathrm{d}\mu_2 \tag{1.40}$$

将式(1.40)代入式(1.39),得

$$-\mathrm{d}\gamma = \left(-\Gamma_{1\gamma}\frac{X_2^\alpha}{X_1^\alpha} + \Gamma_{2\gamma}\right)\mathrm{d}\mu_2$$

两边对 μ_2 取微分,有

$$-\left(\frac{\partial\gamma}{\partial\mu_2}\right) = \Gamma_{2\gamma} - \Gamma_{1\gamma}\frac{X_2^\alpha}{X_1^\alpha} = -\frac{a_2}{RT}\left(\frac{\partial\gamma}{\partial a_2}\right) \tag{1.41}$$

将式(1.41)与 Gibbs 模型式(1.30)比较,得

$$\Gamma_2^{(1)} = \Gamma_{2\gamma} - \Gamma_{1\gamma}\frac{X_2^\alpha}{X_1^\alpha} \tag{1.42}$$

3. 多组分,只含一个界面相的 Guggenheim 吸附等温方程式

假设为 K 个组分,有 α、β 两体相和一个表面相 γ,平衡时 $\sum\limits_{i=1}^{K} X_i^\alpha \mathrm{d}\mu_i^\alpha = 0$,考虑到 $\mu_i^\alpha = \mu_i^\beta = \mu_i^\gamma = \mu_i$ 和等温、等压,则

$$-\mathrm{d}\mu_1 = \frac{X_2^\alpha}{X_1^\alpha}\mathrm{d}\mu_2 + \sum_{i=3}^{K}\frac{X_i^\alpha}{X_1^\alpha}\mathrm{d}\mu_i \tag{1.43}$$

$$-\mathrm{d}\gamma = \sum_{i=1}^{K}\Gamma_{i\gamma}\mathrm{d}\mu_i = \Gamma_{1\gamma}\mathrm{d}\mu_1 + \Gamma_{2\gamma}\mathrm{d}\mu_2 + \sum_{i=3}^{K}\Gamma_{i\gamma}\mathrm{d}\mu_i \tag{1.44}$$

将式(1.43)代入式(1.44),得

$$- \mathrm{d}\gamma = \left(\Gamma_{2\gamma} - \frac{X_2^\alpha}{X_1^\alpha}\Gamma_{1\gamma} \right)\mathrm{d}\mu_2 + \sum_{i=3}^K \left(\Gamma_{i\gamma} - \Gamma_{1\gamma}\frac{X_i^\alpha}{X_1^\alpha} \right)\mathrm{d}\mu_i \tag{1.45}$$

把式(1.43)推广,同时由于 $\mu_i^\alpha = \mu_i^\beta$,直接有

$$\frac{X_2^\alpha}{X_1^\alpha}\mathrm{d}\mu_2 + \sum_{i=3}^K \frac{X_2^\alpha}{X_1^\alpha}\mathrm{d}\mu_i = \frac{X_2^\beta}{X_1^\beta}\mathrm{d}\mu_2 + \sum_{i=3}^K \frac{X_i^\beta}{X_1^\beta}\mathrm{d}\mu_i \tag{1.46}$$

根据式(1.46)解出 $\mathrm{d}\mu_2$ 和 $\mathrm{d}\mu_i$ 的关系式为

$$\mathrm{d}\mu_2 = \sum_{i=3}^K \left\{ \frac{X_1^\alpha X_i^\beta - X_1^\beta X_i^\alpha}{X_1^\beta X_2^\alpha - X_1^\alpha X_2^\beta} \right\}\mathrm{d}\mu_i \tag{1.47}$$

将式(1.47)代入式(1.45)并经过通分整理得

$$- \mathrm{d}\gamma = \sum_{i=3}^K \left[\Gamma_{i\gamma} \frac{\Gamma_{1\gamma}(X_i^\alpha X_2^\beta - X_i^\beta X_2^\alpha) + \Gamma_{2\gamma}(X_1^\alpha X_i^\beta - X_1^\beta X_i^\alpha)}{X_1^\beta X_2^\alpha - X_1^\alpha X_2^\beta} \right]\mathrm{d}\mu_i \tag{1.48}$$

这就是根据 Guggenheim 有厚度界面相模型获得的吸附等温方程式。

1.2.3 Gibbs 和 Guggenheim 两种方法的一致性

通过两种模型得到了两种吸附等温方程式,这两种方法的联系与区别以及是否存在共性需要进行对比分析。在 Gibbs 模型中界面相的位置不同将使体系容量性质的数值发生变化;Guggenheim 模型中容量性质的数值显然与界面相的厚度有关。对于液体,目前的实验手段只能测定界面张力,而分界面的位置和界面相的厚度还不能精确测定。这就有个疑问,由上述公式求得的体系性质 γ 的数值是否因几何面的位置不同而变化?

1. Gibbs 规定中的不变量

在图 1.2 中,若 γ 的几何面向 β 相移动 $\mathrm{d}\lambda$,观察其带来的后果。当界面相为几何平面时,这种上移过程的结果是面积 A 不变、总量 n_i 不变、总体积 V 不变、体相浓度不变。由于 $\mathrm{d}V^\alpha = A\mathrm{d}\lambda = -\mathrm{d}V^\beta$,根据界面过剩量的定义

$$\Gamma_i = \frac{n_i}{A} - \frac{C_i^\alpha V^\alpha + C_i^\beta V^\beta}{A} \tag{1.49}$$

得微分

$$\mathrm{d}\Gamma_i = -\frac{C_i^\alpha V^\alpha + C_i^\beta V^\beta}{A} = (C_i^\beta - C_i^\alpha)\mathrm{d}\lambda$$

假设移动 $\mathrm{d}\lambda$ 后界面张力变化为

$$\mathrm{d}\gamma_\lambda = -\sum (\Gamma_i + \mathrm{d}\Gamma_i)\mathrm{d}\mu_i$$

结果有

$$\mathrm{d}\gamma_\lambda = -\sum \Gamma_i\mathrm{d}\mu_i - \sum_i (C_i^\beta - C_i^\alpha)\mathrm{d}\mu_i\mathrm{d}\lambda \tag{1.50}$$

如果能证明

$$\sum_i (C_i^\beta - C_i^\alpha)\mathrm{d}\mu_i\mathrm{d}\lambda = 0$$

则说明界面张力不受界面位置变化的影响。由于 $\mathrm{d}\lambda \neq 0$ 时 $\mathrm{d}\Gamma_i \neq 0$,意味着界面相的位

置对 Γ_i 有影响,而 $d\lambda$ 只表示几何尺寸变化,对体相内浓度没有影响

$$\sum_i (C_i^\beta - C_i^\alpha) d\mu_i d\lambda = \left[\sum_i C_i^\beta d\mu_i - \sum_i C_i^\alpha d\mu_i \right] d\lambda$$

根据 G – D 公式,对每一个均相体系在 α、β 两个体相都有

$$\sum_i C_i^\alpha d\mu_i^\alpha = \frac{1}{V^\alpha} \sum_i n_i d\mu_i^\alpha = 0$$

同样有

$$\sum_i C_i^\beta d\mu_i^\alpha = 0$$

所以,式(1.50)和式(1.29)是等价的。说明 Gibbs 规定中的不变量就是界面张力。

2. Guggenheim 规定中的不变量

在 Guggenheim 的界面相模型中,τ 变化时对 $\Gamma_{i\gamma}$ 有影响。若厚度向 β 相移动 $d\tau$,$n_{i\gamma} \rightarrow n_{i\gamma} + dn_{i\gamma}$,假设 A 不变,由图1.5(a)可以看出

$$dn_{i\gamma} = - dn_i^\beta = - C_i^\beta dV^\beta, \quad dV^\beta = - A d\tau, \quad dn_{i\gamma} = A C_i^\beta d\tau$$

即

$$d\Gamma_{i\gamma} = \frac{dn_{i\gamma}}{A} = C_i^\beta d\tau$$

$$d\gamma_\tau = - \sum (\Gamma_{i\gamma} + d\Gamma_{i\gamma}) d\mu_i = - \sum \Gamma_{i\gamma} d\mu_i - \sum C_i^\beta d\mu_i d\tau \tag{1.51}$$

前已证明,$\sum C_i^\beta d\mu_i = 0$,所以 $d\gamma = d\gamma_\tau$,Guggenheim 规定中的不变量也是界面张力。通过上述不变量的分析可以明显地看出,Gibbs 和 Guggenheim 规定的一致性在于界面张力数值与界面相位置无关。

1.3 界面体系的相律分析

前面主要讨论了平面界面的界面张力与界面浓度的关系,从热力学平衡角度导出了吸附等温方程。本节再进一步讨论相律的表达式。为了简化先对单组分两相平衡体系进行分析。

1.3.1 弯曲界面的相平衡条件

基础物理化学中已经讨论了相平衡的条件,当一个体系处于热力学平衡时,一般应满足:

热平衡 $T_1 = T_2 = \cdots = T_外$

力平衡 $p_1 = p_2 = \cdots = p_外$

相间化学平衡 $\mu_i^\alpha = \mu_i^\beta = \cdots = \mu_i$

化学反应平衡 $\sum \gamma_{i\gamma} \mu_i = 0$

在含有界面相的单组分双相平衡体系中,以上平衡是否成立?图1.6是由 α 和 β 两个体相构成的体系两相平衡示意图。由于界面张力的存在,定性来看可能对力平

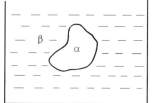

图1.6   由 α 和 β 两个体相构成的体系两相平衡示意图

衡产生影响,而对温度不会有影响,可看成与基础物理化学的情况一样,详细证明见例1.1。

1. 热平衡

$$T^{\alpha} = T^{\beta} = T_{\text{环}}$$

2. 化学反应平衡

相变过程不存在化学反应,若有化学反应,则 $\sum \gamma_i \mu_i = 0$ 成立。

3. 力平衡

$p^{\alpha} \approx p^{\beta}$(对弯曲的界面压力等式还成立吗?)当将各个相合为一体时,该体系仍为封闭体系,平衡时 $dF_{T,V} = 0$ 仍成立。

$$dF = dF^{\alpha} + dF^{\beta} + dF^{\gamma} \tag{1.52}$$

$$dF^{\alpha} = -S^{\alpha}dT - p^{\alpha}dV^{\alpha} \tag{1.53}$$

$$dF^{\beta} = -S^{\beta}dT - p^{\beta}dV^{\beta} \tag{1.54}$$

$$dF^{\gamma} = -S^{\gamma}dT - p^{\gamma}dV^{\gamma} + \gamma dA \tag{1.55}$$

对于界面相取 Gibbs 模型,$V^{\gamma} = 0$、等温、等容,$dV = dV^{\alpha} + dV^{\beta} = 0$。将式(1.53)~(1.55)代入式(1.52),有

$$dF_{T,V} = -p^{\alpha}dV^{\alpha} - p^{\beta}dV^{\beta} + \gamma dA = 0$$

即

$$p^{\beta}dV^{\alpha} - p^{\alpha}dV^{\alpha} + \gamma dA = 0 \tag{1.56}$$

$$p^{\alpha} - p^{\beta} = \gamma \left(\frac{dA}{dV^{\alpha}}\right)_{T,V} \tag{1.57}$$

式(1.57)代表力的平衡条件,如果 $\left(\dfrac{dA}{dV^{\alpha}}\right)_{T,V} \neq 0$,则 $p^{\alpha} \neq p^{\beta}$,这与平面的情况有所不同。

4. 相间化学势平衡

$\mu^{\alpha} = \mu^{\beta}$?为使问题简化,选取单组分的相变过程,条件为总量 n 不变的等温、等容过程。

$$dn = dn^{\alpha} + dn^{\beta} + dn^{\gamma} = 0 \tag{1.58}$$

$$dV = dV^{\alpha} + dV^{\beta} + dV^{\gamma} = 0 \tag{1.59}$$

$$\begin{cases} dF^{\beta} = -S^{\beta}dT - p^{\beta}dV^{\beta} + \mu^{\beta}dn^{\beta} \\ dF^{\alpha} = -S^{\alpha}dT - p^{\alpha}dV^{\alpha} + \mu^{\alpha}dn^{\alpha} \\ dF^{\gamma} = -S^{\gamma}dT - p^{\gamma}dV^{\gamma} + \mu^{\gamma}dn^{\gamma} + \gamma dA \end{cases} \tag{1.60}$$

$$dF = dF^{\alpha} + dF^{\beta} + dF^{\gamma} \tag{1.61}$$

采用 Gibbs 的无厚度模型,$V^{\gamma} = 0$,$dV^{\alpha} = -dV^{\beta}$(假设由 β 相转变为 α 相的微小量引起)。

$$dF = -(S^{\alpha} + S^{\beta} + S^{\gamma})dT + p^{\beta}dV^{\alpha} - p^{\alpha}dV^{\alpha} + \gamma dA +$$
$$\mu^{\alpha}dn^{\alpha} + \mu^{\beta}dn^{\beta} + \mu^{\gamma}dn^{\gamma} \tag{1.62}$$

相平衡时有 $dF_{T,V} = 0$,即

$$dF_{T,V} = p^{\beta}dV^{\alpha} - p^{\alpha}dV^{\alpha} + \gamma dA + \mu^{\alpha}dn^{\alpha} + \mu^{\beta}dn^{\beta} + \mu^{\gamma}dn^{\gamma} = 0 \tag{1.63}$$

式(1.63)中前 3 项的代数和为零,见式(1.56)的结果。由式(1.58)有

$$dn^\gamma = -(dn^\alpha + dn^\beta) \tag{1.64}$$

在上述微小量相变过程中，$dn^\alpha \neq 0$，$dn^\beta \neq 0$，而满足式(1.63)的必要条件是 $\mu^\alpha = \mu^\gamma$，$\mu^\beta = \mu^\gamma$，故 $\mu^\alpha = \mu^\beta$，所以在曲面情况下的相平衡条件仍为化学势相等，但此时要注意 $\mu^\alpha(T, p^\alpha) = \mu^\beta(T, p^\beta)$，$\mu^\alpha(T, p) \neq \mu^\beta(T, p)$。上述证明尽管是对单组分的，但根据这个思路也完全能证明多组分时 $\mu_i^\alpha = \mu_i^\beta$ 成立。

【例1.1】　　关于热平衡的严格证明方法。

若图1.6是由两个体相 $\alpha + \beta$ 与一个界面相 γ 构成的多组分 $n_i(0 < i \leqslant k)$ 体系，可将其整体看成是封闭体系，以内能为判据，其平衡时有

$$dU_{S,V,n_i} = (dU^\alpha + dU^\beta + dU^\gamma)_{S,V,n_i} = 0 \tag{A}$$

成立。对于每一相有

$$dU^\alpha = -p^\alpha dV^\alpha + T^\alpha dS^\alpha + \sum_{i=1}^{k} \mu_i^\alpha dn_i^\alpha \tag{a}$$

$$dU^\beta = -p^\beta dV^\beta + T^\beta dS^\beta + \sum_{i=1}^{k} \mu_i^\beta dn_i^\beta \tag{b}$$

$$dU^\gamma = -p^\gamma dV^\gamma + T^\gamma dS^\gamma + \gamma dA + \sum_{i=1}^{k} \mu_i^\gamma dn_i^\gamma \tag{c}$$

由于总熵 S、总体积 V、总组成 n_i 恒定必有

$$dS^\alpha + dS^\beta + dS^\gamma = 0; \quad dS^\gamma = -(dS^\alpha + dS^\beta) \tag{d}$$

$$dV^\alpha + dV^\beta + dV^\gamma = 0; \quad dV^\gamma = -(dV^\alpha + dV^\beta) \tag{e}$$

$$dn_i^\alpha + dn_i^\beta + dn_i^\gamma = 0; \quad dn_i^\gamma = -(dn_i^\alpha + dn_i^\beta) \tag{f}$$

将式(a) ~ (f) 代入式(A)，有

$$dU_{S,V,n_i} = -p^\alpha dV^\alpha - p^\beta dV^\beta + p^\gamma(dV^\alpha + dV^\beta) + T^\alpha dS^\alpha + T^\beta dS^\beta - T^\gamma(dS^\alpha + dS^\beta) +$$

$$\sum_{i=1}^{k} \mu_i^\alpha dn_i^\alpha + \sum_{i=1}^{k} \mu_i^\beta dn_i^\beta - \sum_{i=1}^{k} \mu_i^\gamma(dn_i^\alpha + dn_i^\beta) + \gamma dA = 0 \tag{B}$$

对式(B) 可整理为

$$(p^\gamma - p^\alpha)dV^\alpha + (p^\gamma - p^\beta)dV^\beta + (T^\alpha - T^\gamma)dS^\alpha + (T^\beta - T^\gamma)dS^\beta +$$

$$\sum_{i=1}^{k} (\mu_i^\alpha - \mu_i^\gamma)dn_i^\alpha + \sum_{i=1}^{k} (\mu_i^\beta - \mu_i^\gamma)dn_i^\beta + \gamma dA = 0 \tag{C}$$

在式(C) 中，S^α、S^β、V^α、V^β、n_i^α、n_i^β、A 均为变量，不可能为零。由高等数学的原理可知，满足式(C) 的条件是其独立变量前的系数为零，即

(1) 对 dS 有 $T^\alpha = T^\beta = T^\gamma$，热平衡。

(2) 对 dn 有 $\mu_i^\alpha = \mu_i^\beta = \mu_i^\gamma$，相间化学势平衡。

(3) 对 dV 和 dA，因 V 与 A 有关联，故

$$(p^\gamma - p^\alpha)dV^\alpha + (p^\gamma - p^\beta)dV^\beta + \gamma dA = 0 \tag{D}$$

式(D) 则为力平衡的条件，由 Gibbs 模型可知，$V^\gamma \equiv 0$ 且 $V = V^\alpha + V^\beta + V^\gamma$，$dV = 0$，则有 $dV^\alpha = -dV^\beta$ 成立，将其代入式(D) 得

$$\begin{cases} (p^\gamma - p^\alpha)dV^\alpha - (p^\gamma - p^\beta)dV^\alpha + \gamma dA = 0 \\ (p^\beta - p^\alpha)dV^\alpha + \gamma dA = 0 \\ (p^\alpha - p^\beta) = \gamma \left(\dfrac{\partial A}{\partial V^\alpha} \right) \end{cases} \tag{E}$$

1.3.2 几个力平衡实例分析

式(1.57)为曲面条件下力平衡的基本关系式,根据此式分析几个例子,以加深对这方面内容的理解。

1.空气中的水滴

大家都知道空气中水滴呈球形,令其为 α 相,$A = 4\pi r^2$,$\mathrm{d}A = 8\pi r\mathrm{d}r$,$V^\alpha = \dfrac{4}{3}\pi r^3$,$\mathrm{d}V^\alpha = 4\pi r^2\mathrm{d}r$,则

$$p^\alpha - p^\beta = \gamma\left(\frac{8\pi r}{4\pi r^2}\right) = \frac{2\gamma}{r} = \Delta p \qquad (1.65)$$

这就是基础物理化学中介绍的附加压,此处 r 为球的曲率半径,且 $r > 0$。

2.液体中的气泡

此时 β 相为球状,由于 $\mathrm{d}V^\alpha = -\mathrm{d}V^\beta$,代入式(1.57),有

$$p^\alpha - p^\beta = -\gamma\left(\frac{\partial A}{\partial V^\beta}\right)$$

即

$$p^\beta - p^\alpha = \gamma\left(\frac{\partial A}{\partial V^\beta}\right) \qquad (1.66)$$

同式(1.65)的处理方法一样,也能得到和式(1.65)形式相同的表达式,只是要改变一下

$$p^\beta - p^\alpha = \frac{2\gamma}{r} \qquad (1.67)$$

的符号。此时,也可以理解成液体的曲率半径 $r_液 < 0$。写成通式

$$p_液 - p_气 = \frac{2\gamma}{r_液} = \Delta p \qquad (1.68)$$

由式(1.68)可知,当 $r \to \infty$ 时,$\Delta p \to 0$,也就是平的界面不存在附加压的影响,这一结论对其他相之间平衡也适用。

3.有不溶物表面膜的力平衡

前面两个例子中组成界面相的物质是体相中的成分之一,现在讨论有不溶物表面膜的力平衡条件。将一个浅盘装满纯水,用一个可以自由移动的薄云母片(忽略铂片与浅盘的摩擦阻力影响)将水平面分为两部分,如图1.7所示,然后把定量的不与水混合的有机液体(高级醇、酚、脂等)溶于苯中,将此有机溶液的液滴在右方水面上形成一层有机薄膜,

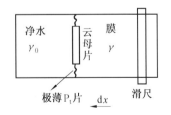

图1.7　不溶性表面膜扩展示意图

此时云母片被推向左方。这一过程分析如下。设膜对单位长度云母片所施加的力为 π,云母片长度为 l,片向左移动了 $\mathrm{d}x$,则膜所做之功 $\delta W_膜 = \pi l\mathrm{d}x$,同时在膜展开过程中,液面的表面 Gibbs 函降低值为

$$-dG^{\gamma} = \gamma_0 dA - \gamma dA, \quad dA = l dx$$

$-dG^{\gamma}$ 和膜所做的可逆功相对应,即

$$-dG^{\gamma} = (\gamma_0 - \gamma) l dx = \pi l dx$$

故有

$$\pi = \gamma_0 - \gamma \tag{1.69}$$

式(1.69)为表面压的定义,也就是力平衡条件。对于界面膜,一般称为界面压。当有两种表面膜呈平衡时(不同界面相),则有下式成立

$$\pi_1 = \pi_2 \tag{1.70}$$

1.3.3 界面体系的相律

在引出相律前,先介绍一个专用术语"界面品种"。两体相接触之处平衡后必有界面,在该界面上一定有界面相(至少有一个)存在。两体相可由同一物质的不同聚集状态组成,如水－水蒸气,也可由不同物质组成,如水－空气。这说明界面相可以是由与体相相同的物质构成,如水面上或多或少存在着一定取向的水分子。在图1.8中,g－L界面上,界面相的物理状态不同,有液态膜、气态膜、固态膜,这样同为一个界面,可同时存在几个界面相。无论有几个界面相,只要它们同处在构成界面的两个体相不变的一种界面上,就称此界面是同品种的。两个不同体相间构成的界面即为一个界面品种。如图1.8所示,虽然有3个界面相存在,但界面品种只有一个(气－液)。有了界面品种的概念后,可以对界面相有更进一步的认识。

如图1.9所示,界面相为水膜,但组成界面的体相不同,为g－L_1、g－L_2。在不同界面间,水膜所处的状态也不同,因此,这时水膜为两个不同的界面相。也就是说,决定界面品种的是体相,两个不同体相构成的界面就为一个界面品种,而决定界面相的除了成分及状态外,还要看界面品种如何。

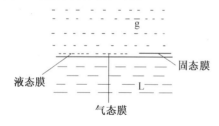

图1.8 界面品种与界面相

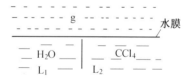

图1.9 不同界面相不同界面品种
(g 为 N_2 或空气)

1. 弯曲界面的相律

设体系中有K'个组分(物种数)、S个界面品种、Φ个体相、R个独立的化学反应及g个界面相。若想描述体系的某一性质,根据热力学理论,任一均相体系可用$f(T$、p、$X_1 \cdots X_{K-1})$来描述。

(1)体系总变数。

每一体相$(K' - 1 + 2) \to (K' + 1)$,$\Phi$个体相的变数为$\Phi(K' + 1)$。

每一界面相,要考虑曲率半径或界面积的影响,若想描述所有性质,函数为

$$f'(T^{\gamma}, p^{\gamma}, X_1^{\gamma} \cdots X_{K-1}^{\gamma}, A), \quad (K' - 1 + 2 + 1) \to (K' + 2)$$

g 个界面相的变数为 $g(K' + 2)$。

总变数为

$$\Phi(K' + 1) + g(K' + 2) \tag{a}$$

（2）平衡关系。

① 热平衡。

$$T^1 = T^2 = \cdots = T^\Phi = T^{\gamma 1} = \cdots = T^{\gamma g}, \Phi + g - 1 \tag{b}$$

② 力平衡。不同体相间压力关系由界面张力来联系，$\Delta p = \gamma_g \left(\dfrac{\mathrm{d}A_g}{\mathrm{d}V^\Phi} \right)$，共有 g 个关系式。另外，界面相之间若处在同一界面品种上，界面相之间有界面压相联系，$\pi_j = \pi_i (i \neq j)$，共有 $(g - S)$ 个关系式，所以有

$$g + (g - S) \tag{c}$$

③ 相平衡。各化学物种在相间分配是平衡的，$\mu_i^1 = \mu_i^2 = \cdots = \mu_i^\Phi = \cdots = \mu_i^{\gamma g}$；每种物质有 $(\Phi - g - 1)$ 个关系式，共有 K' 个物种，则

$$K'(\Phi + g - 1) \tag{d}$$

④ 化学反应。独立化学反应 R 个

$$R \tag{e}$$

将总变数减去所有限制数就为自由度数（独立变数）

$$f = (a) - (b) - (c) - (d) - (e) = K' + 1 - R + (S - g) \tag{1.71}$$

令 $K = K' - R$，则

$$f = K - (g - S) + 1 \tag{1.72}$$

式（1.72）就是弯曲界面体系的相律表达式。

（3）对相律表达式的讨论。

① 对于只含有曲面的体系，体相的数目 Φ 不影响自由度数。当界面品种 S 和界面相数 g 相同时，也对自由度没有影响。

② 若 R 个独立化学反应之外，还有 n 个其他限制，则 $K = K' - R - n$。

如一个纯液滴悬于其蒸气中，此时 $K' = 1, g = S = 1, R = 0, f = 2$，按基础物理化学的相律表达式（$f = K' - \Phi + 2$）来分析，对单组分两相平衡体系只有一个自由度，而在界面体系中此处有两个自由度，如 (T, p^g) 及 (T, p^L) 或 (T, r_L) 及 (T, r_g) 等，总之是两个独立可变量。要注意的是，只有很小的液滴时 Δp 很大，才突出了界面的特性。若液滴很大时 $\Delta p \to 0$ 两相间压力相等，和基础物理化学就一样了，使体系减少一个独立变量，故自由度又变为 1。还要注意的是，"很小"是有限度的，如果小到分子大小的程度，热力学就不适用了。

2. 平面界面的相律

和前面弯曲界面的相律分析方法相同，找出总变数，这里仍为 $\Phi(K' + 1) + g(K' + 2)$。但是，平衡限制关系和弯曲界面不同，由于 $r \to \infty$ 时，$\Delta p \to 0$，因此各相间压力直接相等，有 $(g + \Phi - 1)$ 个等式，其他都和弯曲界面相同。

（1）总变数为

$$\Phi(K' + 1) + g(K' + 2)$$

（2）限制关系。

热平衡：

$$(g + \Phi - 1) \quad T^1 = T^2 = \cdots = T^{\Phi} = \cdots T^{\gamma g}$$

相平衡：

$$K'(g + \Phi - 1) \quad \mu_i^1 = \mu_i^2 = \cdots = \mu_i^{\Phi} = \cdots \mu_i^{\gamma g}$$

化学反应 R 个：

$$R$$

力平衡：

$$(g + \Phi - 1) \quad p^1 = p^2 = \cdots = p^{\Phi} = \cdots p^{\gamma g}$$

$$(g - S) \quad \pi_j = \pi_i \, (i \neq j)$$

（3）自由度数 = 总变数 - 限制变量数，即

$$
\begin{aligned}
f &= \Phi(K' + 1) + g(K' + 2) - (K' + 2)(\Phi + g - 1) - (g - S) - R = \\
&\quad K' - \Phi - (g - S) - R + 2 = \\
&\quad K - \Phi - (g - S) + 2
\end{aligned}
\tag{1.73}
$$

式（1.73）就是平面界面体系的相律表达式。若每个界面品种只有一个界面相，$g = S$，此时 $f = K' - \Phi + 2$，就变为基础物理化学的相律了。

【例 1.2】　十六烷醇在水面上成膜，设水面上气体是纯氮气，判断该体系的 f 为多少？

$R = 0$，$K' = 3$（H_2O、N_2、醇），$\Phi = 2$（g、L），$g = S = 1$，所以 $f = 3$。此结果说明，除了 T、p 之外，还必须知道组成或每个十六烷醇分子所占的面积，才能断定此醇膜的性质。

【例 1.3】　若例 1.2 中有两个界面相（一个液态膜和一个固态膜），$g = 2$，$S = 1$，则 $f = 2$，此结果的意义是在（T、p）不变的条件下，$\pi_1 = \pi_2$ 一定成立。

3. 体系中有曲面也有平面的相律分析

例如一个有机液体的透镜浮于水面上就是此种体系，如图 1.10 所示，具体分析如下。

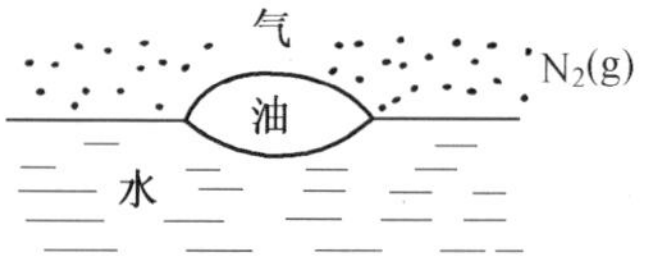

$\Phi = 3$，气、水、油。

$S = 3$，3 个界面品种油 - 气、水 - 气、油 - 水，而且每个界面上只有一个界面相，所以 $g = S = 3$。为使问题简化，这里气相为氮气，因此 $K = 3$（油、水、氮气）。

图 1.10　气 - 水 - 油界面

（1）若 3 个界面皆是弯曲的，由式（1.72）得到 $f = K + 1$，但由于水 - 气界面是平的 $r \rightarrow \infty$，减少了一个自由度，结果 $f = K = 3$。

$$
\text{力平衡条件}
\begin{cases}
\text{水 - 气} & \Delta p = 0 \\
\text{油 - 气} & \Delta p = \dfrac{2\gamma}{r_{\text{油}}} \\
\text{油 - 水} & \Delta p = \dfrac{2\gamma_{\text{油-水}}}{r_{\text{油-水}}}
\end{cases}
$$

上述 3 个表达式各不相同，虽然独立变数少一个，力平衡条件并未减少：由于 $f = 3$，若 T、p 及一个界面面积（或曲率半径）指定，则体系的性质、$r_{\text{油-水}}$、界面张力及透镜大小都有确定值。应当指出，只对很小的透镜曲率半径（10^{-7} m）时界面效应才显著。

（2）若透镜大到可以目睹，则不必考虑曲率的影响，此时压力都基本相等，体系又减

少了一个自由度,按式(1.72),$f = 2$。也可以直接按平面界面体系相律式(1.73)计算,$\Phi = 3$,所以 $f = 2$。说明只要指定$(T、p)$,则其他性质如界面面积等就都确定了。

4. 排除现象与界面相律

在不溶性界面膜(图1.7)中,若继续增加界面压力,即把图中滑尺向左推进压缩膜,到一定程度就会有些分子自界面相被排挤出又形成新的相,根据实验条件及成膜物的性质,此新相可以是液态或细微晶体。因为被挤出的新相可目睹,不必考虑曲率半径的影响,故可用平面体系的相律式(1.73)。而且所形成的新相可按新体相处理,由一种物质所形成的膜比较简单,不必特别讨论。本节重点讨论二组分混合膜,这在乳状液的制备过程中经常遇到。

(1)若成膜的两个组分在界面上可以无限混合(这并不意味着在体相也能无限混合),此时为一个界面相,$S = g = 1$、$\Phi = 2$ [$H_2O(L)$、$N_2(g)$],$K = 4$ [H_2O、N_2 及膜的2个组分],$f = 4$。这4个自由度可以是$(T、\Gamma_i、p、\pi)$ 或 $(T、p、\Gamma、C_2)$ 等。

(2)若界面膜不互溶,此时为2个界面相,$g = 2$、$S = 1$、$\Phi = 2$、$K = 4$、$f = 3$。这3个自由度可以是$(T、p、\Gamma_2^{(1)})$ 或 $(T、p、\pi)$ 及 $\left(T、p、\dfrac{\Gamma_1}{\Gamma_2}\right)$ 等。

(3)1个界面相(平面型),另一个界面上因挤压形成了透镜状新体相,此时与图1.10类似,这个新体相的出现又多出了2个界面相,所以 $\Phi = 3$、$S = 3$、$g = 3$,因透镜肉眼可看,式(1.73)仍成立,$f = 3$。这3个自由度可以是$(T、p、\pi)$ 或 $(T、p、\Gamma_1)$ 等。

(4)2个界面相(平面型),另加一个可以目睹的透镜,$\Phi = 3$、$S = 3$、$g = 4$、$f = 2$。这2个自由度只可能是$(T、p)$。

研究界面膜的压缩性质,可以判断膜中的二组分是否互溶。

【例1.4】 若二组分不互溶,在界面上成膜就为2个界面相,没有出现透镜之前,$f = 3$ [同情况(2)],除了 $T、p$ 之外,还可任选一个强度变数,例如在等温、等压条件下,$\pi = \pi(A)$,二者存在函数关系,在压缩过程中,$n_1、n_2、\Gamma_i$ 等都不变,见图1.11中 DK 段。当继续压缩后,如果组分1的排出压力小于组分2的排出压力,将有组分1首先形成新体相,就变成情况(4)。这时 $f = 2$,温度、压力指定后,滑尺继续推进,π 也不会发生变化,也就是图1.11中 KH 段。

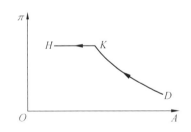

图1.11 界面的收缩过程 π 与 A 的关系

【例1.5】 若二组分在界面上可以无限混合,仍用 $n_1、n_2$ 物质形成一个界面相,然后重复压缩实验,当透镜出现之前,体系是(1)型。在这种情况下,指定 $T、p、\dfrac{\Gamma_1}{\Gamma_2}$ 后,$\pi = \pi(A)$,当透镜出现后,体系是(3)型,若继续指定 $T、p、\dfrac{\Gamma_1}{\Gamma_2}$,由于此时 $f = 3$ 而条件自由度 $f' = 0$,在 $\pi - A$ 图上而条件自由度 $f' = 0$,将产生平台,如图1.11所示。要注意,如果指定 $T、p$,而对 $\Gamma_1、\Gamma_2$ 不指定,体系中 $\pi = \pi(A)$ 仍为曲线关系。

【例1.6】　若二组分在界面上有限混合,则同例1.2类似。

【例1.7】　判别膜的结构。利用 $\pi=\pi(A)$ 曲线可以判别膜的结构,由 $C_{14}\sim C_{18}$ 的饱和脂肪酸在水界面上形成一层紧密单层时,膜中的每个分子截面积都是一样的(约 $0.2\ nm^2$)。由此可以确定紧密的界面膜中长链的脂肪酸分子的极性端朝向水中,碳氢链朝向空气,垂直地挨个紧密排列在水面上,如图1.12所示。

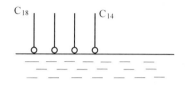

图1.12　$C_{14}\sim C_{18}$ 饱和脂肪酸形成的界面膜

1.4　界面现象与亚稳态

本节主要讨论新相生成过程与界面现象的联系,具体与相变过程中界面积 A 发生显著变化相对应。亚稳态一般是指过冷、过热、过饱和现象,此时体系不是处于真正的平衡态,而是由于某种原因能够长时间相对存在的热力学不稳定状态,这种热力学上不稳定而又能相对长时间存在的状态称为亚稳态。

1.4.1　液滴尺寸 r 大小对饱和蒸气压的影响

1. Kelvin 公式

选一个最简单的单组分气–液两相平衡体系,前面介绍了弯曲表面两相间压力差 $p^\alpha-p^\beta=\gamma\left(\dfrac{\mathrm{d}A}{\mathrm{d}V^\alpha}\right)_{T,V}$,当液滴为球形且半径为 r 时,则有

$$\Delta p=p^{\mathrm L}-p^{\mathrm g}=\frac{2\gamma}{r_{\mathrm L}}$$

$$\mathrm{g}\rightleftharpoons\mathrm{L}\ 有\ \mu^{\mathrm g}=\mu^{\mathrm L}$$

即 $\mu^{\mathrm g}(T,p^{\mathrm g})=\mu^{\mathrm L}(T,p^{\mathrm L})$,对纯物质 $G_{\mathrm m}=\mu$,等温过程 $\mathrm{d}G_{\mathrm m}=V_{\mathrm m}\mathrm{d}p$,$\left(\dfrac{\partial\mu}{\partial p}\right)_T=V_{\mathrm m}$。

设液体的饱和蒸气压力为 p_0(这是指等温下平面液体与蒸气呈平衡 $p_0=p_{外}$)。

平面表面:　　　　　　　　$\mu^{\mathrm g}(T,p_0)=\mu^{\mathrm L}(T,p_{外})$　　　　　　　　　　　(a)

弯曲表面:　　　　　　　　$\mu^{\mathrm g}(T,p^{\mathrm g})=\mu^{\mathrm L}\left(T,p_{外}+\dfrac{2\gamma}{r_{\mathrm L}}\right)$　　　　　　　(b)

式(b)－式(a):　　$\mu^{\mathrm g}(T,p^{\mathrm g})-\mu^{\mathrm g}(T,p_0)=\mu^{\mathrm L}\left(T,p_{外}+\dfrac{2\gamma}{r_{\mathrm L}}\right)-\mu^{\mathrm L}(T,p_{外})$　　(c)

取微小变化:　　　　　　　　　$\mathrm{d}\mu^{\mathrm g}=\mathrm{d}\mu^{\mathrm L}$　　　　　　　　　　　　(d)

将 $\left(\dfrac{\partial\mu}{\partial p}\right)_T=V_{\mathrm m}$ 代入式(d),得

$$\int_{p_0}^{p^{\mathrm g}}V_{\mathrm{m(g)}}\mathrm{d}p^{\mathrm g}=\int_{p_0}^{p_{外}+\frac{2\gamma}{r_{\mathrm L}}}V_{\mathrm{m(L)}}\mathrm{d}p^{\mathrm L}\tag{e}$$

把气相按理想气体处理,$V_{\mathrm{m(g)}}=\dfrac{RT}{p}$,液体看成是不可压缩的,$V_{\mathrm{m(L)}}$ 近似为常数,则对式(e)

的积分结果为

$$RT\ln\frac{p^{g}}{p_0} = V_{m(L)}\Big(p_{外} + \frac{2\gamma}{r_L} - p_{外}\Big) \tag{f}$$

设液体密度为 ρ，相对分子质量为 M，p_0 对应曲率半径 $r_0 \to \infty$（平表面），$p_0 = p_{外}$，p^g 对应曲率半径为 r_L，$p^g = p_r$ 则有

$$\ln\frac{p_r}{p_0} = \frac{2\gamma M}{\rho RT r_L} = \frac{2\gamma M}{\rho RT}\Big(\frac{1}{r_L} - \frac{1}{r_0}\Big) \tag{1.74}$$

（1）$r_L > 0$，$p_r > p_0$，说明当有液滴形成时，$p_{气} > p_{饱}$，原来不考虑表面问题时，若 $p_{气} = p_{饱}$，就达到气 – 液平衡。当存在表面问题时，若 $p_{气} = p_{饱} = p_0$，意味着 $\mu^L(T,p^L) = \mu^L(T, p_0 + \frac{2\gamma}{r_L}) > \mu^L(T,p_0) = \mu^g(T,p_0)$，所以有 $\mu^g < \mu^L$，只有当 $p_{气} = p_r$ 时，才能有 $\mu^g = \mu^L$，此时气 – 液两相呈新的平衡。p_r/p_0 称为过饱和度，这种平衡是随曲率半径而变化的暂时平衡 —— 亚稳态。r_L 上升由式（1.74）看出 p_r 下降，说明随着液滴尺寸的增加过饱和度下降，暂时平衡被破坏，更有利于自动转变为液体，这就是称为亚稳态的理由。

（2）在液体中形成气泡的逸出条件。在图 1.13 中 $r_L < 0$，设此时气泡半径为 r_g，则有 $p^g - p^L = \frac{2\gamma}{r_g}$，$p^g = p^L + \frac{2\gamma}{r_g}$，$p^L = p_{外} + gh\rho$，则

$$p^g = p_{外} + gh\rho + \frac{2\gamma}{r_g} \tag{1.75}$$

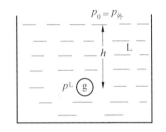

图 1.13　液体中气泡的逸出条件

式（1.75）就是气泡自发生成的条件，$p_{饱}^g \geq p^g = p_{外} + gh\rho + \frac{2\gamma}{r_g}$ 时，气泡才能克服液体内压力及附加压而逸出。$r_g \downarrow$，$p_{饱}^g \uparrow$，即当形成小气泡时，需要的气相压力更大，困难程度也高，一般是靠升温的办法来提高气相压力。

平面时，$r_g \to \infty$，$p_{饱}^g = p_{外} + gh\rho$，在表面 $h = 0$，$p_{饱}^g = p_{外} = p_0$，其对应温度为 T_b^0，这是液体的正常沸点。

曲面时，若 r_g 很小，$p^g = p_{外}$ 时不能蒸发，升温提高气相压力后，满足式（1.75）条件后才能逸出，此时对应温度为 T_b，$\Delta T = T_b - T_b^0$，称为过热度。

【例 1.8】 $p_{外} = 101\,325\,Pa$，$T = 100\,℃$，水的饱和蒸气压为 $p_0 = 101\,325\,Pa$，$\gamma = 58.85 \times 10^{-3}\,N/m$，若首先产生气泡半径 $r_g = 1 \times 10^{-8}\,m$，问气泡能否逸出？

解　$r_g = 1 \times 10^{-8}\,m$，则 $\frac{2\gamma}{r_g} = 117.7 \times 10^5\,Pa$，$p_r = p_{外} + \frac{2\gamma}{r_L} = 118.7 \times 10^5\,Pa$，$p_{饱}^g = p_0 < 118.7 \times 10^5\,Pa$，所以 $100\,℃$ 时该尺寸的气泡不能逸出。

若将温度提高到 $276\,℃$，此时饱和蒸气压 $p_{饱}^g = 60.49 \times 10^6\,Pa$，$\gamma = 28.8 \times 10^{-3}\,N/m$，$\frac{2\gamma}{r_g} = 57.6 \times 10^5\,Pa$，$p^g = p_{外} + gh\rho + \frac{2\gamma}{r_L} \approx p_{外} + \frac{2\gamma}{r_L} = 58.6 \times 10^5\,Pa$，$p_{饱}^g > p^g$，满足不等关系，

气泡可以逸出。在实际当中要使101 325 Pa外压下的水沸腾,温度并未高达200 ℃以上,这是为什么?可从以下几个方面来分析。

a. 一般测定的是液体内部的本体温度,而盛液体的容器与火焰接触处的温度实际要比本体温度高,这就有可能使与器壁接触的液体局部过热后先形成气泡使其沸腾。

b. 更重要的是在容器(固体)与液体的界面上形成的并不是一个非常小的球形气泡,而是一个半径较大的圆形穴或凹形气穴(该穴非常薄),导致非自发形"核",这就使沸腾容易发生,如图 1.14 所示,由于气穴曲率半径比较大,使$\frac{2\gamma}{r_g}$大大降低,ΔT也大大减少而导致了气化。

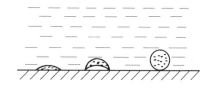

图 1.14　气泡形成过程

c. 实际容器固体表面不是理想化的平面,有一定的表面粗糙度。如平均高度偏差$R_a = (1 \sim 2) \times 10^{-7}$m,相当于$\nabla_{12}$,这样在固 – 液界面的凹处形成凹形气穴,此时液体曲率半径$r_L > 0$,式(1.75)变为

$$p^g = p_0 + gh\rho - \frac{2\gamma}{r_L} \tag{1.76}$$

当$p_{外} + gh\rho - \frac{2\gamma}{r_L} \leq p^g_{饱} \leq p_{外} + gh\rho$时,就可有气体稳定存在,不需要过热度也能气化,当然要全面考虑,这时的气泡只能在凹处存在,因$p^g_{饱} \leq p_{外} + gh\rho$是不能逸出的。

总之,通过上述分析看出,由于液面的凹性不同,其饱和蒸气压也不同。如图 1.15 所示,根据式(1.74)可看出,$p^L_{凸} > p^L_{平} > p^L_{凹}$。

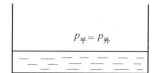

图 1.15　液面凸凹性与饱和蒸气压

【例1.9】　两个肥皂泡如图 1.16 连接,开始时连通器阀门关闭。若$r_1 < r_2$,当打开阀门后将产生什么现象?

解:肥皂泡本身是个薄膜,$p_内 \rightarrow \mathbb{N} \leftarrow p_外$,因为该膜非常薄,近似膜内外半径相等$r_内 \approx r_外$,另外该膜上有内外两个界面,设膜内压力为$p^L$,则

图 1.16　两肥皂泡与连通器相连

凸面:
$$p^L - p_外 = \frac{2\gamma}{r_外} \tag{a}$$

凹面:
$$p_内 - p^L = \frac{2\gamma}{r_内} \tag{b}$$

$$p_内 - p_外 = 2\gamma\left(\frac{1}{r_内} + \frac{1}{r_外}\right) \approx \frac{4\gamma}{r_内} \tag{c}$$

a. 不连通的平衡态：

$$p_{内1} - p_外 = \frac{4\gamma}{r_{内1}}, \quad p_{内2} - p_外 = \frac{4\gamma}{r_{内2}}, \quad r_{内1} < r_{内2}$$

$$p_{内1} - p_{内2} = 4\gamma\left(\frac{1}{r_{内1}} - \frac{1}{r_{内2}}\right) > 0, \quad p_{内1} > p_{内2}$$

由于连通器关闭，造成了一种外力作用下的平衡。

b. 连通后的平衡态：

假设平衡后，$p'_{内1} = p'_{内2}$，对应尺寸为 $r'_{内1}$、$r'_{内2}$，因为内压相等且 $p_外$ 不变，所以 $r'_{内1} = r'_{内2}$。

由于在连通前小泡内压高，开启后小泡内气体将向大泡流动，使小泡体积变小，即当 $r'_{内1} = r_管$ 时 $p'_{内1} = \max$，然后 $r'_{内1}$ 再上升使 $p'_{内1}$ 下降直到 $p'_{内1} = p'_{内2}$，$r'_{内1} = r'_{内2}$ 为止。还可以进一步分析两个肥皂泡的最终变化尺寸。式(c) 在这两个平衡态时是恒成立的。因此有

$$\Delta r_1 = r'_{内1} - r_{内1} = 4\gamma\left(\frac{1}{p'_{内1} - p_外} - \frac{1}{p_{内1} - p_外}\right) \tag{d}$$

$$\Delta r_2 = r'_{内2} - r_{内2} = 4\gamma\left(\frac{1}{p'_{内2} - p_外} - \frac{1}{p_{内2} - p_外}\right) \tag{e}$$

考虑到 $p'_{内1} = p'_{内2}$，$p_{内1} > p_{内2}$，式(d) − 式(e) 得

$$\Delta r_1 - \Delta r_2 = 4\gamma\left[\left(\frac{1}{p'_{内1} - p_外} - \frac{1}{p'_{内2} - p_外}\right) + \left(\frac{1}{p_{内2} - p_外} - \frac{1}{p_{内1} - p_外}\right)\right] > 0 \tag{f}$$

由式(d) 看出 $r_{内1} < r'_{内1}$，这是由于气体流动后 $p_{内1}$ 降低造成的。由式(e) 可看出 $r'_{内2} > r_{内2}$，意味着 $p'_{内2} < p_{内2}$，即打开连通器建立新平衡后的内压比原来的两个内压都小，r_1 内压下降多，r_2 内压下降相对较少，才最后导致力的平衡。

2. 杨(Young) − 拉普拉斯(Laplace) 公式

在介绍杨−拉普拉斯公式(简称"Y−L公式")前需首先明确曲率半径的数学概念。

(1) 形状任意的连续曲面上任意一点的曲率半径。

如图 1.17(a) 所示，P 点法线方向为 Z，S_1、S_2 两个面都经过 Z 轴，且 $S_1 \perp S_2$、S_1 面和曲面交线为 APB，P 点对应曲率半径 R_1；S_2 面和曲面交线为 CPD，对应曲率半径 R_2。由解析几何可证明，这两个相互垂直面与原曲面交线的曲率半径倒数之和为一常数，即

$$\frac{1}{C} = \frac{1}{R_1} + \frac{1}{R_2} \tag{a}$$

(2) 曲面发生微小移动时，$\mathrm{d}A/\mathrm{d}V$ 之间的关系。

图 1.17(b) 中 $ABCD$ 代表曲面的微小部分，若曲面在 Z 方向发生位移 $\mathrm{d}Z$ 后变为 $A'B'C'D'$，即

$$\mathrm{d}A = (x + \mathrm{d}x)(y + \mathrm{d}y) - xy \approx x\mathrm{d}y + y\mathrm{d}x \tag{b}$$

$$\mathrm{d}V = (xy + \mathrm{d}A)\mathrm{d}Z \approx xy\mathrm{d}Z \tag{c}$$

则

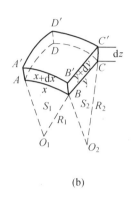

图 1.17 曲率半径

$$\frac{\mathrm{d}A}{\mathrm{d}V} = \frac{x\mathrm{d}y + y\mathrm{d}x}{xy\mathrm{d}Z} = \frac{\mathrm{d}y}{y\mathrm{d}Z} + \frac{\mathrm{d}x}{x\mathrm{d}Z} \tag{d}$$

因为 $\Delta A'B'O_1 \backsim \Delta ABO_1, \dfrac{x + \mathrm{d}x}{R_1 + \mathrm{d}Z} = \dfrac{x}{R_1}$,故

$$\frac{1}{R_1} = \frac{\mathrm{d}x}{x\mathrm{d}Z}$$

同理,将 $\dfrac{1}{R_2} = \dfrac{\mathrm{d}y}{y\mathrm{d}Z}$ 代入式(d),得

$$\frac{\mathrm{d}A}{\mathrm{d}V} = \frac{1}{R_1} + \frac{1}{R_2} \tag{e}$$

式(e)为任意曲面曲率半径的表达式。

(3) Y – L 公式。

将式(e)代入式(1.57)即得 Y – L 公式:

$$p^{\alpha} - p^{\beta} = \gamma \left(\frac{\mathrm{d}A}{\mathrm{d}V^{\alpha}} \right)_{T,V} = \gamma \left(\frac{1}{R_1} + \frac{1}{R_2} \right)_{\alpha} \tag{1.77}$$

讨论:

① 球面:

$$R_1 = R_2 = R_{\alpha}, \quad p^{\alpha} - p^{\beta} = \frac{2\gamma}{R_{\alpha}}$$

② 液体中的气泡:

令 α 为气相,则有

$$p^{\mathrm{g}} - p^{\mathrm{L}} = \frac{2\gamma}{r_{\mathrm{g}}}$$

③ 气泡膜:

如图 1.18 所示,R_1 为气相曲率半径,R_2 为液相曲率半径,因膜很薄,$R_1 \approx R_2$。

对膜内

$$p^{\mathrm{g}} - p^{\mathrm{L}} = \frac{2\gamma}{R_1}$$

对膜外

$$p^{\mathrm{L}} - p_{\text{外}} = \frac{2\gamma}{R_2}$$

所以 $\quad p_内 - p_外 = p^g - p_外 = \dfrac{4\gamma}{R}(R = R_1 \approx R_2)$

④ 圆柱面：

如图 1.19 所示，此时，$R_2 \to \infty$，由式(1.77)得

$$\Delta p = \frac{\gamma}{R_1}$$

⑤ 平面：

$$R_1 \to \infty, R_2 \to \infty, \Delta p = 0$$

⑥ 特例 —— 马鞍形：

图 1.20 中，在马鞍形的鞍点上，$R_1 = -R_2$，故 $\Delta p = 0$。

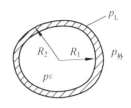

图 1.18　气泡膜

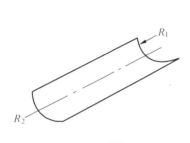

图 1.19　圆柱面

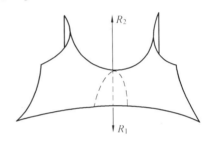

图 1.20　马鞍形

1.4.2　颗粒尺寸 r 大小对固 - 液相变过程的影响

1. 纯液体结晶的过冷

对纯物质 $G_m = \mu$，$\left(\dfrac{\partial G}{\partial T}\right)_p = -S$，所以有 $\left(\dfrac{\partial \mu}{\partial T}\right)_p = -S_m$。根据绝对熵的概念 $T > 0 \text{ K}, S > 0$，由于熵与体系混乱度有关，固相的有序性比液相强，$S_m^L > S_m^S$，所以有

$$\left|\left(\frac{\partial \mu^L}{\partial T}\right)_p\right| > \left|\left(\frac{\partial \mu^S}{\partial T}\right)_p\right| \tag{a}$$

如图 1.21 所示，如果不考虑表面问题，L⇌S 两相平衡时，$T = T_f^0(\mu^L = \mu^S)$，T_f^0 为正常凝固点。

$T < T_f^0, \quad \mu^L > \mu^S, \quad$ 液体自动结晶。

$T > T_f^0, \quad \mu^L < \mu^S, \quad$ 固体自动溶化。

注意：不考虑表面问题时

$$\mu^L(T_f^0, p_0) = \mu^S(T_f^0, p_0) \tag{b}$$

考虑表面因素，假设析出小晶体为球形，半径为 r，凝固点变为 T_f，由相平衡条件有

$$\mu^L(T_f, p) = \mu^S\left(T_f, p + \frac{2\gamma}{r}\right) \tag{c}$$

由 $\mathrm{d}\mu_T = V_m \mathrm{d}p$ 知，$p \uparrow \mu \uparrow$，当 r 很小时，$p_0 < p + \dfrac{2\gamma}{r}$，这说明 $\mu^S\left(T_f^0, p + \dfrac{2\gamma}{r}\right) > \mu^L(T_f^0, p_0)$，要想使 $\mu^S = \mu^L$ 等式成立，需设法使 $\mu^L \uparrow$，从图 1.21 看出，当 $T \downarrow$ 时，μ^L 上升得多，μ^S 上升得少。因而 $T_f < T_f^0$，才能保证有固 - 液相的化学势相等点存在。

$\Delta T = T_{\mathrm{f}}^0 - T_{\mathrm{f}}$ 称为过冷度。在步冷曲线上表现为图 1.22 的形式。

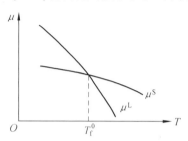
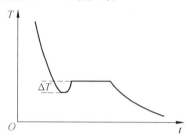

图 1.21　μ 与 T 的关系(等压过程)　　　图 1.22　过冷度在步冷曲线上的表现

当小晶体刚出现时,由于 r 很小,表面因素不可忽略,曲面相律 $f = K - (g - S) + 1 = 1 - (1 - 1) + 1 = 2$,说明在晶体刚出现时,$p$ 指定后 T 仍可自由改变使 T_{f} 为 r 的函数。当晶体长大后可按平面表面处理 $f = K - \Phi - (g - S) + 2 = 1$,$p$ 指定后 T 不能变,因而出现平台。

2. 从溶液中析出晶体的新相生成过程

前面讨论的是纯物系,现在考察溶液中只有溶质析出的过程。

(1)由基础物理化学可知,固液两相平衡时溶质 B 在两相间的化学势相等(不考虑表面问题)。

$$\mu_{\mathrm{B}}^{\mathrm{L}}(T \text{、} a_{\mathrm{B}} \text{、} p_{\text{外}}) = \mu_{\mathrm{B}}^{\mathrm{S}}(T \text{、} X_{\mathrm{B}}^{\mathrm{S}} \text{、} p_{\text{外}}) \tag{a}$$

纯固相 $X_{\mathrm{B}}^{\mathrm{S}} = 1$,$a_{\mathrm{B}}$ 为饱和溶液中溶质的活度。

(2)固相刚析出微小晶体尺寸 r 时所呈平衡为

$$\mu_{\mathrm{B}}^{\mathrm{L}}\left[T \text{、} a_{\mathrm{B}}(r) \text{、} p_{\text{外}} \right] = \mu_{\mathrm{B}}^{\mathrm{S}}\left(T \text{、} p_{\text{外}} + \frac{2\gamma}{r} \right) \tag{b}$$

$a_{\mathrm{B}}(r)$ 为刚析出尺寸 r 时对应的溶液中 B 物质的活度。

在化学势相等的基础上取微小变化有 $\mathrm{d}\mu_{\mathrm{B}}^{\mathrm{L}} = \mathrm{d}\mu_{\mathrm{B}}^{\mathrm{S}}$,在等温条件下 $\mathrm{d}\mu_{\mathrm{B}}^{\mathrm{S}} = \mathrm{d}G_{\mathrm{m}} = V_{\mathrm{m(S)}}\mathrm{d}p$,而根据 $\mu_{\mathrm{B}}^{\mathrm{L}}\left[T \text{、} a_{\mathrm{B}}(r) \text{、} p_{\text{外}} \right] = \mu_{\mathrm{B}}^0(T \text{、} p_{\text{外}}) + RT\ln a_{\mathrm{B}}$ 直接可得 $\mathrm{d}\mu_{\mathrm{B}}^{\mathrm{L}} = RT\mathrm{d}\ln a_{\mathrm{B}}$,即

$$RT\mathrm{d}\ln a_{\mathrm{B}} = V_m \mathrm{d}p$$

$$RT\ln \frac{a_{\mathrm{B}}(r)}{a_{\mathrm{B}}} = V_m \frac{2\gamma}{r} = \frac{2\gamma M}{\rho r}$$

$$\ln \frac{a_{\mathrm{B}}(r)}{a_{\mathrm{B}}} = \frac{2\gamma M}{RT\rho r} \tag{1.78}$$

式中,平面情况下饱和溶液 a_{B} 对应压力 $p_{\text{外}}$,而 $a_{\mathrm{B}}(r)$ 则是曲面情况下溶质饱和活度,对应固相压力是 $p_{\text{外}} + \frac{2\gamma}{r}$。$r > 0$,所以 $a_{\mathrm{B}}(r) > a_{\mathrm{B}}$,形成过饱和溶液,其活度比值也称为过饱和度。

(3)结晶析出临界晶核尺寸。当在过饱和溶液中开始形成尺寸为 r 的晶核并能暂时稳定存在时,假设这微小变化引起 Gibbs 函变为 $\mathrm{d}G$

$$\mathrm{L}\left[T \text{、} p_{\text{外}} \text{、} a_i(r) \right] \xrightarrow{\mathrm{d}G} \mathrm{S}_i(T \text{、} p_{\text{外}} \text{、} r)$$

外界等温等压条件下

$$dG = \sum \mu_i^L dn_i^L + \sum \mu_i^S dn_i^S + \gamma dA$$

若析出的是 i 种物质纯固相,则 $dn = 0, dn_i \neq 0$,即

$$-dn_i^L = dn_i^S, dG = (\mu_i^S - \mu_i^L) dn_i^S + \gamma dA, n_i^S = \frac{\rho V_S}{M}$$

所以 $dn_i^S = \frac{\rho}{M} dV_S$,同时由几何学可知,对刚性体表面积和体积之间存在 $A = KV^{2/3}$ 关系,其中 K 为常数,$dA = \frac{2}{3} KV^{-1/3} dV$,则

$$dG = (\mu_i^S - \mu_i^L) \frac{\rho}{M} dV_S + \gamma \frac{2}{3} KV_S^{-1/3} dV_S =$$

$$\left[(\mu_i^S - \mu_i^L) \frac{\rho}{M} + \frac{2}{3} \gamma KV_S^{-1/3} \right] dV_S \tag{1.79}$$

根据 $dG = dG_{内} + dG_{表}$ 的概念,对式(1.79)积分(考虑到 i 物质的液相浓度高,当尺寸 r 变化时对浓度影响小,因此可以近似看成 μ_i^L 不随尺寸 r 改变。而对于析出的纯固相 $\mu_i^S (T, p_{外})$,在正常饱和浓度 a_i,由基础物化可知 $\mu_i^S = \mu_i^L (T, p_{外}, a_i)$,可认为其不随尺寸 r 变化),有

$$\Delta G = \int_0^{V_S} dG = (\mu_i^S - \mu_i^L) \frac{\rho}{M} V_S + K\gamma V_S^{2/3} = \Delta G_{内} + \Delta G_{表} \tag{1.80}$$

式中有 2 个相反的因素,体系内部 $\Delta G_{内} = (\mu_i^S - \mu_i^L) \frac{\rho}{M} V_S$,不考虑表面因素(因为是 $\Delta G_{内}$),$a_i(r) > a_i$,则

$$\mu_i^L [T, p_{外}, a_i(r)] > \mu_i^S (T, p_{外}) = \mu_i^L (T, p_{外}, a_i)$$

a_i 为正常饱和溶液的活度。于是 $\Delta G_{内} < 0$,这一项使整个体系 $\Delta G \downarrow$,有利于结晶析出。但新相生成又产生界面效应 $\Delta G_{表} = K\gamma V_S^{2/3} > 0$,这一项使整个体系 $\Delta G \uparrow$,不利于结晶析出。V_S 小时不利因素占主导地位,V_S 大时有利因素占主导地位。ΔG 与 V_S 有个极值,$dG = 0$,如图 1.23 所示,对应着 $dG = 0$ 时的晶核尺寸称为临界晶核尺寸 V_C。由式(1.79)看出,$dG = 0$,有

$$\begin{cases} \frac{2}{3} K\gamma V_C^{-1/3} = (\mu_i^L - \mu_i^S) \frac{\rho}{M} \\ \mu_i^L - \mu_i^S = RT \ln \frac{a_i(r)}{a_i} \\ V_C^{-1/3} = \frac{3RT\rho}{2K\gamma M} \ln \frac{a_i(r)}{a_i} \end{cases} \tag{1.81}$$

将 V_C 代入式(1.80)并注意到

$$(\mu_i^S - \mu_i^L) \frac{\rho}{M} = -\frac{2}{3} K\gamma V_C^{-1/3}$$

则可得

$$\Delta G_{\mathrm{C}} = K\gamma\left(V_{\mathrm{C}}^{2/3} - \frac{2}{3}V_{\mathrm{C}}^{2/3}\right) = \frac{1}{3}K\gamma V_{\mathrm{C}}^{2/3} = \frac{1}{3}\Delta G_{\text{表}} \qquad (1.82)$$

式(1.82)说明,当体系自身形成临界晶核时,$\Delta G_{\mathrm{C}} > 0$(可用局部涨落理论解释),在形成这种尺寸的晶核后,ΔG 将随着 V_{S} 上升而下降,这有利于晶体的长大。

一般形成的晶核都为三维的,这是因为二维时表面积很大,ΔG 上升较多而更加困难。三维时 ΔG 上升相对较少,如立方体形,$V_{\mathrm{S}} = r^3$,$A = 6r^2$,由 $A = KV^{2/3}$ 看出 $K = 6$,则有

$$V_{\mathrm{C}}^{-1/3} = r_{\mathrm{C}}^{-1} = \frac{3\rho RT}{2 \times 6\gamma M}\ln\frac{a_i(r)}{a_i}$$

即

$$r_{\mathrm{C}} = \frac{4\gamma M}{\rho RT\ln\dfrac{a_i(r)}{a_i}} \qquad (1.83)$$

这就是形成立方体晶核的临界尺寸。

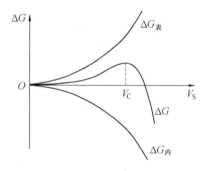

图 1.23 ΔG 与 V_{S} 变化关系

第2章   固体表面的吸附

2.1   固体表面特征

固体不同于液体和气体,不具有流动性,在一定的应力作用下,不明显改变形状。固体的表面也与液体不同,不存在理想的平滑表面,即使仔细解理的云母表面也只是接近于平面,其表面高低之差也达几个原子尺度,而其他固体表面通常是这个数目的几千、几万倍;高度磨光的钢表面,经仪器测定,相差 0.1 ~ 1 mm,甚至更大。

固体表面的形貌一般用电子显微镜进行观察,对有代表性的固体表面用电子显微镜进行观察,还可以结合能谱等手段进行化学成分的测定,从而揭示固体表面原子的不规则性。这些不规则性的存在,使表面凹凸不平,存在大量的组织或成分缺陷,这些缺陷将成为吸附、催化、润湿、黏附、腐蚀以及摩擦等现象的主要根源。

固体表面的组成和结构也往往与内部不同,甚至相差程度很大。例如,磨光的多晶固体,在表面层中结晶粒子微细化。外表面 1 nm 厚度的电子衍射像为碎土状,为极细的结晶群。在 0.1 ~ 1.0 mm,细晶粒子的晶轴和磨光方向一致,成为纤维组织。至于金属表面的组成也较复杂,大多数金属都在大气中形成氧化膜。例如,铁在 570 ℃ 以下由表及里形成 $Fe_2O_3/Fe_3O_4/Fe$;在 570 ℃ 以上由表及里形成 $Fe_2O_3/Fe_3O_4/FeO/Fe$。

固体表面的原子或分子,由于其外侧缺少原子或分子之间的相互作用,与处于内部的相比所受作用力场不同。对于离子晶体 NaCl 在(100) 面上,表面 Na^+ 仅受同一平面上相邻的 4 个 Cl^- 和其下面的一个 Cl^- 的引力作用,而在内部的 Na^+ 却受到6 个 Cl^- 的引力作用,显然受力是不一样的。根据低能电子衍射实验,测定了 NaCl 表面原子的切面图,如图 2.1 所示。

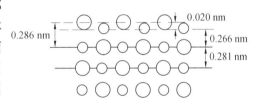

图 2.1   NaCl 表面原子切面图

表面层的 Na^+ 向内靠近0.015 nm,Cl^- 向外移了 0.005 nm,Na^+ 与 Cl^- 的正常间距为 0.281 nm,而表层 Na^+ 与次层 Cl^- 的间距为 0.266 nm,表层 Cl^- 与次层 Na^+ 的间距为 0.286 nm,这是因为 Cl^- 半径大于 Na^+ 半径,它的最外层电子与带正电荷的原子核之间的引力较弱,因而 Cl^- 易被极化而变形,所产生的偶极正电荷受阳离子排斥而被推向外面,因而表面上有厚度为 0.020 nm 的双电层存在。

下面具体比较一个固体和液体表面上原子的运动情况。根据气体动力学,可以得到在每秒钟撞击 1 cm^2 液面上的蒸气物质的量 Z 为

$$Z = \frac{p}{\sqrt{2\pi MRT}}$$

(2.1)

式中,p 为液面上方蒸气的压力;M 为相对分子质量;R 为气体常数;T 为绝对湿度。

对于在室温时水饱和的蒸气而言,Z 值约为 0.02 mol/$(cm^2 \cdot s)$ 或 1.22×10^{22} 个分子/$(cm^2 \cdot s)$。当凝聚相与其蒸气呈平衡时,在分界面上蒸气与凝聚相处于动态平衡,即一方面蒸气相中的分子与液相或固相相撞而凝聚,另一方面凝聚相中的分子也将以同样的速度进入气相。因而可以根据 Z 值的大小来估计凝聚相表面上分子或原子的存在寿命。室温下水的 Z 值为 1.2×10^{29} 个分子/$(cm^2 \cdot s)$,每个水分子的面积约为 10^{-15} cm^2,因而在此面积上每秒钟来往于液 – 气之间的分子数为 1.2×10^{7} 个。这意味着液面分子的平均寿命为 10^{-7} s,因此可以认为表面上的水分子是混乱的,极不稳定的。在室温下钨是一种极难挥发的金属,其蒸气压仅为 10^{-40} MPa,相应的 Z 值仅为 10^{-17} 个原子/$(cm^2 \cdot s)$,因而其表面原子的平均寿命高达 10^{32} s(合 3×10^{24} 年)。对于其他的金属及无机非金属固体,尽管比钨容易挥发,它们表面原子的寿命在室温时仍然足够长。因此,固体表面原子的可动性比液体要小得多,其表面状态往往取决于形成表面的"历史",而不像液体那样取决于表面张力。当然,在接近固体材料的熔点温度时,它们的蒸气压较高,表面原子的平均寿命很短。

固体表面的不均匀性主要表现在以下几方面:

① 绝大多数晶体是各向异性,因而同一晶体可以有许多性能不同的表面;

② 同一种物质制备和加工条件不同,表面性质不同;

③ 固体晶格缺陷、空位或位错造成表面不均匀;

④ 在空气中暴露,表面被外来物质污染,吸附外来原子可占据不同表面位置,形成有序或无序排列,也引起表面不均匀;

⑤ 固体表面无论怎么光滑,从原子尺寸衡量,实际上也是凹凸不平的。

固体的实际表面是不规则和粗糙的,常用表面粗糙度和微裂纹来表征固体表面。表面粗糙度是指实际固体表面面积与理想固体表面面积的比值。总之,表面的粗糙性、不均匀性、不完整性是固体表面突出的特点,对表面吸附、催化等特性有很大影响。

其次,晶体中每个质点周围都存在一个力场,在晶体内部,质点力场是对称的。但是在固体表面,质点排列周期重复性中断,使得处于表面边界上的质点力场对称性被破坏,表现出剩余键力,称为固体表面力,这是固体表面另一个突出特征。固体表面力包括范德瓦耳斯力(分子间力)、长程力两类。

范德瓦耳斯力是固体表面产生物理吸附或气体凝聚原因,与液体内压、表面张力、蒸气压等性质有关,包括非极性分子之间的色散力、极性与非极性分子之间的诱导力、极性分子之间的取向力三种。分子间引力的作用范围极小。

长程力属固体物质之间相互作用力,本质仍是范德瓦耳斯力。按作用原理可分为:

① 依靠粒子间的电场传播的,如色散力,可以进行加和。

② 一个分子到另一个分子逐个传播而达到长距离,如诱导力。

另外,固体表面特征可以通过表面分析方法来进行研究。近年来,由于高真空技术、电子技术的长足进步,材料表面研究方法进入了一个崭新阶段,使人们对固体表面的结构和化学成分的认识不断进步。通过使用现代的表面研究方法,可以确定材料的表面化学成分、组织结构和分布、原子和分子所处的状态。这些内容正是深入研究固体表面所需要的信息。现代表面研究方法的运用,有力地促进了一些学科和领域的发展,如半导体及其元器件、化学工业催化剂、功能薄膜、金属材料的腐蚀和防护或表面处理等。在现代表面分析中,没有一种万能的分析方法。根据所要研究内容的需要,可能要选择几种分析手段,然后对这几种分析方法所得到的信息进行综合处理,才能得到确定和可信的结论。表2.1列举了一些常见的固体表面研究内容及其分析方法。

表 2.1　固体表面研究内容及其分析方法

研究内容		分析方法
表面结构	表面原子排列	HEED LEED FIM FEM
	表面微观结构、缺陷	SEM TEM LEED FIM FEM
表面原子状态	原子组分、杂质探测	XPS UPS AES IMA EPMA
	原子价状态、结合状态	XPS UPS ESR AES
	原子能带结构	XPS UPS FEM
原子排列、晶体结构		XRD RHEED

注:HEED(High energy electron diffraction):高能电子衍射。

　　LEED(Low energy electron diffraction):低能电子衍射。

　　FIM(Field ion microscope):场离子显微镜。

　　FEM(Field emission microscope):场发射显微镜。

　　SEM(Scanning electron microscope):扫描电子显微镜。

　　TEM(Transmission electron microscope):透射电子显微镜。

　　XPS(X-ray photo spectroscopy):X 射线光电子能谱。

　　UPS(Ultraviolet photoelectron spectroscopy):紫外光电子能谱。

　　AES(Auger electron spectroscopy): 俄歇电子能谱。

　　IMA(Ion microanalysis):离子探针显微分析。

　　EPMA(Electron probe microanalysis):电子探针显微分析。

　　ESR(Electron spin resonance):电子自旋共振。

　　XRD(X-ray diffraction):X 射线衍射。

　　RHEED(Return high energy electron diffraction):反射高能电子衍射。

2.2　固体表面对气体的吸附

固 - 气界面的吸附现象是普遍存在的,气体在固体表面的吸附是指气体分子在固体表面发生浓集的现象。固体表面通过吸附来降低表面能。

2.2.1　物理吸附和化学吸附

吸附作用可分为物理吸附和化学吸附两类。范德瓦耳斯力是发生物理吸附时的主要吸附力,而固体表面的组成不会发生改变。化学吸附中,吸附分子与固体表面间具有化学作用,形成化学键。物理吸附、化学吸附在吸附热、吸附速度、吸附的选择性、吸附层数、吸附温度、解吸状态等方面都有明显的差异。

物理吸附进行得很快,同时被吸附的气体在一定条件下能够定量脱附。从热力学关系式 $\Delta G = \Delta H - T\Delta S$ 来看,吸附过程中的 ΔH 一定是负值,表明物理吸附过程是放热过程,其吸附热与汽化热相近,所以通过升温的方式,在固体表面可以进行脱附。吸附热与气体的液化热相近,一般小于 40 kJ/mol。物理吸附过程是扩散控制,无选择性,能够在任何界面发生。物理吸附通常是一个多层吸附过程,在固体表面多层吸附中,第一层吸附可能是物理吸附或化学吸附,随后的吸附层都是物理吸附。

吸附过程中能够形成化学键,这类吸附为化学吸附。化学吸附的吸附热一般为 120 ~ 200 kJ/mol,有时可达 400 kJ/mol 以上。温度升高往往能使吸附速度加快。通常在化学吸附中只形成单分子吸附层,且吸附质分子被吸附在固体表面的固定位置。这种吸附一般是不可逆的,但在超过一定温度时也可能被解吸。化学吸附的吸附热与化学反应热类似,多为放热过程。化学吸附被限定在形成单分子吸附层的过程中,具有明显的选择性。

物理吸附与化学吸附的基本区别见表 2.2。

表 2.2 物理吸附与化学吸附的区别

比较项	物理吸附	化学吸附
吸附热	近似液化热(1 ~ 40 kJ/mol)	近似反应热(40 ~ 400 kJ/mol)
吸附力	范德瓦耳斯力,弱	化学键力,强
吸附层	单分子层或多分子层	仅单分子层
吸附选择性	无	有
吸附速率	快	慢
吸附活化能	不需要	需要,很高
吸附温度	低温	较高温度
吸附层结构	基本同吸附质分子结构	形成新的化合态

物理吸附与化学吸附都具有非常重要的实际应用和前景。物理吸附应用于脱水、脱气、气体净化与分离等;而化学吸附则在多相催化过程中起到极大作用。

2.2.2 吸附势能曲线

吸附分子在逐渐接近吸附剂表面时,体系能量随两者的距离大小发生变化。吸附质到固体表面距离与体系能量的函数关系曲线即为吸附势能曲线。图 2.2 为氢分子在镍表面吸附的示意图,图 2.3 为吸附的势能曲线示意图。

图 2.3 中曲线 I 是氢分子被镍表面物理吸附的势能曲线,物理吸附热为 $\Delta_a H (P$ 点)。图 2.2(b) 为氢分子在镍表面物理吸附态,此时的氢分子与表面的距离还相当大,尚未发生电子云的重叠。图 2.3 中曲线 II 是氢分子发生解离而被镍表面化学吸附的势能曲线。在 C 点发生化学吸附,对应的化学吸附热为 $\Delta_r H_m$。图 2.2(d) 为氢分子在镍表面化学吸附态。化学吸附热远远大于物理吸附热,所以化学吸附时被吸附物与固体表面的距离比物理吸附时近。物理吸附后的分子继续靠近吸附剂表面,电子云将发生重叠,势能升高,能量达到曲线 I 与曲线 II 交点时形成过渡态,如图 2.2(c) 所示。物理吸附向化学

吸附转化。图 2.3 中能垒 E_a 是与吸附剂表面形成化学键所需的能量,即化学吸附活化能。当 E_a 值为零及负值时,为非活化吸附,反之,为活化吸附。要从化学吸附变为物理吸附,存在脱附活化能 E_d($E_d = E_a + \Delta_r H_m$)。

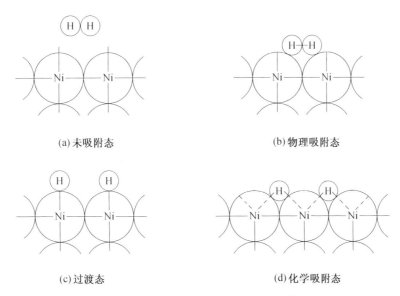

(a) 未吸附态 (b) 物理吸附态

(c) 过渡态 (d) 化学吸附态

图 2.2　氢分子在金属镍表面吸附

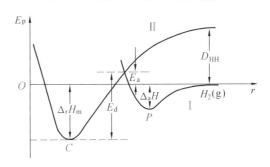

图 2.3　吸附势能曲线

2.2.3　吸附曲线及类型

吸附量是吸附研究中最重要的数据,是指吸附达平衡后,单位质量吸附剂吸附的吸附质的物质的量,或吸附的气体吸附质的体积,也称为比吸附量。吸附量是关于吸附质、吸附剂、吸附平衡时的压力、温度的函数。由于通常情况下吸附过程是在恒温下进行的,一般研究吸附等温方程是在指定的吸附剂、吸附质和恒定温度条件下,平衡吸附量与吸附质平衡压力(或平衡浓度)的关系曲线。吸附等温方程是吸附研究中最重要的关系曲线。

气体吸附等温方程可分为 5 种基本类型,如图 2.4 所示。图中纵坐标的吸附量用 V 来表示,横坐标用相对压力 p/p_0 表示。p_0 是气体在吸附温度时的饱和蒸气压,p 是吸附平衡时的气体压力。

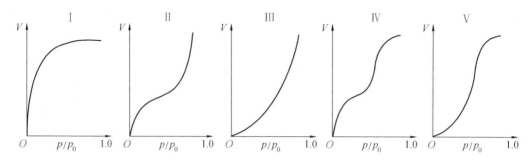

图 2.4　气体吸附等温方程

第 Ⅰ 类吸附等温方程表示在相对压力较低时,吸附量迅速增加,而达到一定相对压力后吸附量趋于恒定的数值(极限吸附量)。极限吸附量有时表示单分子层饱和吸附量,对于微孔吸附剂则是将微孔填充满的量。第 Ⅰ 类吸附一般仅为单分子层吸附,如氮气在活性炭上的吸附或低温时氧在硅胶上吸附。

第 Ⅱ ～ Ⅴ 类吸附等温方程是发生多分子层吸附和毛细凝结的结果。吸附剂为非孔或近似非孔时,吸附层数一般不受限制,形成多分子层吸附,表现为 Ⅱ、Ⅲ 类吸附等温方程。如低温时氮在硅胶或铁催化剂上的吸附为 Ⅱ 类,溴在硅胶上的吸附为 Ⅲ 类。当吸附剂为孔型的(不是微孔或不全是微孔),吸附层数受孔大小限制。在 p/p_0 趋近 1 时,吸附量近于将各种孔填满所需液态吸附质的量,吸附等温方程为 Ⅳ、Ⅴ 类。苯在氧化铁上的吸附为 Ⅳ 类吸附,水蒸气在活性炭上的吸附为 Ⅴ 类吸附。Ⅱ 和 Ⅲ,Ⅳ 和 Ⅴ 类吸附等温方程的区别在于起始段曲线的斜率,Ⅱ、Ⅳ 类是由大变小,而 Ⅲ、Ⅴ 类则由小变大;在形状上,Ⅱ、Ⅳ 类在低压区曲线凸向吸附量轴,Ⅲ、Ⅴ 类则凸向压力轴,说明吸附质与吸附剂表面作用的强弱。

所以,吸附等温方程反映了吸附质与吸附剂的作用特点及吸附表面特征。

除吸附等温方程外,还有吸附等压线及吸附等量线。吸附等压线是在压力恒定时,吸附量与吸附温度的关系曲线,如图 2.5 所示。若吸附量固定时,吸附温度与平衡压力的关系曲线为吸附等量线,如图 2.6 所示。3 种曲线可以相互换算,但吸附等温方程是最基本的吸附曲线,测定吸附等温方程,寻求描述吸附等温方程是吸附理论研究的主要内容。

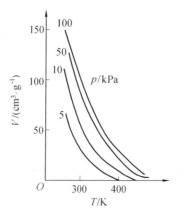

图 2.5　气体吸附等压线

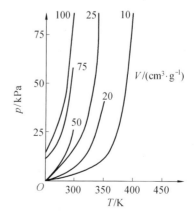

图 2.6　气体吸附等量线

2.2.4 吸附热

在固体表面,气体发生物理吸附,是一个自发过程。在恒温恒压下,吸附过程的 $\Delta G < 0$,而吸附后,由于被吸附的气体分子排列较气相中分子更加有序,因而 $\Delta S < 0$。根据 $\Delta G = \Delta H - T\Delta S$,吸附过程的 $\Delta H < 0$,所以气体在固体表面的物理吸附过程是放热过程。

一般将吸附热分为两类:积分吸附热和微分吸附热。

积分吸附热是指在恒温、恒容和恒定吸附剂表面积时,在达到吸附平衡条件下,被气体吸附质覆盖的那部分吸附剂表面所产生的平均吸附热。它表示在吸附过程中,较长期间内热量变化的平均值。积分吸附热随吸附质浓度的大小而变化,一般用于区分物理吸附和化学吸附。积分吸附热(q_i)的表达式为

$$q_i = \left(\frac{\Delta U}{n}\right)_{T,V,A} \tag{2.2}$$

式中,ΔU 为体系内能变化值;n 为气体的物质量。

在恒温、恒容和恒定吸附剂表面积,并保持气体分子与固体表面原子摩尔比(物质的量比)不变时,吸附 1 mol 气体的热效应为微分吸附热(q_d)。微分吸附热(q_d)的表达式为

$$q_d = \left(\frac{\partial \Delta U}{\partial n}\right)_{T,V,A} \tag{2.3}$$

图 2.7 为微分吸附热曲线示意图。

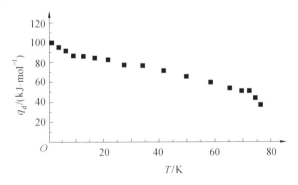

图 2.7 微分吸附热曲线

吸附热可通过如下方法得到:

(1)实验测定。在高真空体系中,先将吸附剂脱附干净,然后用精密的量热计测量吸附一定量气体后放出的热量。这样测得的是积分吸附热。

(2)根据吸附等量线计算。在一组吸附等量线上求 $\left(\frac{\partial p}{\partial T}\right)_q$ 值,再根据克劳修斯 - 克莱贝龙方程得

$$\frac{\partial \ln p}{\partial T} = \frac{Q}{RT^2} \tag{2.4}$$

式中,Q 为某一吸附量时的等量吸附热,近似地看作微分吸附热。

(3)色谱法。用气相色谱技术测定吸附热。

吸附热的大小反映了吸附强弱的程度。采用吸附热可以研究合适的催化剂。一种好的催化剂必须要吸附反应物,使它活化,这样吸附就不能太弱,否则达不到活化的效果。但也不能太强,否则反应物不易解吸,占领了活性位就变成毒物,使催化剂很快失去活性。

2.2.5 吸附等温方程

1. Langmuir 单分子层吸附模型及吸附等温方程

1916 年,Langmuir 提出单分子层吸附理论。基本假设如下:① 单分子层吸附时,固体表面上每个吸附位只能吸附一个分子,气体分子只有碰撞到固体的空白表面上才能被吸附;② 固体表面是均匀的,表面上各个晶格位置的吸附能力相同;③ 被吸附在固体表面上的分子相互之间无作用力,吸附或脱附的难易与邻近有无吸附分子无关;④ 吸附平衡是动态平衡,达到吸附平衡时,吸附和脱附过程同时进行,且速率相同。

考虑吸附过程:

$$A(g) + M(表面) \underset{k_d}{\overset{k_a}{\rightleftharpoons}} AM(吸附相) \tag{2.5}$$

式中,k_a 和 k_d 分别代表吸附与脱附速率常数。

任一瞬间固体表面被覆盖的面积分数称为覆盖率,用 θ 表示,则 $1 - \theta$ 代表固体空白表面的面积分数。

根据单分子层吸附理论可知

吸附速率: $$v_a = k_a(1 - \theta)p$$

脱附速率: $$v_d = k_d\theta$$

式中,k_a 为吸附速度常数;k_d 为脱附速度常数。

当吸附达平衡时,$v_a = v_d$,所以 $k_a(1 - \theta)p = k_d\theta$,化简得

$$\theta = \frac{bp}{1 + bp} \tag{2.6}$$

式中,$b = \dfrac{k_a}{k_d}$,称为吸附系数,单位 Pa^{-1}。b 值越大,吸附作用越强。

若以 V 表示压力为 p 时的吸附量,V_m 表示单层饱和吸附量,则 $\theta = \dfrac{V}{V_m}$,因而式(2.6)可写作

$$V = \frac{V_m bp}{1 + bp} \tag{2.7}$$

或

$$\frac{p}{V} = \frac{1}{V_m b} + \frac{p}{V_m} \tag{2.8}$$

式(2.6)~(2.8)称为 Langmuir 吸附等温方程。式(2.8)以 p/V 对 p 作图得到一条直线,从直线的斜率和截距可求出单层饱和吸附量 V_m 和吸附常数 b。b 值与吸附热有关,反映了吸附分子和固体表面作用的强弱,b 值增加意味吸附热增加,吸附等温方程的形状

也有相应的变化，b 值越大吸附等温方程起始段斜率越大。

图 2.8 为 Langmuir 吸附等温曲线。Langmuir 吸附等温方程可较好地解释第 I 类型吸附等温方程特征：

① 压力很低或吸附较弱时，$bp \ll 1$，$V = bV_mp$，呈直线段；

② 压力很高或吸附较强时，$bp \gg 1$，$V = V_m$，呈水平段，表明此时吸附量与气体压力无关，吸附达到饱和；

③ 在中压或中强吸附时，吸附等温方程呈曲线。与 Freundlick 吸附等温方程相同。

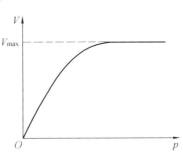

图 2.8　Langmuir 吸附等温曲线

采用 Langmuir 吸附等温方程不能很好地解释很多实验结果，表明 Langmuir 理论与实际情况有出入。但是，Langmuir 理论的基本模型为吸附理论的发展奠定了基础。

讨论：(1) 混合气体吸附的 Langmuir 吸附等温方程。

在一定温度下，有两种或两种以上的气体分子在固体表面吸附时，利用前面的方法可得到混合气体吸附的 Langmuir 吸附等温方程。

设有 A、B 两种气体，吸附平衡时覆盖率为 θ_A 和 θ_B，对应的气相分压为 p_A 和 p_B，吸附常数 b 分别为 b_A 和 b_B，则

$$\theta_A = \frac{b_A p_A}{1 + b_A p_A + b_B p_B} \tag{2.9}$$

$$\theta_B = \frac{b_B p_B}{1 + b_A p_A + b_B p_B} \tag{2.10}$$

采用吸附量来表示，则有

$$V_A = \frac{V_{mA} b_A p_A}{1 + b_A p_A + b_B p_B} \tag{2.11}$$

$$V_B = \frac{V_{mB} b_B p_B}{1 + b_A p_A + b_B p_B} \tag{2.12}$$

式中，V_{mA} 和 V_{mB} 分别为 A、B 分子单独存在时的单层饱和吸附量。

显然混合气体吸附条件下，一种气体的压力的增加可减少另一种气体的吸附。而且，如果两种气体的 b 值相差很大，则 b 值大的气体的存在能够导致 b 值小的气体的吸附量大大下降。

对 i 种气体混合吸附的 Langmuir 吸附等温方程为

$$\theta_i = \frac{b_i p_i}{1 + \sum_1^i b_i p_i} \tag{2.13}$$

(2) Langmuir 吸附等温方程缺点。

① 假设吸附是单分子层的，与事实不符；

② 假设表面是均匀的，而大部分真实表面是不均匀的；

③ 在覆盖率 θ 较大时,Langmuir 吸附等温方程不适用。

2. BET 多分子层吸附模型及吸附等温方程

1938 年,布鲁瑙尔(Brunauer)、埃米特(Emmett)和特勒(Teller)3 人在兰格缪尔单分子层吸附理论的基础上提出多分子层吸附理论,简称 BET 理论。该理论假设如下:

① 吸附可以是多分子层的,吸附靠分子间力;

② 固体表面是均匀的,表面上吸附分子之间无相互作用;

③ 第一层的吸附热与以后各层不同,第二层以上各层的吸附热为相同值,为吸附热的液化热。

图 2.9 所示为 BET 吸附模型。

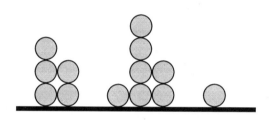

图 2.9 BET 吸附模型

该理论与 Langmuir 理论的主要不同之处是吸附在固体表面的分子存在范德瓦耳斯力仍可吸附其他分子,即形成多分子层吸附。在吸附过程中不一定需要第一层吸满后再吸附第二层。第一层吸附的吸附热较大,相当于化学反应的吸附热,且不同于其他各层的吸附热;第二层以后的吸附热均相等且数值较小,仅相当于气体的液化热。

S_0 代表空白表面,S_1,S_2,$\cdots$,S_i,$\cdots$ 代表吸附有 i 层吸附质分子的表面面积,吸附平衡时有

$$v_{\text{吸附},i} = v_{\text{解吸},i+1}$$

则有

$$
\begin{cases}
a_1 p S_0 = b_1 S_1 \exp\left(-\dfrac{Q_1}{RT}\right) \\
a_2 p S_1 = b_2 S_2 \exp\left(-\dfrac{Q_2}{RT}\right) \\
\qquad\qquad \vdots \\
a_i p S_{i-1} = b_i S_i \exp\left(-\dfrac{Q_i}{RT}\right)
\end{cases}
\tag{2.14}
$$

式中,a、b 为常数;Q_i 为 i 层分子的摩尔吸附热。

根据 BET 模型的假设,第二层以上的吸附热相等,且等于吸附质的液化热 E_L,那么,第二层以上的吸附、脱附性质和液态吸附质的凝聚、蒸发是相同的,得到

(1) $$E_2 = E_3 = \cdots = E_i = E_L$$

(2) $$\frac{b_2}{a_2} = \frac{b_3}{a_3} = \cdots = \frac{b_i}{a_i} = g$$

式中，E_i 为 i 层的吸附热；E_L 为吸附质的液化热；g 为常数。令

$$y = \frac{a_1}{b_1} p \exp\left(-\frac{Q_1}{RT}\right), \quad x = \frac{p}{g} \exp\left(-\frac{Q_L}{RT}\right)$$

则有

$$\begin{cases} S_1 = yS_0 \\ S_2 = xS_1 \\ S_3 = xS_2 = x^2 S_1 \\ \quad\quad \vdots \\ S_i = x^{i-1} S_1 = yx^{i-1} S_0 = cx^i S_0 \quad \left(c = \frac{y}{x}\right) \end{cases} \tag{2.15}$$

吸附剂的总面积为

$$A = \sum_{i=0}^{\infty} S_i$$

吸附气体的总体积为

$$V = V_0 \sum_{i=0}^{\infty} iS_i$$

式中，V_0 是以单分子层覆盖单位面积吸附剂表面所需气体吸附质的体积。

将式(2.15)代入式(2.14)，可得

$$\frac{V}{AV_0} = \frac{V}{V_m} = \frac{\sum\limits_{i=0}^{\infty} S_i}{\sum\limits_{i=0}^{\infty} iS_i} = \frac{cS_0 \sum\limits_{i=0}^{\infty} ix^i}{S_0\left(1 + c\sum\limits_{i=0}^{\infty} x^i\right)} \tag{2.16}$$

式中，V_m 是在吸附剂表面形成单分子层饱和吸附时，所需气体的体积。

因为

$$\sum_{i=0}^{\infty} x^i = \frac{x}{1-x}, \quad \sum_{i=0}^{\infty} ix^i = x \frac{d}{dx} \sum_{i=0}^{\infty} x^i = \frac{x}{(1-x)^2}$$

则式(2.16)简化为

$$\frac{V}{V_m} = \frac{cx}{(1-x)(1-x+cx)} \tag{2.17}$$

BET 假设吸附层数不受限制，显然 $p \to p_0$ 时，$V \to \infty$。当 $x = 1$ 时，即

$$\frac{p_0}{g} \exp\left(-\frac{E_L}{RT}\right) = 1, \quad x = \frac{p}{p_0}$$

推出 BET 公式：

$$\frac{V}{V_m} = \frac{cp}{(p_0 - p)\left[1 + (c-1)p/p_0\right]} \tag{2.18}$$

式中，V 为压力 p 下的吸附量；V_m 为单分子层的饱和吸附量；p_0 为吸附温度下吸附质的饱和蒸气压；c 为与吸附热有关的常数。

式(2.18)亦称二常数 BET 公式，整理成直线关系式为

$$\frac{p}{V(p_0 - p)} = \frac{1}{V_m c} + \frac{c-1}{V_m c} \frac{p}{p_0} \tag{2.19}$$

由直线的斜率和截距可求得常数 c 和 V_m。

式(2.17) ~ (2.19) 均为著名的 BET 二常数公式。

采用低温吸附气体作为吸附质,应用 BET 公式能够测定吸附剂的比表面积。最广泛采用的吸附物是 N_2,也可用其他惰性气体物质,因为它们的分子间作用力较弱。N_2 分子的横截面积 $\sigma = 1.62 \text{ nm}^2$,在低温下进行不易发生化学吸附,误差约为 $\pm 10\%$。BET 法是经典测定固体比表面积方法。

应用讨论如下。

(1)BET 公式在理论上虽然还有争议之处,但至今仍是物理吸附研究中应用最多的吸附等温方程,因为它可以描述多种类型的吸附等温方程,尤其能较好表达全部 5 种类型吸附等温方程中间的部分,以 $\left(\frac{p}{p_0}\right)_m = 0.05 \sim 0.35$ 为最佳。$\left(\frac{p}{p_0}\right)_m$ 表示单层饱和吸附的相对压力。

当 $c \gg 1$,且 $x(p/p_0 = x)$ 不大时,BET 二常数公式可以方便地变换成 Langmuir 方程,即 $V = V_m cx/(1 + cx)$,能够描述第 I 类吸附等温方程。

当第一层吸附热远大于吸附质的凝结热,$c \gg 1$ 时,可以简化为一点法公式

$$\frac{V}{V_m} \approx \frac{1}{1 - (p/p_0)}$$

能够描述第 II 类吸附等温方程的初始段。

当第一层吸附热远小于吸附质的凝结热,$c \ll 1$ 时,能够描述第 III 类吸附等温方程的初始段。

常数 c 和 Langmuir 方程的常数 b 具有类似的意义,与吸附热有关,当常数 c 由大变小时吸附等温方程的形状从第 II 类向第 III 类转变。常数 c 也能反映达到单层饱和吸附量时相对压力 $\left(\frac{p}{p_0}\right)_m$ 的大小。当 $V = V_m$ 时

$$\left(\frac{p}{p_0}\right)_m = \frac{1}{c^{\frac{1}{2}} + 1}$$

显然,常数 c 越大,$\left(\frac{p}{p_0}\right)_m$ 越小。对大多数气体吸附质达到单层饱和吸附时 $\left(\frac{p}{p_0}\right)_m$ 为 $0.05 \sim 0.35$,而常数 c 则为 $3 \sim 1\,000$。

(2)BET 二常数公式未对吸附层数进行限制,可以是无限多层。对于多孔性固体,吸附层数一定会受到孔大小的限制,就是在无孔固体上也不可能形成无限多层吸附,所以考虑仅限于 n 层的吸附,得到了 BET 三常数公式

$$\frac{V}{V_m} = \left[\frac{cp}{(p_0 - p)} \frac{1 - (n-1)(p/p_0)^n + n(p/p_0)^{n+1}}{1 + (c-1)(p/p_0) - c(p/p_0)^{n+1}}\right] \tag{2.20}$$

BET 三常数公式的适用范围可扩展到 $\left(\frac{p}{p_0}\right)_m = 0.5 \sim 0.6$。

许多实验结果表明,低压时实验吸附量较 BET 公式计算的理论吸附量值偏高,而在高压时又出现偏低现象,公式不能完全符合实验事实。这是 BET 公式没有考虑表面不均

匀性、同层分子间的相互作用、毛细凝结现象等因素,造成理论与实验结果偏离现象。

2.2.6 波拉尼吸附势理论在气相吸附中的应用

1. 波拉尼吸附势模型

波拉尼(Polanyi)吸附势理论是多分子层吸附理论,其特点是不对吸附图像给以某些假设的限制,不涉及固体表面的均匀性。

吸附势理论包括:

(1)吸附剂表面空间内存在吸附力场。吸附质分子进入吸附力场就会被吸附,吸附力场作用的空间称为吸附空间。在吸附空间内被吸附气体的密度随与表面距离的增加而减少。吸附空间的最外缘处的吸附气体与外部气体的密度没有差别。吸附力场起作用的最大空间称为极限吸附空间。由于吸附力场有一定的空间范围,吸附可以是多分子层的。

(2)在吸附空间内各处都存在吸附势 ε。吸附空间内每一点的吸附势都是该点与吸附剂表面距离的函数,其定义为 1 mol 气体从无限远处(即吸附力不起作用之处)吸到该点所做的功。吸附势相等各点构成等势面,各等势面与固体表面间所夹体积为吸附体积。

(3)吸附势与温度无关。即吸附势 ε 与吸附体积 V 的关系对任何温度都是相同的,因而 ε 与 V 的关系曲线称为吸附特性曲线。

对于吸附势的计算,波拉尼认为吸附可能出现 3 种情况:

(1)当吸附温度远低于吸附质气体的临界温度时,吸附膜为液态。

(2)当吸附温度略低于吸附质气体的临界温度时,吸附膜为液态和压缩气态混合体。

(3)当吸附温度高于吸附质气体的临界温度时,吸附膜为压缩气态。

如果假设吸附态的吸附质是液态的,气相中吸附质服从理想气体定律,则吸附势 ε 为:

$$\varepsilon = \int_p^{p_0} V \mathrm{d}p = \int_p^{p_0} \frac{RT}{p} \mathrm{d}p = RT\ln\frac{p_0}{p} \tag{2.21}$$

式中,p_0 和 p 是实验温度 T 时气体的饱和蒸气压和气体平衡压力;R 是气体常数。

应用式(2.21)忽略了形成气/吸附膜界面所需的功,但不致对计算结果带来太大误差。与 ε 相对应的吸附体积 V 为

$$V = \frac{x}{\rho_T} \tag{2.22}$$

式中,x 为气体的吸附质量;ρ_T 为吸附温度 T 时液态吸附质的密度。

吸附势与吸附体积间的关系曲线称为吸附特性曲线。实验证明,特性曲线与温度无关,即对于同一种吸附剂和吸附质,改变温度时特性曲线不变。采用该理论计算结果与实验数据基本一致,表明该理论实验基础坚实。

特性曲线与温度无关表明吸附力为色散力。依据 London 色散作用势能关系式,讨论同一吸附剂下 A、B 两种分子在距表面 x 处的吸附势 ε_A 和 ε_B,可得

$$\frac{\varepsilon_A}{\varepsilon_B} = \frac{\alpha_A}{\alpha_B} \frac{I_A(I_B + I_2)}{I_B(I_A + I_2)}$$

式中，I_2 为吸附剂的电离能；α 为相应分子或原子的极化率。

I 为电离能，$I = h\nu$；I、α 均为常数，则

$$\frac{\varepsilon_A}{\varepsilon_B} = \beta \qquad (2.23)$$

式(2.23)说明，不同吸附质在同一吸附剂上吸附时，若吸附体积相同，则各吸附质吸附势之比值恒定，此比值 β 称为特性曲线的亲和系数(affinity coefficient)。亲和系数可由吸附质的物理化学常数 I、α 求得。

一般，多种气体的电离能(I)可近似为常数，因而式(2.23)可变为

$$\beta = \frac{\alpha_A}{\alpha_B} \qquad (2.24)$$

分子的极化率可正比于液态吸附质的摩尔体积 V，则

$$\beta = \frac{V_A}{V_B} \qquad (2.25)$$

假设苯的 $\beta = 1$，表2.3中列出了多种蒸气在活性炭上吸附的 β 实验值和由液态吸附质摩尔体积求出的 β 计算值。实验值与计算值基本一致。

表2.3 β 实验值与计算值

蒸气	$\beta_{实验}$	$V/V_苯$	蒸气	$\beta_{实验}$	$V/V_苯$
C_6H_6	1.00	1.00	CH_3OH	0.40	0.46
C_5H_{12}	1.12	1.28	C_2H_5OH	0.61	0.65
C_6H_{12}	1.04	1.21	$HCOOH$	0.60	0.63
C_7H_{16}	1.50	1.65	CH_3COOH	0.97	0.96
$C_6H_5CH_3$	1.28	1.19	$(C_2H_5)_2O$	1.09	1.17
CH_3Cl	0.56	0.59	CH_3COCH_3	0.88	0.82
CH_2Cl_2	0.66	0.71	CS_2	0.70	0.68
$CHCl_3$	0.88	0.90	CCl_3NO	1.28	1.12
CCl_4	1.07	1.09	NH_3	0.28	0.30
C_2H_5Cl	0.78	0.80			

故由一标准吸附质的一个温度下的吸附等温方程和其他吸附质的亲和系数值可求得任意温度下其他吸附质的吸附等温方程。

2. D – R 公式

Dubinin 研究了多种活性炭对气体的吸附，提出了描述吸附体积 V 与吸附势 ε 的关系式为

$$V = V_0 \exp\left(-\frac{K\varepsilon^m}{\beta^2}\right) \qquad (2.26)$$

式中，V_0 为极限吸附体积；K 为与孔结构有关的常数；微孔吸附剂 $m = 2$，粗孔吸附

剂 $m = 1$。

将吸附势定义式代入式(2.26)并应用于微孔吸附剂,得到了 Dubinin – Radushkevich(D – R) 公式:

$$V = V_0 \exp\left[-\frac{K}{\beta^2} R^2 T^2 \left(\ln \frac{p_0}{p} \right)^2 \right] \tag{2.27}$$

式中,V 为 1 g 吸附剂上的吸附体积;V_0 为 1 g 吸附剂上的极限吸附体积(比孔容)。

对式(2.27)两侧用液态吸附质摩尔体积相除,得到

$$\alpha = \alpha_0 \exp\left[-\frac{K}{\beta^2} R^2 T^2 \left(\ln \frac{p_0}{p} \right)^2 \right] \tag{2.28}$$

式中,α 为在压力 p 下 1 g 吸附剂上吸附气体的物质的量;α_0 为充满 1 g 吸附剂微孔所需液态吸附质的物质的量。

假设

$$D = \frac{0.434\,3BT^2}{\beta^2}$$

$$B = (2.303)^2 KR^2$$

则

$$\alpha = \alpha_0 \cdot 10^{-D\left(\lg \frac{p_0}{p} \right)^2}$$

该式可写作

$$\lg \alpha = \lg \alpha_0 - D \left(\lg \frac{p_0}{p} \right)^2 \tag{2.29}$$

或

$$\lg V = \lg V_0 - D \left(\lg \frac{p_0}{p} \right)^2 \tag{2.30}$$

如果实验结果与式(2.30)相符,则由直线关系的直线斜率及截距求得 $\lg \alpha_0(\lg V_0)$ 和 D。通常,对于微孔吸附剂,采用式(2.30)处理所得到的直线线性好,由截距得到的微孔体积值与实测值基本一致。

2.2.7　多孔固体吸附性质

1. 毛细凝结理论

吸附剂所吸附的气体在微孔中会发生凝结的现象。对于多孔性吸附剂,若吸附质在孔壁上润湿,会形成弯曲液面。在一定温度下弯曲液面和平液面的蒸气压不同,它们之间的关系可用开尔文方程描述:

$$\ln \frac{p}{p_0} = -\frac{2\gamma V_L \cos \theta}{rRT} \tag{2.31}$$

式中,p 为 T 温度时曲率半径为 r 的弯曲液面上的蒸气压;p_0 为 T 温度时平液面的饱和蒸气压;γ 为吸附质液体的表面张力;V_L 为吸附质的摩尔体积;R 为气体常数;θ 为吸附质与孔壁的接触角。

根据式(2.31)可知,凹月面液体上的蒸气压比平面液体蒸气压低。因而气相中的压

力低于实验温度下平面液体的饱和蒸气压 p_0 时,在毛细孔中发生凝结,称为毛细凝结现象,是孔性固体特殊的吸附现象。毛细管越细,气体在其中发生凝结的压力就越低,反之则凝结的压力越高。

毛细凝结的发生常使吸附等温方程在某一压力范围内吸附量有较快增加。若多孔固体的孔大小分布不大,当所有孔充满液态吸附质,则吸附量就不再增加。

图 2.10 为具有微孔和较多中孔的多孔固体材料的吸附等温方程。Γ 是气体平衡压力为 p 时 1 cm^2 上吸附气体量(mol),也称为表面吸附量。

2. 吸附滞后

物理吸附可逆,所以吸附时和脱附时的吸附等温方程应当重合,但在某些多孔性吸附剂上吸附线与脱附线在某一压力范围内发生分离,这种现象被称为吸附的滞后现象。在分离部分,吸附线与脱附线构成所谓吸附滞后环(圈)。

图 2.11 为吸附滞后环(圈)。对于吸附滞后现象有 3 种解释。

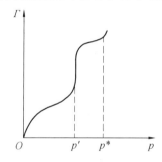

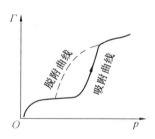

图 2.10　多孔固体材料吸附等温方程　　图 2.11　吸附滞后环(圈)

(1)接触角不同。

Zsigmondy 假设吸附和脱附时接触角(θ)不同。吸附时,液态吸附质填充孔隙,因而接触角是前进角;脱附时则是吸附质出去的过程,其接触角是后退角。而前进角是大于后退角的,故 $\theta_{吸附} > \theta_{脱附}$,则 $\cos \theta_{吸附} < \cos \theta_{脱附}$,根据开尔文方程,$p_{吸附} > p_{脱附}$,形成吸附滞后圈,如图 2.12 所示。

(2)墨水瓶效应。

McBain 假设孔为口小腔大的墨水瓶形,如图 2.13 所示。吸附自半径大的瓶底开始,压力增大,瓶底逐渐充满,直到瓶口。脱附则自半径小的瓶口开始,瓶口半径小于瓶底半径,所以只能在低压时才能开始脱附,所以 $p_{吸附} > p_{脱附}$,形成吸附滞后圈。

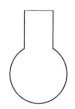

图 2.12　吸附、脱附接触角　　　　图 2.13　墨水瓶效应

（3）吸附脱附接触角。

Cohan 假设孔是两端开口的圆柱体,吸附开始的毛细凝聚在圆柱形的孔壁上进行,如图 2.14(a) 所示。$r = \infty$,若设 $\theta = 0°$,吸附时的开尔文方程为

$$\ln \frac{p_{吸附}}{p_0} = -\frac{V_L \gamma}{rRT}$$

而孔已被液态吸附质充满后,才开始脱附,如图 2.14(b) 所示。因而脱附是从孔口的球形弯月液面开始。所以相应的脱附平衡压力应服从正常开尔文方程

$$\ln \frac{p_{脱附}}{p_0} = -\frac{2V_L \gamma}{\dfrac{r}{\cos\theta}RT} = -\frac{2V_L \gamma}{rRT} \cdot \cos\theta$$

式中,r 为孔口半径;θ 为脱附时的接触角。

显然

$$\frac{p_{脱附}}{p_0} = \left(\frac{p_{吸附}}{p_0}\right)^2 \cos\theta \tag{2.32}$$

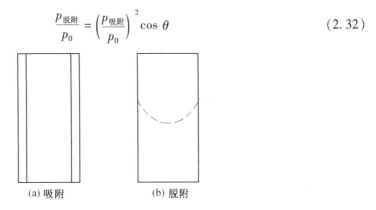

(a) 吸附   (b) 脱附

图 2.14　吸附、脱附接触角

3. 吸附滞后圈的形状与孔结构

De Boer 将吸附滞后圈分为 5 种类型,分别代表不同形状的孔。5 种滞后圈类型及对应孔结构如图 2.15 所示。

A 类滞后圈的特点是吸附及脱附线在中等相对压力范围,变化较陡。两端开口的孔吸附滞后圈与此相符。一般孔径均匀,当平衡压力上升到孔半径要求的压力值时发生毛细凝结,同时使所有的孔迅速充满,因而吸附量急剧增加;而脱附时由于半径均匀很快排除孔中吸附质。一些两端开口但呈不规则筒型、棱柱型孔也能出现此类滞后圈。

B 类滞后圈的特点是在压力近于 p_0 时,吸附线开始急剧上升,而脱附线却在中等压力时迅速下降。对应的典型孔结构为平行板夹缝。在这些孔隙中,难以形成凹月面,所以只能在相对压力近于 1 时才能发生毛细凝结。压力等于狭缝宽度对应的凹月面有效半径所对应的压力时,才能开始脱附。

C 类滞后圈的吸附线在中等相对压力时很陡,但它的脱附线却平缓变化。对应的典型孔结构为锥形或双锥形孔。这类孔在吸附时类似于 A 类孔,而脱附时则从大口处开始,所以曲线变化缓慢。

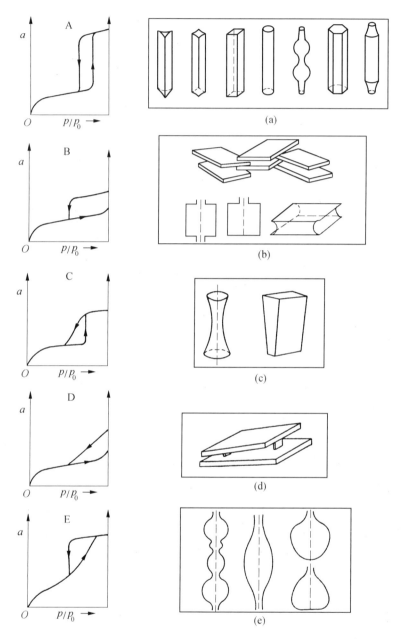

图 2.15　5 种滞后圈类型及对应孔结构(吸附量 a 的单位为 mmol/g)

D 类滞后圈的吸附线与 B 类相似,但脱附线却一直平缓。对应的典型孔结构为四面开放的倾斜板交错重叠的缝隙。这种孔吸附时和 B 类相似,没有凹月面形成,只能当 p 近于 p_0 时才发生凝结,所以此时的吸附量陡增。脱附时因壁面不平行,吸附量缓慢下降。

E 类滞后圈的吸附线变化缓慢而脱附线则陡直下降,对应的孔结构口小腔大。吸附时凹月面的曲率半径逐渐变化,吸附线变化缓慢,而脱附从曲率半径最小的孔口开始,一旦此处脱附,吸附质必然迅速溢出。

5 种滞后孔中,A、B、E 类最重要,C、D 类很少见。

多孔固体的孔类型十分复杂,不可能为单一的形状和大小。滞后圈的形状是综合结果,很难确定。对于与 5 种类型相近的孔,不能直接判定形状,除非有其他证据。

2.2.8 固体表面的气体化学吸附

由于固体表面存在不均匀力场,表面上的原子往往还有剩余的成键能力,当气体分子碰撞到固体表面上时便与表面原子间发生电子的交换、转移或共有,形成吸附化学键,这类吸附称为化学吸附。表 2.2 列出了物理吸附和化学吸附的不同,一般确定一种吸附是否是化学吸附,主要根据吸附热和不可逆性。

化学吸附的吸附热与覆盖率的关系有以下 3 种:

① 吸附热与覆盖率无关,吸附热为常数;

② 吸附热随覆盖率的增加而线性下降;

③ 吸附热随覆盖率的增加而呈指数下降。

1. 三类吸附等温方程

化学吸附可用 Langmuir 吸附等温方程描述,也可用 Temkin 吸附等温方程、Freundlich 吸附等温方程描述。其中,Temkin 吸附等温方程只适用于化学吸附。

(1)Langmuir 吸附等温方程。

若吸附热为常数,可采用 Langmuir 吸附等温方程,即

$$\theta = \frac{V}{V_m} = \frac{bp}{1 + bp} \tag{2.33}$$

式中,V 为平衡压力为 p 时的吸附量;V_m 为单层饱和吸附量;θ 为覆盖率;b 与吸附热相关,因采用 Langmuir 吸附等温方程前提条件为吸附热是常数,则 b 为常数。

若吸附质分子在化学吸附中解离为二(如氧分子在固体表面吸附),各占一个吸附中心,则 Langmuir 吸附等温方程可写为

$$\theta = \frac{(bp)^{\frac{1}{2}}}{1 + (bp)^{\frac{1}{2}}} \tag{2.34}$$

图 2.16 为氧分子吸附示意图。

图 2.16 氧分子吸附示意图

式(2.33)和式(2.34)写作直线形式分别为

$$\frac{p}{V} = \frac{1}{bV_m} + \frac{p}{V_m} \tag{2.35}$$

$$\frac{p^{\frac{1}{2}}}{V} = \frac{1}{b^{\frac{1}{2}}V_m} + \frac{p^{\frac{1}{2}}}{V_m} \tag{2.36}$$

若两种分子 A 和 B 吸附,各占一个位置,则

$$\begin{cases} r_a^A = k_a^A N_s (1 - \theta_A - \theta_B) p_A \\ r_a^B = k_a^B N_s (1 - \theta_A - \theta_B) p_B \end{cases} \tag{2.37}$$

$$\begin{cases} r_d^A = k_d^A N_s \theta_A \\ r_d^B = k_d^B N_s \theta_B \end{cases} \tag{2.38}$$

式中, N_s 为单位表面上的总的吸附位数; r_a 为单位时间单位表面上的吸附速率; r_d 为单位时间单位表面上的脱附速率。

平衡时

$$r_a^A = r_d^A, \text{则} \frac{\theta_A}{1 - \theta_A - \theta_B} = b_A p_A$$

同理

$$r_a^B = r_d^B, \text{则} \frac{\theta_B}{1 - \theta_A - \theta_B} = b_B p_B$$

$$\theta_A = \frac{b_A p_A}{1 + b_A p_A + b_B p_B} \tag{2.39}$$

$$\theta_A = \frac{b_A p_A}{1 + \sum_i b_i p_i} \tag{2.40}$$

$$\theta_B = \frac{b_B p_B}{1 + b_A p_A + b_B p_B} \tag{2.41}$$

$$\theta_B = \frac{b_B p_B}{1 + \sum_i b_i p_i} \tag{2.42}$$

(2)Temkin 吸附等温方程。

对氢在钨丝上的化学吸附这样一些吸附体系,吸附热随覆盖率的增加而线性下降

$$q = q_0 - a\theta$$

$$\frac{\theta}{1 - \theta} = b_0 \exp\left(\frac{q_d}{RT}\right) p = b_0 \exp\left(\frac{q_0 - \alpha\theta}{RT}\right) p \tag{2.43}$$

对式(2.43)取对数

$$\ln \frac{\theta}{1 - \theta} = \ln b_0 + \frac{q_0 - \alpha\theta}{RT} + \ln p$$

$$\theta = \frac{RT}{\alpha} \ln \frac{1 - \theta}{\theta} + \frac{RT}{\alpha} \ln b_0 + \frac{RT}{\alpha} \ln p + \frac{q_0}{\alpha} \tag{2.44}$$

简化式(2.44),得

$$\theta = A \left[\ln \frac{1 - \theta}{\theta} + \ln Bp \right] \tag{2.45}$$

$$A = \frac{RT}{\alpha}, \ \ln B = \ln b_0 + \frac{q_0}{RT}$$

在一定温度 T 时, A、B 为常数。当 $\theta = 0.5$,中等覆盖率时

$$\frac{1 - \theta}{\theta} \approx 1$$

得到 Temkin 吸附等温方程,即

$$\theta = A\ln Bp \tag{2.46}$$

应该注意,Temkin 吸附等温方程在 θ 接近于 1 或 0 时不适用。应用不涉及固体表面是否均匀和吸附时吸附分子是否解离等。

（3）Freundlich 吸附等温方程。

对氢在钨粉上的化学吸附这样一些吸附体系,吸附热随覆盖率的增加而呈指数下降

$$q = q_0 - \beta\ln\theta$$

$$\frac{\theta}{1-\theta} = b_0\exp\left(\frac{q_0 - \beta\ln\theta}{RT}\right) \cdot p$$

$$\ln\frac{\theta}{1-\theta} = \ln b_0 p + \frac{q_0 - \beta\ln\theta}{RT}$$

由于 $q_0 \gg RT$,故在较宽的 θ 值范围($0.2 \sim 0.8$) 内

$$\ln\frac{\theta}{1-\theta} \ll \frac{q_0 - \beta\ln\theta}{RT}$$

$$\ln b_0 p = \frac{\beta\ln\theta - q_0}{RT}$$

$$\frac{RT}{\beta}\ln b_0 P = \ln\theta - \frac{q_0}{\beta}$$

$$(b_0 p)^{RT/\beta} = \theta \cdot \exp\left(-\frac{q_0}{\beta}\right)$$

$$\theta = b_0^{RT/\beta} \cdot p^{RT/\beta} \cdot \exp\left(\frac{q_0}{\beta}\right)$$

$$A = b_0^{RT/\beta}\exp\left(\frac{q_0}{\beta}\right)$$

得到 Freundlich 吸附等温方程,即

$$\theta = \frac{V}{V_m} = Ap^{\frac{1}{n}} \tag{2.47}$$

在一定温度下,A 和 n 为常数,通常 $1 < n < 10$,式(2.47) 变为对数形式

$$\ln V = A\ln V_m + \frac{1}{n}\ln p \tag{2.48}$$

图 2.17 所示为 CO 在炭上的吸附服从 Freundlich 吸附等温方程。

在压力很大时,Freundlich 吸附等温方程不适用,因为采用 Freundlich 吸附等温方程计算,压力增大则吸附量可达 ∞,而这是不可能的。

Langmuir 吸附等温方程和 Freundlich 吸附等温方程对物理吸附和化学吸附都适用,而 Temkin 吸附等温方程则仅适用于化学吸附。如果不是相对压力在很大范围内的实验结果,上述 3 种吸附等温方程常难以区分,都与 Ⅰ 型吸附等温方程相近。为更有效区别实验结果适合于哪种吸附等温方程,要研究吸附热与覆盖率的关系。

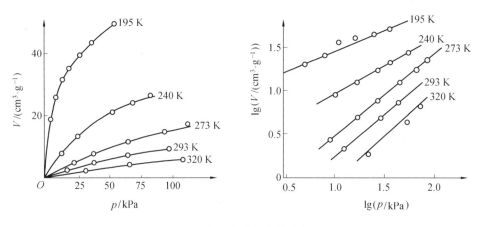

图 2.17　CO 在炭上的吸附

2. 吸附速度

吸附速度(adsorption rate)是指单位质量的吸附剂在单位时间内所吸附的吸附质的数量,主要研究化学吸附速度、脱附速度及影响因素。吸附速度取决于吸附剂和吸附质的性质,吸附速度由实验来确定。

(1) 吸附和脱附速率基本方程。

吸附过程中,吸附质分子碰撞吸附剂表面,因此吸附速度与吸附分子在单位时间内对单位表面的碰撞数 $\dfrac{p}{(2\pi mkT)^{1/2}}$、表面覆盖率 θ、吸附活化能有关,吸附速度 v_a 为

$$v_a = a \frac{p}{(2\pi mkT)^{1/2}} \cdot \exp\left[-\frac{E_a(\theta)}{RT}\right] f(\theta) \tag{2.49}$$

式中,p 为气体压力;m 为吸附分子质量;k 为波耳兹曼常数;T 为绝对温度;$f(\theta)$ 为覆盖率函数,表明表面空位概率;$E_a(\theta)$ 为与覆盖率有关的吸附活化能,说明具有能量大于 E_a 的分子占总分子数的分数;a 为吸附系数,表明具有能量大于 E_a 的分子撞在空位上而被吸附的概率。该方程为吸附速率基本方程。

脱附速度与覆盖率成正比,与脱附活化能 E_d 有关。脱附速率基本方程为

$$v_d = bf'(\theta)\exp\left[-\frac{E_d(\theta)}{RT}\right] \tag{2.50}$$

式中,$f'(\theta)$ 为覆盖率函数;$E_d(\theta)$ 为与覆盖率有关的脱附活化能,说明具有能量大于 E_d 的分子占总分子数的分数;b 为脱附系数。

(2) 理想吸附层的速率方程。

表面均匀,各吸附位能量相等,吸附分子间无相互作用。这时,$E_a(\theta)$、$E_d(\theta)$、a 均与 θ 无关,称为理想吸附层。式(2.49) 变为

$$v_a = \left[\frac{a}{(2\pi mkT)^{1/2}}\exp\left(-\frac{E_a}{RT}\right)\right] pf(\theta) = k_a pf(\theta) \tag{2.51}$$

式中,k_a 为吸附速度常数。

式(2.50) 变为

$$v_d = \left[b\exp\left(-\frac{E_d}{RT} \right) \right] f'(\theta) = k_d f'(\theta) \tag{2.52}$$

式中,k_d 为脱附速度常数。

若吸附分子只占一个吸附位,则 $f(\theta) = 1 - \theta$,$f'(\theta) = \theta$,式(2.51)变为

$$v_a = k_a p(1 - \theta)$$

式(2.52)变为

$$v_d = k_d \theta$$

因 $v_a = v_d$,则

$$\frac{\theta}{1 - \theta} = \frac{k_a}{k_d} p = bp \tag{2.53}$$

式(2.53)与 Langmuir 速度方程一致。

(3)真实吸附层的速率方程。

真实吸附层表面不均匀,吸附位的能量不同。$E_a(\theta)$、$E_d(\theta)$ 可随 θ 线性变化。设

$$E_a = E_a^0 + g\theta \tag{2.54}$$

$$E_d = E_d^0 - h\theta \tag{2.55}$$

将式(2.54)代入式(2.51),得

$$v_a = \frac{ap}{(2\pi mkT)^{1/2}} \exp\left[\frac{-(E_a^0 + g\theta)}{RT} \right] (1 - \theta) \tag{2.56}$$

假设 a 随 θ 变化不大,$1 - \theta$ 与 $\exp\left(\frac{-g\theta}{RT} \right)$ 比变化小,且($\theta \neq 1$)

$$k_a = \frac{ap}{(2\pi mkT)^{1/2}} (1 - \theta) \exp\left(\frac{-E_a^0}{RT} \right)$$

式中,k_a 为吸附速度常数。则

$$v_a = k_a p \exp\left(\frac{-g\theta}{RT} \right) \tag{2.57}$$

同理得到

$$v_d = k_d \exp\left(\frac{h\theta}{RT} \right) \tag{2.58}$$

式(2.57)和式(2.58)称为 Elovich 吸附和脱附速率公式。

只讨论吸附方程,把 p 按常数处理,则

$$\frac{d\theta}{dt} = k_a p \exp\left(\frac{-g\theta}{RT} \right) = A\exp\left(\frac{-g\theta}{RT} \right) \tag{2.59}$$

设 A 为 $\theta = 0$ 时的起始吸附速度,式(2.59)变为

$$\int_0^\theta \exp\left(\frac{g\theta}{RT} \right) d\theta = \int_0^t A dt$$

积分得

$$\frac{RT}{g} \left[\exp\left(\frac{g\theta}{RT} \right) - 1 \right] = At$$

若设 $t_0 = \dfrac{RT}{gA}$，则 $\exp\left(\dfrac{g\theta}{RT}\right) = \dfrac{t}{t_0} + 1 = \dfrac{t + t_0}{t_0}$，取对数后

$$\theta = \frac{RT}{g}\ln\frac{t + t_0}{t_0} \qquad (2.60)$$

式(2.60)为 Elovich 吸附方程的积分式。H_2 在 Pt、Ni、Fe 等表面的吸附均服从式(2.60)，图 2.18 所示为氢气在 Pt 上的吸附。

恒温条件下，吸附与脱附达平衡

$$k_{a}p\exp\left(\frac{-g\theta}{RT}\right) = k_{d}\exp\left(\frac{h\theta}{RT}\right)$$

取对数

$$\theta = \frac{RT}{g + h}\ln\frac{k_{a}}{k_{d}}p$$

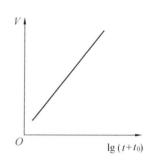

图 2.18　氢气在 Pt 上的吸附曲线

假设

$$A = \frac{RT}{g + h}, \quad B = \frac{k_{a}}{k_{d}}$$

则

$$\theta = A\ln Bp \qquad (2.61)$$

式(2.61)为 Temkin 吸附等温方程。

$E_{a}(\theta)$、$E_{d}(\theta)$ 除可随 θ 线性变化，还可能成对数关系，设

$$E_{a} = E_{a}^{0} + \mu\ln\theta$$
$$E_{d} = E_{d}^{0} - \nu\ln\theta$$

则

$$v_{a} = \frac{ap}{(2\pi mkT)^{1/2}}\exp\left[\frac{-(E_{a}^{0} + \mu\ln\theta)}{RT}\right]f(\theta) = k_{a}p\theta^{-\mu/RT} \qquad (2.62)$$

$$v_{d} = bf'(\theta)\exp\left(\frac{-E_{d}^{0}}{RT}\right)\exp\left(\frac{\nu\ln\theta}{RT}\right) = k_{d}\theta^{\nu/RT} \qquad (2.63)$$

式(2.62)和式(2.63)称为管孝男吸附、脱附速率方程。

平衡时

$$k_{a}p\theta^{-\mu/RT} = k_{d}\theta^{\nu/RT}$$

$$\left(\frac{k_{a}}{k_{d}}p\right) = \theta^{\mu/RT}\theta^{\nu/RT} = \theta^{(\mu+\nu)/RT}$$

设

$$A = \left(\frac{k_{a}}{k_{d}}\right)^{RT/(\mu+\nu)}, \quad n = \frac{\mu + \nu}{RT}$$

得到

$$\theta = \left(\frac{k_{a}}{k_{d}}p\right)^{RT/(\mu+\nu)} = Ap^{\frac{1}{n}} \qquad (2.64)$$

式(2.64)即为 Freundlich 吸附等温方程。

很多化学吸附体系的吸附和脱附速率在较宽的压力范围内符合幂式规律，故其吸附等温方程以 Freundlich 吸附等温方程最为适宜。

通过吸附速率可计算化学吸附活化能(E_a)，即

$$E_a = RT^2 \left(\frac{\partial \ln v_a}{\partial T} \right)_\theta$$

$$E_a = \frac{2.303RT_1T_2}{T_2 - T_1} (\lg v_{a_2} - \lg v_{a_1}) \tag{2.65}$$

$v_a = \dfrac{\mathrm{d}\theta}{\mathrm{d}t}$ 或 $\dfrac{\mathrm{d}v}{\mathrm{d}t}$，$v_a$ 数值可通过实验求得。因此，只需测得不同两个温度下达到相同吸附量时的 v_{a_1} 和 v_{a_2}，即可得到化学吸附活化能(E_a)。

3. 化学吸附机理

化学吸附是吸附质与吸附剂间形成化学吸附键，涉及吸附质、吸附剂的本性及其相互作用，其机理更为复杂，一般分为 3 种：

①气体分子失去电子成为正离子，固体得到电子，这样正离子被吸附在带负电的固体表面上。

②固体失去电子而气体分子得到电子，这样负离子被吸附在带正电的固体表面上。

③气体与固体共有电子成共价键或配位键。

气体在金属表面上的化学吸附机理通常为第③种，即气体分子的电子与金属原子的 d 电子形成共价键，或气体分子提供一对电子与金属原子成配位键而吸附的。过渡金属对气体具有良好的吸附能力是因为它们自身有未结合的 d 电子，而且其表面原子还可能具有空余的杂化轨道。镍原子的最外层电子结构为 $3d^8 4s^2$，形成金属时用 $d^2 sp^3$ 的 6 个杂化轨道形成金属键，其最外层的 10 个电子有 6 个形成了金属键，还有 4 个未结合电子，这些未结合电子相当活泼，很容易形成共价吸附键，因此镍对 CO_2、H_2、CO、O_2 等吸附能力很强，能够形成化学吸附键。但是，采用未结合电子成键，吸附键的电子云重叠少于杂化轨道电子云重叠，因此共价吸附键强度小于杂化轨道所成的吸附键。而 Ba、Ti 等金属则是通过杂化轨道形成吸附键，所以镍的吸附强度低于 Ba、Ti 等的吸附强度。

金属氧化物的表面比纯金属复杂，在它的表面含有金属离子、氧负离子、缺位等。气体分子在金属氧化物表面发生化学吸附时，在吸附质及吸附剂间出现电子的转移或共有。所以如果气体分子（如 O_2）的电子亲和势大于金属氧化物的脱出功时，气体分子得到金属氧化物的电子，这样气体就按第②种化学吸附机理进行吸附——气体以负离子的形式吸附在金属氧化物的表面。如果气体分子（如 H_2、CO）的电离势比金属氧化物的电子脱出功小，则气体就按第①种化学吸附机理进行吸附——气体以正离子的形式吸附在金属氧化物表面。

硅铝酸吸附活性较强，与其具有的酸性中心有关。酸性中心分为两种：质子酸和非质子酸中心。在硅铝酸中 3 价的铝取代硅氧四面体中 4 价硅，为保持电中性，铝带有一个负电荷，所以能够和一个氢离子相连，这是质子酸中心，能够吸附气体正离子；在骨架的边棱，铝取代硅，同晶取代，因此硅、铝均为 4 价。而 Al—O 键的电子对偏向氧原子，所以铝可以接受电子为非质子酸中心，能够吸附气体负离子。硅铝酸通过两种酸性中心发生化学吸附。

4. 吸附态

分子在固体表面通过吸附构成吸附态。形成吸附时,吸附质与吸附剂之间可以形成共价键、配位键和离子键。一般作为吸附剂的过渡金属元素用 d 轨道与吸附质间形成共价键;当吸附质含有 ⅥA、ⅦA 族元素时,往往具有一个或一个以上的未共用电子对,能够提供出来与吸附剂金属原子形成配位键,因而极易吸附,甚至可造成催化剂中毒;当吸附质本身是离子时,可与吸附剂离子形成离子键。

如氢气在金属 Pt 表面的吸附,可能有以下 4 种吸附态。

$$
\begin{array}{cccc}
H & H-H & H & H \\
| & |\ \ | & | & \diagup\diagdown \\
H & Pt\ \ Pt & Pt & Pt\ \ Pt \\
| & & & \\
Pt & & &
\end{array}
$$

CO 在金属 Pt 的表面具有线式结构吸附和桥式结构吸附态。

$$
Pt-C\equiv O \qquad\qquad \begin{array}{c} Pt \\ \diagup \\ Pt \end{array}\!\!>\!C=O
$$

　　　　　　线式结构　　　　　　　　桥式结构

当多组分构成吸附剂时,吸附态比较复杂。如 CO 在 Pt/Al$_2$O$_3$ 表面吸附时,吸附态可能有以下类型。

$$
Pt-C\equiv O \qquad\qquad \begin{array}{c} Pt \\ \diagup \\ Pt \end{array}\!\!>\!C=O
$$

吸附态种类繁多,在进行吸附时,如何确定具体吸附态? 目前,利用红外、核磁共振、顺磁、穆斯堡尔谱及一些表面能谱设备,可以获得吸附物的结构信息,考察吸附态。

通过表征,发现 H$_2$ 分子在与金属发生化学吸附同时发生解离过程,H$_2$ + 2M(金属)→2HM。 饱和烃也属于这种类型,如 CH$_4$ + 2M → CH$_3$M + HM。

固体表面的化学吸附的一个重要应用是多相催化。在多相催化中,多数属于固体表面催化气相反应,它与固体表面吸附紧密相关。在这类催化反应中,至少有一种反应物是被固体表面化学吸附的,而且这种吸附是催化过程的关键步骤。在固体表面的吸附层中,气体分子的密度要比气相中高得多,但是催化剂加速反应一般并不是表面浓度增大的结果,而主要是因为被吸附分子、离子或基团具有高的反应活性。气体分子在固体表面化学吸附时可能引起离解、变形等,可以大大提高它们的反应活性。

利用红外、磁共振、顺磁、穆斯堡尔谱及一些表面能谱设备等多种新方法和新技术,获得吸附物结构信息及催化活性中心本质信息,从而在分子水平研究吸附分子与固体表面及吸附分子间的相互作用,对于了解吸附现象的本质和多相催化反应的机理,研制新型具有特殊选择性的吸附剂及价格低廉的吸附剂,具有非常重要的意义。

2.2.9 吸附剂

吸附剂是一种能有效地从气体或液体中吸附其中某些成分的固体物质,用于滤除毒气、精炼石油和植物油、防止病毒和霉菌、回收天然气中的汽油以及食糖和其他带色物质脱色剂等。

一般吸附剂应具有以下特点:

① 比表面积大、孔丰富且结构适宜、对吸附质有强烈的吸附能力;

② 化学性质稳定,不与吸附质和介质发生化学反应,在吸附条件下不发生相变;

③ 热稳定性好、机械强度高;

④ 制造方便,容易再生。

吸附剂可按孔径大小、颗粒形状、化学成分、表面极性等进行分类,如粗孔和细孔吸附剂,粉状、粒状、条状吸附剂,碳质和氧化物吸附剂,极性和非极性吸附剂等。常用的活性炭、硅胶和分子筛吸附剂介绍如下。

1.活性炭

活性炭(activated carbon)是一种非极性吸附剂,外观为暗黑色,有粒状和粉状两种。工业采用的是粒状活性炭,其主要成分除碳以外,还含有少量的氧、氢、硫等元素,以及水分、灰分。它具有良好的吸附性能和稳定的化学性质,可以耐强酸、强碱,能经受水浸、高温、高压作用,不易破碎。

活性炭具有巨大的比表面积和特别发达的微孔,通常活性炭的比表面积高达 500 ~ 1 700 m^2/g,这是活性炭吸附能力强、吸附容量大的主要原因,广泛用于气体和液体的精制、分离和净化,也常用作催化剂载体。

(1)吸附孔结构。

活性炭像石墨晶粒却是无规则排列的微晶,图2.19为活性炭结构示意图。在活化过程中微晶间产生了形状不同、大小不一的孔隙,其孔结构非常复杂,孔径从小于1 nm 到很大的都有,孔形状更是多种多样。按国际纯粹与应用化学联合会(International Union of Pure and Applied Chemistry,IUPAC)建议分类:微孔孔隙 < 2 nm、中孔孔隙为2 ~ 50 nm、大孔孔隙 > 50 nm。以 BET 法测算,微孔表面积为500 ~ 1 500 m^2/g,活性炭95% 以上的

图2.19 活性炭结构

表面积都在微孔中,所以活性炭比表面积相当巨大;中孔一般只占活性炭总表面积的5%,能吸附蒸气,并能为吸附物提供进入微孔的通道,又能直接吸附较大的分子;大孔能使吸附质分子快速深入活性炭内部较小的孔隙中去。

（2）表面吸附基团。

活性炭不仅含碳,而且含少量含氧基团,如羰基、羧基、酚类、内酯类、醌类、醚类。这些表面上含有的氧化物和配合物,有些来自原料的衍生物,有些是在活化时或活化后由空气或水蒸气的作用而生成,有时还会生成表面硫化物和氯化物。在活化中原料所含的矿物质集中到活性炭里成为灰分。灰分主要成分是碱金属和碱土金属盐类,如碳酸盐和磷酸盐等。

（3）吸附特性。

活性炭的吸附性既取决于孔隙结构,又取决于化学组成。

活性炭主要为微孔吸附,在中孔内可发生毛细凝结现象。对非极性物质及长链极性有机物具有良好的吸附能力。活性炭上的吸附等温线多为 I 型,可用 Langmuir 方程处理。

活性炭的吸附以物理吸附为主,由于活性炭中含有氧基团,可进行一些化学选择性吸附。

（4）催化性。

由于活性炭特异的表面含氧化合物或配合物,对多种反应具有催化剂的活性,如催化氯气和一氧化碳生成光气。

此外,活性炭可作为催化剂的载体,由于活性炭和载持物之间会形成配合物,这种配合物催化剂使催化活性大增,如载持钯盐的活性炭能催化烯烃氧化反应,速度快、选择性强。

（5）再生。

再生常用的方法是加热法,废炭烘干后在 850 ℃ 左右的再生炉内焙烧。颗粒活性炭每次再生损耗 5% ~ 10%,且吸附容量逐次减少。再生效率对活性炭滤池的运行费用影响大。

2. 硅胶

硅胶(silica gel)是胶体氧化硅脱水后透明或乳白色粒状固体,它的组成是 $x\mathrm{SiO_2}$ · $y\mathrm{H_2O}$,与水、醇类、酚类、胺类等可形成氢键,与不饱和烃可形成 π 键,是典型极性吸附剂,主要用作干燥剂、催化剂载体等。

硅胶孔径为 2 ~ 20 nm,根据孔径大小分为:大孔硅胶、粗孔硅胶、B 型硅胶、细孔硅胶。由于孔隙结构的不同,它们的吸附性能各有特点。粗孔硅胶在相对湿度高的情况下有较高的吸附量,细孔硅胶则在相对湿度较低的情况下吸附量高于粗孔硅胶,而 B 型硅胶由于孔结构介于粗、细孔之间,其吸附量也介于粗细孔之间。大孔硅胶一般用作催化剂载体、消光剂、牙膏磨料等。

3. 分子筛

分子筛(molecular sieves)具有多孔的骨架结构,在结构中有许多孔径均匀的通道和排列整齐、内表面相当大的空穴。这些晶体只能允许直径比空穴孔径小的分子进入孔穴,从而可使大小不同的分子分开,起到筛选分子的作用,故而得名。

（1）结构。

分子筛化学通式为

$$\mathrm{M}_{x/n}\left[\,(\mathrm{AlO_2})_x\cdot(\mathrm{SiO_2})_y\,\right]\cdot m\mathrm{H_2O}$$

式中，M 为化合价为 n 的金属离子，通常是 Na^+、K^+、Ca^{2+} 等；$\dfrac{y}{x}$ 为相应于 1 mol Al_2O_3 的 SiO_2 量，又称硅铝比；m 为结合水的量。

　　分子筛的基本构成单元为硅氧四面体和铝氧四面体。硅、铝位于四面体的中心，氧原子则在四面体的顶角。通过共用四面体顶角的氧原子使多个四面体形成多元环，最常见的为四元环(0.1 nm)和六元环(0.22 nm)。图 2.20 为四元环和六元环示意图。多元环的元数越多，围成的孔径越大，而孔径是吸附分子筛的"窗口"。只有比"窗口"直径小的分子才能进入分子筛。多元环上的四面体还可通过顶点的氧原子形成三维连接成为多面体空腔，称为"笼"。最重要的笼称为 β 笼(方钠石笼)，是由 8 个六元环和 6 个四元环组成，空腔体积为 0.016 nm^3，平均直径为 0.66 nm。8 个 β 笼相互用四元环连接，形成 α 笼，直径为 1.14 nm，有效体积为 0.076 nm^3。图 2.21 为 α 笼、β 笼示意图。A 型分子筛就是由 β 笼、α 笼和立方体笼构成。X 型和 Y 型分子筛的骨架是由 β 笼按金刚石结构中碳原子的连接方式连接而成，相邻的 β 笼通过六方柱笼相通，这种结构称为八面沸石型。图 2.22 为 A 型、X 型和 Y 型分子筛结构示意图。X 型和 Y 型分子筛晶体结构相同，仅硅铝比不同。分子筛中的其他金属离子不参与形成骨架，但影响进入分子筛的有效孔径大小。常见分子筛见表 2.4。

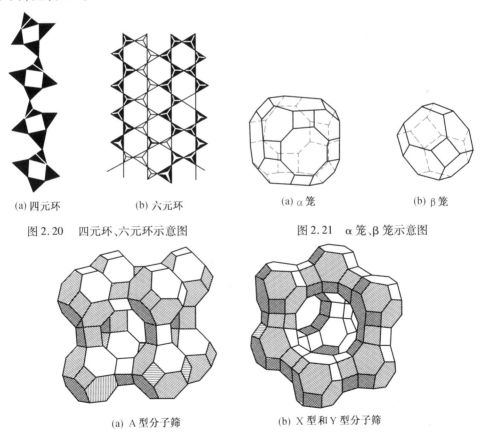

(a) 四元环　　　　　(b) 六元环　　　　　　　(a) α 笼　　　　(b) β 笼

图 2.20　四元环、六元环示意图　　　　图 2.21　α 笼、β 笼示意图

(a) A 型分子筛　　　　　　(b) X 型和 Y 型分子筛

图 2.22　A 型、X 型和 Y 型分子筛结构

表2.4 常见的分子筛

型号	硅/铝分子比	孔径/nm	典型化学组成
3A(钾A型)	2	0.30 ~ 0.33	$2/3K_2O \cdot 1/3Na_2O \cdot Al_2O_3 \cdot 2SiO_2 \cdot 4.5H_2O$
4A(钠A型)	2	0.42 ~ 0.47	$Na_2O \cdot Al_2O_3 \cdot 2SiO_2 \cdot 4.5H_2O$
5A(钙A型)	2	0.49 ~ 0.56	$0.7CaO \cdot 0.3Na_2O \cdot Al_2O_3 \cdot 2SiO_2 \cdot 4.5H_2O$
10X(钙X型)	2.3 ~ 3.3	0.8 ~ 0.9	$0.8CaO \cdot 0.2Na_2O \cdot Al_2O_3 \cdot 2.5SiO_2 \cdot 6H_2O$
13X(钠X型)	2.3 ~ 3.3	0.9 ~ 1.0	$Na_2O \cdot Al_2O_3 \cdot 2.5SiO_2 \cdot 6H_2O$
Y(钠Y型)	3.3 ~ 6.0	0.9 ~ 1.0	$Na_2O \cdot Al_2O_3 \cdot 5.0SiO_2 \cdot 8H_2O$
钠丝光沸石	8.3 ~ 10.7	0 ~ 0.5	$Na_2O \cdot Al_2O_3 \cdot 10SiO_2 \cdot 6 \sim 7H_2O$

（2）吸附特性。

分子筛有很大的比表面积,达300 ~ 1 000 m^2/g,内晶表面高度极化,为一类高效吸附剂。

分子筛吸附具有以下特点:

① 分子筛的孔道单一,只选择吸附能通过这些孔道的分子。如4A分子筛的孔径为0.42 nm,在吸附甲烷丙烷中,只吸附甲烷(临界直径0.38 nm),而丙烷(临界直径0.49 nm)吸附量很少。

② 孔道比表面积的吸附势要高,决定了在吸附质的浓度很低时仍有较大的吸附量。

③ 极性强,吸附水和不饱和烃。分子筛是一类固体酸,表面有很高的酸浓度与酸强度,因此对极性分子和不饱和有机分子具有强烈的选择吸附能力。随着硅铝比提高,分子筛的"酸性"提高,阳离子浓度减少,而热稳定性从700 ℃升高至1 300 ℃,表面的选择性从吸水到憎水。耐酸的性能随硅铝比值提高而增大,按照A型 < X型 < Y型 < L型 < 毛沸石 < 丝光沸石的顺序加强,而在碱性介质中的稳定性则减弱。

④ 吸附性能优于其他吸附剂,尤其在高温、高流速和低蒸气压时仍有良好的吸附能力。

分子筛在化学工业中作为固体吸附剂,被其吸附的物质可以解吸,分子筛用后可以再生,还用于气体和液体的干燥、纯化、分离和回收。以分子筛为活性组分制得的催化剂通常用作固体酸催化剂。近年来,分子筛催化的非酸式反应(包括氧化、还原、烃类低聚、羰基化等反应)日益引起注意。还发现以其他杂原子(如镓、锗、铁、硼、磷等)取代铝和硅,所形成的杂原子沸石分子筛,具有某些特殊的催化性能。

4. 吸附剂再生

吸附剂在达到饱和吸附后,必须进行脱附再生,才能重复使用。脱附是吸附的逆过程,即在吸附剂结构不变化或者变化极小的情况下,用某种方法将吸附质从吸附剂孔隙中除去,恢复它的吸附能力。通过再生使用,可以降低处理成本,减少废渣排放,同时回收吸附质。

目前吸附剂的再生方法有加热再生、药剂再生、生物再生、化学氧化再生、湿式氧化再生等。

加热再生即用外部加热的方法,改变吸附平衡关系,达到脱附或分解的目的。根据再生温度的不同,加热再生法分为低温和高温两种方法。低温再生适用于吸附了气体的饱和活性炭,通常加热到 100 ~ 200 ℃,被吸附的物质就可以脱附;高温再生用于吸附了固体的饱和活性炭。废水处理中活性炭的再生一般要加热到800 ~ 1 000 ℃,并需要加入活化气体(如水蒸气、二氧化碳等)才能完成再生。

药剂再生即用某种化学药剂将被吸附的吸附质解吸下来,其过程是在饱和吸附剂中加入适当的溶剂,改变吸附剂与吸附质之间的分子引力,改变介质的介电常数。从而使原来的吸附破坏,吸附质离开吸附剂进入溶剂中,达到再生和回收的目的。

生物再生法主要用于吸附质为有机物时的情况,利用微生物的作用将被活性炭吸附的有机物氧化分解。

在选择再生方法时主要考虑三方面的因素:①吸附质的理化性质;②吸附机理;③吸附质的回收价值。

5. 影响吸附的因素

(1)吸附剂结构。

① 比表面积。单位质量吸附剂表面积称作比表面积。吸附剂粒径越小,或微孔越发达,则比表面积越大。吸附剂比表面积越大,吸附能越强。

固体吸附剂的表面积是表征吸附性能的重要物理量,但测量相当困难,可采用气体吸附法测定和计算比表面积。

最常用的方法是采用"BET 二常数式"法测定计算,BET 二常数式公式为

$$\frac{p}{V(p_0 - p)} = \frac{1}{V_m c} + \frac{c-1}{V_m c} \frac{p}{p_0}$$

通过测定一系列吸附量 V 和平衡压力 p,以 $\frac{p}{V(p_0 - p)}$ 对 $\frac{p}{p_0}$ 作图得到一条直线,计算截距和斜率,则单层饱和吸附量 V_m 为

$$V_m = \frac{1}{截距 + 斜率}$$

比表面积 S 为

$$S = \frac{V_m}{22\ 400} N \sigma_m \qquad (2.66)$$

式中,N 为阿伏伽德罗常数;σ_m 为分子截面积。

② 孔结构。吸附剂内孔的大小和分布对吸附性能影响很大。孔径太大,比表面积小,吸附能力差;孔径太小,则不利于吸附质扩散,并对直径较大的分子起屏蔽作用,通常将孔半径大于 0.1 μm 的称为大孔,2×10^{-3} ~ 0.1 μm 的称为过渡孔,而小于 2×10^{-3} μm 的称为微孔。大部分吸附表面积由微孔提供。采用不同的原料和活化工艺制备的吸附剂的孔径分布是不同的。再生情况也影响孔的结构。分子筛因其孔径分布十分均匀,而对某些特定大小的分子具有很高的选择吸附性。

吸附剂孔径计算如下:对于 Ⅳ、Ⅴ 类吸附等温方程,当 $\frac{p}{p_0} = 1$ 时,饱和吸附量是一定的。设定吸附质密度 ρ_L,1 g 吸附剂上饱和吸附量为 $x_s(g)$,比孔容为 V_p,比表面积为 S,通过式(2.67)求出孔径 r

$$V_p = \frac{x_s}{\rho_L}$$

$$\frac{V_p}{S} = \frac{r}{2} \tag{2.67}$$

如果吸附剂吸附等温方程为 Ⅳ 型,且所有的孔隙都是圆柱形,可应用开尔文公式,计算孔隙大小分布曲线:在等温脱附线上,以合适的间距选定多个点,用开尔文公式计算各点的 r 值,一般假设 $\theta = 0°$。如果吸附量 x 是在某点的每1 g 吸附剂吸附蒸气的量(g),那么 $V_x = x/\rho$ 就是所有半径大于 r 的孔隙的总体积。作 $V_r \sim r$ 曲线。孔隙大小分布曲线是 $dV_r/dr \sim r$ 的微分曲线。导数 dV_r/dr 可在 $V_r \sim r$ 曲线的合适 r 间距中求出曲线的斜率得到。但因发生毛细凝结,孔壁上有吸附层,所以计算的真实半径应为孔隙半径 r_k 和吸附层厚度 t 之和。Helsey 提出计算 t 的经验公式为

$$t = -\left[\frac{S}{\ln(p/p_0)}\right]^{\frac{1}{3}} t_m \tag{2.68}$$

式中,t_m 是单分子层吸附的平均厚度,测定氮的 t_m 是 0.43 nm。

③表面化学性质。在制造过程中,吸附剂会形成部分不均匀的表面氧化物,其成分和数量随原料和活化工艺不同而异。一般把表面氧化物分成酸性的和碱性的,酸性氧化物有羧基、酚羟基、醌型羰基、正内酯基、荧光型内酯基、羧酸酐基及环式过氧基等。酸性氧化物在低温($< 500 ℃$)活化时形成。对于碱性氧化物的说法有分歧,碱性氧化物在高温($800 \sim 1\ 000 ℃$)活化时形成,在溶液中可以吸附酸性氧化物。

表面氧化物成为选择性的吸附中心,使吸附剂只有类似化学吸附的能力,因而有助于吸附极性分子,削弱了吸附非极性分子的能力。

(2)吸附质性质。

一定吸附剂,由于吸附质性质差异,吸附效果不同。例如,活性炭对芳香族化合物吸附效果优于脂肪族化合物,不饱和链有机物优于饱和链有机物,非极性或极性小的吸附质优于极性强吸附质。但实际体系中,吸附质一般不是单一的,它们之间可以互相促进、干扰或互不相干。

(3)操作条件。

吸附是放热过程,低温有利于吸附,升温有利于脱附。溶液的 pH 影响溶质的存在状态(分子、离子、络合物),也影响吸附剂表面的电荷特性和化学特性,进而影响吸附效果。在吸附操作中,应保证吸附剂与吸附质有足够的接触时间。另外,吸附剂脱附再生等因素也影响吸附效果。

2.3 固体自溶液中的吸附

固 – 液界面要比固 – 气界面复杂得多,除了它们本身结构较复杂外,固体表面不仅可以吸附溶质也可吸附溶剂。这里包括溶质、溶剂与固体表面(吸附剂)三者之间的相互作用。溶液中的吸附,虽然比气体吸附复杂,但测定吸附量的实验方法比较简单。将定量的固体吸附剂与一定量已知浓度的溶液相混,在一定温度下振摇平衡后再测定溶液的浓度,根据吸附前后溶液浓度的变化,就可算出单位质量的固体吸附剂所吸附溶液中溶质的数量 Γ。

$$\Gamma = \frac{x}{m} = \frac{V(C_1 - C_2)}{m} \tag{2.69}$$

式中,x 为被吸附溶质的数量,mol;m 为吸附剂的质量;V 为溶液的体积;C_1 为溶质吸附前的浓度;C_2 为吸附平衡时溶质的浓度。

这种计算显然假定了溶剂的表面过剩为零或者因吸附量极小可忽略,称这种方法所求得的吸附量为表观吸附量。

2.3.1 固体自非电解质溶液中的吸附

1. 固体自稀溶液中的吸附

目前看,固体自非电解质稀溶液中的吸附等温方程主要有三种类型。

(1) 单分子层吸附等温方程。

这种情况和 Langmuir 吸附等温方程属同一类型,当然此时吸附模型与气体吸附有所不同。在溶液中,固体表面上的吸附位对溶质和溶剂分子都有吸附力,只是程度不同。而且假定吸附作用力仅限于固体表面的吸附位与被吸附物的质点间的作用力,被吸附物的质点间相互作用较小,故可看作是 Langmuir 型吸附。

设吸附层是由溶质和溶剂分子组成的二维理想溶液,溶质和溶剂分子吸附在固体表面上所占面积大小一样。平衡时相当于在两相间的存在分配平衡,即被吸附的溶剂 1^γ + 溶液中溶质 $2^L \rightleftharpoons$ 被吸附的溶质 2^γ + 溶液中溶剂 2^L,用数字代替则有

$$1^\gamma + 2^L \rightleftharpoons 2^\gamma + 1^L \tag{a}$$

$$K = \frac{N_2^\gamma a_1^L}{N_1^\gamma a_2^L} = \frac{N_2^\gamma a_1^L}{(1 - N_2^\gamma) a_2^L} \tag{b}$$

式中,a_1^L、a_2^L 代表溶剂和溶质在液相中活度;N_1^γ、N_2^γ 是溶剂与溶质在表面相中的摩尔分数(物质的量分数),对于稀溶液 a_1^L 为常数。

令 $b = K/a_1^L$,则式(b)改写为

$$N_2^\gamma = \frac{b a_2^L}{1 + b a_2^L} \tag{2.70}$$

若只有溶质和溶剂两种质点吸附,则

$$n^\gamma = n_1^\gamma + n_2^\gamma \text{ 及 } n_2^\gamma = \frac{n^\gamma b a_2^L}{1 + b a_2^L} \tag{c}$$

假设铺满一层的最大吸附量为 Γ_∞，则有

$$\frac{\Gamma}{\Gamma_\infty} = \theta = \frac{n_2^\gamma}{n_\gamma} = \frac{ba_2^L}{1 + ba_2^L} \tag{2.71}$$

$$a_2^L/\Gamma = \frac{a_2^L}{\Gamma_\infty} + \frac{1}{b\Gamma_\infty} \tag{2.72}$$

根据式（2.72）以 a_2^L/Γ 对 a_2^L 作图可求得 Γ_∞ 和 b。另外，对吸附平衡常数用热力学函数表示 $K = \mathrm{e}^{\Delta S^0/R_e - \Delta H^0/RT}$，则有

$$b = \exp\left(\frac{\Delta S^0}{R_e}\right)\exp\left(-\frac{\Delta H^0}{RT}\right)(a_1^L)^{-1} = b'\exp\left(-\frac{\Delta H^0}{RT}\right) \tag{2.73}$$

考虑到稀溶液 $a_2^L \approx C_2$，又可将式（2.71）改写为

$$\frac{\theta}{1 - \theta} = ba_2^L \approx bC_2 \tag{2.74}$$

（2）指数型吸附等温方程。

在式（2.74）中显然假定了 ΔH^0 与 θ 无关，事实上在许多场合 ΔH^0 要随 θ 而变化（注意常说的吸附热 $q = -\Delta H^0$）。如果考虑到 ΔH^0 与 θ 有如下关系式（Freundlich 假定吸附热与 θ 的关系），即 $-\Delta H^o = q_m$ 为 $\theta = 0$ 时的纯净表面的吸附热

$$\Delta H^0 = \Delta H_m^0 + \beta\ln\theta \quad \text{或} \quad q = q_m - \beta\ln\theta \tag{2.75}$$

将此式代入式（2.73）得

$$b = b'\exp\left(\frac{q_m - \beta\ln\beta}{RT}\right) \tag{d}$$

式（d）代入式（2.74）有

$$\frac{\theta}{1 - \theta} = b'a_2^L\exp\left(\frac{q_m - \beta\ln\theta}{RT}\right)$$

$$\ln\frac{\theta}{1 - \theta} = \ln b'a_2^L + \frac{q_m - \beta\ln\theta}{RT} \tag{e}$$

一般 $q_m \gg RT$，因此在较宽的 θ 范围内

$$\ln\frac{\theta}{1 - \theta} \ll \frac{q_m - \beta\ln\theta}{RT}, \quad \ln b'a_2^L \approx -\frac{q_m - \beta\ln\theta}{RT} = \frac{\beta\ln\theta - q_m}{RT}$$

$$\theta = (b'a_2^L)^{\frac{RT}{\beta}}\exp\left(\frac{q_m}{\beta}\right) = A'a_2^{L\frac{RT}{\beta}} \tag{f}$$

令 $n = \dfrac{\beta}{RT}$，$a_2^L \approx C_2$ 则式（f）简化为

$$\theta = A'C_2^{1/n} = \frac{\Gamma}{\Gamma_\infty} \tag{g}$$

$$\Gamma = kC_2^{1/n} \tag{2.76}$$

式中，k、n 均为经验常数，其值与温度、吸附剂和溶质的本性有关，但和溶质浓度 C_2 无关。

$$\lg\Gamma = \lg k + \frac{1}{n}\ln C_2 \tag{2.77}$$

由式（2.77）通过 $\lg\Gamma$ 对 $\lg C_2$ 作图就可求得 n、k。式（2.77）也可从 Gibbs 吸附等温方程式得到。

Freundlich 公式的另一推导方法如下：

设：单位面积上，固体与纯溶剂的界面 Gibbs 函为 γ_0，界面上铺满单分子层溶质的界面 Gibbs 函为 $\gamma_m(\theta = 1)$，界面被溶质分子覆盖百分数为 θ 时，界面 Gibbs 函为

$$\gamma = \gamma_0(1 - \theta) + \gamma_m\theta \tag{a}$$

因 $\theta = \dfrac{\Gamma}{\Gamma_\infty}$，则

$$\gamma = \gamma_0\left(1 - \frac{\Gamma}{\Gamma_\infty}\right) + (\gamma_0 - \gamma_m) \tag{b}$$

将式（b）两边对 $\ln a_2^L$ 微分

$$\frac{\partial \gamma}{\partial \ln a_2^L} = -\frac{\gamma_0 - \gamma_m}{\Gamma_\infty}\frac{\partial \Gamma}{\partial \ln a_2^L} \tag{c}$$

由 Gibbs 吸附等温方程式 $\Gamma = -\dfrac{1}{RT}\dfrac{\partial \Gamma}{\partial \ln a_2^L}$，这里 a_2 与 a_2^L 含义相同，代入式（c）得

$$\Gamma = \frac{\gamma_0 - \gamma_m}{RT\Gamma_\infty}\frac{\partial \Gamma}{\partial \ln a_2^L}$$

令

$$n = \frac{\gamma_0 - \gamma_m}{RT\Gamma_\infty} \tag{d}$$

$$\Gamma = n\frac{\partial \Gamma}{\partial \ln a_2^L}, \quad \partial \ln a_2^L = n\frac{\partial \Gamma}{\Gamma} = n\partial \ln \Gamma \tag{e}$$

对式（e）积分

$$\ln a_2^L = n\ln \Gamma + K' \tag{f}$$

在稀溶液中，$a_2^L \approx C_2$，令 $\ln k = \dfrac{K'}{n}$，对式（f）整理有

$$\ln \Gamma = \frac{1}{n}\ln C_2 + \ln k$$

该表达式和式（2.77）同样为双对数关系。但要注意在第二种推导过程中，把 γ_0、γ_m 看成是与 q 无关的常数。

（3）多分子层吸附等温方程。

多分子层吸附的特点是在低浓度时溶质吸附量不大，随着浓度增加吸附量略有上升，当接近饱和浓度时，吸附量显著增加，吸附等温方程一般呈 S 形。因此常用类似于 BET 的公式来描述。

$$v_a = \frac{BCV_\infty}{(C_S - C)[1 + (B - 1)C/C_S]} \tag{2.78}$$

式中，v_a 为平衡吸附量；B 为常数；V_∞ 为饱和吸附量；c_S 为该温度下的饱和浓度；c 为溶液中溶质的平衡浓度。

2. 固体自浓溶液中的吸附

上述讨论的是稀溶液吸附的基本特点，认为溶剂活度为常数。此外，仅对二组分体系进行讨论。若在完全互溶的 A、B 二组分溶液中，可采用溶液中浓度变化吸附等温方程和

各自吸附等温方程来描述。

（1）浓度变化吸附等温方程（混合吸附等温方程）。

设吸附前溶液中有物质的量为 n_A^0、n_B^0 的 A 和 B 物质，其摩尔分数分别为 N_A^0、N_B^0。

将 m kg 吸附剂加入溶液中，由于吸附作用的发生，在固体表面出现一个吸附相，如图 2.23 所示。

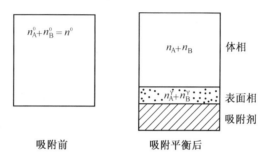

图 2.23　固体自二组分溶液中吸附

吸附平衡时，A、B 在表面相中对应 1 kg 固体吸附剂的量分别为 n_A^γ、n_B^γ，而在体相中的 n_A、n_B 与 n^0 有下列关系存在（注意到吸附后 $N_A + N_B = 1$）

$$n_A^0 = n_A + mn_A^\gamma, \quad n_B^0 = n_B + mn_B^\gamma \tag{a}$$

$$\frac{n_A}{n_B} = \frac{N_A}{N_B} \tag{b}$$

$$mn_B^\gamma = n_B^0 - \frac{n_A}{N_A}N_B, \quad mn_B^\gamma N_A = n_B^0 N_A - n_A N_B \tag{c}$$

同样有

$$mn_B^\gamma N_B = n_A^0 N_B - n_A N_B \tag{d}$$

将式（d）- 式（c）得

$$m(n_A^\gamma N_B - n_B^\gamma N_A) = n_A^0 N_B - n_B^0 N_A = n_A^0(1 - N_A) - (n^0 - n_A^0)N_A = n_A^0 - n^0 N_A \tag{e}$$

考虑到吸附前 $n_A^0/n^0 = N_A^0$，代入式（e）得

$$\frac{n^0(N_A^0 - N_A)}{m} = n_A^\gamma N_B - n_B^\gamma N_A, \quad \frac{n^0 \Delta N_A}{m} = n_A^\gamma N_B - n_B^\gamma N_A \tag{2.79}$$

式中，ΔN_A 表示吸附前后液相中 A 组分的摩尔分数变化，可由实验测定。

以 $n^0 \Delta N_A/m$ 对 N_A 作图便是组分 A 的浓度变化吸附等温方程，如图 2.24 就是一例。图 2.24 的左边是甲醇溶在苯中，右边为苯溶于甲醇中。当甲醇浓度小时表现为正吸附，甲醇的摩尔分数约为 0.23 时表现为不吸附，甲醇浓度再增加时则表现为负吸附。该图是个典型的 S 形混合吸附等温方程，还有一种 U 形吸附等温方程，如木炭从氯仿 - 四氧化

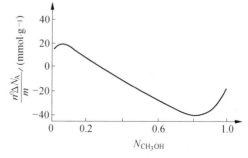

图 2.24　木炭从甲醇 - 苯中吸附甲醇的混合吸附等温方程

碳中对氯仿的吸附。

（2）各自吸附等温方程。

前面所述 $n^0\Delta N_A/m$ 对 N_A 的曲线是混合吸附等温方程。它反映了 A 和 B 组分的总和，而 $n^0\Delta N_A/m$ 对 A 的表观吸附量 n_A^γ 才是真正 A 组分在表面相中的含量，但从式（2.79）不能求得 n_A^γ。埃尔东（Elton）在前人工作基础上提出两点假设：

① 吸附剂从溶液中与从纯 A 或纯 B 的饱和蒸气中吸附量是相等的。该假设的本质是说无论自单纯蒸气，还是自溶液中吸附时，分子在吸附剂表面上的取向是一样的。

② 吸附在固体表面上都是单分子层。

设 A 为 1 kg 吸附剂的面积，A_A、A_B 分别为 A 和 B 组分被吸附时，每 1 mol 吸附质所占据的面积，于是

$$n_A^\gamma A_A + n_B^\gamma A_B = A \tag{a}$$

若吸附剂分别浸入每种纯液体的吸附量为 $(n_A^\gamma)^0$、$(n_B^\gamma)^0$，根据埃尔东的假设①，吸附剂分别放在纯 A、B 的饱和蒸气中，测得 $A_A = A/(n_A^\gamma)^0$ 和 $A_B = A/(n_B^\gamma)^0$，代入式（a）得

$$\frac{n_A^\gamma}{(n_A^\gamma)^0} + \frac{n_B^\gamma}{(n_B^\gamma)^0} = 1 \tag{2.80}$$

将式（2.79）和式（2.80）联立，即可得出一组 n_A^γ、n_B^γ 值，分别作图就可得到各自吸附等温方程。如图 2.25 及式（b）和式（c）所示。

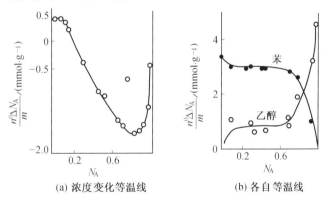

(a) 浓度变化等温线　　　　(b) 各自等温线

图 2.25　20 ℃ 苯－乙醇混合液在木炭上的吸附

$$\frac{n^0\Delta N_A}{m} = n_A^\gamma - \left\{ n_A^\gamma + \left[1 - \frac{n_A^\gamma}{(n_A^\gamma)^0} \right] (n_B^\gamma)^0 \right\} N_A \tag{b}$$

$$\frac{n^0\Delta N_A}{m} = \left[1 - \frac{n_B^\gamma}{(n_B^\gamma)^0} \right] (n_A^\gamma)^0 - \left\{ n_B^\gamma + \left[1 - \frac{n_B^\gamma}{(n_B^\gamma)^0} \right] (n_A^\gamma)^0 \right\} N_A \tag{c}$$

由图 2.25 看出，混合吸附等温方程与各自吸附等温方程大不相同。图（a）中出现从正值经过零点变为负值，这是由于溶剂与溶质均发生吸附的结果。吸附量为零（注意这是表观吸附量），并不是不发生吸附，而是表示吸附后溶液浓度与原始浓度相同。吸附量负则是因为溶剂的吸附反而使溶液的浓度增加所致，它并不代表吸附层中组分 A 的 n_A^γ 数值。当 $N_A \to 0$ 时 $N_B \to 1$，表观吸附量才等于 n_A^γ。从图（b）中两个各自吸附等温方程之差就可得图（a）。汉森（Hansen）进一步补充了埃尔东的假设，认为对多孔吸附剂吸附的液

体不仅限于表面单层,而且充满吸附剂的整个孔隙,令 A、B 的摩尔体积为 V_{mA}、V_{mB},V 是吸附剂孔隙体积,则

$$V = n_A^\gamma V_{mA} + n_B^\gamma V_{mB} = V_{mA} \, (n_A^\gamma)^0 = V_{mB} \, (n_B^\gamma)^0 \tag{d}$$

将式(d)整理同样能得到式(2.80)的结果。

2.3.2　影响非电解质溶液吸附的因素

从本质上讲,吸附是吸附质与吸附剂表面质点间的相互作用结果,研究影响因素必须同时考虑溶质、溶剂和吸附剂三方面效应,这里只定性地说明有关规律。

1. 吸附剂的性质

(1)比表面积。从质点在界面的排布位置而言,比表面积越大可供进行吸附的位置就越多,比表面积大一般表面活性也大。因此,吸附程度与比表面积一般成正比。

(2)孔结构。当孔内扩散是吸附速率的决速步骤时,孔径的大小对吸附量和吸附速率的影响是矛盾的。孔径细小不利于扩散,吸附速率慢;但比表面积高,可以提高平衡吸附量。反之,粗孔有利于扩散,但对提高吸附量不利。

(3)表面状态。每种固体都有自身的表面特性,即使是同类吸附剂由于制备条件不同表面状态也不尽相同,这必然影响吸附性能。目前对这类问题还没有系统的说法,只能是就具体固体表面进行具体分析。

(4)吸附剂的极性。一般极性的吸附剂易于吸附极性的溶质,非极性的吸附剂易于吸附非极性的溶质。

2. 吸附质的性质

(1)溶质的溶解度。一般溶解度小的溶质易被吸附。这可能是在吸附发生前要求溶质与溶剂间的结合首先遭到破坏,溶解度越大说明溶质与溶剂间亲和力越大,其结合力强,则吸附进行的难度就越大,使吸附量变小。同系有机物中碳原子数越多,溶解度越小越容易被同一固体所吸附。

(2)溶质间互相影响。这里谈不上什么规律,但可能与竞争吸附有关,表面活性剂往往都有很强的竞争力。但要提醒的是在竞争吸附的反面也有诱发吸附的现象。如在水的净化过程中被吸附的往往是多种杂质的混合物,这些溶质有时能相互诱发吸附,向酸性溶液中加入 $NaCl$ 或 KNO_3,就可提高活性炭对 H^+ 的吸附。

3. ΔG^γ 的影响

就总体系而言,吸附是自发过程,$\Delta G < 0$。因此,能使表面 Gibbs 函降低较多的溶质首先易吸附,例如特劳比(Traube)规则就曾指出,同系物的脂肪酸在相同浓度时,对于水的表面 Gibbs 函降低效应随碳氢链的增长而增加,每增加一个 —CH_2— 基表面 Gibbs 函降低效应平均增加约 3.2 倍。因此,同系物有机酸稀水溶液中,碳原子数越多就越易被木炭吸附。但也要注意特劳比规则的针对性,当碳原子数太多时就不完全适用了。同时,如果不是水为溶剂,比如甲苯作溶剂时则正好得到与特劳比规则相反的次序。

4. 温度的影响

一般吸附是放热过程,因此原则上温度升高对吸附不利。但也有例外的情况,有些物

质的溶解度随温度升高而降低的效应大于温度升高吸附量减小的效应就可导致温度升高反而吸附量增加,如木炭从水中吸附正丁醇就是如此。另外,对多孔吸附或者某些化学吸附,还要考虑动力学因素,当吸附速率很慢时,在某一温度范围内往往表现出温度升高吸附量增加的现象。

5. pH 的影响

这可能是 pH 会影响吸附质的电离状态,同时溶液中 H_3^+O、OH^- 本身也会被吸附,因而对其他物质的吸附产生影响。例如,从水中吸附有机污染物时,pH 降低则吸附量随之升高,就是因为活性炭处理污水时,较多的 H_3^+O 离子吸附在表面上中和了其负电荷,减小了对吸附的阻碍作用。

2.3.3 固体自电解质溶液中的吸附

吸附剂与电解质的相互作用可采取几种形式,例如电解质可以作为整体被吸附,这种情形和分子吸附相似。但更经常出现的是某种离子被强烈吸附,而另一种符号相反的离子形成扩散层,这可用 Stern 模型描述。还有的吸附作用涉及扩散层中的离子交换问题。

1. 离子交换吸附

固体吸附剂大多具有网状骨架结构,在骨架中某种离子被吸附并与骨架产生化学键合,而交换则发生在扩散层中离子之间。因此,总的结果表现为从溶液中吸附某种离子同时又逸出另一种离子到溶液中,故此称为离子交换吸附,可表示为

$$AR + B^+ = BR + A^+ \qquad (a)$$

式中,AR 为固体吸附剂;A^+ 为固体中可交换的离子;B^+ 为溶液中要交换的离子。

例如,由硅酸钠和铝酸钠形成的泡沸石中 Na^+ 可被其他离子 Ca^{2+}、Mg^{2+} 等交换。这就是用沸石软化硬水的基本反应。根据交换离子的性质,离子交换剂可分为阳离子型和阴离子型。阳离子型的活性基团一般是 —COOH、—SO_3H、—OH 等,阴离子型的活性基团一般是 —NH_3OH、$=NH_2OH$、R—NH_2 等。不同的活性基团对所交换离子有不同的选择性和交换容量,交换容量是离子交换剂的一种基本物性,以每千克交换剂能交换的离子毫摩尔"mmol/kg"来表示。对于式(a)可写出平衡常数

$$K_A^B = \frac{BR \cdot [A^+]}{AR \cdot [B^+]} \qquad (b)$$

式中,K_A^B 为吸附平衡常数,又因它可表示该离子交换剂对 A^+ 与 B^+ 选择吸附的能力大小,所以又称为选择系数。

例如,用已知量的 H^+ 型阳离子交换树脂 HR 与已知量的食盐水溶液在烧杯中反应到平衡时可按式(c)测定液体中的 H^+ 浓度

$$HR + Na^+ = NaR + H^+ \qquad (c)$$

根据物料关系,平衡后 $[NaR] = [H^+]$,$[Na^+] = [Na^+]_0 - [H^+]$,$[Na^+]_0$ 为初始浓度,$[HR] =$ 交换容量 $- [NaR]$,则

$$K_{H^+}^{Na} = \frac{[H^+] \cdot [H^+]}{\{交换容量 - [H^+]\}\{[Na^+]_0 - [H^+]\}} \qquad (d)$$

这样知道选择系数和交换容量后就可求得 $[H^+]$。

如果 K_A^B 值大,则说明该交换剂对 B^+ 有比对 A^+ 更好的选择性。选择系数随交换离子和被交换离子本性而异。在磺化聚苯乙烯上,当 $A^+ = H^+$,$B^+ = Li^+$ 时,$K_A^B = 0.8$,当 A^+ 不变,$B^+ = NH_4^+$ 时则有 $K_A^B = 3$;$B^+ = Ca^{2+}$ 时,$K_A^B = 42$。离子交换在工业上得到了广泛的应用,一般化学方法很难分离的稀土元素,常用含有 $—SO_3H$ 的交联聚苯乙烯树脂进行有效分离。

2. 选择性吸附

固体在电解质溶液中吸附某种电荷离子而带电,这种吸附称为斯特恩层吸附,Stern 特性吸附校正理论具体见第3章相关内容,根据吸附百分数的概念 $\theta = n_1/N_1$,得

$$\theta = \cfrac{1}{1 + \cfrac{N_2}{n_0}k'\exp\left[-\left(\cfrac{Ze_0\psi_S + W}{KT}\right)\right]} \quad\cdot\quad \frac{\theta}{1-\theta} = AC\exp\left(\frac{Ze_0\psi_S + W}{KT}\right) \qquad (2.81)$$

式中,A 为常数;C 为和 n_0 对应的浓度。

从式(2.81)看出 ψ_S 对 θ 有影响,当然要看静电能与化学作用能谁占主导。一般有如下规律。

(1)选择与吸附剂类似的溶质。固体自电解质溶液中吸附,可看作是晶体的扩充,所以与晶体中离子相同或结构相近的溶质离子都易被吸附,这样所需要的能量少(W 低)。

(2)选择在吸附剂表面上能生成难溶(或不溶)化合物的离子。

关于这类吸附有法扬斯(Fajans) - 潘尼斯(Paneth)规则:固体总是强烈地从电解质溶液中吸附能与固体表面上某种离子形成难溶或不溶化合物的反离子。例如,AgI(s)固体吸附剂对溶液中 Br^-、Cl^- 等能形成卤化银沉淀的反离子要首先选择吸附,对 NO_3^-、CO_3^{2-} 由于不能生成难溶盐不被选择吸附。法扬斯 - 潘尼斯规则不仅有理论意义也有实际价值。选矿所用药剂作用也符合这一规则,为寻找新的选矿药剂提供线索,常用的黄药(ROCSSNa)易与重金属硫化物(如 PbS)形成难溶性黄酸盐 $(ROCSS)_2Pb$ 而被吸附,这样就便于同矿中其他杂石分离,故可作为矿物捕收剂。

(3)选择与吸附剂晶格大小近似的离子。当离子大小与吸附剂晶格相差 25% 以下,一般较容易被吸附。这是因为此时离子可钻入晶体间隙或置换出其他离子。

(4)选择吸附难于水化的离子。一般半径小的离子易于水化形成半径大、外壳厚的水化离子,减弱了和固体表面吸附剂之间的吸引力,因而难于吸附在固体表面上。反之,半径大而难水化的离子则易被吸附。Li^+、Na^+、K^+、Rb^+、Cs^+ 随着离子半径的递增,水化作用递减,被固体吸附的量递增。

总之,固体在溶液中的吸附是个复杂的过程。受到溶液中溶质、溶剂的行为、界面、环境等复杂因素的影响。这里所述只是实践归纳的一部分规律,还有待于进一步研究充实。

2.3.4　波拉尼吸附势理论在液相吸附中的应用

1914 年波拉尼在前人工作基础上提出了物理吸附的势能理论。该理论认为:

① 吸附剂表面附近的一定空间内存在吸附引力场,吸附质分子一旦进入此力场就被吸附。

② 引力场占有一定的空间,故吸附可以是多分子层的。

③ 吸附力的大小随吸附层自内向外逐渐降低,吸附层每一点都有相应的吸附势。吸附势是该点与吸附剂表面距离的函数。

吸附势 ε 的定义:1 mol 分子从无限远处(实际上就是吸附力不起作用的地方)吸附至距离吸附剂表面 x 点所做的功,如图 2.26 所示。

④ 溶质在吸附空间发生凝聚吸附时,必然要排出等体积的溶剂,故凝聚条件是

$$\varepsilon \geqslant \varepsilon_S - \varepsilon_L \frac{V_{mS}}{V_{mL}} = RT\ln\frac{C_S}{C} \tag{2.82}$$

式中,ε 为溶质在溶液中的吸附势;ε_S 为溶质单独存在时的吸附势;ε_L 为溶剂单独存在时的吸附势;V_{mS}、V_{mL} 分别为溶质和溶剂的摩尔体积;C_S 为溶质的饱和浓度;C 为溶质平衡浓度。

式(2.82)表明,溶液中溶质的吸附与溶剂的吸附是有竞争的。ε_L 越大,吸附能力越大;吸附能力越强,则 ε 越小,即溶质在溶液中的吸附相对越弱。另一方面,溶质在吸附区凝聚必须排挤出等体积的溶剂,可见溶质的摩尔体积 V_{mS} 越大,对溶质的吸附越不利。反之,溶剂的摩尔体积越大,对溶质的吸附越有利。再将式(2.82)改写如下:

$$\frac{\varepsilon}{V_{mS}} = \frac{\varepsilon_S}{V_{mS}} - \frac{\varepsilon_L}{V_{mL}} = \frac{RT}{V_{mS}}\ln\frac{C_S}{C} \tag{2.83}$$

式(2.83)表明对同一吸附剂,以 V_{mS} 对 $\frac{T}{V_{mS}}\ln\frac{C_S}{C}$ 作图,得到一条形状与固-气吸附类似的相关曲线,如图2.27所示。

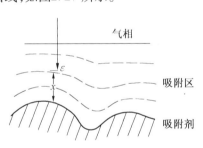

图 2.26　等势面轮廓

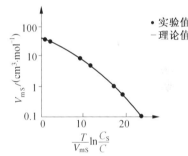

图 2.27　活性炭自水中吸附二氯乙烷的相关曲线

图 2.27 说明波拉尼吸附模型既可用于固-气吸附,也可用于固-液吸附。

⑤ 波拉尼认为在图 2.26 中每对相邻等势面之间的空间都是等体积的,因而 ε 与吸附层体积 V^S 之间存在着一定函数关系,$\varepsilon = f(V^S)$,同时还假定在广阔的温度范围内有 $\left(\dfrac{\partial \varepsilon}{\partial T}\right)_{V^S} = 0$ 成立,这表明 ε 和 T 无关,对已给定的吸附系统 $\varepsilon = f(V^S)$ 函数关系可代表一切温度下的情况,$\varepsilon - V^S$ 曲线就称之为特性吸附曲线。

波拉尼理论在液相吸附中的应用主要有三个方面,下面简述之。

(1) 从不同溶剂吸附同一溶质。

由式(2.82)看出,ε_L/V_L 越高的溶剂则溶质的吸附越弱。曼纳斯(M. Manes)和霍富尔(Hofer)通过实验证实了这一规律,并进一步指出,ε/V 与单位体积的极化率有关,因此溶剂的折射系数越高,溶质的吸附越弱。由曼纳斯等所提出的这些相关性,为研究问题带

来了方便。对于非挥发物,虽然不能直接测定其纯态的吸附等温方程,从相关曲线的处理便有可能从一种溶剂中某溶质的实验吸附等温方程来计算另一种溶剂中吸附同种溶质时的吸附等温方程。

由图2.27结合式(2.83)可求得 ε,当换为另一种溶剂 x 时,因溶质不变,即 V_{mS}、$\dfrac{RT}{V_{mS}}\ln\dfrac{C_S}{C}$ 也不变,仍有

$$\frac{q_x}{V_{mS}} = \frac{\varepsilon_S}{V_{mS}} - \frac{\varepsilon_{Lx}}{V_{mLx}}$$

将此式减式(2.83)得

$$\varepsilon_S - \varepsilon = \varepsilon_L \frac{V_{mS}}{V_{mL}} - \varepsilon_{Lx} \frac{V_{mS}}{V_{mLx}}$$

由此求得溶剂 x 时的吸附等温方程。

(2)从同一溶剂中吸附不同溶质。

这里还是利用相关曲线,例如活性炭从水中吸附许多有机物的吸附等温方程,浓度范围很宽,从饱和溶液直到低于 10^{-6} 的范围。由折射系数估计调节横坐标的常数,对水是用经验值。因此,只要在一种炭上测出用来作为标准的吸附等温方程后,就可计算这种炭对各种有机物在水中吸附的吸附等温方程,需事先知道的只是溶解度和密度。

(3)溶质的竞争吸附。

罗辛(Rosene)和曼纳斯将波拉尼理论推广至多组分吸附的实验,发现在一定条件下,强吸附溶质可以完全排除弱吸附质的吸附。

2.4　近代吸附研究方法

经典的吸附研究方法主要是吸附热、比表面积、吸附量及吸附等温方程等方法。近代吸附研究方法增加了红外吸附光谱(Infrared Absorption Spectrum,IR)、表面光电压谱(Surface Photovoltage Spectroscopy,SPS)、UPS等多个新方法新技术。

1. IR 法

IR法可提供吸附质及吸附剂 – 固体键合的资料。通过吸附质在吸附前后红外吸收光谱的位移,考察表面吸附情况。不同的振动频率代表了吸附分子中不同的原子和表面成键。

该方法有助于区别物理吸附和化学吸附。物理吸附靠范德瓦耳斯力,一般只能观察到谱带位移,不产生新谱带;而化学吸附形成新的化学键,能出现新谱带。该法还能确定化学吸附分子的构型,如采用红外光谱测定CO在Pd上的吸附构型,表明随覆盖率增加直线式结构增强。

2. SPS 技术

SPS技术测试的是对于同一表面在调制光(近红外 – 可见 – 紫外)照前后表面功函的变化(ΔW),可以获得样品表面电子行为信息。化学吸附与固体表面结构有关,SPS技

术为各种表面的晶格缺陷、吸附性质及机理的研究提供了直接证据。

目前,固体材料表面物性和相间的电荷转移过程多采用 SPS 技术进行研究。如吡啶在酞菁锰表面吸附,经 SPS 技术发现吡啶在酞菁锰表面的吸附不可逆,具有选择性,是化学吸附。利用 SPS 技术也能研究多相催化反应中的相间电荷转移过程和催化反应机理。

3. UPS 法

UPS 法是将紫外光照射到固体表面,观察射出光电子。紫外光的波长是主要变量,入射角和光的偏振为辅助变量。检测发射出的光电子能谱,如果固体表面吸附发生后,出现的新峰或峰位移动可能和吸附质与固体形成的配合物有关。UPS 法研究吸附质 – 固体键合的表面态,可提供有关化学吸附的有价值的一些定量数据。提供的信息与有关气体 – 固体键合的理论模型相结合能够给出有关键能的图像。因此,UPS 法是研究表面态和吸附键重要的表面光谱方法。

第3章　固－液界面电化学

3.1　界面电现象的产生及热力学分析

在生产实践中经常遇到固－液界面的电现象,如电解加工、电镀、电冶金等,深入了解这类带电界面的结构特点和结构与性能的关系,对于实际工作有一定的指导作用。

3.1.1　界面带电的原因

当两种不同的相接触时,由于两个体相的结构及性质的差异,往往会导致在相界面两侧出现电量相等而符号相反的电荷使界面带电。按带电形成机理不同,大体可分为以下几种。

1. 界面两侧之间的电荷转移

这是由于电子或离子等带电质点在两体相中具有不同化学势造成的。

① 两种金属界面 $M_1 - M_2$ 上的电子转移。若电子的逸出功(功函)Φ_M 不同,假设 $\Phi_{M1} > \Phi_{M2}$,则因 M_2 内电子逸出相对容易,最终使 M_2 荷正电(电子跑出得多一些),M_1 荷负电,如图 3.1 所示。

② 两种溶液界面 $L_1 - L_2$ 上的离子转移。若界面两侧离子淌度不同,将形成两液相之间的界面荷电,设 1 价离子淌度 $U_{M^+} > U_{A^-}$,则含 A^- 溶液一侧将荷正电,如图 3.2 所示。

图 3.1　电子逸出功不同而带电的界面　　图 3.2　离子淌度不同造成的界面带电

③ 金属－溶液界面 $M - L$ 上的荷电粒子转移。这是由于同种离子在固、液两相间的化学势不相同而造成的,在基础物理化学中有过详细的介绍,这里不重述。

2. 离子的特性吸附

带有不同符号电荷的粒子,在界面层中的吸附量不同,使界面层与溶液侧出现了符号相反的电荷。

3. 偶极子定向排列也可使界面带电

如水偶极分子在铂电极上定向排列,如图 3.3 所示。

4. 原子或分子在界面的极化导致电荷产生

如当偶极子在金属表面定向排列时,由于偶极子的诱导,使固体表面层中的原子或分子发生极化,产生分布于界面两侧的次极荷电层。

5. 离子型的固相与液体之界面电荷转移

离子型的固相与液体之界面电荷转移可有以下两种情况。

① 组成固相两种离子的溶解不等量,使界面带电。如碘化银溶于水过程中,在碘化银的晶格中 Ag^+ 活动力较强,其结合力小于 I^-,则造成界面处 Ag^+ 比 I^- 溶解得多,在 $AgI(S)/H_2O(L)$ 界面产生荷电,如图 3.4 所示。

图 3.3　偶极子的定向排列　　　　图 3.4　$AgI(S)$ 溶解后带电

② 离子取代。晶体中的离子被其他不同电荷数的离子所取代。如黏土是铝氧八面体和硅氧四面体的晶格组成,天然黏土中 Al^{3+}、Si^{4+} 往往被一部分低价的 Mg^{2+}、Ca^{2+} 所取代,结果使黏土晶格带负电,为维持电中性,黏土表面就吸附了一些正离子,形成界面电荷。

由此可见,界面荷电现象不仅在电子导体与离子导体的界面上存在,也同样能出现在离子导体与离子导体之间以及电子导体与电子导体的界面上,甚至在导电体与绝缘体之间的界面上,也可通过电子发射或静电诱导形成某种形式的界面荷电层。还有接触摩擦,由于物质对电子亲和力不同,两相接触时就会使电子从一相转入另一相。例如,水的介电常数比玻璃大十几倍,水与玻璃形成界面时,则玻璃带负电,水带正电。

3.1.2　界面双电层热力学

1. 电化学势 $\overline{\mu}_i$ 与电化学 Gibbs 函 $\overline{G}$

(1) $\overline{\mu}_i$。

关于 $\overline{\mu}_i$ 的引出,是从能量角度来分析的,即将理想实验电荷移入 α 相内,整个过程分为 3 步,如图 3.5 所示。

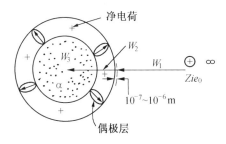

图 3.5　真空中孤立 α 相与实验电荷作用

①设想将实验电荷自无穷远处移至距球形 α 相表面的 $10^{-7} \sim 10^{-6}$ m 处,这一过程中可认为球体与实验电荷之间的短程力尚未开始,只考虑库仑作用力,所做电功为 W_1,与之相对应的球体在该处电势(外电势)$\psi^\alpha = W_1/Z_i e_0$,其中 Z_i 为实验电荷所带电量,e_0 为电子电荷的绝对值。

②实验电荷越过球面而达到 α 相内部,这一过程涉及能量变化包括两部分。穿过表面时由表面势 X^α 所引起的电功为 W_2 以及与组成 α 相物质粒子之间发生化学作用所做的功为 W_3,则有 $X^\alpha = W_2/Z_i e_0$ 和 $\mu_i^\alpha = W_3$。令 $\phi^\alpha = \psi^\alpha + X^\alpha$ 称为内电势,所以上述 3 项功加和为 $W = W_1 + W_2 + W_3 = \bar{\mu}_i^\alpha$,将各项功的表达式代入得

$$\bar{\mu}_i^\alpha = \mu_i^\alpha + Z_i e_0 \phi^\alpha \tag{3.1}$$

如果取物质的量为 1 mol,$e_0 N_A = F$,$\bar{\mu}_i^\alpha = \mu_i^\alpha + Z_i F\phi^\alpha$,由式(3.1)看出,$\bar{\mu}_i$ 的数值不仅决定于球体所带电荷的数量及分布情况,还与实验电荷及组成球体物质的化学本性有关。实验电荷从相内拉到相外表层附近的 $10^{-7} \sim 10^{-6}$ m 处,这一过程所涉及的能量变化 $-\omega_i^\alpha$ 相当于实验电荷从该相逸出而必须摆脱与该相物质之间化学作用及越过表面时所做的功,这就是实验电荷在 α 相的"逸出功",即

$$-\omega_i^\alpha = \mu_i^\alpha + Z_i e_0 X^\alpha \tag{3.2}$$

(2)电化学 Gibbs 函 $\bar{G}$。

在前面讨论的体系中,非体积功只考虑表面功,没有涉及电功,由于 G 为容量性质,可将其分解为非电的 $G_{非}$ 与纯的电功 $G_{电}$,则有

$$\bar{G} = G_{非} + G_{电} \tag{3.3}$$

根据上述概念,就可以进一步讨论带电体系的热力学问题了。

2. Gibbs 吸附等温方程式

假设有一个表面积为 A 的界面,它作为 α、β 两体相界面,这个体系的断面如图3.6所示,分界面是假想的数学面,真实界面是个区域。

现在考虑这样一种处理,选定一个参考系,它仅由体相 α、β 组成,想象此参考系内不含有界面问题,完全同基础物理化学一样,令此参考系为 R。实际体系为 S,它不但包括 R,同时也含有界面问题的整个体系。对 S 体系中的 i 物质而言 $n_i^\gamma = n_i^S - n_i^R$,在含有带电质点的体系中,用电化学平衡理论来描述,对于参考系电化学 Gibbs 函 $\bar{G}^R = \bar{G}^R(T, p, \sum n_i^R)$,该体系不存在界面因素的影响。对于真实体系由于含有界面,则 $\bar{G}^S = \bar{G}^S(T, p, A, \sum n_i^S)$,取其全微分得

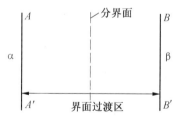

图 3.6　界面相 Gibbs 模型

$$d\bar{G}^R = \left(\frac{\partial \bar{G}^R}{\partial T}\right) dT + \left(\frac{\partial \bar{G}^R}{\partial p}\right) dp + \sum_i \left(\frac{\partial \bar{G}^R}{\partial n_i^R}\right) dn_i^R \tag{a}$$

$$d\bar{G}^S = \left(\frac{\partial \bar{G}^S}{\partial T}\right) dT + \left(\frac{\partial \bar{G}^S}{\partial p}\right) dp + \left(\frac{\partial \bar{G}^S}{\partial A}\right) dA + \sum_i \left(\frac{\partial \bar{G}^S}{\partial n_i^S}\right) dn_i^S \tag{b}$$

$$\overline{\mu}_i = \left(\frac{\partial \overline{G^R}}{\partial n_i^R}\right)_{T,p,n_{j \neq i}} = \left(\frac{\partial \overline{G^S}}{\partial n_i^S}\right)_{T,p,A,n_{j \neq i}} \qquad (3.4)$$

$$\gamma = \left(\frac{\partial \overline{G^S}}{\partial A}\right)_{T,p,\sum n_i} \qquad (3.5)$$

根据前面的假设表面因素引起的 $\mathrm{d}\overline{G^\gamma} = \mathrm{d}\overline{G^S} - \mathrm{d}\overline{G^R}$，当取等温等压条件时，式（b）- 式（a）得

$$\mathrm{d}\overline{G^\gamma} = \gamma \mathrm{d}A + \sum_i \overline{\mu}_i \mathrm{d}(n_i^S - n_i^R) = \gamma \mathrm{d}A + \sum_i \overline{\mu}_i \mathrm{d}n_i^\gamma \qquad (3.6)$$

此式说明，在等温等压条件下，界面 Gibbs 函可由变量 A 和 n_i 等容量性质来描述，这意味着 $\overline{G^\gamma}$ 是 A 和 n_i^γ 的一个线性齐次函数，欧拉定理对该函数适用，对式（3.6）积分得

$$\overline{G^\gamma} = \gamma A + \sum_i \overline{\mu}_i n_i^\gamma \qquad (c)$$

将此式微分后再与式（3.6）比较，得

$$A \cdot \mathrm{d}\gamma + \sum n_i^\gamma \mathrm{d}\overline{\mu}_i = 0 \qquad (d)$$

再根据 $\Gamma_i = n_i^\gamma / A$，得 Gibbs 吸附等温方程式

$$\mathrm{d}\gamma = -\sum \Gamma_i \mathrm{d}\overline{\mu}_i \qquad (3.7)$$

根据此式进行如下讨论。

（1）理想极化电极。

$$\mathrm{Cu}'/\mathrm{Ag} \cdot \mathrm{AgCl(S)} \mid \mathrm{KCl}(a), \mathrm{S} \mid \mathrm{Hg} \mid \mathrm{Cu}$$

S 为水相中表面活性剂且不电离。现在以汞电极与水溶液组成的理想极化界面为重点，探讨界面吸附与电极电势的关系。由式（3.7）的吸附公式，且把电子也作为独立物种来考虑

$$-\mathrm{d}\gamma = (\Gamma_{\mathrm{Hg}}\mathrm{d}\overline{\mu}_{\mathrm{Hg}} + \Gamma_e \mathrm{d}\overline{\mu}_e^{\mathrm{Hg}}) + (\Gamma_{K^+}\mathrm{d}\overline{\mu}_{K^+} + \Gamma_{Cl^-}\mathrm{d}\overline{\mu}_{Cl^-}) + \Gamma_S \mathrm{d}\overline{\mu}_S + \Gamma_{\mathrm{H_2O}}\mathrm{d}\overline{\mu}_{\mathrm{H_2O}} \quad (3.8)$$

根据电化学势的定义有平衡后的关系式

$$\overline{\mu}_e^{\mathrm{Hg}} = \overline{\mu}_e^{\mathrm{Cu}}; \overline{\mu}_{\mathrm{KCl}} = \overline{\mu}_{K^+} + \overline{\mu}_{Cl^-}; \overline{\mu}_{\mathrm{H_2O}} = \overline{\mu}_{\mathrm{H_2O}} \text{ 及 } \overline{\mu}_S = \mu_S$$

等温等压条件下，$\overline{\mu}_{\mathrm{Hg}} = \mu_{\mathrm{Hg}} = \mu_{\mathrm{Hg}}^0$，且 $\mathrm{d}\mu_{\mathrm{Hg}}^0 = 0$，所以有

$$-\mathrm{d}\gamma = \Gamma_e \mathrm{d}\overline{\mu}_e^{\mathrm{Cu}} + (\Gamma_{K^+}\mathrm{d}\overline{\mu}_{\mathrm{KCl}} - \Gamma_{K^+}\mathrm{d}\overline{\mu}_{Cl^-} + \Gamma_{Cl^-}\mathrm{d}\overline{\mu}_{Cl^-}) + \Gamma_S \mathrm{d}\mu_S + \Gamma_{\mathrm{H_2O}}\mathrm{d}\mu_{\mathrm{H_2O}} \quad (e)$$

根据电化学平衡，在参比电极一侧

$$\mathrm{AgCl(S)} + e(\mathrm{Cu}') \rightleftharpoons \mathrm{Ag} + \mathrm{Cl}^- (a_{Cl^-})$$

即 $\mu_{\mathrm{AgCl}} + \overline{\mu}_e^{\mathrm{Cu}'} = \mu_{\mathrm{Ag}} + \overline{\mu}_{Cl^-}$，对于纯固相 $\mathrm{d}\mu_{\mathrm{Ag}} = 0$、$\mathrm{d}\mu_{\mathrm{AgCl(S)}} = 0$，所以 $\mathrm{d}\overline{\mu}_e^{\mathrm{Cu}'} = \mathrm{d}\overline{\mu}_{Cl^-}$，代入式（e）可得

$$-\mathrm{d}\gamma = \Gamma_e \mathrm{d}\overline{\mu}_e^{\mathrm{Cu}} - (\Gamma_{K^+} - \Gamma_{Cl^-})\mathrm{d}\overline{\mu}_e^{\mathrm{Cu}'} + \Gamma_{K^+}\mathrm{d}\overline{\mu}_{\mathrm{KCl}} + \Gamma_S \mathrm{d}\mu_S + \Gamma_{\mathrm{H_2O}}\mathrm{d}\mu_{\mathrm{H_2O}} \quad (f)$$

在界面的金属一侧过剩电荷密度 $q = -F\Gamma_e$，而溶液一侧的电荷密度 $q^L = -q = F(\Gamma_{K^+} - \Gamma_{Cl^-})$，同时考虑到 $\mathrm{d}\overline{\mu}_e^{\mathrm{Cu}} - \mathrm{d}\overline{\mu}_e^{\mathrm{Cu}'} = \mathrm{d}(\overline{\mu}_e^{\mathrm{Cu}} - \overline{\mu}_e^{\mathrm{Cu}'}) = -F\mathrm{d}(\phi^{\mathrm{Cu}} - \phi^{\mathrm{Cu}'}) = -F\mathrm{d}E_-$（对于同一体相化学势 $\mu_e^{\mathrm{Cu}} = \mu_e^{\mathrm{Cu}'}, x^{\mathrm{Cu}'} \approx x^{\mathrm{Cu}}$），这里 E_- 是汞电极相对参比电极的电势，因为同种金属，

$x^{Cu'} \approx x^{Cu}$ 所以有 $d(\phi^{Cu} - \phi^{Cu'}) = d(\psi^{Cu} - \psi^{Cu'}) = dE_-$，其中下角标负号表示参比电极与体系阴离子成分可逆，把这些关系代入式(f) 得

$$- d\gamma = q dE_- + \Gamma_{K^+} d\mu_{KCl} + \Gamma_S d\mu_S + \Gamma_{H_2O} d\mu_{H_2O} \tag{3.9}$$

必须注意，这个方程中有的参数不是独立的，而且 Γ_{K^+}、Γ_S 和 Γ_{H_2O} 无法单独测量，现在要把式(3.9) 变换为可测量表达式。由 G－D 公式，对任意均相体系有 $\sum X_i d\mu_i = 0$，则液相中有

$$X_{H_2O} d\mu_{H_2O} + X_{KCl} d\mu_{KCl} + X_S d\mu_S = 0$$

即

$$d\mu_{H_2O} = - \frac{X_{KCl}}{X_{H_2O}} d\mu_{KCl} - \frac{X_S}{X_{H_2O}} d\mu_S$$

将上式代入式(3.9) 得

$$- d\gamma = q dE_- + \left[\Gamma_{K^+} - \frac{X_{KCl}}{X_{H_2O}} \Gamma_{H_2O} \right] d\mu_{KCl} + \left[\Gamma_S - \frac{X_S}{X_{H_2O}} \Gamma_{H_2O} \right] d\mu_S$$

如果把界面取在 $\Gamma_{H_2O} = 0$ 处，则其他表面浓度都相对水则有

$$- d\gamma = q dE_- + \Gamma_{K^+}^{H_2O} d\mu_{KCl} + \Gamma_S^{H_2O} d\mu_S \tag{3.10}$$

这样式(3.10) 中各个量就变为可测量

$$q = - \left(\frac{\partial \gamma}{\partial E_-} \right)_{\mu_{KCl}, \mu_S} \tag{3.11a}$$

$$C_d = \left(\frac{\partial q}{\partial E_-} \right) = \left(\frac{\partial^2 \gamma}{\partial E_-^2} \right)_{\mu_{KCl}, \mu_S} \tag{3.11b}$$

$$\Gamma_{K^+}^{H_2O} = - \left(\frac{\partial \gamma}{\partial RT \ln a_{KCl}} \right)_{\mu_S, E_-} = - \frac{a_{KCl}}{RT} \left(\frac{\partial \gamma}{\partial a_{KCl}} \right)_{\mu_S, E_-} \tag{3.11c}$$

对于式(3.11b) 的界面双层电容表达式，结合式(3.11a)，界面张力存在一个极大值，在该点 $E_- = E_z$ 称为零电荷电势，$q = 0$，则有

$$\gamma = \iint_{E_Z}^{E_-} C_d dE_- \tag{3.11d}$$

（2）理想不极化电极的 Gibbs 吸附等温方程。

在一般情况下，电毛细现象都以理想极化电极为例，当有电化学反应在界面发生时，界面情况变得复杂一些，以实际例子讨论理想不极化电极的 Gibbs 公式如下。

$$Cu'/Ag, AgCl(S) \mid LiCl(a) \mid Li \mid Cu$$

以 Li 电极界面为重点写出其 Gibbs 吸附等温方程

$$- d\gamma = \Gamma_{Li} d\bar{\mu}_{Li} + \Gamma_e^{Li} d\bar{\mu}_e^{Li} + \Gamma_{Li^+} d\bar{\mu}_{Li^+} + \Gamma_{Cl^-} d\bar{\mu}_{Cl^-} + \Gamma_{H_2O} d\mu_{H_2O} \tag{3.12}$$

同样在等温等压条件下 $d\bar{\mu}_{Li} = d\mu_{Li} = d\mu_{Li}^0 = 0$，$d\bar{\mu}_e^{Li} = d\bar{\mu}_e^{Cu}$，按式(3.10)，仍取 $\Gamma_{H_2O} = 0$ 为参考点，则有

$$- d\gamma = \Gamma_e d\bar{\mu}_e^{Cu} + \Gamma_{Li^+}^{H_2O} d\bar{\mu}_{Li^+} + \Gamma_{Cl^-}^{H_2O} d\bar{\mu}_{Cl^-} \tag{a}$$

因为

$$LiCl(a) = Li^+ (a_{Li^+}) + Cl^- (a_{Cl^-})$$

可得

$$\mathrm{d}\overline{\mu}_{\mathrm{Cl}^-} = \mathrm{d}\overline{\mu}_{\mathrm{LiCl}} - \mathrm{d}\overline{\mu}_{\mathrm{Li}^+} \qquad (\mathrm{b})$$

而由

$$\mathrm{Li}^+ + \mathrm{e} = \mathrm{Li} \ \text{得} \ \mathrm{d}\overline{\mu}_{\mathrm{Li}^+} = -\mathrm{d}\overline{\mu}_{\mathrm{e}}^{\mathrm{Cu}} \qquad (\mathrm{c})$$

所以将式(b)、式(c)代入式(a)整理得

$$-\mathrm{d}\gamma = \left[\varGamma_{\mathrm{e}} - \varGamma_{\mathrm{Li}^+}^{\mathrm{H_2O}} + \varGamma_{\mathrm{Cl}^-}^{\mathrm{H_2O}}\right]\mathrm{d}\overline{\mu}_{\mathrm{e}}^{\mathrm{Cu}} + \varGamma_{\mathrm{Cl}^-}^{\mathrm{H_2O}}\mathrm{d}\mu_{\mathrm{LiCl}} \qquad (\mathrm{d})$$

因为

$$q = -F\varGamma_{\mathrm{e}} = -q^{\mathrm{L}} = -F\left[\varGamma_{\mathrm{Li}^+}^{\mathrm{H_2O}} - \varGamma_{\mathrm{Cl}^-}^{\mathrm{H_2O}}\right]$$

所以 $\varGamma_{\mathrm{e}} = \varGamma_{\mathrm{Li}}^{\mathrm{H_2O}} - \varGamma_{\mathrm{Cl}}^{\mathrm{H_2O}}$,代入式(d)得

$$-\mathrm{d}\gamma = \varGamma_{\mathrm{Cl}^-}^{\mathrm{H_2O}}\mathrm{d}\mu_{\mathrm{LiCl}} \qquad (3.13)$$

考虑到水溶液相一侧当 Li^+ 过剩时,$\varGamma_{\mathrm{Cl}^-}^{\mathrm{H_2O}} = \varGamma_{\mathrm{LiCl}}^{\mathrm{H_2O}}$,式(3.13)又可简化为

$$-\mathrm{d}\gamma = \varGamma_{\mathrm{LiCl}}^{\mathrm{H_2O}}\mathrm{d}\mu_{\mathrm{LiCl}} \qquad (3.14)$$

$$\varGamma_{\mathrm{LiCl}}^{\mathrm{H_2O}} = -\frac{a_{\mathrm{LiCl}}}{RT}\left(\frac{\partial\gamma}{\partial a_{\mathrm{LiCl}}}\right)_{T,p} \qquad (3.15)$$

从式(3.13)与式(3.10)的比较看出,极化与不极化界面,电势因素对盐的过剩量影响不一样,理想不极化电极电荷密度 q 是个非独立参数,而在理想极化电极上 q 是个显函数。这和前面按有厚度表面相模型获得的结果是一致的。

3.2　界面双电层的结构

3.2.1　双层结构理论沿革

由于双层理论在界面电化学中占有相当重要的地位,首先对历史进行回顾。

1. Helmholtz 模型(平板电容器模型)

1879 年 Helmholtz 指出,液相中的"过剩"反号离子受到固体表面层电荷的吸引,紧挨着固体表面排成规整的反电荷层,好像一个平板电容器,二者距离为 δ,在这种双层内,电势 ψ 随离开固体表面距离 x 而线性下降(假如固体带正电),如图 3.7 所示。

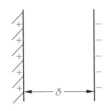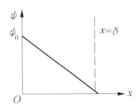

图 3.7　Helmholtz 双电层模型

$$\psi_0 = \frac{\delta}{\varepsilon}q \qquad (3.16)$$

式(3.16)中，$\varepsilon = \varepsilon_r \varepsilon_0$，其中 ε_r 为相对介电常数；q 为电极表面电荷密度。

2. GC 扩散双电层模型

在 Helmholtz 模型中，只考虑了静电吸引没考虑质点的热运动因素，1910 年 Gouy 及 1913 年 Chapman 提出修正意见，考虑到质点由于热运动产生的分散性，把电场力和热运动综合考虑提出了扩散双层模型，如图 3.8 所示。

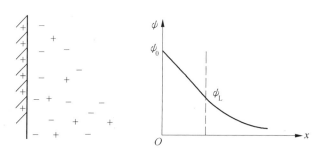

图 3.8 GC 双电层模型（ψ_L 也称分散电势）

（1）假设。

① 固相表面是平板型（y、z 方向无限大），而且表面上电荷分布是均匀的。

② 离子扩散只存在于 x 方向，可把离子看成是点电荷且服从 Boltzmann 分布。

③ 溶剂的介电常数 ε 在整个双层内认为不变。

④ 溶液中电荷分布符合 Poisson 方程。

（2）公式推导。

设与固相表面相距 x 处电位是 ψ，电荷密度为 ρ，i 粒子的单位体积内数量为 n_i，在溶液本体内的单位体积中个数为 n_{i0}，粒子的价数为 Z_i。

由 ①、② 假设得 $n_i = n_{i0}\exp\left(-\dfrac{Z_i e_0 \psi}{kT}\right)$ 及

$$\rho = \sum_i Z_i e_0 n_i = \sum_i Z_i e_0 n_{i0}\exp\left(-\frac{Z_i e_0 \psi}{kT}\right) \tag{a}$$

再由 ③、④ 的假设，一维 Poisson 方程 $\dfrac{d^2\psi}{dx^2} = -\dfrac{\rho}{\varepsilon}$，将式（a）代入此式得

$$\frac{d^2\psi}{dx^2} = -\frac{1}{\varepsilon}\sum_i Z_i e_0 n_{i0}\exp\left(-\frac{Z_i e_0 \psi}{kT}\right) \tag{b}$$

式（b）两边同时乘以 $2\dfrac{d\psi}{dx}$，且注意到 $\dfrac{d}{dx}\left(\dfrac{d\psi}{dx}\right)^2 = 2\left(\dfrac{d\psi}{dx}\right)\dfrac{d^2\psi}{dx^2}$，有

$$\frac{d}{dx}\left(\frac{d\psi}{dx}\right)^2 = -\frac{2e_0}{\varepsilon}\sum_i Z_i n_{i0}\exp\left(-\frac{Z_i e_0 \psi}{kT}\right)\frac{d\psi}{dx} \tag{c}$$

令
$$\frac{d\psi}{dx} = y, \qquad \frac{dy}{dx} = -\frac{e_0}{\varepsilon}\sum_i n_{i0}Z_i\exp\left(-\frac{Z_i e_0 \psi}{kT}\right) \tag{d}$$

则式（c）可简化为

$$\frac{d(y^2)}{dx} = 2y\frac{dy}{dx} = 2\frac{-e_0}{\varepsilon}\sum_i n_{i0}Z_i\exp\left(-\frac{Z_i e_0 \psi}{kT}\right)y \tag{e}$$

$$dy^2 = 2 \frac{-e_0}{\varepsilon} \sum_i Z_i n_{i0} \exp\left(-\frac{Z_i e_0 \psi}{kT}\right) y dx \tag{f}$$

$$d\left[\exp\left(-\frac{Z_i e_0 \psi}{kT}\right)\right] = \exp\left(-\frac{Z_i e_0 \psi}{kT}\right)\left(-\frac{Z_i e_0}{kT}\right)\frac{d\psi}{dx} \cdot dx \tag{g}$$

式(g) 中 $\frac{d\psi}{dx} = y$,式(f) 的右侧可改写为

$$dy^2 = 2 \frac{-e_0}{\varepsilon} \sum_i Z_i n_{i0}\left(-\frac{kT}{Z_i e_0}\right) d\left[\exp\left(-\frac{Z_i e_0 \psi}{kT}\right)\right] \tag{h}$$

对式(h) 两边积分有

$$y^2 = \frac{2kT}{\varepsilon} \sum_i n_{i0} \exp\left(-\frac{Z_i e_0 \psi}{kT}\right) + const = \left(\frac{d\psi}{dx}\right)^2 \tag{i}$$

根据溶液电势的含义,$x \to \infty$,$\psi = 0$,$\frac{d\psi}{dx} = 0$,因此式(i) 中的常数项 $const = -\frac{2kT}{\varepsilon} \sum n_{i0}$,代入式(i) 得

$$\left(\frac{d\psi}{dx}\right)^2 = \frac{2kT}{\varepsilon} \sum n_{i0}\left[\exp\left(-\frac{Z_i e_0 \psi}{kT}\right) - 1\right] \tag{j}$$

根据图 3.8 中 x 的方向,当 x 上升时 ψ 下降,因此其导数应取负值,由式(j) 变为

$$\frac{d\psi}{dx} = -\sqrt{\frac{2kT}{\varepsilon} \sum n_{i0}\left[\exp\left(-\frac{Z_i e_0 \psi}{kT}\right) - 1\right]} \tag{3.17}$$

对此式可分两种情况进行讨论。

① 当电势 ψ 低时,$Z_i e_0 \psi < kT$。由数学知识,$|x|$ 小于 1 有 $e^x = 1 + x + \frac{x^2}{2!} + \cdots$,则有二级近似结果

$$\sum n_{i0}\left[\exp\left(-\frac{Z_i e_0 \psi}{kT}\right) - 1\right] = \sum n_{i0}\left[1 - \frac{Z_i e_0 \psi}{kT} + \frac{1}{2}\left(-\frac{Z_i e_0 \psi}{kT}\right)^2 - 1\right] =$$
$$-\frac{\psi}{kT} \sum n_{i0} Z_i e_0 + \frac{1}{2}\left(\frac{\psi}{kT}\right)^2 \sum n_{i0} Z_i^2 e_0^2 \tag{k}$$

在溶液内部是电中性的,即 $\sum n_{i0} Z_i e_0 = 0$,将式(k) 代入式(3.17) 有

$$\frac{d\psi}{dx} = -\sqrt{\frac{e_0^2}{\varepsilon kT} \sum n_{i0} Z_i^2} \cdot \psi = -K\psi \tag{l}$$

$$K = \sqrt{\frac{e_0^2}{\varepsilon kT} \sum n_{i0} Z_i^2} \tag{3.18}$$

对式(l) 积分得

$$\psi = A\exp(-Kx) \tag{m}$$

考虑到 $x = 0$,$\psi = \psi_0$,则 $A = \psi_0$,所以得

$$\psi = \psi_0 \exp(-Kx) \tag{3.19}$$

② 对 $Z - Z$ 型电解质 $n_{i0} = n_0$,且只有正、负两种离子,$Z_+ = Z = -Z_-$,加和号中 $i = 2$,式(3.17) 中的

$$\sum_i n_{i0} \left[\exp\left(-\frac{Z_i e_0 \psi}{kT} \right) - 1 \right] = n_0 \exp\left(-\frac{Z_i e_0 \psi}{kT} \right) + n_0 \exp\left(\frac{Z_i e_0 \psi}{kT} \right) - \sum_i n_{i0} \tag{n}$$

$\sum n_{i0} = 2n_0$，则式（n）变为

$$\sum_i n_{i0} \left[\exp\left(-\frac{Z_i e_0 \psi}{kT} \right) - 1 \right] = n_0 \left\{ \left[\exp\left(-\frac{Z_i e_0 \psi}{2kT} \right) \right]^2 + \left[\exp\left(\frac{Z_i e_0 \psi}{2kT} \right) \right]^2 - 2 \right\} =$$

$$n_0 \left[\exp\left(-\frac{Z_i e_0 \psi}{2kT} \right) - \exp\left(\frac{Z_i e_0 \psi}{2kT} \right) \right]^2 =$$

$$n_0 \left[\exp\left(\frac{Z_i e_0 \psi}{2kT} \right) - \exp\left(-\frac{Z_i e_0 \psi}{2kT} \right) \right]^2 \tag{o}$$

令 $Q = \dfrac{Z_i e_0 \psi}{kT}, \dfrac{\mathrm{d}\psi}{\mathrm{d}x} = \dfrac{kT \mathrm{d}Q}{Z e_0 \mathrm{d}x}$ 代入式（o）及式（3.17），有

$$\frac{\mathrm{d}Q}{\mathrm{d}x} = -\frac{Z_i e_0}{kT} \sqrt{\frac{2kT}{\varepsilon} n_0} \left[\exp\left(\frac{Q}{2} \right) - \exp\left(-\frac{Q}{2} \right) \right]^2 = \sqrt{\frac{2Z_i^2 e_0^2 n_0}{kT\varepsilon}} \left[\exp\left(-\frac{Q}{2} \right) - \exp\left(\frac{Q}{2} \right) \right] =$$

$$K_Z \left[\exp\left(-\frac{Q}{2} \right) - \exp\left(\frac{Q}{2} \right) \right] \tag{p}$$

$$K_Z = \sqrt{\frac{2Z_i^2 e_0^2 n_0}{kT\varepsilon}} \tag{3.20}$$

求得式（p）的积分，令 $u = \exp\left(\dfrac{Q}{2} \right)$，$\mathrm{d}u = \dfrac{1}{2} \exp\left(\dfrac{Q}{2} \right) \mathrm{d}Q, \mathrm{d}Q = 2\exp\left(-\dfrac{Q}{2} \right) \mathrm{d}u$，代入式（p）可得

$$\frac{\mathrm{d}Q}{\exp\left(-\dfrac{Q}{2} \right) - \exp\left(\dfrac{Q}{2} \right)} = \frac{2\exp\left(-\dfrac{Q}{2} \right) \mathrm{d}u}{\exp\left(-\dfrac{Q}{2} \right) - \exp\left(\dfrac{Q}{2} \right)} = \frac{2\mathrm{d}u}{1 - \exp(Q)} = \frac{2\mathrm{d}u}{1 - u^2} = K_Z x$$

$$\frac{2\mathrm{d}u}{1 - u^2} = \frac{\mathrm{d}u}{1 + u} + \frac{\mathrm{d}u}{1 - u} = K_Z x$$

积分得式（q）

$$\ln \frac{1 + u}{1 - u} = K_Z x + \mathrm{const} \tag{q}$$

由于 $x = 0, \psi = \psi_0, Q_0 = \dfrac{Z e_0 \psi_0}{kT}, u_0 = \exp\left(\dfrac{Z e_0 \psi_0}{2kT} \right)$，$\mathrm{const} = \ln \dfrac{1 + u_0}{1 - u_0}$

则有

$$\ln \frac{(1 + u)(1 - u_0)}{(1 - u)(1 + u_0)} = K_Z x \tag{r}$$

将式（r）还原为 ψ 的表达形式

$$\ln \frac{\left[\exp\left(\dfrac{Z e_0 \psi}{2kT} \right) + 1 \right] \left[\exp\left(\dfrac{Z e_0 \psi_0}{2kT} \right) - 1 \right]}{\left[\exp\left(\dfrac{Z e_0 \psi}{2kT} \right) - 1 \right] \left[\exp\left(\dfrac{Z e_0 \psi_0}{2kT} \right) + 1 \right]} = K_Z x \tag{s}$$

令

$$V = \frac{\exp\left(\dfrac{Ze_0\psi}{2kT}\right) - 1}{\exp\left(\dfrac{Ze_0\psi}{2kT}\right) + 1}, \quad V_0 = \frac{\exp\left(\dfrac{Ze_0\psi_0}{2kT}\right) - 1}{\exp\left(\dfrac{Ze_0\psi_0}{2kT}\right) + 1} \tag{3.21}$$

则有

$$\ln\frac{V_0}{V} = K_z x, V = V_0 \exp(-K_z x) \tag{3.22a}$$

$$\psi = \frac{2kT}{Ze_0}\ln\frac{1 + V_0\exp(-K_z x)}{1 - V_0\exp(-K_z x)} \tag{3.22b}$$

(3) 对公式的讨论。

① 面电荷密度 q。

根据电中性原理,固相表面所带电量必和液相一侧所带电量大小相等符号相反,现在取单位面积

$$q = -\int_0^\infty \rho\, \mathrm{d}x \tag{a}$$

由 Poisson 方程

$$\rho = -\varepsilon\frac{\mathrm{d}^2\psi}{\mathrm{d}x^2} \tag{b}$$

将式(b)代入式(a)

$$q = -\int_0^\infty -\varepsilon\frac{\mathrm{d}^2\psi}{\mathrm{d}x^2}\mathrm{d}x = \varepsilon\frac{\mathrm{d}\psi}{\mathrm{d}x}\bigg|_0^\infty = 0 - \varepsilon\frac{\mathrm{d}\psi}{\mathrm{d}x}\bigg|_{x=0} = -\varepsilon\left(\frac{\mathrm{d}\psi}{\mathrm{d}x}\right)_{x=0} \tag{3.23}$$

对于式(3.23)

a. 当 $Z_i e_0\psi < kT$ 时,由式(3.19)得

$$\frac{\mathrm{d}\psi}{\mathrm{d}x} = -K\psi_0\exp(-Kx)\big|_{x=0} = -K\psi_0 \tag{c}$$

将式(c)代入式(3.23)得

$$q = K\psi_0\varepsilon = \frac{\varepsilon}{K^{-1}}\psi_0, \quad \psi_0 = \frac{K^{-1}}{\varepsilon}q \tag{3.24}$$

式(3.24)与式(3.16)比较看出,K^{-1} 相当于平板电容器的厚度,所以通常将 K^{-1} 作为扩散双层厚的度量,这就对平板电容器模型给予了解释。

b. $Z-Z$ 型电解质。

由于

$$\frac{\mathrm{d}\psi}{\mathrm{d}x} = \frac{kT\mathrm{d}Q}{Ze_0\mathrm{d}x} = K_z\frac{kT}{Ze_0}\left[\exp\left(-\frac{Q}{2}\right) - \exp\left(\frac{Q}{2}\right)\right] = -\frac{2K_z kT}{Ze_0}\sinh\left(\frac{Q}{2}\right)$$

则

$$q = \varepsilon\frac{2K_z kT}{Ze_0}\sinh\left(\frac{Ze_0\psi_0}{2kT}\right) = \frac{2\varepsilon kT}{Ze_0 K_z^{-1}}\sinh\left(\frac{Ze_0\psi_0}{2kT}\right) \tag{d}$$

若将式(3.20)K_z 代入式(d)得

$$q = \sqrt{8n_0 \varepsilon kT} \sinh\left(\frac{Ze_0\psi_0}{2kT}\right) \tag{3.25}$$

根据式(3.25)和式(3.22)还可以进一步讨论。

②Z－Z 型电解质体系。

a. $Z_i e_0 \psi < kT$ 时,尽管 ψ_0(热力学电势)较大,只要 x 足够大,式(3.21)变为

$$V = \frac{Ze_0\psi/2kT}{2 + \dfrac{Ze_0\psi}{2kT}} \approx \frac{Ze_0\psi}{2kT} \tag{e}$$

将式(e)代入(3.22a)得

$$\psi = \frac{4kT}{Ze_0} V_0 \exp(-K_z x) \tag{3.26}$$

b. 当 $Ze_0\psi_0 < 2kT$ 时,不管 ψ 如何,总有 $V_0 = Ze_0\psi_0/4kT$ 近似成立。在没有特性吸附的情况下,一般 $|\psi_0| > |\psi|$ 恒成立,必然也有 $Ze_0\psi < 2kT$ 成立。式(3.22b)变为

$$\psi = \psi_0 \exp(-K_z x) \tag{3.27}$$

这种情况下,对 Z－Z 型电解质,表达式(3.19)和式(3.27)已经是完全一样了。

③K 和 K_z 的异同。

a. K 和 K_z 的量纲都为 m^{-1}。

b. $K \propto \sqrt{\sum n_{i0}} \propto \sqrt{\sum m_i}$ 或 $\sqrt{\sum C_i}$ (m_i 为 i 物质的质量摩尔浓度,C_i 为 i 物质的体积摩尔浓度)

$K_z \propto \sqrt{n_0} \propto \sqrt{m}$ 或 $\sqrt{C}$ (m 为电解质的总质量摩尔浓度、C 为电解质的总体积摩尔浓度)

当 $m \to 0$ 时,$K_z \to 0$;$\sum m_i \to 0$ 时,$K \to 0$ 双电层均扩张。

c. $K \propto \sqrt{\sum Z_i^2}$;$K_z \propto Z$。当离子价数升高时,双电层被压缩。

④GC 模型的缺陷。

该模型把离子看成点电荷不切实际,特别是浓度高的溶液 $C \geqslant 0.1$ mol/L 时,质点本身的体积是不可忽视的。

例如,0.1 mol/L 的 Z－Z 型电解质水溶液,当 $\psi_0 = 250$ mV 时,由式(3.25)算得的 q 值相当于每 10^{-2} nm^2 上有 23 个离子,显然这是不可能的,原因是点电荷假设与实际不符。

3. Stern 双层模型

1924 年 Stern 综合了上述两种模型中的合理部分,提出如下假设。

① 溶液中离子占有一定的体积,也就是在求 q 时式(3.23)积分下限不是从 $x = 0$ 处,而是要从 $x = d$ 处开始。d 相当于离子水化半径(有的人也认为就是离子半径),因此有 $x = d$ 处,$\psi = \psi_S \neq \psi_0$。

② 双电层的溶液一侧由两层组成,第一层离子在固体表面附近,其分布情况与在溶液里不同,由于固体表面上静电吸引和范德瓦耳斯力对离子有一定的吸附作用,使被吸附离子紧贴在固体表面,形成一个固定的吸附层,称紧密层或 Stern 层。第二层为扩散层,它从紧密层开始到溶液内部,紧密层与扩散层间具有滑动面,对应的电势为 ψ_S,如图3.9所示。

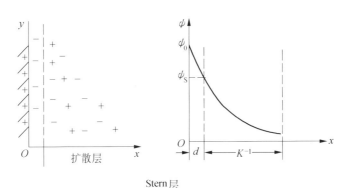

图 3.9　Stern 模型双电层

图 3.9 中 d 相当于紧密层中离子的半径，K^{-1} 是扩散层的厚度。关于 Stern 理论现有两种说法。

（1）Gouy – Chapmann – Stern 模型。

该模型的基本假设与 GC 理论只有一条不同，就是把离子看成是占有体积的电荷（$V_{离} \neq 0$）。求得 ψ 与 x 关系方程和 GC 理论的处理思路是完全一样的，只是注意边界条件 $x = d$ 时 $\psi = \psi_S$，式（3.23）中积分下限不是从零开始而是从 d 开始。

$$q = -\int_d^\infty \rho \, \mathrm{d}x = -\int_d^\infty \left(-\varepsilon \frac{\mathrm{d}^2 \psi}{\mathrm{d}x^2}\right) \mathrm{d}x = \varepsilon \left(\frac{\mathrm{d}\psi}{\mathrm{d}x}\right)\bigg|_d^\infty = -\varepsilon \left(\frac{\mathrm{d}\psi}{\mathrm{d}x}\right)_{x=d} \tag{a}$$

原来公式中的 ψ_0 和现在的 ψ_S 关系为

$$\psi_S = \psi_0 - \left(\frac{\mathrm{d}\psi}{\mathrm{d}x}\right)_{x=d} d \tag{b}$$

对 Z – Z 型电解质体系，有：

① 利用 $x = d, \psi = \psi_S$ 的边界条件并令

$$V_0' = \frac{\exp\left(\dfrac{Ze_0\psi_S}{2kT}\right) - 1}{\exp\left(\dfrac{Ze_0\psi_S}{2kT}\right) + 1} \tag{c}$$

则得 q 及 ψ 的表达式

$$q = \sqrt{8n_0\varepsilon kT}\sinh\left(\frac{Ze_0\psi_S}{2kT}\right) = \sqrt{8n_0\varepsilon kT}\sinh\left[\frac{Ze_0}{2kT}\left(\psi_0 - \frac{qd}{\varepsilon}\right)\right] \tag{3.28}$$

$$\psi = \frac{2kT}{Ze_0}\ln\frac{1 + V'\exp\left[-K_Z(x-d)\right]}{1 - V'\exp\left[-K_Z(x-d)\right]} \tag{3.29}$$

② 当 $Ze_0\psi < 2kT$ 时，同样可得

$$\psi = \psi_S\exp\left[-K_Z(x-d)\right] \tag{3.30}$$

（2）Stern 对特性吸附的校正理论。

Stern 进一步认为，在吸附层内的紧密层的介电常数在强电场作用下要发生改变，使其和溶液内部不同，ε 就不为常数了。这样就有两点与 GC 理论假设不同（$V_{离} \neq 0, \varepsilon \neq$ const）。同时 Stern 认为，双层内吸附是 Langmiuir 型单分子层的等温吸附，在扩散层中的

离子与吸附于 Stern 层内的离子呈平衡。若只考虑与固体表面电荷相反的离子,这类离子在固体表面上的吸附能包括两项:静电能 $Ze_0\psi_s$ 与范德瓦耳斯力能 W 之和,即吸附能 $Q = Ze\psi_s + W$。做如下假定:

Stern 层内,单位面积上有 N_1 个位置可供吸附,现在已有 n_1 个离子吸附在上面。这样还能进一步吸附的空位置数为 $(N_1 - n_1)$;

溶液当中,单位体积内有 N_2 个位置可供离子存在,平衡时单位体积内已有 n_0 个离子。这样可供离子存在的空位置数为 $(N_2 - n_0)$。

进入吸附层离子速度:$k_1(N_1 - n_1)n_0$

离开吸附层离子速度:$k_2(N_2 - n_0)n_1\exp\left(\dfrac{-Q}{kT}\right)$

这里脱附实现必须大于等于吸附能才能进行,当处于吸附平衡时

$$(N_1 - n_1)n_0 = k'(N_2 - n_0)n_1\exp\left(\frac{-Q}{kT}\right) \tag{a}$$

$$k' = \frac{k_2}{k_1} \tag{b}$$

一般来讲,在溶液中总能满足 $N_2 \gg n_0$,因此有

$$n_1 = \frac{N_1}{1 + \dfrac{N_2}{n_0}k'\exp\left(\dfrac{-Q}{kT}\right)} \tag{c}$$

若设想 Stern 层内电荷密度为 q_1,离子价数为 Z_i,则有 $q_1 = n_1 Z_i e_0$,当铺满一个单层达到饱和吸附量 $q_m = N_1 Z_i e_0$ 时,代入式(c) 得

$$q_1 = \frac{q_m}{1 + \dfrac{N_2}{n_0}k'\exp\left(\dfrac{-Q}{kT}\right)} \tag{d}$$

另外,固体表面与 Stern 层之间可当作平板电容器处理,设紧密层内介电常数为 ε_s,固体表面上电荷密度为 q,由图 3.9 看出

$$q = \frac{\varepsilon_s}{d}(\psi_0 - \psi_s) \tag{e}$$

若扩散层内电荷密度为 q_2,由电中性原理可知 $q + q_1 + q_2 = 0$,因此有

$$-q_2 = q + q_1 \tag{f}$$

在这里 q_2 的意义和 GC 扩散层含义相同,可由对溶液侧积分求得

$$q_2 = -\int_d^\infty \rho\,\mathrm{d}x = -\sqrt{8n_0\varepsilon kT}\sinh\left(\frac{Z_i e_0\psi_s}{2kT}\right) \tag{g}$$

将式(e)、式(g) 代入式(f) 得

$$\frac{\varepsilon_s}{d}(\psi_0 - \psi_s) + \frac{q_m}{1 + \dfrac{N_2}{n_0}k'\exp\left[-\left(\dfrac{Z_i e_0\psi_s + W}{kT}\right)\right]} = \sqrt{8n_0\varepsilon kT}\sinh\left(\frac{Z_i e_0\psi_s}{2kT}\right) \tag{3.31}$$

式(3.31) 虽然比较完善,可对许多双层实验现象给予解释,但式中 ψ_s、ε_s、N_2 等的测定很复杂,一般从界面电容的测定可获得有益数据。由图 3.9 看出,总的界面电容 C 的关系式为

$$\frac{1}{C} = \frac{1}{C_1} + \frac{1}{C_2} \tag{3.32}$$

其中
$$C_1 = \frac{\varepsilon_S}{d} \tag{h}$$

$$C_2 = \frac{q_2}{\psi_S} \tag{i}$$

4. 双层结构的其他模型

在 Stern 之后，约 1947 年，Grchorne 认为阳离子符合 Gouy 模型的吸附方式吸附，并计算了 ψ_S 和 q_2。1954 年，Devanathan 提出了把 Stern 模型中的几个物理量（特别是电容）相联系的方程式。1963 年，Bockris、Devanathan、Muller 三人提出了双层精细结构的 BDM 模型。这一模型主要考虑到金属电极与电解质溶液界面水分子的影响，紧靠电极表面的内层为吸附的水分子偶极层（厚度为 d），也称内亥姆霍兹层（Inner Helmholtz Plane，IHP），外层是厚度为 L 的水化离子层，也称外亥姆霍兹层（Outer Helmholtz Plane，OHP）。如图 3.10 所示，在 IHP 内介电常数为 ε_1，由于强电场作用使水分子几乎处于介电饱和，$\varepsilon_1 \approx 6$。OHP 层内介电常数为 ε_0，这一层阳离子周围被水分子包围，介电常数 $\varepsilon \approx 40$，图中 ξ 和滑动面对应，也称动电势，后面将再介绍。

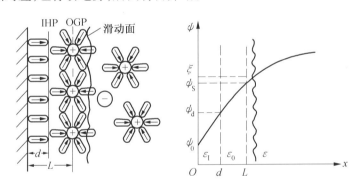

图 3.10　BDM 双层模型

上面初步介绍了双层理论，但仅限于一维的情况，把与固体表面相距为 x 处的平面（y-z 方向）看成是性质完全一致的。实际上这只是一种近似，局部区域涨落等都能引起性质不均。

3.2.2　球对称形双电层的有关理论处理

现在讨论的是最简单的三维情况，取球对称形，在胶体系统中胶束就是一个空间对称的双电层，胶体就是由这样无数个球壳状双电层的胶束组成。如图 3.11 所示的就是这种胶束的示意图，相当于一个球状电极。电化学体系中也有这样类似的宏观可见的球状电极。

此处只讨论 GC 双层理论对球壳双电层的应用。

基本假设和平板情况相同（只是把 x 方向变为矢径 r

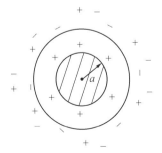

图 3.11　球壳状双电层

方向了）。

　　这里选用极坐标下的 Poisson 方程，由于球对称不考虑极角 θ 与 φ。

$$\nabla^2\psi = \frac{1}{r^2}\frac{\partial}{\partial r}\left(r^2\frac{\partial\psi}{\partial r}\right) = -\frac{\rho}{\varepsilon} = -\frac{1}{\varepsilon}\sum Z_i e_0 n_{i0}\exp\left(-\frac{Z_i e_0\psi}{kT}\right) \tag{a}$$

求解式（a）要用拉普拉斯变换和卷积。在这里只讨论 $Z_i e_0\psi < kT$ 的情形。将指数项展开并取一级近似，并注意到 $\sum Z_i e_0 n_{i0} = 0$，则式（a）变为

$$\frac{1}{r^2}\left\{\frac{\partial}{\partial r}\left[r^2\left(\frac{\partial\psi}{\partial r}\right)\right]\right\} = \frac{1}{\varepsilon}\sum Z_i^2 e_0^2 n_{i0}\left(\frac{\psi}{kT}\right) = K^2\psi \tag{b}$$

令 $x = r\psi$，代入式（b）得 $\dfrac{\mathrm{d}x^2}{\mathrm{d}r^2} = K^2\psi$，可解得

$$x = A\exp(-Kr) + B\exp(Kr) \tag{c}$$

因 $r\to\infty$，$\psi = 0$，$\psi = \dfrac{A}{r}\exp(-Kr) + \dfrac{B}{r}\exp(Kr)$，所以 $B = 0$，则

$$\psi = \frac{A}{r}\exp(-Kr) \tag{d}$$

若固体球状电极半径为 a，而电荷密度为 q，则整个球的电量为 $Q = 4\pi a^2 q$，由 $\rho = -\varepsilon K^2\psi$ 得溶液侧的电量

$$\int_a^\infty 4\pi r^2\rho\,\mathrm{d}r = -4\pi a^2 q \tag{e}$$

即

$$\int_a^\infty -r^2\varepsilon K^2\frac{A}{r}\exp(-Kr)\,\mathrm{d}r = -a^2 q \tag{f}$$

根据分部积分可求得

$$A = \frac{qa^2\exp(Ka)}{\varepsilon(1 + Ka)} \tag{g}$$

$$\psi = \frac{qa^2}{\varepsilon(1 + Ka)r}\exp[-K(r - a)] \tag{3.33}$$

若电极的电势为 ψ_a 即 $r = a$，$\psi = \psi_a$，代入式（d）又得

$$\psi_a = \frac{A}{a}\exp(-Ka), \quad A = \psi_a a\exp(Ka) \tag{h}$$

将式（h）代回式（d）又得

$$\psi = \psi_a\frac{a}{r}\exp[-K(r - a)] \tag{3.34}$$

将（3.33）和（3.34）两式比较看出

$$\psi_a = \frac{qa}{\varepsilon(1 + Ka)} = \frac{Q}{4\pi a\varepsilon(1 + Ka)} = \frac{Q}{4\pi a\varepsilon} - \frac{Q}{4\pi\varepsilon(a + K^{-1})} \tag{3.35}$$

此式说明 ψ_a 相当于两个同心圆壳电容器上的电势。

3.2.3　双电层间的相互作用

　　前面讨论的是一个双电层的体系，在胶体或微电极系统中常常有多个双电层同时存

在。特别是胶体中双电层的相互作用直接影响到胶体的稳定性,因此有必要对双层间作用问题加以讨论。

1. 两个平面双电层间的排斥势能(平板状双电层间)

就力而言无非是排斥或吸引力,从引起排斥力的因素分析,图 3.12 为两个相互作用着的双电层,$d = \dfrac{D}{2}$。

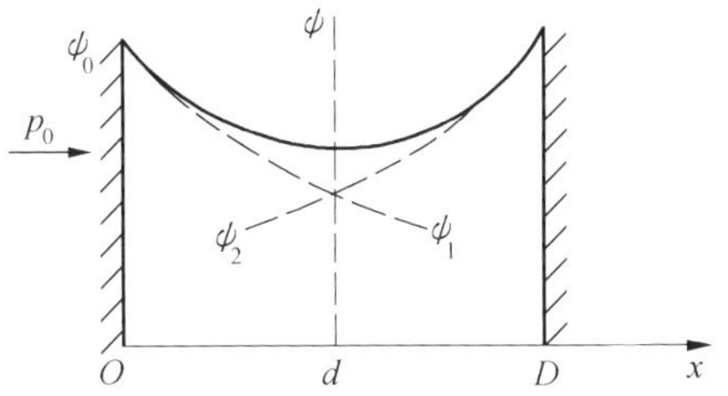

先考虑 Z – Z 型电解质体系,假设 $Z_i e_0 \psi < kT$,由 GC 模型的式(3.26)很容易得下列等式

图 3.12   两相相互作用着的双电层

$$\psi_1 = \frac{4kT}{Ze_0} V_0' \exp(-K_Z x) \qquad \text{(a)}$$

$$\psi_2 = \frac{4kT}{Ze_0} V_0' \exp[-K_Z(D-x)] \qquad \text{(b)}$$

$$\psi = \psi_1 + \psi_2 \qquad \text{(c)}$$

取两个双层间的单位体积来分析受力情况。电场力等于电场强度与电量的乘积,则单位体积电解质溶液所受电场力为

$$F_{电} = -\rho \frac{\mathrm{d}\psi}{\mathrm{d}x} \qquad \text{(d)}$$

作用于单位体积上的压力在 x 方向分量可表示为

$$F_x = \frac{\partial p}{\partial x} \qquad \text{(e)}$$

平衡时 $F_x = F_{电}$,即

$$\frac{\partial p}{\partial x} + \rho \frac{\mathrm{d}\psi}{\mathrm{d}x} = 0 \qquad \text{(f)}$$

考虑到 $\rho = -\varepsilon \dfrac{\mathrm{d}^2\psi}{\mathrm{d}x^2}$, $\dfrac{\mathrm{d}^2\psi}{\mathrm{d}x^2} \dfrac{\mathrm{d}\psi}{\mathrm{d}x} = \dfrac{1}{2} \dfrac{\mathrm{d}}{\mathrm{d}x}\left(\dfrac{\mathrm{d}\psi}{\mathrm{d}x}\right)^2$,得

$$\frac{\partial p}{\partial x} - \frac{\varepsilon}{2} \frac{\mathrm{d}}{\mathrm{d}x}\left(\frac{\mathrm{d}\psi}{\mathrm{d}x}\right)^2 = 0, 即 \frac{\mathrm{d}}{\mathrm{d}x}\left[p - \frac{\varepsilon}{2}\left(\frac{\mathrm{d}\psi}{\mathrm{d}x}\right)^2\right] = 0$$

所以

$$p - \frac{\varepsilon}{2}\left(\frac{\mathrm{d}\psi}{\mathrm{d}x}\right)^2 = \text{const} \qquad \text{(g)}$$

此式表明溶液内部压强与电场力之差为一常数(和 x 无关)。从图 3.12 中看出,$x = d$ 时,ψ 有极小值,将 $\dfrac{\mathrm{d}\psi}{\mathrm{d}x}\Big|_{x=d} = 0$ 代入式(g)得 $p_d = \text{const}$。这说明上述两种力之差恒为常数 p_d,另外,由式(f)看出,$\mathrm{d}p = -\rho\mathrm{d}\psi$,对 Z – Z 型电解质

$$\rho = Ze_0 n_0\left[\exp\left(\frac{-Ze_0\psi}{kT}\right) - \exp\left(\frac{Ze_0\psi}{kT}\right)\right] = -2Ze_0 n_0 \sinh\left(\frac{Ze_0\psi}{2kT}\right)$$

所以有

$$dp = 2Ze_0 n_0 \sinh\left(\frac{Ze_0\psi}{kT}\right) d\psi \tag{h}$$

已知在两个双电层的外部区溶液内部 $\psi = 0$、$p = p_0$、$x = d$、$\psi = \psi_d$、$p = p_d$，则有排斥力 F_R 为

$$p_d - p_0 = 2kTn_0\left[\cosh\left(\frac{Ze_0\psi_d}{kT}\right) - 1\right] = F_R \tag{3.36}$$

从式（c）看出，$\psi_d = \psi_{1d} + \psi_{2d}$，即

$$\psi_d = \frac{4kT}{Ze_0}V_0'\exp(-K_z d) + \frac{4kT}{Ze_0}V_0'\exp[-K_z(D-d)] = \frac{8kT}{Ze_0}V_0'\exp-(K_z d) \tag{i}$$

当 $z_i e_0 \psi < kT$ 时，必有 $Z_i e_0 \psi_d < kT$，取 $\cosh x = 1 + \dfrac{x^2}{2}$ 的二级近似得

$$p_d - p_0 = kTn_0\left(\frac{Ze_0\psi_d}{kT}\right)^2 = 64kTn_0 V_0'^2\exp(-K_z D) = F_R \tag{3.37}$$

式中，$D = 2d$，这就是所求出的排斥力计算公式。排斥势能就是力与位移的乘积，令 V_R' 表示单位面积上的排斥势能，考虑到 V_R' 随距离增加而减少，则 $dV_R' = -F_R dD$，把式（3.37）代入得

$$dV_R' = -64kTn_0 V_0'^2\exp(-K_z D)dD \tag{j}$$

$D \to \infty$、$V_R' = 0$，对式（j）从 D 到 ∞ 积分得

$$V_R' = \frac{64kTn_0 V_0'^2}{K_z}\exp(-K_z D) \tag{3.38}$$

式中，因 $K_z \propto \sqrt{n_0}$，所以 $V_R' \propto \sqrt{n_0}\exp(-K'\sqrt{n_0})$，说明电解质浓度 n_0 对双电层排斥势能有影响。

2. 两个球壳形双电层的排斥势能

胶体状双电层彼此靠近，球面之间的最短距离是 H_0，两球心距离是 O_1O_2，如图 3.13 所示。

前面在对平面双层间作用的讨论中获得了式（3.38），若将球切成无数个平行的同心圆环，每个圆环其圆心都在球心线 O_1O_2 上，每个圆环半径为 h，相邻两圆环的距离为 dH，

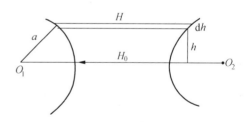

图 3.13　两个球形双层的排斥作用

其半径相差 dh，如果两球相应第 i 个环之间相距为 H，则有

$$\frac{1}{2}(H - H_0) = a - \sqrt{a^2 - h^2} \tag{a}$$

对式（a）微分，由于 H_0、a 不变，则得 $dh = \dfrac{1}{2h}\sqrt{a^2 - h^2}\,dH$，因每个环的面积为 $2\pi h dh$，式（3.38）为单位面积上的排斥势能，设总球壳排斥势能为 V_R，则 $dV_R = 2\pi h V_R' dh$，将相应的表达式代入有

$$dV_R = \pi\sqrt{a^2 - h^2}\frac{64n_0 kT}{K_z}V_0'^2\exp(-K_z H)dH \tag{b}$$

由图 3.13 看出 $\sqrt{a^2 - h^2} = a - \dfrac{H - H_0}{2}$,则有

$$\mathrm{d}V_R = \left(a + \frac{H_0}{2}\right)\pi \frac{64n_0kT}{K_Z}V_0'^2\exp(-K_ZH)\mathrm{d}H - \frac{\pi 64n_0kT}{2K_Z}V_0'^2\exp(-K_ZH)H\mathrm{d}H$$

令 $$B = \pi \frac{64n_0kT}{K_Z}V_0'^2 \tag{3.39}$$

$$\int_{V_R}^{0} \mathrm{d}V_R = \int_{H_0}^{\infty}\left(a + \frac{H_0}{2}\right)B\exp(-K_ZH)\mathrm{d}H - \int_{H_0}^{\infty}\frac{B}{2}\exp(-K_ZH)H\mathrm{d}H \tag{c}$$

式(c)中 $H \to \infty$ 时,相距无穷远排斥势能必然为零,而 H 的下降只能从 H_0 开始。分部积分后整理得

$$V_R = \frac{B}{K_Z}\left(a + H_0 - \frac{1}{2K_Z}\right)\exp(-K_ZH_0) = \frac{64n_0kT\pi V_0'^2}{K_Z^2}\left(a + H_0 - \frac{1}{2}K_Z^{-1}\right)\exp(-K_ZH_0) \tag{3.40}$$

对于该式,当胶粒接近时,一般 $a \gg H_0$,同时 K_Z^{-1} 相当于离子氛的厚度,当 $K_Za \gg 1$ 时,有 $a \gg K_Z^{-1}$,此时又可简化为

$$V_R = \frac{64\pi an_0kTV_0'^2}{K_Z^2}\exp(-K_ZH_0) \tag{3.41}$$

若电极电势 ψ 低时,$V_0' \approx \dfrac{Ze_0\psi_a}{4kT}$,注意此处 ψ_a 相当于平面时的 ψ_0,同时把 $K_Z = \sqrt{\dfrac{2Z^2e_0^2n_0}{kT\varepsilon}}$ 也代入式(3.41)得

$$V_R = 2\pi\varepsilon a\psi_a^2\exp(-K_ZH_0) \tag{3.42}$$

在胶体系统中,一般都满足 $a \gg h$ 的关系,忽略 h 后对式(b)积分可直接得式(3.42),这是对双层间的排斥势能的分析。

3. 双电层间的吸引势能

若想了解双电层间的吸引势能,首先要弄清构成两个双电层质点间的吸引关系,但这样计算起来相当复杂。就整个双电层而言是电中性的,这里不考虑其内部结构,把双层整体作为电中性体处理。

对分子组成的物系中质点而言,吸引力主要是范德瓦耳斯力(包括偶极力、色散力、诱导力),吸引势能与距离的 r^{-6} 成正比关系。具体有

永久偶极子-诱导偶极子间吸引势能的 Debye 公式

$$-\left(a_{01}\mu_2^2 + a_{02}\mu_1^2\right)r^{-6} \tag{a}$$

诱导偶极子-诱导偶极子间吸引势能的 London 公式

$$-\frac{3}{2}h\frac{\nu_1\nu_2}{\nu_1 + \nu_2}a_{01}a_{02}r^{-6} \tag{b}$$

永久偶极子-永久偶极子间吸引势能的 Keesom 公式

$$-\frac{2}{3}\mu_1^2\mu_2^2(kT)^{-1}r^{-6} \tag{c}$$

式中,μ 为偶极矩;a_0 为极化率;h 为普朗克常数;ν 为电子的特征振动频率。

上述 3 个加和结果就是范德瓦耳斯力造成的吸引势能公式,也称之为六次幂定律,即

$$\Phi_A = -\beta\, r^{-6} \tag{3.43}$$

式中,β 为前面 3 个公式 r^{-6} 前的系数之和。

根据式(3.43)讨论宏观体间的吸引势能的表达如下。

(1)两个球之间的吸引势能。

首先考虑组成、大小均相同的两个球形体。

图 3.14 中的 $R_b = fR_a$,假设图(a)中 R_{a1} 球内每个分子吸引 R_{a2} 球中每个分子,其作用能由式(3.43)给出。若 $\rho N_0/M$ 是单位体积内物质的分子数,那么 R_{a1} 球的体积元 dV_{a1} 中就有 $\rho N_0/M \cdot dV_{a1}$ 个分子,同样 R_{a2} 球的体积元 dV_{a2} 中有 $\rho N_0/M dV_{a2}$ 个分子。这两个体积元间按对计算的相互作用的对数为 $\frac{1}{2}\left(\frac{\rho N_0}{M}\right)^2 dV_{a1}dV_{a2}$,引入 $\frac{1}{2}$ 是因每一对重复

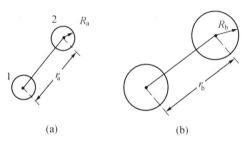

图 3.14　相距为 r,半径 R 相等的两个球体

算了一次。这个数目乘以每对作用能,就为两个球的体积元之间作用能,将其积分,两球间的吸引势能 Φ_a 等于

$$\Phi_a = -\frac{1}{2}\left(\frac{\rho N_0}{M}\right)^2 \beta \int\int_{1}\int_{2} \frac{dV_{a1}dV_{a2}}{r_a^6} \tag{3.44}$$

同样对图 3.14(b)也能得到

$$\Phi_b = -\frac{1}{2}\left(\frac{\rho N_0}{M}\right)^2 \beta \int\int_{1}\int_{2} \frac{dV_{b1}dV_{b2}}{r_b^6} \tag{d}$$

如果图 3.14(a)、(b)两图中球的单位体积内分子数相同,β 也相同,由于 $R_b = fR_a$,同时假设两球间距离也符合这种倍数关系 $r_b = fr_a$,则 $dV_{b1} = f^3 dV_{a1}$,$dV_{b2} = f^3 dV_{a2}$ 代入式(d),有

$$\Phi_b = -\frac{1}{2}\left(\frac{\rho N_0}{M}\right)^2 \beta \int\int_{1}\int_{2}\left(\frac{(f^3 dV_{a1})(f^3 dV_{a2})}{(fr_a)^6}\right) = \Phi_a \tag{e}$$

由此可看出两种情况下的吸引势能相同。就分子间相互作用推广到宏观的球体上而论,这是一项很重要的结论。产生这一结果的原因是式(3.43)中能量对距离的 6 次方成反比造成的。

(2)两个块体之间的吸引势能。

选两个具有平表面的两个物块进行分析,如在图 3.15(a)中的 O 点有一个分子,它离物块表面距离为 Z,在块体 1 内取一体积元 $dV = 2\pi y dy d\zeta$,表示离 O 点 r 处的体积元与分子间的作用,同时单位体积内分子数仍为 $\rho N_0/M$,则有

$$d\Phi = -\frac{\rho N_0}{M}\beta\frac{2\pi y dy d\zeta}{r^6} \tag{a}$$

$$r^2 = (Z+\zeta)^2 + y^2$$

对式(a)积分($0 < y < \infty$,$0 < \zeta < \infty$),则

$$\iint_0^\infty \frac{y\,\mathrm{d}y\,\mathrm{d}\zeta}{[(Z+\zeta)^2 + y^2]^3} = \frac{1}{4}\frac{1}{(Z+\zeta)^4}, \quad \int_0^\infty \frac{1}{4}\frac{\mathrm{d}\zeta}{(Z+\zeta)^4} = \frac{1}{12Z^3}$$

$$\Phi = -\frac{\rho N_0 \beta \pi}{M 6 Z^3} \tag{3.45}$$

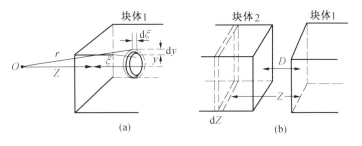

图 3.15　两个块体间的作用

现在设想点位于块体 2 内，如图 3.15(b) 所示，选一薄片距块体 1 表面为 Z，此薄片中每个分子将受块体 1 的吸引，作用能直接由式(3.45) 表达。同样在块体 2 中选一个厚度为 $\mathrm{d}Z$ 的体积元，该薄片单位面积上的体积元内对应有 $(\rho N_0 / M)\mathrm{d}Z$ 个分子，因此该薄片单位面积上吸引势能为

$$\mathrm{d}\Phi_A = \left(\frac{\rho N_0}{M}\right)\Phi\,\mathrm{d}Z = -\left(\frac{\rho N_0}{M}\right)^2 \frac{\beta\pi}{6Z^3}\mathrm{d}Z \tag{b}$$

对式(b) 积分，Z 取值范围为 D 到 ∞，得

$$\Phi_A = -\left(\frac{\rho N_0}{M}\right)^2 \frac{\beta\pi}{12}D^{-2} \tag{3.46}$$

传统上 $(\rho N_0 / M)^2 \pi^2 \beta = A$ 称为 Hamaker 常数，将其代入式(3.46) 得

$$\Phi_A = -\frac{A}{12\pi}D^{-2} = V_A \tag{3.47}$$

这就是两个厚度无穷大的块体间的吸引势能表达式，当厚度为有限的两个块体作用时，设块体厚度为 δ 的板，距离仍为 D，对式(b) 积分可得

$$\Phi_\delta = -\frac{A}{12\pi}\left[\frac{1}{D^2} + \frac{1}{(D-2\delta)^2} - \frac{2}{(D+\delta)^2}\right] \tag{3.48}$$

当 $\delta \to \infty$ 时，仍还原为式(3.47)。对于半径为 R_1、R_2 的两个球体，假定两表面间距离为 H_0，则相互吸引势能按上述思路同样可求得

$$\Phi_{R_1 R_2} = -\frac{A}{6}\left[\frac{2R_1 R_2}{H_0^2 + 2R_1 H_0 + 2R_2 H_0} + \frac{2R_1 R_2}{H_0^2 + 2R_1 H_0 + 2R_2 H_0 + 4R_1 R_2} + \right.$$
$$\left. \ln\left(\frac{H_0^2 + 2R_1 H_0 + 2R_2 H_0}{H_0^2 + 2R_1 H_0 + 2R_2 H_0 + 4R_1 R_2}\right)\right] \tag{3.49}$$

若 $R_1 = R_2 = a$，且 $a \gg H_0$，则下式直接成立

$$v_a = -\frac{Aa}{12H_0} \tag{3.50}$$

上面讨论了对称的两个双电层之间的相互作用，特别是对吸引势能项的讨论是把整

个双电层作为中性体考虑的,这只能是一种近似处理。总的双电层间相互作用能则为

$$V = V'_R + V_A(平面); \quad V = V_R + v_a(球面) \tag{3.51}$$

具体表达式要根据不同双电层形状采用相应的公式。这部分内容将在后面结合实际加以讨论,此处不展开。总之,讨论了界面建立平衡之后的双电层结构理论,实质上就是界面静电现象。

3.3 界面的动电现象

从 3.2 节讨论看出,固－液界面双电层中固相一侧与液相一侧带有电量大小相等但符号相反的荷电粒子。这些反号荷电粒子在外电场或外力的作用下要产生相对运动,这一现象统称为动电现象。在胶体系统中(粒子线性尺寸为 $10^{-7} \sim 10^{-9}$ m)每一个胶束就是一个小双电层,也就是每个胶束内部都存在着超微界面。因此,在外电场或外力作用下,这些超微界面两侧的电荷将产生怎样的运动规律是本节要讨论的具体内容。

3.3.1 动电现象的分类

根据电场力和外力作用形式不同,可把动电现象分为 4 种。

① 电泳。在电场力作用下,溶胶粒子和它所负载的离子,向着与自己电性相反的电极方向迁移,对于液相就是溶质相对溶剂运动的现象。

② 电渗。在电场力作用下,液相(溶剂)对固定的固体表面电荷(溶质)相对运动的现象。固相可以是毛细管、多孔滤板、膜等。

上述两种现象都是在外电场作用下溶质与溶剂间产生的相对运动,也就是由电而引起的运动,因此简称为电动现象。

③ 沉降电势。在外力作用下,使带电粒子做相对于液相(溶剂)的运动所产生的电势。"沉降"二字起源于外力,一般是重力的原因。

④ 流动电势。在外力作用下,使液体(溶剂)沿着固相表面流动,由此产生的电势称为流动电势。

这两种现象都是在外力作用下溶质与溶剂间的相对运动而伴随着电现象的发生,简言之是由运动而产生电,称为动电现象。

动电现象和电动现象在不严格区分的情况下,统称为电动现象或者动电现象。它们的产生原因在于固－液之间(溶质与溶剂之间)相对滑动。在前面介绍双电层结构时已经提到,在固－液相间靠近 OHP 处有一个可滑动面,它所对应的电势就称为动电势 ζ。注意 ζ 电势的数值取决于滑动面的位置、实验条件及胶粒的性质。ψ_L(即图3.10 中的 ψ_S)是热力学的分散电势,它无法直接测得。ζ 在给定条件下是可测量的,因此更有实际意义。一般情况下 $|\psi_L| > |\zeta|$ 成立,当稀溶液时,$\psi_L = \zeta$ 的近似处理不会有很大偏差。

3.3.2 溶胶粒子在电场下的泳动

外电场作用下溶液中的离子要定向迁移,在胶体中由于胶粒带电也同样要产生电迁移。若在电场强度为 E 中,溶胶粒子所带电量为 Q,则所受到的电场力 $F_电$ 为

$$F_{\text{电}} = Q \cdot E \tag{a}$$

在电场力作用下胶粒的运动要受介质阻力的影响,设摩擦阻力系数为 f,一般阻力和运动速率成正比,$F_{\text{阻}}$ 的表达式为

$$F_{\text{阻}} = f \cdot v \tag{b}$$

当达到匀速运动时上述两力相等,根据离子淌度的定义 $u = v/E$ 得

$$u = Q/f \tag{c}$$

对式(c) 的 f,若胶粒半径为 a,可引用 Stokes(斯托克斯) 公式 $f = 6\pi\eta a$,则

$$u = \frac{Q}{6\pi\eta a} \tag{3.52}$$

式中,η 为溶液黏度系数。若想求得离子淌度还必须求出 Q 和 a,下面分别讨论。

1. $Ka < 0.1$　$(Z_i e_0 \psi < kT)$

根据前面球壳形双层理论,把胶粒半径看成是电极半径 a,可直接得

$$\psi = \frac{qa^2}{\varepsilon(1 + Ka)r}\exp[-K(r - a)] = \frac{Q}{4\pi\varepsilon r(1 + Ka)}\exp[-K(r - a)] \tag{d}$$

对于稀溶液 $\zeta \approx \psi_a$,$\psi|_{r=a} = \psi_a$,因此可近似有

$$\zeta = \psi_a = \frac{Q}{4\pi\varepsilon a} - \frac{Q}{4\pi\varepsilon(a + K^{-1})} \tag{3.53}$$

同时,在稀溶液中满足 $K^{-1} \gg a$,式(3.53) 可简化为(严格讲 ψ_a 相当于分散层电势)

$$\zeta = \frac{Q}{4\pi\varepsilon a} \tag{3.54}$$

将其代入式(3.52),得

$$u = \frac{\varepsilon\zeta}{1.5\eta} \tag{3.55}$$

实践证明,$Ka < 0.1$ 时,式(3.55) 对球形粒子是十分适用的。也有人将此式称为 Huckel(许克尔) 公式。

2. $Ka > 100$

当 Ka 较大时,可把胶粒表面按平面处理,直接用平面双层理论阐述,如图 3.16 所示。

考虑面积为 A,厚度为 dx 的一个体积元,它离平表面 S 的距离为 x。根据牛顿力学,作用于最靠近平表面的那个面上的黏性力在 x 方向上的分力可表示为式(a)。

在离平表面 $x + dx$ 处同样有

$$F_x = \eta A\left(\frac{dv}{dx}\right)_x \tag{a}$$

$$F_{x+dx} = \eta A\left(\frac{dv}{dx}\right)_{x+dx} \tag{b}$$

综合看作用于该体积元的净黏性力为

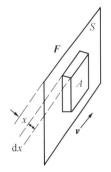

图 3.16　Ka 很大时的胶粒运动

$$F_{黏} = \eta A \left[\left(\frac{\mathrm{d}v}{\mathrm{d}x} \right)_{x+\mathrm{d}x} - \left(\frac{\mathrm{d}v}{\mathrm{d}x} \right)_x \right] = \eta A \frac{\mathrm{d}^2 v}{\mathrm{d}x^2} \mathrm{d}x \qquad (\mathrm{c})$$

稳态下作用于单位体积内的电场力与黏性力应大小相等、方向相反，$F_{电} = E \cdot Q = E \cdot \rho \mathrm{d}V = E\rho \cdot A\mathrm{d}x$，将 $\rho = -\varepsilon \dfrac{\mathrm{d}^2 \psi}{\mathrm{d}x^2}$ 代入得

$$F_{电} = -E\varepsilon A \frac{\mathrm{d}^2 \psi}{\mathrm{d}x^2} \mathrm{d}x \qquad (\mathrm{d})$$

将式（c）、式（d）联立，假定 η、E、ε 为常数，两边积分得

$$\eta \frac{\mathrm{d}v}{\mathrm{d}x} = -E\varepsilon \frac{\mathrm{d}\psi}{\mathrm{d}x} + \mathrm{const} \qquad (\mathrm{e})$$

$x \to \infty$，不存在相对运动，$\dfrac{\mathrm{d}v}{\mathrm{d}x} = 0$、$\varepsilon \dfrac{\mathrm{d}\psi}{\mathrm{d}x} = 0$，常数项也为零。

$$\eta \frac{\mathrm{d}v}{\mathrm{d}x} = -\varepsilon E \frac{\mathrm{d}\psi}{\mathrm{d}x} \qquad (\mathrm{f})$$

根据 ζ 的概念，BDM 双电层精细结构图形中当 $\psi = \zeta$ 时，x 取值正好在滑动面上，粒子与电极的相对运动速率 $v_\zeta = 0$，而在双电层外部 $x \to \infty$，$\psi \to 0$，此时溶液内部远离滑动面，整体粒子运动速率 $v_0 = v$，因此再对式（f）两边积分，有

$$\eta \int_v^0 \mathrm{d}v = -\varepsilon E \int_0^\zeta \mathrm{d}\psi, \quad \eta v = E\varepsilon\zeta$$

$$u = \frac{\varepsilon\zeta}{\eta} \qquad (3.56)$$

此式称为 Helmholtz － Smoluchowski 公式，适用于 $Ka > 100$ 的情况。

3. $0.1 < Ka < 100$

在溶胶系统中上述两种极端情况是不多的，常遇到的是介于二者之间。但在这种情况下数学处理很困难，可变参数太多。D. C. Henry 做出如下假设条件：

① 胶体粒子是非导电的小球；

② 稀溶液中粒子间无相互作用力；

③ 双电层结构符合 GC 模型，且 $Z_i e_0 \psi < kT$，在外电场作用下双电层不变形；

④ 双电层内 ε、η 为常数；

⑤ 双电层内的电势和外加电场可简单叠加。

按上述基本假设，Henry 推导出淌度公式为

$$u = \frac{\varepsilon}{\eta} \left(\zeta + 5a^5 \int_\infty^a \frac{\psi}{r^6} \mathrm{d}r - 2a^3 \int_\infty^a \frac{\psi}{r^4} \mathrm{d}r \right) \qquad (\mathrm{a})$$

式中的 ψ 按 GC 理论为

$$\psi = \frac{A}{r}\exp(-Kr), \quad \zeta = \psi_{r=a} = \frac{A}{a}\exp(-Ka)$$

所以

$$\psi = \frac{a\zeta}{r}\exp[-K(r-a)] \qquad (\mathrm{b})$$

将式（b）代入式（a）后并积分整理得

$$u = \frac{\varepsilon\zeta}{1.5\eta}\Big\{1 + \frac{1}{16}(Ka)^2 - \frac{5}{48}(Ka)^3 - \frac{1}{96}(Ka)^4 + \frac{1}{96}(Ka)^5 -$$

$$\Big[\frac{1}{8}(Ka)^4 - \frac{1}{98}(Ka)^6\Big] \cdot \exp(Ka)\int_{\infty}^{Ka}\frac{e^{-t}}{t}dt\Big\} \qquad (3.57)$$

此式当 $Ka \to 0$ 时变为式(3.55);$Ka \to \infty$ 时则变为式(3.56)。当 $0.1 < Ka < 100$ 时,这个中间区 Henry 公式填补了空白。但有一点要注意,本公式要求双电层在外电场作用下不变形的假设与事实不符。伴随着质点的移动,双电层在松弛效应作用下要产生变形。这是因为带电质点和它周围的离子氛要各自朝与自身电性相反方向的那一极移动,导致正、负电性重心不重合。当去掉外电场后,这种不对称性要经过一段时间才会消失,该时间称为松弛时间。全面考虑,除胶粒与其离子氛相互之间逆向移动(延迟效应)这一点外,变了形的离子氛对粒子移动又产生抑制作用,它是变形离子氛因电性重心不重合而产生的静电吸引。实际计算表明,$\zeta < 25$ mV 时不管 Ka 多大,松弛效应均可忽略。但在高电势下,Henry 公式偏差增大。

3.3.3 电渗与流动电势

电渗是在外电场作用下使液体流动而固相不动的现象。流动电势是在外力作用下,液相和固相的相对运动而产生的电势。图 3.17 所示为两种电动现象。

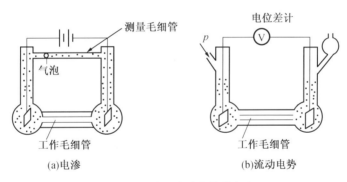

图 3.17　电渗和流动电势的发生

图 3.17(a)是由两个相互平行的玻璃毛细管组成,上面毛细管中有一气泡,用来观察液体的流动。测量毛细管两端装上两铂片电极,整个体系是密封的,通电时电极表面不能有气泡产生。在毛细管两端加上电场后,电场力和黏性力达到平衡时,扩散层的离子迁移速度就已稳定。毛细管圆柱体的半径为 R,它比 K^{-1} 大得多,这些条件意味着符合式(3.56)的要求,$u = \varepsilon\zeta/\eta$。

设毛细管总横截面积为 A,单位时间液体流量为

$$J = v \cdot A = \frac{A\varepsilon\zeta}{\eta}E \qquad (a)$$

若液相电导率为 λ,I 为通过毛细管的电流,则 $I = E\lambda A$,代入式(a)得

$$J = \frac{\varepsilon I\zeta}{\eta\lambda} \text{ 或 } \zeta = \frac{\eta\lambda J}{\varepsilon I} \qquad (3.58)$$

由此式看出,通过测定液体流量就可求算 ζ 值。但要注意,这里电流应包括两部分,

一部分是管壁表面上双电层(电导率为λ_γ)通过的电流I_γ,另一部分是溶液内部通过的电流I_b(电导率为λ_b),即

$$I = I_\gamma + I_b = E(\pi R^2 \lambda_b + 2\pi R \lambda_\gamma) = EA(\lambda_b + \frac{2\lambda_\gamma}{R})$$

代入式(3.58)得

$$\zeta = \frac{\eta J(\lambda_b + \frac{2\lambda_\gamma}{R})}{I\varepsilon} \tag{3.59}$$

可以看出,$R \to \infty$ 时,表面双电层电导影响可忽略。

以上是分析电渗的情况,反过来在图 3.17(b) 中,毛细管的表面是带电的,如果在两端加压力,迫使液体流动,由于扩散层的移动,与固体表面产生电势差。这种电势有阻碍电荷继续移动的趋势。若毛细管长度为L,在管两端的压力差为p,两端产生的电动势为φ。同时认为管内液体流动为层流,根据流体力学的 Poiseuille 公式有

$$v(r) = \frac{p}{4\eta L}(R^2 - r^2) \tag{b}$$

式中,r为距毛细管轴线的垂直距离,则在轴线方向上,单位时间内从毛细管流出的体积或者说流量微元为

$$dJ_v = v(r)2\pi r dr = \frac{p}{4\eta L}(R^2 - r^2)2\pi r dr \tag{c}$$

从图 3.18 的层流示意图中看出,$x = R - r$,若考虑到电流大小与液体流过毛细管的速率成正比,ρ 为体积电荷密度,则有

$$dI = \rho dJ_v = -\frac{\rho p}{4\eta L}(2Rx - x^2)2\pi(R - x)dx \tag{d}$$

值得注意的是毛细管附近的双电层的区域,即 $x \ll R$,所以式(d) 简化为

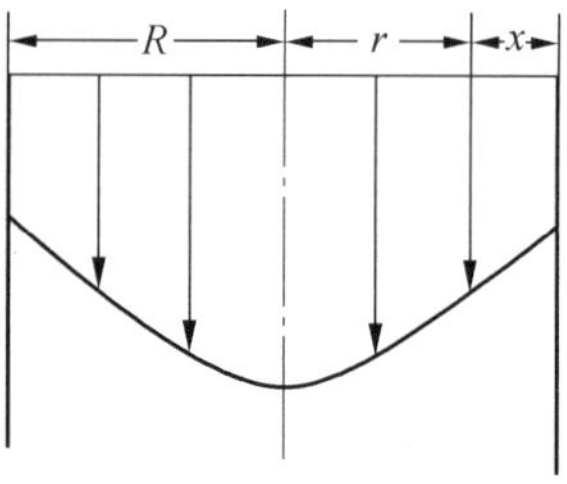

图 3.18 层流示意图

$$dI = -\rho \frac{\pi p}{\eta L}R^2 x dx$$

由 $\rho = -\varepsilon \frac{d^2\psi}{dx^2}, A = \pi R^2$ 得

$$dI = \frac{\varepsilon p A}{\eta L}\frac{d^2\psi}{dx^2}x dx$$

$$I = \frac{\varepsilon p A}{\eta L}\int_0^R \left(\frac{d^2\psi}{dx^2}\right)x dx = \frac{\varepsilon p A}{\eta L}\left[x\frac{d\psi}{dx} - \int_0^R \frac{d\psi}{dx}dx\right]_0^R \tag{e}$$

由 x 的边界条件 $x = 0, r = R, \psi \approx \zeta; x = R, r = 0, \psi = 0$(轴心部相当于本体溶液),$\frac{d\psi}{dx} = 0$,同时由电导率与 I 的关系有

$$I = \frac{Ap\varepsilon}{\eta L}\zeta = E \cdot A(\lambda_b + \frac{2\lambda_\gamma}{R}) \tag{f}$$

$$E = \frac{\varepsilon p \zeta}{\eta L (\lambda_b + \frac{2\lambda_\gamma}{R})}$$

$$\varphi = E \cdot L = \frac{\varepsilon p \zeta}{\eta (\lambda_b + \frac{2\lambda_\gamma}{R})} \tag{3.60}$$

式(f)所求得的电流称为流动电流,它完全是由于双电层可动部分相对于双电层中静止部分的运动引起的,式(3.60)得到的就是流动电势。比较式(3.60)和式(3.59)可有

$$\frac{\varphi}{p} = \frac{\varepsilon \zeta}{\eta (\lambda_b + \frac{2\lambda_\gamma}{R})} = \frac{J}{I} \tag{3.61}$$

$\frac{\varphi}{p}$ 和 $\frac{J}{I}$ 这两组不同的物理量比值通过此式联结在一起。这是 L. Onsager(昂萨格,1968 年诺贝尔奖获得者)提出的极为普遍的互易性定律的一个实例。下面再对式(3.61)进行讨论。

① $R \to \infty$,$(\lambda_b + \frac{2\lambda_\gamma}{R}) = \lambda_b$,说明毛细管半径足够大时,界面效应可以忽略。

② 当 λ_b 或 λ_γ 上升时,φ 下降。例如,10^{-3} mol/L 的 NaCl 水溶液,$\lambda_b + \frac{2\lambda_\gamma}{R} \approx 1.26 \times 10^{-2}$ s/m,$I = 1 \times 10^{-3}$ A,$\zeta = 0.050$ V、$p = 101\ 325$ Pa,计算得 $\varphi = 0.300$ V。电解质溶液由于电导率高,使 φ 较低。对于低电导率的物质,如未经处理过的汽油的电导率约为 10^{-12} s/m,当用一定的压力泵抽取汽油时,所产生的流动电势可以十分惊人,在这样高电压下有打火花引起燃爆的危险。因此,汽油泵的输送装置必须很好地接地,或者加入抗静电剂,如二异丙基水杨酸钙等。有人可能会问,石油开采原油向外喷射的压力很大,并未看到打火花。实际上天然原油中含有氧化物、沥青烯等,使其电导率大大提高了。

③ 介电常数高或黏度低能导致流动电势增加,但 ε、η 的数量级变化不如 λ 那么大。

④ 式(3.61)的互易性为测定 ζ 提出了两个可比方法。这对科学研究验证非常有利,在实际科研活动中为了证明某一结果的正确性,只用一种方法验证总不如两种方法从不同角度去检验同一问题所得的结论可靠。

3.3.4 关于动电势 ζ 的几点讨论

1. 黏度与动电势

动电势对应着双电层中的滑动面,这个面的位置如果确定了就可求得 ζ 的值,事实上滑动面是个过渡区。在前面公式推导过程中一直假设介质黏度 η 不变,而在滑动面上 $v = 0$。这意味着滑动面上的黏度是无限大的,黏度的这种突变是不可能的。η 在分子尺寸数量级上是随着距离而变化的。显然要考虑的这个过渡区不是个简单的数学面,η 应是距离的函数。在电场强度为 E 的条件下,经测定有机液体的黏度符合下式

以降低体系能量的趋势。粒子由小变大的过程称为聚集。如果聚集的最终结果导致粒子从溶液中沉淀析出,则称为聚沉。溶胶对电解质十分敏感,当加入少量盐类时就可导致聚沉发生。在给定条件下,能使溶胶发生聚沉所需电解质的最低浓度称为聚沉值。一般以 10^{-3} mol/L 表示。聚沉值越小,说明越容易发生聚沉。胶体发生聚沉的原因总体上讲是胶粒间的吸引力大于排斥力造成的。分两种情况进行如下讨论。

1. 胶粒线性尺寸较大,可看成是平面形双电层之间的相互作用

前面已经推导出了单位面积上的排斥与吸引势能的公式

$$V'_R = \frac{64kTn_0V_0'^2}{K_Z}\exp(-K_Z D)$$

$$V_A = -\frac{A}{12\pi}D^{-2}$$

于是

$$V = V'_R + V_A = \frac{64kTn_0V_0'^2}{K_Z}\exp(-K_Z D) - \frac{A}{12\pi}D^{-2} \qquad (3.63)$$

(1) A 的影响。

A 是体系的有效 Hamaker 常数,直接和 Debye、Keesom、London 引力常数有关,其数值由溶质、溶剂的化学本性所决定。A 值增加显然对相互吸引有利。

(2) ψ_S 的影响。

ψ_S 是 $x = d$ 时的分散电势,这是通过下式相联系的

$$V_0' = \frac{\exp\left(\dfrac{Ze_0\psi_S}{2kT}\right) - 1}{\exp\left(\dfrac{Ze_0\psi_S}{2kT}\right) + 1}$$

在不引起太大误差的情况下,可以认为 $|\psi_S| \approx |\zeta|$,当 ψ_S 上升时,ζ 上升,排斥作用加强。实际 ψ_S 上升 V_0' 上升,从式(3.63)看出 V'_R 也上升,对聚沉不利。当 ψ_S 很大时,$V_0' \approx 1$。这说明当 ψ_S 较大时,对聚沉的影响程度下降(说明不是 ζ 越大胶体的稳定性就一定大)。另外,当两个双电层距离 D 增加后,由于 D 处于 V'_R 表达式的指数项,这时 ψ_S 的影响程度也下降。

(3) 电解质浓度(K_Z)的影响。

K_Z 这个量的调整取决于局外电解质的浓度和价数,当电解质浓度增加时,K_Z^{-1} 下降,导致排斥下降,容易发生聚沉。但要注意 D 较大时,电解质浓度对胶体稳定性影响大;D 较小时,胶体稳定性对电解质浓度不敏感。

以上只是一些定性的结论,更详细的讨论如下。

2. 胶粒线性尺寸较小,球壳形双层之间的作用 ——DLVO 理论

这个理论分别由 Derjaguin[Дерягин]、Landan[Ландау]、Verwey 和 Overbeek 4 人提出,是目前对胶体稳定性和电解质影响解释得比较完善的理论。对于球壳形双层间的作用前面已推得

$$V_R = \frac{64\pi a n_0 k T V_0'^2}{K_Z^2} \exp(-K_Z H_0) \qquad\qquad (a)$$

$$v_a = -\frac{Aa}{12H_0} \qquad\qquad (b)$$

$$V = V_R + v_a = \frac{64\pi a n_0 k T V_0'^2}{K_Z^2} \exp(-K_Z H_0) - \frac{Aa}{12H_0} \qquad (3.64)$$

根据式(3.64)将 V 对 H_0 作图,如图 3.19 所示,有两个极小值点,假设 $|V_{m2}| > |V_{m1}|$,出现此种结果是胶粒间吸引与排斥抗衡造成的。若胶粒由远到近接触过程中,粒子动能大于 V_{max},就能越过这一能峰直接进入 V_{m2} 这个最低势能区,则体系产生聚沉。若粒子动能小于 V_{max},经过碰撞又落入 V_{m1} 区,这时因粒子之间相距较远,吸引力不强。此种情况下不能出现聚沉。即使出现絮凝结构也是疏松的,外界条件稍有变化(如升温)胶粒又会相互分离,粒子仍具有扩散等动力性质。在这里,V_{max} 相当于聚沉反应的活化能,可用 $\dfrac{\mathrm{d}V}{\mathrm{d}H_0} = 0$ 的方法求出,

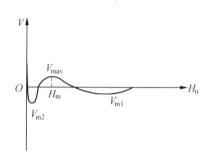

图 3.19 胶粒间相互作用势能曲线

但求解这个方程很困难。只考虑一种极限情况,即取 $V_{max} = 0$ 这种情况。为此

$$\frac{\mathrm{d}V}{\mathrm{d}H_0} = -\frac{64\pi n_0 k T V_0'^2 a}{K_Z} \exp(-K_Z H_m) + \frac{Aa}{12H_m^2} = 0 \qquad (a)$$

$$V(H_m) = 0, \quad V_{max} = 0$$

即

$$\frac{Aa}{12H_m} = \frac{64\pi n_0 k T V_0'^2 a}{K_Z^2} \exp(-K_Z H_m) \qquad (b)$$

将式(a)、式(b)联立求得 $H_m = K_Z^{-1}$ 代入式(b),并注意到 $\exp(-K_Z H_m) = \mathrm{e}^{-1}$,将各相应数值代入求得

$$K_Z^3 = \frac{887.598 k T V_0'^2 n_0}{A} \qquad (c)$$

由于

$$K_Z = \sqrt{\frac{2e_0^2 n_0 Z^2}{\varepsilon k T}} \qquad (d)$$

将式(d)代入式(c)得

$$n_0 = \frac{98\,478.8\varepsilon^3 (kT)^5 V_0'^4}{e_0^6 Z^6 A^3} = 1\,000 N_0 C_{聚}$$

$$C_{聚} = \frac{98.48\varepsilon^3 (kT)^5 V_0'^4}{N_0 e_0^5 Z^6 A^2} \qquad (3.65)$$

从式(3.65)看出如下几点:

①聚沉浓度 $C_{聚} \propto Z^{-6}$,在基础物化中介绍过 Schulze – Hardy 规则。离子价数分别为

一、二、三价,相应聚沉浓度之比为 $\left(\dfrac{1}{1}\right)^6 : \left(\dfrac{1}{2}\right)^6 : \left(\dfrac{1}{3}\right)^6 = 100 : 1.6 : 0.3$。这个实验规律可用式(3.65)解释。

② 范德瓦耳斯力常数 β 上升,A 上升,$C_{聚}$ 下降,有利于聚沉的发生。

③ 温度上升使 $C_{聚}$ 上升,不利于聚沉。

④ 当 ψ_S(或 ζ)较小时,$V_0' \approx Ze_0\psi_S/4kT$,$\psi_S$ 或者说 ζ 上升,不利于聚沉发生。当 ψ_S 较大时,对 $C_{聚}$ 已无影响。

上面是从球壳形双电层推导出了 DLVO 理论,实际对平面双层按照上述思路也同样可求得 $C_{聚}$ 的表达式

$$\frac{64n_0kTV_0'^2}{K_Z}\exp(-K_Z D_m) = \frac{A}{12\pi}D_m^{-2} \tag{a}$$

$$64n_0kTV_0'^2\exp(-K_Z D_m) = \frac{A}{6\pi}D_m^{-3} \tag{b}$$

由式(a)、式(b)可解得 $D_m = 2K_Z^{-1}$,同样看出 $n_0 \propto K_Z^3 \propto (Z^2 n_0)^{3/2}$,所以 $n_0 \propto Z^{-6}$,即 $C_{聚} \propto Z^{-6}$。

3.3.6 动电现象的应用

1. 污水处理

由于家用洗涤剂等含有表面活性物质的排放,使得表面活性剂吸附在污水中悬浮固体质点上,并使之带电。一般为 $-40\text{ mV} < \zeta < -10\text{ mV}$。向污水中加入 $NaHCO_3$ 和 $Al_2(SO_4)_3$,可形成氢氧化铝化合物胶体(正胶),见注[1]。悬浮物一般是负胶,当这两种电性相反的胶体粒子相遇时,形成沉淀就可将污水中悬浮物除去。为了使沉淀的效率最佳,常控制溶液的 $pH = 6$,此时处于等电点($\zeta = 0$)、$u = 0$,不发生相对运动。实践中常通过调整 pH,使氢氧化铝表面有很小的动电势($\zeta \leqslant 5\text{ mV}$),这样有利于进一步同负胶悬浮物作用而沉淀。

注[1]:在碱性介质中 $Al_2(SO_4)_3$ 可转化为氢氧化铝,如 $Al_2(SO_4)_3 + 6OH^- \longrightarrow 2Al(OH)_3 + 3SO_4^{2-}$ 就是典型反应。但是,受溶液 pH 的影响,水解和聚合的反复进行,可形成不同的聚合铝,有如下变化过程。

$$[Al(H_2O)_6]^{3+} \xrightarrow{OH^-} [Al(H_2O)_5OH]^{2+} \xrightarrow{OH^-} [Al(H_2O)_4(OH)_2]^+$$

$$\downarrow \ 聚合脱水$$

$$[Al_6(OH)_{15}]^{3+}$$

$$\downarrow$$

$$[Al_8(OH)_{20}]^{4+}$$

$$\downarrow \ 胶化沉积$$

$$Al(OH)_3(H_2O)(\downarrow)$$

$$\downarrow \ 碱性介质再负离子化$$

$$[Al(OH)_4]^-$$

上述过程在结构上的变化如下图所示。

中性体网状结构

$Al_8(OH)_{24} \cdot 4H_2O$

通过调整溶液 pH，水解后聚合物为 $\left[Al_8(OH)_{20}\right]^{4+}$、$\left[Al_6(OH)_{15}\right]^{3+}$，根据上述水解聚合机制，三价铁离子也有如下水解反应。

$$Fe(H_2O)_6^{3+} + H_2O \longrightarrow \left[Fe(H_2O)_5OH\right]^{2+} + H_3^+O$$

$$\left[Fe(H_2O)_5OH\right]^{2+} + H_2O \longrightarrow \left[Fe(H_2O)_4(OH)_2\right]^+ + H_3^+O$$

$$\left[Fe(H_2O)_4(OH)_2\right]^+ + H_2O \longrightarrow \left[Fe(H_2O)_3(OH)_3\right]^0 + H_3^+O$$

$$\left[Fe(H_2O)_3(OH)_3\right]^0 + H_2O \longrightarrow \left[Fe(H_2O)_2(OH)_4\right]^- + H_3^+O$$

$$Fe^{3+} + 3H_2O \longrightarrow Fe(OH)_3 \downarrow + 3H^+$$

铁离子的水解在酸性介质中进行，这提醒人们氯化铁类化合物有可能用于水处理，事实上近年来聚合铁已经在用于水处理方面受到人们的广泛重视。

黏土类悬浮物一般是负胶，因为黏土为层状结构。SiO_4 四面体片与 AlO_6 八面体片交联在一起，以 SiO_4 四面体为例

a. 中性体。

b. 有某个 Al^{3+} 取代 Si^{4+}，网架就荷负电。

净电荷 ＝ － 1

c. 根据 b 的取代，如果 AlO_6 八面体中的 Al^{3+} 被 Mg^{2+} 取代，也会使铝氧八面体的网架产生一个负电荷。

2. 电渗脱水

泥煤、黏土等矿物有时需要脱水。例如，湿土在挖方前可以用电渗法将水除掉。将电极打桩埋入地中，阴极是多孔管状，土壤粒子表面带负电，因此双层的扩散部分带正电，这样使溶液朝阴极移动，在阴极收集到水随后用泵抽走即可。也有设想用电渗方法将海水淡化的。

3. 电沉积与电泳

根据异性相吸的原理,若控制电极电势使其所带的电荷符号同欲沉积的胶粒带反号电荷,就有利于胶粒在电极表面沉积。如天然橡胶的胶乳就是用这种方法加工的。采用电沉积可以制得相当致密和附着力好的油漆涂层(电泳涂层)。

总之,动电现象在日常生活及工业生产中都获得了广泛的应用。动电现象在医学上也得到了应用,目前有人对血浆(是一种胶体)进行电泳(区域电泳类似于色谱)实验,发现不同人有不同的区域电泳图形,这在法医鉴定上得到了应用。

3.4 电结晶的动力学分析

关于双电层对界面反应速率的影响,在理论电化学中有过详细介绍,主要是分散电势 ψ_1 引起的有关效应。本节讨论电结晶与界面电势差或者说过电势的关系。一般结晶的新相生成过程在第 1 章已经讨论了,结晶中心(晶核)形成与体系 Gibbs 函之间的关系为 $\Delta G_c = \dfrac{1}{3}\Delta G^\gamma$。事实上,晶体生长过程不只是结晶中心形成,还有晶体长大的过程。就晶体生长方式而言,若是按三维方式进行长大,不见得最省劲。因为质点聚集体(无论三维还是二维)在临界晶核的晶面上成长时,这些质点聚集在晶体界面上的排列构造与晶体完全一样,故此处它们之间的界面张力为零,在这个地方产生的界面对体系 Gibbs 函没有影响。可是四周(四个侧面)所产生的新界面就大不一样了,都会增加体系的 Gibbs 函。所以聚集体往临界晶核上"长"时要尽量扩大与原临界晶核面相接触的面积,而极力缩小与母液接触的四周界面面积。这就是说,聚集体按二维方式(单分子或单原子层)平铺在临界核的晶面上,要比三维方式省劲。一般称为二维晶核生长,如图 3.20 所示。

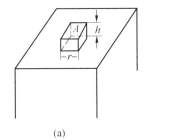
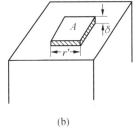

(a)   (b)

图 3.20   晶体生长方式

由于 $h\gg\delta$,则 $\Delta G_{\gamma a}\gg\Delta G_{\gamma b}$($4hr\gg4\delta r'$)。因此,按二维方式生长比较有利,但这只是一般情况,在局部区域或特定的条件也有按三维方式生长的可能。第 1 章曾分析三维晶核要想真正成为结晶中心,就得达到必要的临界尺寸。同样道理,二维晶核要真正成为某一晶面上结晶成长的起点,也需要达到必要的临界尺寸 r_c'。

设在晶体界面上形成一个边长为 r' 的二维晶核,厚度为 δ(相当于原子或分子的直径),并假定这样一层晶核四周与液相接触的界面上,每 δ m^2(不是 1 m^2)上的 Gibbs 函为 γ',则形成这个二维晶核所引起的表面 Gibbs 函增加为

$$4r'\gamma' = l\gamma' = \Delta G^\gamma \quad (l = 4r') \qquad\qquad (a)$$

其中 l 为周界长度，若二维晶核固相 1 m^2 的 Gibbs 函为 $\mu_i'^S$，同量的质点在过饱和溶液中的 Gibbs 函为 $\mu_i'^L$。那么形成这个二维晶核所引起体系 Gibbs 函数变为

$$\Delta G' = r'^2(\mu_i'^S - \mu_i'^L) + l\gamma' = l\left(\frac{r'}{4}\Delta\mu_i' + \gamma'\right) \tag{b}$$

若为临界二维晶核，则必满足 $\dfrac{d\Delta G'}{dr'} = 0$，即

$$2r_C'\Delta\mu_i' + 4\gamma' = 0, \quad \Delta\mu_i' = \mu_i'^S - \mu_i'^L$$

$$r_C' = \frac{2\gamma'}{\mu_i'^L - \mu_i'^S} = \frac{2\gamma'}{-\Delta\mu_i'} \tag{3.66}$$

$$\Delta G_C' = l_C\left[\frac{1}{4}\left(\frac{2\gamma'}{-\Delta\mu_i'}\right)(\Delta\mu_i') + \gamma'\right] = \frac{1}{2}l_C\gamma' = \frac{1}{2}\Delta G^\gamma \tag{3.67}$$

此式与三维情况比，差别在于系数 $\dfrac{1}{3}$ 和 $\dfrac{1}{2}$，γ、γ' 分别表示 1 m^2 与 δ m^2 的面积上的界面 Gibbs 函。结合第 1 章的界面热力学理论，再从动力学的角度探讨结晶过程的特点。

3.4.1 一般盐溶液自发结晶过程中，结晶中心生成速率与结晶成长速率的特点

在一定条件下，溶液的过饱和度越大，则析出的晶粒越细。反之，则析出较粗大的晶粒。其原因就是盐溶液过饱和程度越大，则结晶中心生成速率越大，相对结晶成长速率较小，结果结晶中心来不及生长得较大。反之，过饱和度越小，则结晶中心生成速率小于结晶成长速率，结晶中心有进一步长成大的晶粒的机会。解释出现这些现象的原因，就需要分析结晶中心生成速率 $v_\text{生}$ 及结晶成长速度 $v_\text{成}$ 与过饱和度的关系。

1. $v_\text{生}$ 与 $a_{B(r)}/a_B$ 的关系

（1）r_C 与 $a_{B(r)}/a_B$ 的关系。

在第 1 章中已经推导出

$$A = KV^{2/3} \tag{a}$$

$$V_C^{-1/3} = \frac{3RT\rho}{2K\gamma M}\ln\frac{a_{B(r)}}{a_B} \tag{b}$$

$$r_C = \frac{4\gamma M}{\rho(\mu_i^L - \mu_i^S)} = \frac{4\gamma M}{\rho RT\ln\dfrac{a_B(r)}{a_B}} \quad [\text{式(a) 取 } K = 6] \tag{c}$$

由式（c）看出，过饱和度上升，临界晶核尺寸下降，所以随着过饱和度的上升，结晶就更加细化。

（2）$v_\text{生}$ 与 $a_{B(r)}/a_B$ 的关系。

当一个临界晶核从溶液中析出时，将要引起体系 Gibbs 函增加 $\Delta G_C = \dfrac{1}{3}\gamma \cdot A > 0$，这在基础物理化学的热力学理论看来是不可能的。事实上，讨论界面问题时所涉及的线性尺寸为 $10^{-7} \sim 10^{-9}$ m。原来热力学的研究范围是极大量的质点所组成的宏观体系，这种

宏观体系中质点做无规则的热运动,故其性质的变化是按可能性大小来进行的,体系中各类运动状态出现的可能性大小又相差非常悬殊。所以,从极大量质点所组成体系的全局看,质点的能量分布与空间分布都必然是均匀化的,即每个质点的能量都是平均能量,各处浓度都相等(因为均匀化的可能性比任何非均匀化的可能性大很多)。但是,现在研究的临界晶核的质点数目很有限,这和一般热力学体系比就显得微不足道了,由于质点数目很少,非均匀化的可能性与均匀化的可能性相差就不是那么悬殊了。可分析一个实例。

1 mol H_2 全部集中在容器的左边 A 区,而右边 B 区是空的,如图 3.21 所示,这种可能性是

$$\left(\frac{1}{2}\right)^{N_0} \to 0 \qquad N_0 = 6.023 \times 10^{23} \quad (a')$$

若上述容器中一共只有 4 个 H_2 分子,则全部集中在 A 区的可能性就很可观了,即

图 3.21　容器密闭,装有 1 mol H_2

$$\left(\frac{1}{2}\right)^4 = \frac{1}{16} \tag{b'}$$

从此例可看出,质点数目少时非均匀化可能性不可忽视。在形成结晶中心时 $\Delta G_C > 0$,而局部区域这种可能性是存在的。问题的关键在于当这样的临界晶核形成后,随着晶体的长大使体系的 Gibbs 函下降这一条件要满足。从动力学角度来看,按统计规律分析,产生三维临界晶核的概率 ω 和 ΔG_C 之间存在下列函数关系

$$\omega = B^0 \exp\left(-\frac{\Delta G_C}{RT}\right) \tag{3.68}$$

由于 $v_{生} \propto \omega$,所以有

$$v_{生} = B \exp\left(-\frac{\Delta G_C}{RT}\right) \tag{d}$$

$$\Delta G_C = \frac{1}{3}\gamma \cdot A = \frac{1}{3}\gamma K V_C^{2/3} = \frac{1}{3}K\gamma \left[\frac{2K\gamma M}{3RT\rho \ln \frac{a_{B(r)}}{a_B}}\right]^2 \tag{e}$$

将式(e)代入式(d)得

$$v_{生} = B \exp\left\{-C\left[\ln \frac{a_{B(r)}}{a_B}\right]^{-2}\right\} \tag{f}$$

$$C = \frac{4K^3\gamma^3 M^2}{27(RT)^3 \rho^2} \tag{g}$$

$$\ln v_{生} = \ln B - \frac{C}{\left[\ln \frac{a_{B(r)}}{a_B}\right]^2} \tag{3.69}$$

由于 C、B 均大于零,$a_{B(r)}/a_B$ 上升,$\ln v_{生}$ 也上升,说明有对应关系

$$\ln v_{生} \propto \left[\ln \frac{a_{B(r)}}{a_B}\right]^2 \tag{3.70}$$

2. $v_成$ 与 $a_{B(r)}/a_B$ 的关系

（1）r_C' 与过饱和度的关系。

在二维晶核的生成与 Gibbs 函变的关系讨论中，使用了 μ_i'。要注意 μ_i' 对应的是 1 m² 内二维晶核中的质点数，要转换为通常 μ_i 对应的物质的量，有

$$\frac{1\ m^2\ 二维晶核内质点数}{N_0} = K',\ 则\ \mu_i' = N_0 K' \mu_i = m\mu_i$$

这样式（3.66）r_C' 就变为

$$r_C' = \frac{2\gamma'}{\mu_i'^L - \mu_i'^S} = \frac{2\gamma'}{K'N_0(\mu_B^L - \mu_B^S)} = \frac{2\gamma'}{mRT\ln a_{B(r)}/a_B} \tag{h}$$

由此看出，$a_{B(r)}/a_B$ 上升，r_C' 下降。

（2）$v_成$ 与 $a_{B(r)}/a_B$ 的关系。

由图 3.20 及式（3.67）看出 $\Delta G_C' = \frac{1}{2}l_C'\gamma' = 2r_C'\gamma'$，对二维晶核的场合同样有

$$v_成 = A'\exp\left(-\frac{\Delta G_C'}{RT}\right) = A'\exp\left(-\frac{2r_C'\gamma'}{RT}\right) \tag{i}$$

将式（h）代入式（i）整理得

$$\ln v_成 = \ln A' - \frac{C'}{\ln \dfrac{a_{B(r)}}{a_B}} \tag{3.71}$$

$$C' = \frac{4\gamma'^2}{m(RT)^2} \tag{j}$$

由于 $C' > 0$，从式（3.71）可看出，过饱和度上升，$v_成$ 也上升，相当于比例关系

$$\ln v_成 \propto \ln \frac{a_{B(r)}}{a_B} \tag{3.72}$$

从（3.70）和（3.72）两式看出，$\ln v_生$ 与 $\ln v_成$ 受 $\ln\dfrac{a_{B(r)}}{a_B}$ 的影响程度是不一样的。当过饱和度下降时，$\left[\ln\dfrac{a_{B(r)}}{a_B}\right]^2$ 下降幅度较大，而 $\left[\ln\dfrac{a_{B(r)}}{a_B}\right]$ 相对下降较少，而且过饱和度下降得越厉害，两者下降幅度的差别就越大，因而有：

① $\dfrac{a_{B(r)}}{a_B}$ 低时，$\ln v_成 > \ln v_生$ 或 $v_成 > v_生$，一旦形成三维晶核后，晶体可顺利长大，得到较粗大的晶体。随着过饱和度的进一步下降，将形成更明显的粗晶。

② 当 $\dfrac{a_{B(r)}}{a_B}$ 上升时，$\left[\ln\dfrac{a_{B(r)}}{a_B}\right]^2$ 上升较大，而 $\left[\ln\dfrac{a_{B(r)}}{a_B}\right]$ 则相对较少，导致 $v_生 > v_成$。晶核生成后来不及顺利长大，则可获得细晶。若过饱和度再进一步上升，$v_生 \gg v_成$，就形成更加致密的细晶，极端情况下可形成超细微粉。

3.4.2 电结晶过程中过电势 η 与 $v_生$ 及 $v_成$ 的关系

在分析电结晶过程时经常会遇到这样的说法：η 值的大小对临界尺寸影响的规律和

过饱和度一样,η 值大时可获得较细的结晶。下面解释这一规律。

1. η 对 r_C、r'_C 的影响

在盐溶液中析出二、三维晶核时要增加一定的新界面,导致 G^γ 升高,这是个不利因素。若想克服这个不利因素,在自发结晶过程中就只能通过体系或形成晶核的质点本身去解决。要求形成晶核的质点本身能提供一定的能量以满足 $\frac{1}{3}A\gamma$ 或 $\frac{1}{2}l_C'$ 的能量需要。

实际上就是依靠溶液过饱和度调节而解决的。同时 r_C、r'_C 越小,对溶液的过饱和度要求就越高。对于电结晶,形成二、三维晶核时其不利因素也是 G^γ 增加,那么通过什么方式提供这部分能量呢? 答案是晶核质点通过阴极极化来提供能量,即

$$\text{M}^{z+} + Ze \rightleftharpoons \text{M} \tag{a}$$

于是式(a)反应处于电化学平衡时

$$\Delta \overline{G}_\Psi = 0 = \sum_i \gamma_i \overline{\mu}_i$$

$$\overline{\mu}_{\text{M}\Psi} = Z\overline{\mu}_{e\Psi}^{\text{M}} + \overline{\mu}_{\text{M}^{z+}\Psi}^{\text{L}} \tag{b}$$

$$\overline{\mu}_{\text{M}} = \mu_{\text{M}^{z+}\Psi}^{\text{L}} + Z\mu_{e\Psi}^{\text{M}} + ZF[\Phi_{\text{L}} - \Phi_{\text{M}}]_\Psi \tag{c}$$

当通过控制外电场使式(a)反应处于电化学极化时,$\Delta \overline{G} = \overline{\mu}_{\text{M}} - \overline{\mu}_{\text{M}^{z+}}^{\text{L}} - Z\overline{\mu}_e^{\text{M}} \neq 0$,由于只是电场变化对 $\overline{\mu}_{\text{M}}$、$\mu_{\text{M}^{z+}}^{\text{L}}$ 基本没有影响,将式(c)代入 $\Delta \overline{G}$ 的表达式中,考虑到 $\overline{\mu}_{\text{M}\Psi} - \overline{\mu}_{\text{M}} = \mu_{\text{M}}$,并直接用式(b)右侧结果代入式(c)得

$$\Delta \overline{G} = \mu_{\text{M}^{z+}\Psi}^{\text{L}} + Z\mu_{e\Psi}^{\text{M}} + ZF[\Phi_{\text{L}} - \Phi_{\text{M}}]_\Psi - (\mu_{\text{M}^{z+}}^{\text{L}} + ZF\Phi_{\text{L}}) - (Z\mu_e^{\text{M}} - ZF\Phi_{\text{M}}) =$$
$$ZF[\Phi_{\text{L}} - \Phi_{\text{M}}]_\Psi - ZF[\Phi_{\text{L}} - \Phi_{\text{M}}] = ZF[\Phi_{\text{M}} - \Phi_{\text{L}}] - ZF[\Phi_{\text{M}} - \Phi_{\text{L}}]_\Psi = ZF[\varphi - \varphi_\Psi] \tag{d}$$

根据参比电极的条件和相对电极电势的概念,$(\Phi_{\text{M}} - \Phi_{\text{L}}) = \varphi + K$,$K$ 值不随外界极化而变化,因此为常数,这样才能有式(d)成立。另外,根据过电势的概念,$\eta = \varphi - \varphi_\Psi$,则有

$$\Delta \overline{G} = ZF\eta = -ZF\eta_- \tag{3.73}$$

这就是通过外界极化来提供能量,其数值可通过控制电极电势 φ 来调整。由式(d)看出

$$\Delta \overline{G} = (\overline{\mu}_{\text{M}^{z+}\Psi}^{\text{L}} - \overline{\mu}_{\text{M}^+}^{\text{L}}) + Z(\overline{\mu}_{e\Psi}^{\text{M}} - \overline{\mu}_e^{\text{M}}) = -\Delta \overline{\mu}_{\text{M}^{z+}}^{\text{L}} - Z\Delta \overline{\mu}_e^{\text{M}}$$

这是电化学势 $\overline{\mu}_i$ 之差,在盐溶液中析出结晶过程中已分析了 $(\mu_i^{\text{L}} - \mu_i^{\text{S}}) = \Delta \mu_i$ 对应着过饱和度,现在 η 就类似于 $a_{\text{B}(r)}/a_{\text{B}}$,即

$$RT\ln \frac{a_{\text{B}(r)}}{a_{\text{B}}} \backsimeq -\Delta \overline{G} = ZF\eta_-$$

则有

$$r_C = \frac{4\gamma \text{M}}{\rho \Delta \mu_i} \backsimeq \frac{4\gamma \text{M}}{-\rho \overline{\Delta G}} = \frac{4\gamma \text{M}}{\rho ZF\eta_-} \tag{3.74}$$

$$r'_C = \frac{2\gamma'}{m\Delta \mu_i} \backsimeq \frac{2\gamma'}{-\overline{\Delta G'}m} = \frac{2\gamma'}{mZF\eta_-} \tag{3.75}$$

式中，$\eta_=$、$\eta_{\equiv}$ 表示阴极极化过电势下二、三维晶核形成对应的值（注意此处的 η 值也永远为正）。这里 r_C 和 r'_C 均正比于 η^{-1}，当 η 上升时 r_C、r'_C 均下降，使晶核细化。

2. η 对 $v_生$ 及 $v_成$ 的影响

（1）η 对 $v_生$ 的影响。

根据前面的推导，考虑到 $A = 6r_C^2$，则有

$$v_生 = B_1 \exp\left(-\frac{\Delta G_C}{RT}\right) = B_1 \exp\left(-\frac{\gamma A}{3RT}\right) = B_1 \exp\left(-\frac{2\gamma r_C^2}{RT}\right)$$

将式（3.74）代入，得式（e）

$$v_生 = B_1 \exp\left(-\frac{C_1}{\eta_=^2}\right) \tag{e}$$

$$C_1 = \frac{32\gamma^3 M^2}{RT\rho^2 Z^2 F^2}$$

$$\ln v_生 = b_1 - \frac{a_1}{\eta_=^2} \quad \text{或} \quad \lg i_生 = b - \frac{a}{\eta_=^2} \tag{3.76}$$

从式（3.76）看出 $\ln i_生 \propto \eta_=^2$。

（2）η 对 $v_成$ 的影响。

$$v_成 = A_1 \exp\left(-\frac{\Delta G'_C}{RT}\right) = A_1 \exp\left(-\frac{2\gamma'\gamma'_C}{RT}\right) = A_1 \exp\left(-\frac{C'_1}{\eta_=}\right)$$

$$C'_1 = \frac{4\gamma'^2}{mRTZF}$$

$$\ln v_成 = b'_1 - \frac{C'_1}{\eta_=} \quad \text{或} \quad \ln i_成 = b' - \frac{a'}{\eta_=} \tag{3.77}$$

从式（3.77）看出 $\lg i_成 \propto \eta_=$。这里很显然，η 低时对 $i_成$ 有利，最后得到的是粗晶；η 高时对 $i_生$ 有利，最后能得到细晶。

3.4.3 影响电结晶过程的几个重要因素

影响电结晶的因素比较复杂，其中较重要的有基体金属的表面状况，η 的大小，还有添加剂与络合剂等因素，本质上还是界面状态问题。

1. 基体金属表面状况的影响

前面讨论的是理想的情况，认为金属电极表面均匀，产生三维晶核且按二维生长有利，二维晶核形成而引起的相变化或者说极化 $\eta_=$，仅在现代暂态技术发展后才得到证实。有人使用银单晶的解理面（111）作为阴极，施加一个短脉冲电流，使电势移动足够生成二维晶核，然后电势移到正侧，不再形成二维晶核，但能使已产生的二维晶核生长。当二维晶面生长结束后，电流下降至零，为了使晶面能继续生长，电势必须再移向负的一侧，其值达到使新的二维晶核形成。结果表明，在一预定的电势下观察到有一周期变化的电流，或在恒流下有一周期波动电势。然而，实际电结晶过程很复杂，对结晶质量都会带来影响。例如，基体金属表面的不均匀性、有阶梯、位错等缺陷就可作为活化点。一般电沉

$$\frac{\eta_E - \eta_0}{\eta_0} = fE^2 \tag{a}$$

式中，η_0 表示不存在电场的黏度；η_E 表示有电场时的黏度；f 仍为系数。在推导式(3.56) 时曾利用了 $\eta \int_v^0 \mathrm{d}v = -\varepsilon E \int_0^\zeta \mathrm{d}\psi$ 这个微分关系式，若电场强度不变，用 E 除两边得

$$u = \varepsilon \int_0^\zeta \frac{\mathrm{d}\psi}{\eta} \tag{b}$$

在这里假定 ε 为常数。

由式(a)得 $\eta = \eta_0(1 + fE^2)$，而 $E = -\dfrac{\mathrm{d}\psi}{\mathrm{d}x}$，代入式(b)，有

$$u = \frac{\varepsilon}{\eta_0} \int_0^\zeta \frac{\mathrm{d}\psi}{1 + f\left(\dfrac{\mathrm{d}\psi}{\mathrm{d}x}\right)^2} \tag{c}$$

对 Z－Z 型电解质有

$$\left(\frac{\mathrm{d}\psi}{\mathrm{d}x}\right)^2 = \left\{-\frac{2K_z kT}{Ze_0}\sinh\left(\frac{Ze_0\psi}{2kT}\right)\right\}^2 = \frac{8kTn_0}{\varepsilon}\sinh^2\left(\frac{Ze_0\psi}{2kT}\right) \tag{d}$$

将此式代入式(c)，得

$$u = \frac{\varepsilon}{\eta_0}\int_0^\zeta \frac{\mathrm{d}\psi}{1 + A\sinh^2(B\psi)} \tag{e}$$

其中

$$A = \frac{8kTn_0}{\varepsilon}f, \quad B = \frac{Ze_0}{2kT}$$

当稀溶液时，A 很小，若满足 $Ze_0\psi < 2kT$，则有 $\sinh\left(\dfrac{Ze_0\psi}{2kT}\right) \approx \dfrac{Ze_0\psi}{2kT}$，且 $A\sinh^2(B\psi) < 1$，这样对式(e)近似有

$$\frac{1}{1 + A\sinh^2(B\psi)} = 1 - A\sinh^2(B\psi) \approx 1 - A(B\psi)^2 \tag{f}$$

将此式代入式(e)积分后得

$$u = \frac{\varepsilon\zeta}{\eta_0}\left(1 - \frac{AB^2}{3}\zeta^2\right) \tag{3.62}$$

式(3.62)中若略去第二项就和式(3.56)相同了。

2. 动电势 ζ_S 与分散电势 ψ_L 的异同

①ψ_L 是热力学电势，ζ 是运动产生的，$v = 0$，$\zeta = 0$，$\psi_L \neq 0$，二者物理意义不同。

②数值上一般 $|\psi_L| \geqslant |\zeta|$ 成立。稀溶液时二者近似相等。

③ζ 与实验条件有关：

a. 滑动面实际很难确定，受实验条件影响极大。

b. 粒子的大小不同，ζ 与 u 的关系不同，$Ka < 0.1$ 和 $Ka > 100$ 时，ζ 与 u 相差 1.5 倍。

c. 特性吸附对 ζ 有影响，q、η 的变化也会导致 ζ 不同。

3.3.5 动电势与胶体的稳定性

胶体的粒子有很大的比表面积，体系的 Gibbs 函很高，从原则上讲，粒子有自动聚集

积初期,尤其是 η 较小的情况下,放电析出的金属原子多半就沿着这些活化点定向排列,在这种基础上结晶的成长就会得到粗大的螺旋形结晶,锥形结晶等不规则晶体。严重时要产生枝晶影响电沉层的质量。因此,有必要预先把基体表面上的活化点尽量清除。实际发现,活化点越少的基体表面 η 越大,这有利于晶粒的细化。另外,晶面的钝化和晶面生长前端离子浓度的变化也同样能使结晶生长不均匀,影响电沉积层质量。

2. η 大小的影响

当 η 小时,所提供的能量不足以形成二维或三维晶核,一般只能在活化点上首先析出并长大,结晶质量当然较差。当 η 值高时所提供的能量满足 $\overline{\Delta G'_c}$ 的要求,但不满足 $\overline{\Delta G_C}$ 的要求时,有可能在基体表面形成二维晶核,这样一层一层地成长起来层状结晶。更可怕的是在活化点上可能形成三维晶核并在其上优先生长形成柱状结晶,使电沉积层质量仍较差。当 η 继续上升,提供形成三维晶核的足够能量,淹没了活化点原来的有利地位,这样晶核就不但在活化点上而在其他地方也能生成并长大,随着 η 的提高,对均匀晶核生成更加有利,而且临界尺寸下降,能获得致密的电沉积层。但是要注意全面分析问题,在理论电化学中曾推导出一系列电流密度表达式,如对于反应 $M^{Z+} + Ze = M$ 有:

(1) 电化学步骤为决速步骤时,阴极还原电流密度 i_C 与阴极极化的过电势关系为

$$\eta_- = -\frac{RT}{\alpha ZF}\ln i^0 + \frac{RT}{\alpha ZF}\ln i_C \tag{3.78}$$

$$i^0 = ZFk_{阴}\, C^S_{M^{Z+}}\exp\left[-\frac{\alpha(\varphi_平 - \psi_L)ZF}{RT}\right]$$

式中,$C^S_{M^{Z+}}$ 为电极表面外紧密双层处 M^{Z+} 的浓度;$C_{M^{Z+}}$ 为本体浓度。

$$C^S_{M^{Z+}} = C_{M^{Z+}}\exp\left(-\frac{ZF\psi_L}{RT}\right)$$

(2) 当浓差极化和电化学极化共同控制时

$$\eta_- = \frac{RT}{\alpha ZF}\ln\frac{i_C}{i^0} + \frac{RT}{\alpha ZF}\ln\frac{i_d}{i_d - i_e} \tag{3.79}$$

式中,i_d 为极限扩散电流密度。式(3.78)、式(3.79)是理论电化学的基本公式,但这里并没有考虑界面存在其他转化步骤的影响。

(3) 形成晶核时的极化。

伴随着二、三维晶核的形成,电极上产生极化的现象称为相变极化。前面已经讨论了 $\eta_\equiv$、$\eta_=$ 的含义。在电结晶过程中金属离子放电还原后形成的金属原子一般为吸附原子,必须经过扩散步骤才能进入晶格位置,这种情况下所要克服的阻力类似欧姆定律,即

$$\eta_扩 = \Omega i \tag{3.80}$$

$$\eta_{相变} = f(\eta_\equiv, \eta_=) + \eta_扩 \tag{3.81}$$

在实际结晶过程中,三种相变极化并不都是同样重要,$\eta_\equiv$、$\eta_=$ 属于暂稳态所需能量,与时间有关。一般表面原子扩散所引起的极化被认为是主要的一种。这种表面扩散极化类似于浓差极化。设电极表面吸附原子的浓度为 C_M,平衡时吸附原子的浓度为 C^0_M。由于放电的结果,$C_M > C^0_M$,$\Delta C_M = C_M - C^0_M$。当吸附原子的表面覆盖度 $\theta \ll 1$ 时,有

$$\eta_{\text{扩}} = \frac{RT}{ZF}\ln\frac{C_M}{C_M^0} = \frac{RT}{ZF}\ln\left(1 + \frac{\Delta C_M}{C_M^0}\right) \tag{3.82}$$

（4）同时考虑电化学步骤和结晶步骤的影响。

当电结晶过程达到稳态以后有

$$i_C = i^0\left[\frac{C^* - C_M}{C^* - C_M^0}\exp\left(\frac{\alpha ZF}{RT}\eta_-\right) - \frac{C_M}{C_M^0}\exp\left(-\frac{\beta ZF}{RT}\eta_-\right)\right] \tag{3.83}$$

式中，C^* 为相当于 $\theta = 1$ 时的吸附原子表面浓度。若 η_- 较小时，一般 $C^* \gg C_M^0$，对式（3.83）指数项展开，并考虑到 $\alpha + \beta = 1$，近似有

$$\eta_- = \frac{RT}{ZF}\left(\frac{i_C}{i^0} + \frac{\Delta G_M}{C_M^0}\right) \tag{3.84}$$

$$\eta_- = \eta_{\text{电化学}} + \eta_{\text{相变}} \tag{3.85}$$

（5）几点粗浅的看法。

① 按式（3.84），似乎提高电流密度可以增加 η_-，但要注意不能只靠增大电流密度来提高过电势，当整个电结晶过程为浓差控制时，外界提供的能量用于浓差极化使过电势增大，而对形成二、三维晶核没有能量贡献。这种过电势的增加反而可能满足了其他非沉积物的放电条件，使要沉积层质量下降。

② 从式（3.85）看出，若想使结晶细化，要尽量使 $\eta_{\text{相变}}$ 中 $\eta_{\text{垂}}$ 提高，在不引起浓差极化的前提下可以适当提高电流密度，使 $i_{\text{生}}$ 提高促使晶粒细化，但若电流密度过高，三维晶核来不及生长时就得不到致密的电沉积层而变成制取金属粉末了（变为粉末冶金过程）。

③ 由于过电势总是和交换电流密度 i^0 成反比，i^0 的大小直接代表了电化学反应的可逆性大小，为了增加晶核形成速率，必须设法提高界面反应的不可逆性，减少电极反应本身的交换电流密度，增加金属离子放电的困难，间接使过电势提高，例如加入络合剂，把金属离子络合起来以降低交换电流密度，使电沉积层质量提高。

④ 根据前面分析基体金属表面存在活化点的影响，通过加入某些表面活性剂，让其在活化点上优先选择吸附，同时也可以在晶体表面其他部分有一定的吸附作用。这样一方面起到了消除原有活化点使表面均匀的作用，另一方面又普遍增加了整个放电结晶的困难，提高了 η，有利于三维晶核的大量生成。另外，表面活性剂的吸附使界面张力降低，则从式（3.69）和式（3.71）可看出对 $v_{\text{生}}$ 的提高更加有利。

⑤ 从电流密度表达式（3.76）、（3.77）、（3.79）、（3.84）四式的比较看出，$\eta_{\text{垂}}$、$\eta_{\text{垂}}$、η 似乎不是简单相加的式（3.85）的关系。但要注意的是 $i_{\text{生}}$ 和 i_C 的含义不同，i_C 是总的宏观可测电流密度，它是用动力学的过渡状态理论推导的，η 相当于电化学反应活化能的一部分。$i_{\text{生}}$ 是从相平衡的能量观点与统计力学结合起来推得的，$\eta_{\text{垂}}$、$\eta_{\text{垂}}$ 对应的能量是临界尺寸的自身要求必须满足的条件。怎样才能使这两种推导方法所得到的结论有机地结合起来，还有待于进一步深入研究。这可能和结晶后冷曲线图1.22类似，在临界晶核形成时，$\eta_{\text{垂}}$ 或 $\eta_{\text{垂}}$ 都同时存在，人们利用暂态技术在 Ag 单晶解理面上确实观察到电流或电压的周期性变化就与临界状态有关。但式（3.78）中的 i_C 是稳态下宏观可测量，如果不是暂态测定，随着时间的推移，临界状态已经转变只是晶体长大，而 $\eta_{\text{垂}}$ 一般很小，在强的外界极化下，表面原子扩散 $\eta_{\text{扩}} \gg \eta_{\text{垂}}$，这时 $\eta_{\text{相}} \approx \eta_{\text{扩}}$，因此在 η 中，稳定条件下显示的主要是 $\eta_-=$

$\eta_{电化学} + \eta_{扩}$。

⑥ 从能量供应保证形核观点看,脉冲镀因为可减少浓差极化而有利于晶粒尺寸下降,促使镀层致密。

3. 添加剂或络合剂的影响

从上述分析看出,若想获得致密镀层,基本原则就是采取各种措施为形成二、三维晶核创造必要的条件,首先就是使基体表面均匀,其次是提高 η。

（1）添加剂是 ④ 中的内容。

（2）络合剂是 ② 中的内容。

3.5　膜电势及其应用

在固 - 液界面中,有一类常见现象,就是膜电极两侧存在电势差,其产生原因如下:

① 膜两侧电解液中某一离子可选择透过膜;

② 通过膜的离子流动不均匀;

③ 膜本身具有固定的表面电荷;

④ 膜 - 溶液界面上存在极化现象;

⑤ 膜两侧有压力差,产生流动电势;

⑥ 膜内发生反应或选择吸附某种离子等。

膜电势的求法分几种情况,分别讨论如下。

1. 无渗透的膜平衡

用半透膜隔开不同浓度的同种溶液,如果该膜只允许某一 j^+ 离子通过,而其他离子和溶剂分子都不能通过,在这种半透膜的两侧,j^+ 要从高浓度一侧向低浓度一侧方向扩散,如图3.22所示。在 $C_2 > C_1$ 的情况下,使 C_1 侧带正电,C_2 侧带负电,这将阻止 j^+ 的继续扩散,最终达到平衡 $\bar{\mu}_{j^+}^{C_1} = \bar{\mu}_{j^+}^{C_2}$

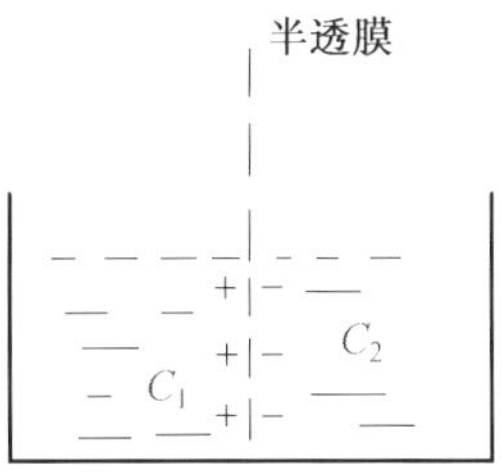

图 3.22　离子通过半透膜

$$\bar{\mu}_{j^+}^{C_1} = \mu_{j^+}^0 + RT\ln a_{j^+}^{C_1} + Z_j F(X^{C_1} + \psi^{C_1})$$

$$\bar{\mu}_{j^+}^{C_2} = \mu_{j^+}^0 + RT\ln a_{j^+}^{C_2} + Z_j F(X^{C_2} + \psi^{C_2})$$

由于是同种物质,表面电势 $X^{C_1} \approx X^{C_2}$,因此由两式相减可求得

$$\Delta\psi = \psi^{C_2} - \psi^{C_1} = \frac{RT}{Z_j F}\ln\frac{a_{j^+}^{C_2}}{a_{j^+}^{C_1}} \approx \frac{RT}{Z_j F}\ln\frac{C_2}{C_1} \qquad (3.86)$$

式(3.86)即为无渗透的膜电势计算公式。最常见的无渗透的膜是哺乳动物的细胞膜,只允许 K^+ 通过,而 Na^+、Cl^- 则几乎不能通过,致使细胞内 K^+ 浓度比细胞膜外高20倍,25 ℃时按式(3.86)算出 $\Delta\psi \approx 77.5$ mV。

2. Donnan 平衡

Donnan 平衡在基础物理化学中曾有介绍,其膜允许小离子和溶剂分子通过,大离子、大分子则不允许通过。在达到平衡后膜两侧电解质的分布不均匀,图 3.23 所示是变化前后的结果。膜的左侧为蛋白质的钠盐或其他大分子电解质,右侧为氯化钠溶液。起始时左侧只有 Na_ZP,右侧只有 $NaCl$。由于左侧无 Cl^-,它要从右向左扩散,为保持液体电中性也要有相应的 Na^+ 随之向左扩散。结果在达到平衡后,膜两侧的 NaCl 活度不等,产生了膜电势。根据电化学平衡原理有

$$\bar{\mu}_{NaCl}^{\alpha} = \bar{\mu}_{NaCl}^{\beta} = \mu_{NaCl}^{\beta} = \mu_{NaCl}^{\alpha}$$

$$\mu_{NaCl}^{0} + RT\ln a_{Na^+}^{\alpha} a_{Cl^-}^{\alpha} = \mu_{NaCl}^{0} + RT\ln a_{Na^+}^{\beta} a_{Cl^-}^{\beta}$$

$$a_{Na^+}^{\alpha} a_{Cl^-}^{\alpha} = a_{Na^+}^{\beta} a_{Cl^-}^{\beta} \qquad (3.87)$$

式(3.87)为 Donnan 平衡公式,如果用浓度代替活度,对图 3.23 则有 $(ZC_1 + x)x = (C_2 - x)^2$ 成立,解得 x 为

$$x = \frac{C_2^2}{ZC_1 + 2C_2}, \quad \frac{C_{Cl^-}^{\beta}}{C_{Cl^-}^{\alpha}} = \frac{C_2 - x}{x} = 1 + \frac{ZC_1}{C_2}$$

$$\frac{C_{Na^+}^{\beta}}{C_{Na^+}^{\alpha}} = \frac{C_2 - x}{ZC_1 + x} = \frac{1}{1 + \dfrac{ZC_1}{C_2}}$$

α 相		β 相	
离子	浓度	离子	浓度
P^{z-}	C_1	Na^+	C_2
Na^+	ZC_1	Cl^-	C_2

(a) 起始状态

P^{z-}	C_1	Na^+	$C_2 - x$
Na^+	$ZC_1 + x$		
Cl^-	x	Cl^-	$C_2 - x$

(b) 平衡状态

图 3.23 膜建立平衡时的浓度变化

可见,大离子浓度 $C_{P^{z-}}$ 越高,所带电荷 Z 越多,则低相对分子质量电解质在膜两侧分布越不均匀,当大离子浓度 $C_1 \ll C_2$ (小分子电解质浓度)时,才能使低相对分子质量电解质趋于均匀分布。

在 Donnan 平衡时膜两侧的外电势差称为 Donnan 电势 ψ_d,根据 $\bar{\mu}_{Na^+}^{\alpha} = \bar{\mu}_{Na^+}^{\beta}$ 或 $\bar{\mu}_{Cl^-}^{\alpha} = \bar{\mu}_{Cl^-}^{\beta}$ 同样导出

$$\Delta\psi_d = \frac{RT}{F}\ln\frac{C_{Cl^-}^{\beta}}{C_{Cl^-}^{\alpha}} = -\frac{RT}{F}\ln\frac{C_{Na^+}^{\beta}}{C_{Na^+}^{\alpha}} \qquad (3.88)$$

3. 有渗透时的膜电势

当有渗透时,膜两侧渗透压之差为 π,若液体上部压力为 p_0,则直接为 $\pi^{\beta} = p^{膜\beta侧} - p_0$;$\pi^{\alpha} = p^{膜\alpha侧} - p_0$,如果溶液以水为溶剂时,则渗透压取决于水在膜两侧的活度。$\mu_{H_2O} = \mu_{H_2O}^{0} + RT\ln a_{H_2O}$,而 $d\mu_{H_2O} = V_{m(H_2O)}dp$,$V_{m(H_2O)}$ 为水的偏摩尔体积,对该微分式两端取积分,则

$$\int_{\mu_{H_2O}^{\alpha}}^{\mu_{H_2O}^{\beta}} d\mu_{H_2O} = \int_{p_0+\pi^{\alpha}}^{p_0+\pi^{\beta}} V_{m(H_2O)}dp \approx V_{m(H_2O)}(\pi^{\beta} - \pi^{\alpha})$$

$$\int_{\mu_{H_2O}^{\alpha}}^{\mu_{H_2O}^{\beta}} d\mu_{H_2O} = RT\ln\frac{a_{H_2O}^{\beta}}{a_{H_2O}^{\alpha}}$$

$$V_{m(H_2O)}(\pi^{\beta} - \pi^{\alpha}) \approx \pi V_{m(H_2O)}$$

$$\pi = \pi^{\beta} - \pi^{\alpha} = \frac{\mu_{H_2O}^{\beta} - \mu_{H_2O}^{\alpha}}{V_{m(H_2O)}} = \frac{RT}{V_{m(H_2O)}} \ln \frac{a_{H_2O}^{\beta}}{a_{H_2O}^{\alpha}} \tag{3.89}$$

膜两侧所存在的渗透压差 π 将对溶液中离子(Na^+、Cl^-)的化学势产生影响,以 Cl^- 为例,两侧的化学势不仅与溶液中 Cl^- 活度有关,也和渗透压有关,平衡时 $\bar{\mu}_{Cl^-}^{\beta} = \bar{\mu}_{Cl^-}^{\alpha}$,但要注意膜两侧压力不同

$$\bar{\mu}_{Cl^-}^{\beta} = \mu_{Cl^-}^{0\beta}(T, p_0 + \pi^{\beta}) + RT \ln a_{Cl^-}^{\beta} - F(X_{Cl^-}^{\beta} + \psi_{Cl^-}^{\beta}) \tag{a}$$

$$\bar{\mu}_{Cl^-}^{\alpha} = \mu_{Cl^-}^{0\alpha}(T, p_0 + \pi^{\alpha}) + RT \ln a_{Cl^-}^{\alpha} - F(X_{Cl^-}^{\alpha} + \psi_{Cl^-}^{\alpha}) \tag{b}$$

根据式(3.89)的推导思路,同样有

$$\mu_{Cl^-}^{0\beta}(T, p_0 + \pi^{\beta}) - \mu_{Cl^-}^{0\alpha}(T, p_0 + \pi^{\alpha}) = \pi V_{m(Cl^-)} \tag{c}$$

由于是同种物质,$X_{Cl^-}^{\beta} \approx X_{Cl^-}^{\alpha}$ 成立,将这些因素考虑代入式(a)~(b)整理得

$$\Delta\psi = \psi^{\beta} - \psi^{\alpha} = \frac{RT}{F} \ln \frac{a_{Cl^-}^{\beta}}{a_{Cl^-}^{\alpha}} + \frac{\pi V_{m(Cl^-)}}{F} \tag{3.90}$$

且 $\pi = \frac{RT}{V_{m(H_2O)}} \ln \frac{a_{H_2O}^{\beta}}{a_{H_2O}^{\alpha}}$,令 $r_- = V_{m(Cl^-)}/V_{m(H_2O)}$,代入式(3.90)得

$$\Delta\psi = \frac{RT}{F} \ln \left[\frac{a_{Cl^-}^{\beta}}{a_{Cl^-}^{\alpha}} \left(\frac{a_{H_2O}^{\beta}}{a_{H_2O}^{\alpha}} \right)^{r_-} \right] \tag{3.91}$$

当渗透压差为零或 $a_{H_2O}^{\beta} = a_{H_2O}^{\alpha}$ 时,式(3.90)又还原为式(3.88)。

4. 电渗析

通常在合成高分子聚合物中含有未反应的单体及其他物质,常用渗析法来去除。该方法是利用大分子不能透过半透膜的性质,使溶剂分子和低分子物质通过膜进入经常更换的大量溶剂中,这样就使高聚物或胶体被浓缩,同时也可达到净化的目的。对于低分子电解质杂质,如果加上电极,利用离子在电场中的迁移可使渗析加快,即为电渗析。

电渗析膜是荷电的离子交换膜,如果本身带固定的正电荷,只允许阴离子选择性透过的膜称为阴离子交换膜,反之则为阳离子交换膜。以阳离子交换膜与 KCl 溶液为例。阳离子交换膜带有固定负电荷 R^-,其正离子可与溶液中其他正离子交换,将膜看成一个相,在 Donnan 平衡时,离子分布如图 3.24 所示,图中 $C_+' > C_+$、$C_-' < C_-$。

离子在水相及膜相的分配系数为

$$K_+ = \frac{a_+'}{a_+} = \frac{r_+' C_+'}{r_+ C_+}$$

$$K_- = \frac{a_-'}{a_-} = \frac{r_-' C_-'}{r_- C_-}$$

K^+	Cl^-		K^+ Cl^- R^-
C_+	C_-		C_+' C_-' C_R
$C_+ = C_- = C$			$C_+' = C_-' + C_R$
水相			膜相

图 3.24 膜平衡时的浓度分布

由 Donnan 公式,$a_+ a_- = a_+' a_-'$,得

$$K_+ K_- = \frac{r_+' r_-' C_+' C_-'}{r_- r_+ C_+ C_-} = 1$$

对 1-1 型电解质,离子平均活度系数 $r_\pm = (r_+ r_-)^{1/2}$,且 $C_+ = C_- = C$,$C_+' = C_-' + C_R$,代入上式得

$$\frac{r'^2_{\pm}\, C'_{-}(\, C'_{-} + C_{\mathrm{R}})}{r^2_{\pm}\, C^2} = 1$$

$$C'_{-} = \frac{-1 \pm [\, 1 + 4(\, r_{\pm}/r'_{\pm})^2(\, C/C_{\mathrm{R}})^2\,]^{1/2}}{2} C_{\mathrm{R}} \qquad (3.92)$$

由式(3.92)看出,当水溶液中阴离子浓度 C_{-} 远比膜内固定电荷浓度 C_{R} 小时,C'_{-} 也很小,膜内可移动的基本上是阳离子,这说明 C_{R} 高时,膜对阳离子的选择性强。例如,处理稀盐水时,一般阳离子交换膜中的 Na^+ 迁移率为 $t'_{+} = 0.9$,而稀盐水中 Na^+ 的迁移率仅为 $t_{+} = 0.4$,这表明膜对 Na^+ 的选择性强;反之当 $C_{-} \gg C_{\mathrm{R}}$ 时,C'_{-} 将不断增加,并趋于 C_{-},所以在高浓度溶液中此膜对正离子的选择透过性将降低。

根据上述原理,可设计成海水淡化和含盐水的浓缩,用如图 3.25 所示的装置,将阴离子交换膜 C 和阳离子交换膜 A 交替排列,在电场作用下,通过电渗析可达到脱盐和浓缩的目的。

5. 渗析的利用

对溶剂水 $\pi = \dfrac{RT}{V_{\mathrm{m(H_2O)}}} \ln \dfrac{a^{\beta}_{\mathrm{H_2O}}}{a^{\alpha}_{\mathrm{H_2O}}}$,这说明只有当溶液的压强高于或等于$(\pi + p_0)$时,二者才能处于平衡。如果溶液

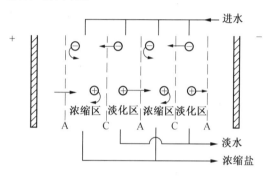

图 3.25　盐水淡化浓缩装置示意图

所受压强小于渗透压,溶剂将从纯溶剂相流向溶液。另一方面,如果溶液所受压力高于其平衡渗透压,纯溶剂将反方向地从溶液流向溶剂相。在后一种情况下,膜的作用像是一个将溶剂与溶质分子分开的过滤器,人们将此现象称为反渗透或"超滤"。近年来人们研究从海水生产饮用水,因为它不像蒸馏水那样涉及相变,从经济成本上看很有前景。如醋酸纤维素,能挡住 96% ~ 98% 的 NaCl,产生的淡水量约为 0.2 mL/s · 101 325 Pa · m²,这相当于在 $100 \times 101\,325$ Pa 下,每 0.09 m² 的膜每天提供约 225 L 水。在反渗透淡化海水中,最实际的问题是分离速率,而不是阻挡盐的效率。除了许多其他因素之外,反渗透的流速取决于两侧的压差。因此,解决快速流动的关键就在于掌握能经受高压膜的制造技术。海水在 25 ℃ 时的渗透压约为 $25 \times 101\,325$ Pa,就是说当外加压强超过此值时才发生反渗透,可以设想在海里建一个淡水井,如图 3.26 所示,要发生反渗透应满足 $gh\rho \geqslant p_0 + \pi$,25 ℃ 时由海水密度算出 h 要大于 256 m,而下部膜至少要承受 $26 \times 101\,325$ Pa 的压强而又不破裂。这说明如何提高膜的强度是今后的主攻方向。注意,反渗透过程中也产生出比原来要浓的溶液,这表明渗透技术也可用来浓缩溶液,如浓缩果汁与放射性污水等。还有一项有意义的工作是利用膜技术发电。R. S. Norman 在 1974 年就提出如下想法。在江、河淡水入海口处建造一个如图 3.27 所示的装置,这也是地球能源的利用。实质上是在淡水与盐水相遇的河口处建造一个高室,在淡水边的水面下室壁上装上像反渗透中所用的半透膜。室里面装海水。前已指出,海水在 25 ℃ 时的渗透压足以支持 240 m 以上的压头。但此处室内海水高度要低于平衡液柱高($gh\rho < \pi$,防止反渗透出现)。于是溶剂

将流过膜使体系趋于渗透平衡,但在达到平衡压强之前从室顶发生溢流,利用它推动水轮机发电。此项技术应用的本质是将流出的淡水与海水之混合自由能作为一种有用的能源。此法取决于能在河口产生一瀑布和半透膜的性质。想想在入海口处都有一个高度240 m 的瀑布,就可以体会到这项应用的巨大潜力。

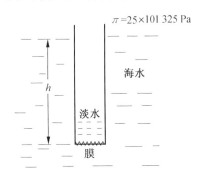

图 3.26　海中淡水井

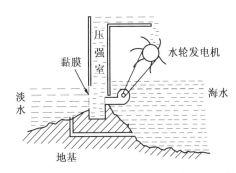

图 3.27　混合淡水与海水时自由能产生的电能
　　　　　转换装置

6. 区带电泳

区带电泳中像湿滤纸那样的支持介质或是聚丙烯酰胺之类的凝胶,是质点移动的场所,这个方法与固 – 液色谱法相类似,后者用到的许多基质和分析方法也适用于电泳法。将一滴混合物或一薄层混合物加到支持介质的一端,随着电泳的进行,各个组分的点或带沿着电压梯度的轴出现在不同的位置上。电泳借助于淌度不同将物质分离,常用于生物学方面,如免疫电泳。用该方法鉴别不同的血清,现在已在法医学上得到应用。

第4章　固-固界面

近年来,对于固-固界面所做的实验研究与理论分析所取得的巨大成就极大地促进了人们对固-固界面特征与多相、多晶固体材料的结构、性能及其相应制造工艺之间的深入理解。多相、多晶固体材料内的固-固界面或是相界或是晶界。相界是指不同固相间的界面,例如晶态固相与非晶态固相间的界面、两种不同晶相材料的边界等;晶界是指同种固相材料的两个晶粒之间的边界,这是一种最简单的固-固界面。

多晶材料的晶界与多晶材料的结构、性能及工艺过程密切相关。许多具有特殊功能的固体材料是借助于晶界效应而制成的,充分利用这些晶界效应就可能使多相材料具有单晶和玻璃所不具备的性能。如晶粒尺寸为 1 ~ 100 nm 的纳米晶材料是当前材料领域的研究热点之一。关于多晶材料晶界特征、结构、静电势、热力学、扩散及偏析的实验、理论与应用的研究日益引起材料科学和工程界的高度重视。

20 世纪 70 年代后,随着俄歇电子能谱仪、扫描俄歇电子能谱仪、化学分析电子能谱仪、扫描透射电子显微镜以及多重探针等的出现,材料晶界的研究被推向了一个新的阶段。

4.1　晶界结构及界面热力学参数的测定及理论计算

多晶材料是由晶粒和晶界等组成的多晶体。晶界为相邻两个不同取向晶粒之间的交界面,质点在该交界面上的排列是不规则的,因而晶界具有晶格缺陷的一般特点。Read 曾提出小角度倾斜晶界的位错模型,如图 4.1 所示。小角度倾斜晶界与一般刃型位错相当。多晶材料经过轻微腐蚀后的显微照片表明,位错坑沿着晶界排列。由于位错的数量与位相差有关,小角度刃型位错的间距 D 可以用下式来表示

$$D = \frac{|\boldsymbol{b}|}{\sin \theta} \approx \frac{|\boldsymbol{b}|}{\theta} \tag{4.1}$$

式中,$\boldsymbol{b}$ 为 Burgers 矢量;θ 为失配角或倾角。

最初,有的学者认为晶界是一种相对较厚的完全无序层,即无定型材料层。然而,这种观点很快被推翻,因为晶界的许多特性是各向异性的。于是,学者们赞同晶界是一种有序结构层的观点;Read 的小角度晶界的位错模型便是最成功的早期模型之一。该模型表明,晶界区是相邻两个晶粒之间既相适应又不完全适应的特殊区域,这类区域的分布一般是周期性的,取决于晶界面的几何特点。

对于非对称倾斜的晶界来讲,晶界上一般具有附加的刃型位错面,离子的排列要求有一种特别的位错核心以避免高能量的电荷失配。螺旋位错的情形则更为复杂。

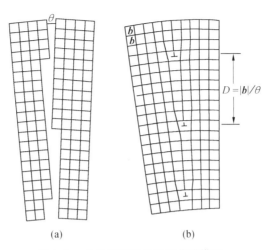

(a)　　　　　　　(b)

图 4.1　小角度倾斜晶界的位错模型

在离子晶体材料中,小角度晶界的刃型位错特点比金属晶体材料或其他单晶多晶材料更为复杂。如图 4.2 所示,为了保持滑移面上部和下部离子的规则性,对于 NaCl 晶体来讲,在滑移平面的上部需要嵌入两个额外的半片原子平面;而对于金属材料来讲,只需要嵌入一个额外的半片原子平面。由图 4.2 可见,在离子晶体材料中,位错的割阶引起某种离子的不完全键合,而使位错产生一种有效的电荷。此外,在滑移平面上部嵌入额外的原子平面时要产生压应力,而在滑移平面下部则产生张应力。因此,两个同号(在滑移平面上部嵌入原子平面的位错均为正号)而又平行的刃型位错出现在同一滑移平面上时,即两个额外的半片原子平面相互平行且终止在垂直于半片原子平面的同一平面上时,两个刃型位错在滑移面上倾向于相互排斥。同样地可以理解,同号而又平行的刃型位错在不同的滑移面上倾向于彼此上下排列成行而形成小角度倾斜的晶界(图 4.1)。某些实验研究表明,在多晶材料产生塑性形变后再进行退火处理时,则在形变时所产生的某些位错在退火过程中倾向于排列成行而形成小角度晶界。利用腐蚀坑技术或偏振光显微观察可以观察到这种现象。

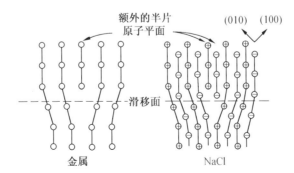

图 4.2　金属与 NaCl 材料中小角度晶界的刃型位错特点之比较

如果小角度晶界上的位错是螺旋位错,则称该晶界为小角度扭转晶界;其基本特点类似于小角度倾斜晶界,两者的不同在于位错特点的不同。

晶界具有界面能,其对晶界行为有显著的影响,该能量可以通过位错理论而求出。位错的应变能为位错弹性能与位错核心能之和,单位长度刃型位错应变能 E_{ed} 及螺旋位错应变能 E_{sc} 分别为

$$E_{ed} = \frac{G|\boldsymbol{b}|^2}{4\pi(1-\nu)}\ln\frac{R}{r_0} + B \tag{4.2}$$

$$E_{sc} = \frac{G|\boldsymbol{b}|}{4\pi}\ln\frac{R}{r_0} + B \tag{4.3}$$

式中,右边第一项为位错弹性能,第二项为位错核心能;G 为切变弹性模量;R 为位错弹性场区域的半径(或由位错核心延伸的弹性场距离),相当于式(4.1)中的 D,量级为 10^{-4} cm;r_0 为位错核心区半径;B 为位错核心区能量;ν 为 Poisson 比。进而可以求得小角度倾斜晶界的界面能及小角度扭转晶界的界面能,它们分别为 E_{ed}/D 及 E_{sc}/D。

某些材料的扭转晶界具有择优取向的特点,在某些方向上部分晶格的位置为相邻两晶格所共有,由这种共晶格关系所构成的晶界通常被称为共格晶界。通常,共格晶界为大角度晶界。例如,当金属镁在空气中燃烧时,燃烧产物 MgO 的雾状粒子能形成择优取向的扭转晶界,相邻两晶粒间具有共格的晶界。其中沿(310)面孪生的共格晶界所具有的失配角为 36°52′,如图4.3 所示。共格晶界是由以原子间距尺度重复的结构单元所构成的,但也可能由于这种结构单元与位错的结合而偏离准确的共格关系,如图4.4 所示。

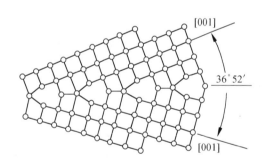

图 4.3　在 MgO 或 NaCl 中沿(310)面孪生的　　图4.4　偏离共格晶界所形成的晶界突出部
　　　　共格晶界

在许多情形下,晶界的最低能量构态相应于晶界上的原子被相邻两个晶粒所分享的共格晶格构态;在某些情形下,则并非如此。

不同的晶界结构具有不同的能量状态。一般地讲,狭窄的晶界具有低能的结构,宽阔的晶界具有高能的结构。在晶界上原子构成某种多面体排也是晶界结构的一个重要的特征,不同的多面体排具有不同的能量状态。在晶界上原子可能构成的多面体如图4.5 所示,这些多面体分别为四面体、八面体、三角棱柱、冠状三角棱柱、螺旋四方反棱柱、冠状螺旋四方反棱柱与五角双棱锥。

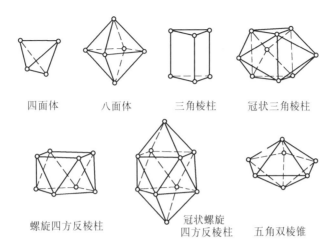

四面体　　　　八面体　　　三角棱柱　　冠状三角棱柱

螺旋四方反棱柱　　　　冠状螺旋
　　　　　　　　　　　四方反棱柱　　五角双棱锥

图 4.5　晶界原子可能构成的多面体

所有的晶界可以含有上述多面体构成的多面体排,但是这些多面体不可能构成所有的晶界。因为相邻两晶粒在构成晶界时的相容性不是总能令人满意。

下面讨论晶界 Gibbs 函、界面能与晶界结构的一般关系。晶界 Gibbs 函 γ_{gb} 与晶界失配角 θ_x、θ_y、θ_z 及晶界平面方向 φ_y、φ_z 有关,还与温度 T 及杂质在晶界上的含量 C_i 有关;于是,可以写出晶界 Gibbs 函 γ_{gb} 的一般表达式

$$\gamma_{gb} = f(\theta_x、\theta_y、\theta_z、\varphi_y、\varphi_z、T、C_i) \tag{4.4}$$

由于上述的复杂性,极难画出 γ_{gb} 与诸因素的关系图,除非对式(4.4)进行简化。通常,可以假定 C_i 为零,T 为恒定值,θ_y、θ_z、φ_y、φ_z 保持不变,这样可以采用一种方便但较冗长的表达式,式(4.4)可改写为

$$\gamma_{gb} = f(\theta_x) \tag{4.5}$$

晶界 Gibbs 函 γ_{gb} 与界面能 E_b 及界面熵 S_b 的关系为

$$\gamma_{gb} = E_b - TS_b \tag{4.6}$$

可以采用沟槽法测定晶界的界面 Gibbs 函。若某一晶体内有一晶界,在惰性气体的气氛中以高温加热一段时间后,表面上就出现了凹槽,如图 4.6(b) 所示。这是由于晶界总按照 Gibbs 函最小原理企图通过缩小界面来降低界面 Gibbs 函所致。

由此凹槽可以观察到一个干涉条纹图,从干涉条纹图得到了图 4.7 的作用力图解中的夹角 φ 值。图 4.7 表示晶体表面张力与晶界界面张力的平衡关系,即

$$\gamma_{gb} - \gamma_{S-g}\cos \varphi - \gamma_{S-g}\cos \varphi = 0$$

或

$$\frac{\gamma_{gb}}{\gamma_{S-g}} = 2\cos \varphi \tag{4.7}$$

由此式可以计算晶界 Gibbs 函,若 γ_{S-g} 为已知,只要测定 φ 值就能得到 γ_{gb}。

Gjostein 和 Rhines 研究了晶界 Gibbs 函的测定方法和技术,得到了铜的简单倾斜形和简单扭转形的晶界界面 Gibbs 函与错配度 θ 的关系,由此得到大角度(40°)铜倾斜形和螺旋形晶界的 ΔG_{gb}(即 γ_{gb}),分别约为 0.6 J/m^2 与 0.5 J/m^2。

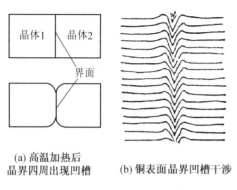

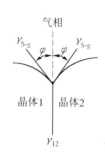

(a) 高温加热后
晶界四周出现凹槽　　(b) 铜表面晶界凹槽干涉

图 4.6　晶界凹槽

图 4.7　晶界与表面在平
衡时的作用力

由图 4.8 的结果可以看出，当 $30° < \theta < 70°$ 时，γ_{12} 随错配度 θ 的变化极小。现将某些金属的大角晶界 Gibbs 函值列于表 4.1。

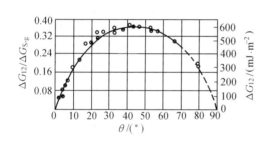

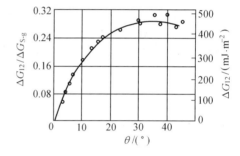

(a) 简单倾斜形晶界

(b) 简单扭转形晶界

图 4.8　1 065 ℃ 时铜的晶界界面自由能与错向角关系

（铜的比表面积自由能约 1.65 J/m^2）

表 4.1　某些金属的大角晶界 Gibbs 函(1 065 ℃)

金属	$\gamma_{gb}/(\text{J} \cdot \text{m}^{-2})$
铜	0.60
γ – 铁	0.85
α – 铁(4% Si)	0.76
铅	0.20
锡	0.10
银	0.40

由于界面两相间的化学键与各相本体不同，故形成相界时会产生熵变。同时，两相几何结构的差异也可发生位错，故又引起几何结构的熵变。因此，两相间形成界面时的熵变应是上述的熵变之和。

首先讨论界面形成化学键的熵变，如图 4.9 所示。其中，α 相和 β 相分别仅有 A—A 键和 B—B 键，且匹配完美。当两相界面上形成 A—B 键时，每个 A 原子与一定数目的 B 原子生成化学键,其键合数目以 Z_b 表示,它的多少取决于 α 相与 β 相晶体结构和成界的界面性质。

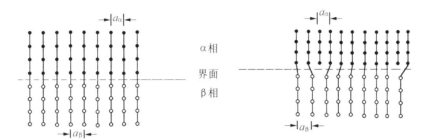

(a)晶格参数相同的两相界面成键　　　　(b)晶格参数不等的两相界面成键

图 4.9　α 相与 β 相界面形成化学键的两种情况

例如,α 相与 β 相都是面心立方结构,且均以(111)面为界,则 $Z_b = 3$;若都以(100)面为界,则 $Z_b = 4$。设界面单位面积上有 n_b 个原子,则界面上 A—B 间的化学键应有 $n_b Z_b$ 个。每个 A—B 化学键的焓为 H_{AB},形成 α-β 两相界面焓为 $n_b Z_b H_{AB}$。假定界面两侧都是 α 相时,则跨越界面每单位面积上所有化学键的焓为 $n_b Z_b H_{AA}$。若界面两侧均是 β 相,那么跨越界面每单位面积上所有化学键的焓即为 $n_b Z_b H_{BB}$。因此,当生成 α-β 两相界面时,由于此过程中的化学键发生了变化,从而引起单位面积上的焓变为

$$\Delta H_{c\alpha\beta} = n_b Z_b \left[H_{AB} - \frac{1}{2} (H_{AA} + H_{BB}) \right] \tag{4.8}$$

式中,方括号内的含义是产生一个 A—B 化学键的焓变,它可以用 $\dfrac{\Delta \overline{H}_B}{N_0 Z_\alpha}$ 代之;$\Delta \overline{H}_B$ 为 A—B 二元体系中组分 B 的偏摩尔焓;Z_α 为 α 相的配位数;N_0 为阿伏伽德罗常数。

由此,式(4.8)可以简化为

$$\Delta H_{c\alpha\beta} = n_b Z_b \frac{\Delta \overline{H}_B}{N_0 Z_\alpha} \tag{4.9}$$

现以铜和银间形成(111)界面的界面为例计算其 $\Delta H_{c\alpha\beta}$。铜在银中的偏摩尔焓 $\Delta H_{Cu} = 35\ 564$ J/mol,银相中晶格参数(面心晶格边长)为 4.08×10^{-10} m,则银原子间距离为 2.88×10^{-10} m,每平方米面积内含有 1.39×10^{19} 个原子,于是

$$\Delta H_{c\alpha\beta} = \frac{1.39 \times 10^{19} \times 3 \times 35\ 564}{6.023 \times 10^{23} \times 12} = 0.205(\text{J/m}^2)$$

接下来讨论相界面几何结构变化所引起的焓变,见图 4.9(b)。设两相晶体结构和界面取向均相同,但由于晶格参数不同而引起两相界面的二维晶面相对棱位错间隔比为

$$\delta = \left| \frac{a_\alpha - a_\beta}{a_\alpha} \right| \tag{4.10}$$

若按图 4.9(b)计算,$\delta = 1/6$。α 相每隔 7 根棱,β 相每隔 6 根棱,晶格排列重复一次。因此,可以视为每隔 6 个 β 间隔就存在一个刃型位错的界面。参考式(4.1),应有

$$D = \frac{a_\beta}{\delta} \tag{4.11}$$

若也用于铜银体系(111)晶面所形成的相界面,由于 $a_{Ag} = 2.88 \times 10^{-10}$ m,$a_{Cu} = 2.55 \times 10^{-10}$ m,而 $\delta = 0.129$,$\theta = 0.129 \times 180°/\pi = 7.4°$,这属于小角度刃型位错晶界,它相当于约8个银原子间隔或每隔约 24×10^{-10} m($2.88 \times 10^{-10} \times 8$ + 半界面距 1.44×10^{-10})有一个刃型位错。对于铜相大约每间隔9个铜原子共晶格排列重复一次。从图4.8(a)可知,在1 065 ℃下 $\theta = 7.4°$ 处,$\Delta G_{\alpha\beta}$ 约为 0.26 J/m²,$\Delta G_{\alpha\beta}/\Delta G_{S-g} \approx 0.18$。假定 $\Delta S_{g\alpha\beta}$ 与 ΔS_{S-g} 的比值也为此值,已知铜的表面熵 $\Delta S_{S-g} = 0.55 \times 10^{-3}$ J/(m²·K),则 $\Delta S_{g\alpha\beta}$ 约为 0.1×10^{-3} J/(m²·K),于是应用 $\Delta H = \Delta G - T\Delta S$ 公式求得 $\Delta H_{g\alpha\beta}$ 约为 0.39 J/m²。假定 α 相和 β 相的界面处的晶格排列不影响界面 A—B 化学键焓值 H_{AB},那么形成界面时总的焓变 $\Delta H_{\alpha\beta} = \Delta H_{c\alpha\beta} + \Delta H_{g\alpha\beta}$。因此,对于铜-银界面的 $\Delta H_{\alpha\beta}$ 约为 0.59 J/m²,这个数值接近于晶界形成热。

4.2　杂质在晶界上的偏析

应用近代分析仪器对多晶材料晶界的观察与分析表明,微观及亚微观的杂质在晶界上的偏析是十分普遍的。多晶材料的力学、电学、光学、磁学等性能常常与杂质在晶界上偏析的类型及数量有关,杂质在金属材料晶界上的偏析对材料的许多性能有着显著的影响。例如,氧或硫在金属铁的晶界上偏析而使晶界脆化,铁会显示出沿晶断裂的特点。杂质在铁、商用钢材及钨等许多金属材料晶界上的偏析可以使塑性-脆性转变温度发生明显的变化;还可以使晶界扩散减弱,从而使薄型材料的寿命延长。环境对金属材料性能的影响是与晶界上杂质的偏析有关的。某些杂质在钢、镍等材料晶界上的偏析可以促进氢气渗透进这些材料之中而引起沿晶区域被侵蚀的敏感性。电化学活性高的杂质在铜材料晶界上的偏析可以引起应力腐蚀断裂的敏感性。

晶界偏析的特点与晶界结构、晶界能、晶界电势以及由于杂质原子与基质质点尺寸失配而引起的应变能密切相关。

多晶材料的晶界是一个具有十分复杂的缺陷之区域,它具有各种各样的结构,在许多晶界上会存在吸引杂质原子偏析的各种位置,杂质原子与这些位置的结构能会因为位置的不同而相异。

可以用 Gibbs 等温吸附方程式讨论杂质原子的界面偏聚。

$$\Gamma = -\left(\frac{\partial\gamma}{\partial\mu}\right)_T \tag{4.12}$$

$$\Gamma = -\frac{\alpha}{RT}\left(\frac{\partial\gamma}{\partial\alpha}\right)_T \tag{4.13}$$

式中,Γ 为晶界上杂质的表面浓度;$\frac{\partial\gamma}{\partial\mu}$ 为晶界能随偏摩尔 Gibbs 函的变化;α 为晶粒内部

杂质原子的浓度；$\dfrac{\partial \gamma}{\partial \alpha}$ 为晶界能随掺杂浓度的变化率。

晶界上杂质的偏析，将使晶界能下降。当 $\dfrac{\partial \gamma}{\partial \alpha}$ 的绝对值较大时，即晶粒内杂质原子的浓度增大使晶界能下降比较显著时，晶界的偏析量便较大，反之，则较小。

由物理图像可看出，原子的大小不一样，溶质原子置换晶格中的溶剂原子，产生应变能，使体系的内能升高；若溶质原子迁入疏松的晶界区，可以松弛这种应变能，使体系的内能下降；因此，若用 u_{L} 及 u_{g} 分别表示每一个原子位于晶格及晶界时的平均内能，则

$$\Delta u = u_{\mathrm{L}} - u_{\mathrm{g}} \tag{4.14}$$

是溶质原子向晶界区富集的推动力。

过程的进行必须有推动力，但也必然会遇到阻力。晶格内的位置数 (N) 远大于晶界区的位置数 (n)，从构型熵考虑，则杂质原子又趋于停留在晶格，这便是过程的阻力。设位于晶格内及晶界区的溶质原子数分别为 P 及 p，则 P 个溶质原子占据 N 个位置和 p 个溶质原子占据 n 个位置的构型熵为

$$S = k\ln \omega = k\ln \frac{N!\ n!}{P!\ (N-P)!\ p!\ (n-p)!} \tag{4.15}$$

这种情况下金属的亥姆霍兹能为

$$F = U - TS = (Pu_{\mathrm{L}} + pu_{\mathrm{g}}) - kT\big[N\ln N + n\ln n - P\ln P - (N-P)\ln(N-P) - p\ln p - (n-p)\ln(n-p)\big]$$

平衡条件为 $\dfrac{\partial F}{\partial p} = 0$，并注意到晶界区增加的溶质原子数等于晶格内减少的溶质原子数，即 $\mathrm{d}p = -\mathrm{d}P$，简化后，得到平衡关系式

$$u_{\mathrm{g}} - u_{\mathrm{L}} = kT\ln\left[\left(\frac{n-p}{p}\right)\cdot\left(\frac{P}{N-P}\right)\right]$$

因此

$$\frac{p}{n-p} = \frac{P}{N-P}\exp\left(\frac{u_{\mathrm{L}} - u_{\mathrm{g}}}{kT}\right) \tag{4.16}$$

如用 C_{L} 及 C_{g} 分别表示晶格内及晶界区的溶质浓度（或分别简称为晶内固溶度及晶界固溶度），则

$$C_{\mathrm{L}} = \frac{P}{N} \tag{4.17}$$

$$C_{\mathrm{g}} = \frac{p}{n} \tag{4.18}$$

令 ΔU 表示 1 mol 溶质位于晶内及晶界的内能差，则

$$\Delta U = N_{\mathrm{A}}\Delta u = N_{\mathrm{A}}(u_{\mathrm{L}} - u_{\mathrm{g}}) \tag{4.19}$$

$$\frac{u_{\mathrm{L}} - u_{\mathrm{g}}}{kT} = \frac{\Delta U}{RT} \tag{4.20}$$

将式(4.17) ～ (4.19)代入式(4.20)，得到

$$C_g = \frac{C_L \exp\left(\frac{\Delta U}{RT}\right)}{1 - C_L + C_L \exp\left(\frac{\Delta U}{RT}\right)} \qquad (4.21)$$

一般杂质作为溶质,其浓度很低,$C_L \ll 1$,因此

$$C_g = \frac{C_L \exp\left(\frac{\Delta U}{RT}\right)}{1 + C_L \exp\left(\frac{\Delta U}{RT}\right)} \qquad (4.22)$$

既然 $C_L \ll 1$,那么,式(4.22) 还可以进一步近似为

$$C_g = C_L \exp \frac{\Delta U}{RT} \qquad (4.23)$$

溶质进入晶界区后,晶界区较为致密,因而原子振动引起的振动熵将会发生改变,可以引入 $\exp\left(\frac{\Delta S_V}{R}\right) = A$ 项,从而式(4.22) 及式(4.23) 分别变为

$$C_g = \frac{A C_L \exp\left(\frac{\Delta U}{RT}\right)}{1 + A C_L \exp\left(\frac{\Delta U}{RT}\right)} \qquad (4.24)$$

$$C_g = A C_L \exp\left(\frac{\Delta U}{RT}\right) \qquad (4.25)$$

根据式(4.25),可以定性地讨论影响杂质元素在晶界处浓度的影响因素。

① 温度。一般升温使 C_g 下降,这是因为温度越高,则 TS 项对 Gibbs 函的影响越大,而晶内的点阵位置多,故构型熵大,晶界吸附的趋势下降,从而 C_g 减小。但也应该指出,晶界吸附时,原子需要从晶内扩散到晶界,如温度过低,虽然平衡时的 C_g 应该较高,但由于扩散速度的限制,达不到这种较高的平衡 C_g 值。因而,实际情况可能会出现一定温度的热处理会使材料的晶界偏析加剧的现象。

② 晶内溶质含量 C_L。因为晶界区是与晶区平衡的,可以预期,C_L 应对 C_g 有所影响,C_L 越大,C_g 也越大,即材料内溶入的杂质越多,偏析也越重。

③ 最大固溶度 C_m。在上面推导时,只是从原子尺寸因素差异引起的畸变能来推导式(4.25) 的。那么,电子因素起了什么作用呢?目前,对晶界区的电子结构知道的还很少,但也可以从二元相图中固溶线进行间接的推理。固溶线上所标明的晶内最大固溶度 C_m 综合地反映了原子尺寸因素和电子因素的影响,可以预期,C_m 越小,即溶质处在晶内越困难,则 C_g 将会越大。大量的实验结果证实了这种推论。如图 4.10 所示。

在许多情况下,杂质在金属晶界上的偏析量少于 50×10^{-6},但引起材料性能的变化却常常是很大的。进一步理解这些现象,并控制杂质在晶界上的偏析以改善材料的性能正是材料工作者今后要做的一项工作。

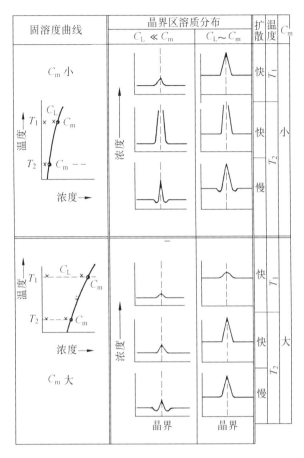

图 4.10 影响晶界偏析的四因素 —— 温度、扩散、晶内浓度 (C_L) 及固溶度 (C_m)

4.3 黏附作用

两相互接触的固体,界面上的分子或原子在相互靠近到一定的距离时将产生跨越两相界面的相互作用。这种界面上的相互作用既可以是分子间的范德瓦耳斯作用力,如取向力、诱导力和色散力等,也可以是化学键合作用,如离子键、共价键、金属键等,还可以是界面上微观的机械连接作用。一般常温常压下的固 – 固接触,固 – 固界面间的真实接触面积只有表观接触面积的万分之一左右,因而黏附作用不显著。但是在高温(接近熔点)、高压(接触面发生显著塑性变形)时,两相界面实际接触面积大大增加,例如高温高压下金属与金属、金属与陶瓷的黏接,固化的胶黏剂与两固体材料之间的接合等将表现出很强的黏附作用。因此,黏附过程是一个复杂的物理、化学作用。

良好的黏附和高的黏附强度,与润湿性能、接触程度、扩散能力、化学键合、机械的镶嵌作用等密切相关。固 – 固界面的黏附作用在很多情况下是所需要的,如金属 – 金属之间的扩散焊接;金属附着在陶瓷上而用于电子工业;用胶黏剂黏接固 – 固界面等。但有时也需要避免和减小固 – 固界面的黏附作用,例如在航天领域和真空条件下的冷焊作用以及摩擦副界面的黏附作用等。长期以来,许多科技工作者从不同的实验条件出发,对黏附理论进行了研究,但尚未建立统一的理论。现就胶黏剂与黏附体之间的一些黏附理论做简单介绍。

4.3.1　润湿 – 吸附理论

润湿 – 吸附理论认为,当胶黏剂与黏附体接触时,胶黏剂中的聚合物分子依靠热运动逐渐迁移到黏附体表面,与黏附体表面的分子靠范德瓦耳斯力结合在一起,相当于聚合物分子在黏附体表面的物理吸附。对分子间范德瓦耳斯力的计算表明:由范德瓦耳斯力作用而产生的理论黏附强度值远远超过了现代最好的胶黏剂所能得到的实际强度。如果胶黏剂与黏附体能够完全地相互接触,那么,仅由两相分子间的范德瓦耳斯力就足以产生很高的黏附强度了。但是,两相界面接触的程度与它们的润湿情况密切相关。

根据润湿理论(后面第 6 章将介绍),液体在固体表面上的铺展系数与界面张力之间的关系如下

$$\varphi_{L\text{-}S} = W_a - W_c = \gamma_{S\text{-}g} - \gamma_{S\text{-}L} - \gamma_{L\text{-}g} \qquad (4.26)$$

式中,W_a 称为附着功或黏附功,它表示将单位截面积的液 – 固界面拉开所做的功;$W_a = \gamma_{L\text{-}g} + \gamma_{S\text{-}g} - \gamma_{S\text{-}L}$;$W_c$ 称为内聚功,它表示将单位截面积的液柱断开,产生两个气 – 液界面时所做的功,$W_c = 2\gamma_{L\text{-}g}$。铺展是液体在固体表面上完全展开成为薄膜,铺展是润湿的最高标准,能铺展则必能润湿。铺展系数越大,润湿性能越好,润湿性能良好可以增加两相间的黏附功,从而提高其黏附强度;反之,润湿性能差,则会导致两相界面产生不少的缺陷,因而造成实际黏附强度低于理论值。

根据 Good 的界面张力理论

$$\varphi_{L\text{-}S} = 2f(\gamma_S \gamma_L)^{1/2} - 2\gamma_L$$
$$W_a = 2f(\gamma_S \gamma_L)^{1/2}$$

式中,f 为固液界面的相互作用参数。当 f 达到最大值时,其黏附功和铺展系数均同时达到了最大值。因此,聚合物分子中含有极性基团或可形成氢键的基团,则黏附强度高。若胶黏剂与黏附体材料的极性相匹配,其两相的润湿能力就最强,则黏附作用势必达到了最大。

润湿 – 吸附理论是较早提出的一个黏附理论。该理论虽然能较好地解释极性相似的胶黏剂与黏附体间的高黏附强度,对胶黏剂与黏附体的极性表面进行处理可以提高其黏附强度,黏附强度的理论计算值远大于实际值等,但却无法解释某些非极性聚合物之间为何也有很强的黏附力,黏附强度会随剥离速度而变化等现象。由此可见,该理论还有不足之处,有待于进一步完善。

4.3.2　扩散理论

扩散理论认为,仅限于两相界面上的单分子层之间的相互接触难以获得高黏附强度,还必须使黏附两相的聚合物分子链间发生向对方内部的相互扩散作用才能得到高的黏附强度,即胶黏剂在黏附体表面先发生润湿作用,然后相互接触的两相的聚合物分子链或链

段发生相互扩散作用,形成了一个过渡区界面层导致原有界面的状态发生变化,即通过扩散的分子或链段的缠绕及其内聚力使两相连接起来。这种以界面上分子链或链段之扩散作用来解释和研究黏附现象的理论,称为黏附的扩散理论。由于分子或聚合物链段的热运动,只要聚合物不是处于玻璃态或结晶态,胶黏剂与黏附体的分子链或链段容易发生上述的自扩散和互扩散。显然,上述的扩散作用与聚合物的溶解性能有关。

1. 扩散作用与聚合物的相容性

两个相互接触聚合物间的相互扩散是一种溶解现象。因此,这种扩散作用既涉及多组分胶黏剂与黏附体聚合物的相溶性,也受到胶黏剂中多组分配制和固化过程中相溶性的影响。聚合物的溶解性质在许多方面与低分子化合物不同,聚合物的化学组成、结构形态、链的长短(即聚合度大小)、链的柔性和结晶性等均对其溶解性质有显著影响。这大致可归纳为:

① 化学组成相近,则易于相互亲和溶解。

② 线型或支链结构形态的聚合物易于溶胀,且具有可溶性;体形聚合物因其网络束缚只能溶胀,其溶胀程度与网络的结点密度有关。因此,交联度很大的热固性树脂,由于溶剂分子不易进入其中,故溶胀程度极小。

③ 柔性链聚合物的分子便于运动和扩散,则易于溶解。例如,具有柔性链的聚乙烯醇能溶于水,而刚性链的纤维素分子不溶于水。

④ 结晶的聚合物比非结晶聚合物难溶解。但如果强极性聚合物的结晶遇到了强极性的溶剂,可能会形成氢键而放出热量。它若足以提供破坏其晶格所需之能量,即能促进该聚合物的溶解。聚酰胺在常温下可溶于甲酚或二甲基甲酰胺就是其中之一。

⑤ 聚合物分子链越长,相对分子质量越大,分子间内聚力越大,溶解性越差。例如,低密度聚乙烯约于 60 ℃ 时溶于苯或二甲苯,而高密度聚乙烯却要在 80 ~ 90 ℃ 下方能溶解。

聚合物的相溶性可以从热力学观点和溶解度参数等物理量来做定量或半定量的讨论。不同溶解度参数的胶黏剂对聚酯薄膜黏附强度的影响就是黏附扩散理论的一个例证。图4.11表明,只有与黏附体材料聚酯的溶解度参数相近的第11、12、13号胶黏剂才能产生较高的黏附强度。

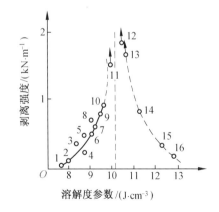

图 4.11 不同溶解度参数的胶黏剂对聚酯膜的黏接强度影响

2. 溶解度参数 δ

聚合物黏附界面的扩散作用和聚合物的溶解过程类似,都可视为一个"混合"过程。两种物质能够自动互溶的热力学条件是它们的混合 Gibbs 函小于零,即

$$\Delta G_m = \Delta H_m - T\Delta S_m < 0 \qquad (4.27)$$

式中,T 是黏附时的温度;ΔS_m 是混合熵,即混合时熵的变化。因为在混合过程中,分子的排列趋于混乱,熵的变化是增加的,即 $\Delta S_m > 0$,因此,如果要满足 $\Delta G_m < 0$,就必须

使 $\Delta H_m < T\Delta S_m$。

对于极性胶黏剂与极性高聚物的黏接,由于分子之间的强烈相互作用,溶解时放热($\Delta H_m < 0$),使体系的 Gibbs 函降低($\Delta G_m < 0$),所以混合过程自动进行。

对于非极性高聚物,溶解过程一般是吸热的($\Delta H_m > 0$),故只有在 $\Delta H_m < T\Delta S_m$ 时才能满足式(4.27)。也就是说升高温度 T 或者减小混合热 ΔH_m 才能使体系自发溶解。至于非极性高聚物与溶剂互相混合时的混合热 ΔH_m 可以借用小分子的溶度公式来计算。

Hildebrand 等人曾按似晶格模型和混合时体积无变化而有混合热的正规溶液,应用统计方法推导出非极性分子溶解过程中的摩尔混合焓变 ΔH_m 和溶解度参数 δ 间的关系式

$$\Delta H_m = V\varphi_1\varphi_2\left[(\Delta E_1/V_1)^{1/2} - (\Delta E_2/V_2)^{1/2}\right]^2$$

式中,V 是溶液的总体积;φ 是体积分数;$\Delta E/V$ 是在零压力下单位体积的液体变成气体的气化能,也可称为"内压"或"内聚能密度",下标1和2分别表示溶剂和溶质。从式中可以看出,混合热 ΔH_m 是由于两种液体的内聚能密度不等而引起的。

将内聚能密度的平方根用一符号 δ 来表示,称为溶解度参数。

$$\delta = \left(\frac{\Delta E}{V}\right)^{1/2} \tag{4.28}$$

Hildebrand 公式可以写成

$$\frac{\Delta H_m}{V\varphi_1\varphi_2} = (\delta_1 - \delta_2)^2 \tag{4.29}$$

等式的左边表示单位体积溶液的混合热,它的大小取决于两种液体的 δ 值,δ 的单位是 $(J/cm^3)^{1/2}$。如果 δ_1 和 δ_2 越接近,则 ΔH_m 越小,两种液体越能相互溶解。

式(4.29)是根据两种体积相似的小分子混合过程导出的,若将聚合物的链节当作小分子来考虑,也可以近似地使用此公式。对于聚合物,通常是 $|\delta_1 - \delta_2|$ 不大于2时方可相溶,但对小分子来说,此值稍大些也可以。溶剂和聚合物的溶解度参数可查阅有关高分子物理书籍。

聚合物的溶解度参数既可通过实验测定,也可从聚合物的结构式按下式作近似估算。

$$\delta = \left(\frac{\rho \sum E}{M_0}\right)^{1/2} \tag{4.30}$$

式中,ρ 为聚合物的密度;$\sum E$ 是聚合物链节单元中不同基团或原子团的摩尔引力常数 E 的总和;M_0 是聚合物链节单元的相对分子质量。

假若使用的溶剂不是单一的而是混合溶剂,则混合溶剂的溶解度参数 δ_m 可由纯溶剂的溶解度参数和它们的体积分数 φ 的乘积之和来计算,即

$$\delta_m = \delta_1\varphi_1 + \delta_2\varphi_2 \tag{4.31}$$

混合溶剂对聚合物的溶解能力往往比单一溶剂的好,甚至两种非溶剂的混合物也会对某种聚合物有良好的溶解能力。例如,聚苯乙烯的 $\delta = 18.2$,若选用一定组成的丁酮($\delta = 19.8$)和正乙烷($\delta = 14.9$)的混合溶剂,使其溶解度参数接近聚苯乙烯的溶解度参数,就会对聚苯乙烯具有较好的溶解性能。

式(4.29)适用于非极性或弱极性分子在混合时不放热或吸热的体系,对于形成氢键

等放热体系无法做出解释。如只考虑溶解度参数因素,对溶解度参数接近的两种物质是否有相溶性也未必能完全做出正确的判断。所以,还需从结构上来考虑能否形成氢键或其他相互作用从而进行综合的分析,方能得到较满意的结果。例如,聚氯乙烯的 δ 为 19.8 可溶于环己酮($\delta = 20.2$)和四氢呋喃($\delta = 19.4$),但却难溶于氯仿($\delta = 19.2$)和二氯甲烷($\delta = 19.8$)。又如聚碳酸酯($\delta = 19.4$)能溶于氯仿和二氯甲烷而难溶于环己酮和四氢呋喃。从 δ 值而言,它们都很相近,表明仅依赖于 δ 值是无法解释上述实际情况的。

聚氯乙烯可溶于环己酮的原因是:在这一对体系中,聚氯乙烯为质子给予体,而环己酮为质子给予体。另外,聚碳酸酯与环己酮均为质子接受体。这都说明只用相溶性的溶解度参数判据来预测是不充分的。即使与能否形成氢键结合起来进行判断,有时也会出现与实际不符的情况。

当温度低于临界共溶温度时,聚合物与溶剂会发生部分互溶,因而产生分层现象,即产生相互溶解平衡而浓度完全不同的两相,也就是说,导致了相分离。因此,直接影响了相界面的扩散效果,这可能也是造成黏附层应力不均匀的原因之一。实验结果表明,聚合物相对分子质量越大,临界共溶温度越高。

以上热力学的结论只能解释聚合物在黏附过程中能否产生扩散作用,关于扩散到什么程度还与扩散动力学有关。在黏附过程中经常借助于有效的溶剂,且采用加热或加压等方法来促进扩散作用,以获得更好的黏附效果。

可以认为,扩散理论对于解释相溶的胶黏剂与黏附体的黏附过程较为成功,但它无法解释聚合物相对分子质量提高,黏附强度也随之增加的现象。此外,它也很难去解释聚合物对金属、玻璃或其他与聚合物不相溶的固体间的黏附过程中高分子是如何进行相互扩散作用的。

4.3.3　化学黏附理论

化学黏附理论认为,黏附界面上产生化学键合作用,可以提高黏附强度与黏附体系的稳定性。由于化学键的强度比其分子间力大 1 ～ 2 个数量级,因此,它能增强界面吸引作用,且可以阻止断裂时分子在界面上相对滑动。

化学键的形成,可以通过胶黏剂与黏附体分子中所含活性基团的相互反应,也可以通过加入偶联剂而使分子间产生化学键合。

4.3.4　弱边界层理论

所谓弱边界层,是指一个厚度比原子尺寸大而所能承受的应力又比两本体相小的薄层。所以,它常成为黏附断裂点。弱边界层的产生主要是由于胶黏剂、黏附体、环境介质,如空气、水分、油污及其他低分子物质彼此共同作用的结果。也就是说,它们中的各种低分子物质,如添加剂、助剂、聚合过程中杂质、聚合物中低相对分子质量组分及某些金属表面氧化物等通过吸附、扩散、迁移等在界面处偏聚,在部分或全部黏附界面形成低分子物富集区,这就是弱边界层。形成弱边界层的热力学分析类似于前面所讨论的晶界偏聚作用。

弱边界层理论认为,黏附强度既取决于界面结构和两相间分子的相互吸引作用,也取决于界面区的力学性质。实验结果表明，聚乙烯熔体冷却或结晶时，它的低相对分子质量部分会富集在表面区形成弱边界层，从而引起黏附强度下降。但以各种方法除去聚乙烯中的含氧杂质或将表面低相对分子质量聚乙烯成分转变为高相对分子质量交联结构，则其黏附强度将有显著提高。一般可用适当的溶剂净化黏附体表面，或在惰性气体下进行等离子处理，或将表面暴露在紫外、荧光下进行交联等，均可有效地防止弱边界层的产生。

该理论适合于以物理吸附为主的黏附体系。在一些情况下，发现即使存在弱边界层，黏附强度亦无明显下降，因此该理论还有待于进一步研究。

实际上，所提出的几种黏附理论都是从部分实验事实出发，从不同侧面对黏附过程所进行的描述。所以，这些黏附理论均无法对所有黏附过程加以解释。由于黏附过程是一个复杂的物理化学过程，不同体系的黏附可能会具有不同的黏附机理。

4.4　摩擦与润滑

4.4.1　固体接触面间的摩擦

众所周知，两个相互接触的表面进行相对运动时，总有一个力阻碍二者的运动，此力即为摩擦力。对于摩擦力的产生机理，曾有过不同的解释，由库仑提出的最早摩擦理论认为，无论表面加工得多么光滑，实际上都存在着凹凸不平。这样，相互接触的表面，凹凸的波峰和波谷彼此嵌合，形成阻止切向运动的力。对于粗糙的表面，将表面磨光确能使摩擦力减小，说明此理论能反映粗糙表面的实际情况。但是，在表面磨得相当光的情况下，摩擦力反而随表面光洁度的增加而增加。Hardy 发现，表面吸附膜可使摩擦系数减至原始值的几分之一，而这些吸附膜对改变表面的凹凸状态影响甚微。这些事实说明，至少对于光洁表面，摩擦的主要根源不再是表面间的彼此嵌合。Bowden 继续了 Hardy 的工作，认为摩擦起源于黏附，表面变型使黏附增加，因而摩擦力增大。但当表面产生吸附后，降低了表面能，降低了黏附，所以摩擦也是显著减小。如在金属表面涂布油脂，降低了黏附，即减少了摩擦。

当固体置于另一固体上时，由于固体表面凹凸不平，其实际接触面只限于表面上很小的凸出部分。这种实际接触面的面积曾用电阻法估测，只有表观接触面积的万分之一至万分之二。因而实际接触面上受到了很高的压力，即使是硬韧的金属也将发生塑性变形，因而突出的高点将被拓宽，直到足以支持重力而不再变形。负荷增加时，实际接触面几乎成比例地增加。在实际接触面的表面上，两个表面上的分子以分子尺寸距离接近，出现了很强的分子吸引力，以致在这些接触面上形成黏附点。相对运动时，黏附点一方面被扯开，同时，另一方面又产生的新黏附点。摩擦力就是重复不断地撕开这些黏附点所需要的力，即在摩擦副界面上，实际接触部分由于跨越界面两材料分子间的相互作用力使它们在相互滑动时，需要破坏分子间的结合而耗功。载荷的增加，表面的更加光滑，都使实际接触面增加，分子吸引的黏附力也就随之增加，摩擦也就增大。Hardy 与 Bowden 对摩擦的解释被称为黏附机理。而纯粹由于凹凸峰间的嵌合导致相对运动时凸出部分发生变形的力学作用也会产生摩擦,这种摩擦机理称为变形机理。

虽然界面上黏附结合或键合的破裂过程中也会发生变形,但在许多情况下,从黏附引起的摩擦与纯粹力学作用的摩擦可以单独存在。若设计两个完全光滑表面的相互接触,且测定促使其起始滑动的力,在这样的条件下,可以得到仅有黏附作用所产生的摩擦力。如果有较好的润滑剂存在,是可以避免其界面接触时所形成的界面黏附的,这时只有力学的变形机理在起作用。由此可见,形变与剪切两过程是能够分开的。因此,为了方便起见,一般是将黏附机理与变形机理作为两个独立的摩擦机制来处理。

4.4.2 吸附层对摩擦的影响

由于金属表面原子存在着非平衡力场,极性分子可以被吸附在摩擦表面上,形成单分子层或多分子层薄膜,而吸附膜的抗剪强度比金属低得多,故摩擦力大大下降。非极性分子 H_2、Cl_2 等也可以在表面上被吸附,减少表面原子的黏附,使摩擦力下降。在任何情况下,物理吸附都有降低摩擦的效能。当然,对于物理吸附,吸附能力越大,摩擦的减小就越大。许多实验表明,表面除去气体以后,其摩擦系数比正常状态大得多,但当重新置于气体中几小时,摩擦后又降低到正常值。Bowden 和 Hughes 发现,真空条件下,用电子轰击热金属表面除去污染,对于铜、钨、镍、金等,摩擦系数增至 3 ~ 6。而在一般情况下,摩擦系数都不大于1。这样处理的镍表面,当相互接触并轻轻摩擦时,就会出现金属 - 金属焊接(黏附)。可见,固体表面存在吸附(膜或层)或处于真空状态对于摩擦有很大的影响。在航天领域和高真空实验中,许多相对运动部件的表面成分和状态的设计都必须考虑真空状态下摩擦增大甚至发生冷焊的问题。

4.4.3 氧化膜对摩擦的影响

金属表面间的摩擦还受表面氧化膜的影响。Tingle 发现,若将洁净的铜表面置于空气中,使氧化膜不断加厚,则铜的摩擦系数从 6.8 下降到 0.8。金属的摩擦特性很大程度上取决于氧化膜的物理性质。铝在铝上的滑动,随载荷增加,在较大范围内,摩擦系数为 1.2,而铜在铜上的滑动,随载荷的增加,摩擦系数很快从 0.4 增加到 1.8。这可能是由于铝表面氧化膜坚固,而铜氧化膜很软,在高载荷下破裂,引起金属 - 金属接触,形成金属的黏合,所以摩擦力增加。

Bowden 和 Tabor 提出了表面上存在吸附膜、氧化膜或润滑膜情况下摩擦力的计算公式为

$$F = A[\alpha S_m + (1 - \alpha)S_0] \qquad (4.32)$$

式中,A 为表观接触表面积;α 为金属之间直接接触的面积占表观接触总面积的分数;S_m 为金属抗剪强度;$A\alpha S_m$ 为金属直接接触部分对摩擦力的贡献;S_0 为氧化膜(或吸附膜、润滑剂)的抗剪强度;$A(1 - \alpha)S_0$ 为氧化膜(或吸附膜、润滑剂)之间的摩擦力。

4.4.4 润滑

由上述讨论可知,表面上的摩擦与表面的状态有关,表面原子的不饱和力场以及由其产生的黏附是摩擦的主要原因。欲降低摩擦,就要寻求减少不饱和力的方法。通常使用

润滑剂来达到这个目的。

一般用润滑油润滑,分为流体润滑和边界润滑两种。流体润滑指润滑剂的厚度比表面积凹凸差距大得多,运动的两表面相互分离,摩擦力来自润滑剂的黏性。而在有些条件下(如汽缸中活塞的往复运动)润滑剂可以被挤出,出现局部的金属与金属接触,这就是边界润滑,如图 4.12 所示。对于边界润滑的情况,可以用式(4.32)计算摩擦力。

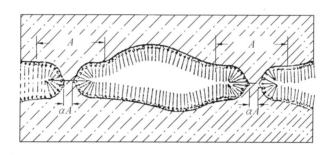

图 4.12　边界润滑定向吸附

在边界摩擦中,润滑剂不足以填平凹凸不平的表面,这时摩擦力不取决于其黏性,而取决于金属表面极薄的润滑膜的性质。石蜡和长链的烃类作为润滑剂,远不及含有金属皂$(RCOO)_n M$ 的油脂。因为金属皂能够在金属表面形成定向的吸附膜,减少了金属和金属直接接触。含有少量脂肪酸的植物油脂,也具有较好的润滑性,因为在润滑过程中,只要有极少量与金属氧化物形成金属皂,就能进一步在金属表面上形成定向吸附层。

层状结构的石墨、二硫化钼等也能定向吸附在金属表面,是很好的固体润滑剂。由于这些各向异性物本身的微晶间黏附力弱,吸附膜之间摩擦力也就小。固体润滑剂具有一定优越性,例如用在气体压缩机中,可以使气体不受润滑油的污染。

润滑剂的应用,减少了摩擦,保护了设备,且大幅度节约能源,使一些设备的高速运转成为可能。

第5章　液－液界面

在日常生活和生产中常常碰到各种有关两种液体相接触或一种液体分散于另一种液体之中的现象。例如,原油破乳、沥青和农药乳化、食品和化妆品及药品乳剂的制备、萃取或液膜分离等,一种液体在另一种液体上铺展。与这些体系有关的重要物理化学性质就是液－液界面张力。界面张力是由于界面两侧分子的性质不同而引起的。

5.1　液－液界面的形成

液－液界面的形成主要包括黏附和分散两种。黏附(adhesion)是两种液体接触后失去各自的气－液界面而形成液－液界面的过程。分散(immersion)是指大体积液体变为小液滴的形式存在于另一种液体中的过程,只形成液－液界面。图5.1为两种液－液界面形成的示意图。

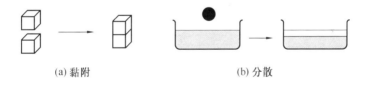

(a) 黏附　　　　　　　　　　　　(b) 分散

图5.1　两种液－液界面形成

两种液体能否自动形成液－液界面,要看此过程中体系自由能的改变量。液－液界面存在界面张力和界面过剩自由能。界面张力是指垂直通过液－液界面上任一单位长度,与界面相切的收缩界面的力。界面自由能是等温等压下,增加单位界面面积时体系自由能的增量。它们的单位与表面上的情形相同。界面张力来源于分子间的作用力和构成界面两相的性质差异,液－液界面张力与各相的化学组分密切相关。常用 γ_{ab} 表示界面张力,a、b 代表构成界面的两相。通常,液－液界面张力随温度升高而降低。

根据两种液体的表面张力和界面张力能够推算液－液界面形成过程的自由能改变量。黏附过程的自由能降低值称为黏附功,一般用 W_a 表示。

$$W_a = \gamma_a + \gamma_b - \gamma_{ab} \tag{5.1}$$

当黏附功 W_a 为正值时,说明黏附过程可以自动进行。因液－液界面张力值会小于两液体的表面张力之和,即 $\gamma_{ab} < \gamma_a + \gamma_b$,黏附过程容易进行。表5.1为部分黏附功数据。

表 5.1　部分黏附功数据　　　　mN · m⁻¹

液－液界面	黏附功
辛烷－水	44
庚烷－水	42
辛醇－水	92
辛烯－水	73
庚酸－水	95

5.2　Antonoff 规则

Antonoff 提出两种互相饱和的液体间的界面张力 γ_{ab} 等于两液体表面张力之差,即

$$\gamma_{ab} = \gamma_a - \gamma_b \tag{5.2}$$

式(5.2)被称为 Antonoff 规则。

Antonoff 规则是一个经验规则,表 5.2 列出检验此规则的部分实验数据,结果表明 Antonoff 规则对一些体系适用,但并不普遍适用。

表 5.2　部分液体的表面张力与对水的界面张力　　　　mN · m⁻¹

液体	γ'_w	γ'_o	γ'_{wo}	$\gamma'_w - \gamma'_o$
苯	62.1	28.2	33.9	33.9
乙醚	25.8	17.4	8.1	9.4
甲苯	63.7	28.0	35.7	35.7
硝基苯	67.7	42.8	25.1	24.9
正庚醇	29.0	25.9	7.7	2.1

Antonoff 规则的主要缺陷是:

① 认为低表面张力液体总可以在高表面张力的液体上面铺展,事实则不然。

② 假设在界面上的分子不论是 a 或 b,它受到 a 相引力应等于 a 分子间作用力,受到 b 相引力应等于 b 分子间作用力。忽略了 a 与 b 分子间的相互作用力。

5.3　液－液界面张力的现代理论

1. Good－Girifalco 理论(G－G 理论)

黏附作用分成自黏和黏附。① 自黏:指消失的两个气－液界面相同,体系没有新界面生成。② 黏附:指消失的两种液体表面并形成新的液－液界面,如图 5.2 所示,同时体系的自由能降低,即

$$-\Delta G(1) = 2\gamma_a = W_c \tag{5.3}$$

$$-\Delta G(2) = \gamma_a + \gamma_b - \gamma_{ab} = W_a \tag{5.4}$$

在式(5.3)和式(5.4)中，W_c 和 W_a 分别为液体 b 的自黏功(也称内聚功)和液体 a 与液体 b 的黏附功。

(a) 自黏   (b) 黏附

图 5.2 自黏和黏附

由于非电解质溶液中 Berthelot 关于范德瓦耳斯方程中不同分子之间的引力常数(A_{ab})与相同分子间的引力常数(A_{aa}、A_{bb})间存在一种"几何平均"关系，即

$$A_{aa} = \sqrt{A_{aa}A_{bb}}$$

Good 和 Girifalco 提出两液相间的黏附功与各项的自黏功间也有几何平均关系，即

$$W_{ab} = \sqrt{W_{aa}W_{bb}} \tag{5.5}$$

这样得到 Good – Girifalco 公式

$$\gamma_{ab} = \gamma_a + \gamma_b - 2\sqrt{\gamma_a \gamma_b} \tag{5.6}$$

通过式(5.6)能够从两种液体的表面张力推出它们之间的界面张力。式(5.8)应用于碳氟油与碳氢油的液 – 液界面，计算值与实验值相符较好。但有机化合物和水组成的界面，两者相差很大。

由于两液体分子体积不同和分子间的性质不同，它们的相互作用与同种分子间相互作用的关系不能是简单的几何平均关系，因此 Good – Girifalco 公式需要通过系数 φ 加以修正

$$\gamma_{ab} = \gamma_a + \gamma_b - 2\varphi\sqrt{\gamma_a \gamma_b} \tag{5.7}$$

$$\varphi = \varphi_V \varphi_A$$

$$\varphi_V = \frac{4 V_a^{1/3} V_b^{1/3}}{(V_a^{1/3} + V_b^{1/3})^2}$$

$$\varphi_A = \frac{\dfrac{3}{4}\alpha_a\alpha_b\left(\dfrac{2I_aI_b}{I_a+I_b}\right) + \alpha_a\mu_b^2 + \alpha_b\mu_a^2 + \dfrac{2}{3}\dfrac{\mu_a^2\mu_b^2}{kT}}{\left(\dfrac{3}{4}\alpha_a^2I_a + 2\alpha_a\mu_a^2 + \dfrac{2}{3}\dfrac{\mu_a^4}{3kT}\right)^{1/2}\left(\dfrac{3}{4}\alpha_b^2I_b + 2\alpha_b\mu_b^2 + \dfrac{2}{3}\dfrac{\mu_b^4}{3kT}\right)^{1/2}}$$

式中，V 为分子体积；α 为极化率；I 为电离能；μ 为分子偶极矩；k 为 Boltzmann 常数；T 为绝对温度。

Good – Girifalco 公式虽然进行了改进，但仍有许多与实际情况不符合，主要缺陷是没有从根本上考虑分子间的各种相互作用。

2. Fowkes 的 γ^d 理论

Fowkes 从另一个角度成功地改进了 Good – Girifalco 理论，Fowkes 认为色散力、氢键、金属键及 π 电子、离子之间的相互作用等，均对液体的表面张力有贡献，表面张力是各种贡献的总和。这些贡献可以归纳为两项，即色散力贡献(γ^d)和极性相互作用贡献(γ^p)。

$$\gamma = \gamma^d + \gamma^p$$

色散力在不同组分中具有普遍性,在不同组分分子间的色散力和各自分子间的色散力可以用几何平均规则进行关联。如只有色散力在两种分子间起作用,则

$$\gamma_{ab} = \gamma_a + \gamma_b - 2(\gamma_a^d \gamma_b^d)^{1/2} \tag{5.8}$$

应用式(5.8)根据液体表面张力计算液－液界面张力时,必须先求出液体的 γ^d。非极性液体的表面张力就是其 γ^d。测定极性液体和非极性液体各自的表面张力及它们之间的界面张力,便可推算极性液体的表面张力色散成分 γ^d。

当构成界面的两液体的分子间相互作用都含有极性成分时,极性相互作用对界面张力贡献也不可忽略,Fowkes 将式(5.8)改进为

$$\gamma_{ab} = \gamma_a + \gamma_b - 2(\gamma_a^d \gamma_b^d)^{1/2} - 2(\gamma_a^p \gamma_b^p)^{1/2} \tag{5.9}$$

3. 吴氏倒数平均法

Fowkes 理论在预示液－液界面张力及其他有关性质上取得了一定的成功,但对部分体系仍存在较大误差。Wu 研究了普通液体与聚合物熔体间的界面张力,发现采用 Fowkes 理论计算的结果与实验误差达 50% ~ 100%。为此提出界面作用力除色散力外还应包括极性作用力,用 F^d 和 F^p 表示两种力对界面的贡献,即

$$\gamma_{ab} = \gamma_a + \gamma_b - 2F_{ab}^d - 2F_{ab}^p \tag{5.10}$$

Wu 认为,计算 F^d 时,Fowkes 采用了几何平均法由两液体的表面张力得到,就色散力的性质来说,这并不是唯一合理的方法,因色散力作用的引力常数为

$$A_{aa} = \frac{3}{4} h\nu_a \alpha_a^2 \tag{5.11}$$

$$A_{bb} = \frac{3}{4} h\nu_b \alpha_b^2 \tag{5.12}$$

$$A_{ab} = \frac{3}{2} h\left(\frac{\nu_a \nu_b}{\nu_a + \nu_b}\right) \alpha_a \alpha_b \tag{5.13}$$

式中,h 为 Planck 常数;ν 为分子的特征振动频率,$h\nu = I$。解上述方程消去 α 得

$$A_{ab} = \frac{2(\nu_a \nu_b)^{1/2}}{\nu_a + \nu_b}(A_{aa} A_{bb})^{1/2} \tag{5.14}$$

若消去 ν,则得

$$A_{ab} = \frac{2A_{aa} A_{bb}}{A_{aa}(\alpha_b/\alpha_a) + A_{bb}(\alpha_a/\alpha_b)} \tag{5.15}$$

如 $\nu_a = \nu_b$,则得

$$A_{ab} = (A_{aa} A_{bb})^{1/2} \tag{5.16}$$

即成几何平均关系,而若 $\alpha_b = \alpha_a$,则得

$$A_{ab} = \frac{2A_{aa} A_{bb}}{A_{aa} + A_{bb}} \tag{5.17}$$

$$\frac{1}{A_{ab}} = \frac{1}{2}\left(\frac{1}{A_{bb}} + \frac{1}{A_{aa}}\right) \tag{5.18}$$

成为倒数平均关系。

对于某一对分子究竟采用何种平均方法应根据两者的极化率和特征频率值来确定。

一般有高分子溶体参与构成的界面张力时,倒数平均法更为准确,故界面张力公式为

$$\gamma_{ab} = \gamma_a + \gamma_b - 4\left(\frac{\gamma_a^d \gamma_b^d}{\gamma_a^d + \gamma_b^d} + \frac{\gamma_a^p \gamma_b^p}{\gamma_a^p + \gamma_b^p}\right) \qquad (5.19)$$

如知道 γ 和 γ^d 值,就可求出 γ^p,则能算出 γ_{ab}。

4. 界面张力的酸碱理论

Fowkes 研究指出,氢键等极性作用力不适合于采用几何平均或倒数平均。这类相互作用具有电子转移性质,一方为电子给体,另一方为电子受体,即为广义的酸和碱。这是通过界面的电子转移降低了体系能量,减小了界面张力。因此,Fowkes 提出,如果两种液体是同等的 Lewis 酸或碱,跨越界面的作用力只考虑色散力成分,采用式(5.8)即可。若两者一个为 Lewis 酸,一个为 Lewis 碱,则还需考虑电子转移的附加作用。这样界面张力公式为

$$\gamma_{ab} = \gamma_a + \gamma_b - W_a^d - W_a^{AB} - W_a^p \qquad (5.20)$$

式中,W_a^d 为色散力对黏附功的贡献,$W_a^d = 2(\gamma_a^d \gamma_b^d)^{1/2}$;$W_a^{AB}$ 是酸碱作用对黏附功的贡献,可从酸碱效应对摩尔焓变(ΔH_{AB})算出

$$W_a^{AB} = N_{ab}\varepsilon_{AB} = \frac{1}{a} \frac{-\Delta H_{AB}}{N_0} \qquad (5.21)$$

式中,N_{ab} 为单位面积上两液体的分子对的数目;ε_{AB} 为每个分子对的酸碱作用能;a 为每个分子对所占的面积;N_0 为阿伏伽德罗常数。根据 Drago 方法可以得到酸碱效应摩尔焓变(ΔH_{AB})

$$-\Delta H_{AB} = E_A E_B + C_A C_B \qquad (5.22)$$

式中,E、C 为 Lewis 酸或碱的静电作用参数和共价作用参数;下角标 A、B 表示酸和碱。

表 5.3 列出部分 Lewis 酸和碱的 E 值和 C 值。

表 5.3　部分 Lewis 酸和碱的 E 值和 C 值　　　　　　　　　　　kJ/mol

Lewis 酸	C_A	E_A	Lewis 碱	C_B	E_B
苯酚	0.904	8.85	甲胺	11.44	2.66
特丁醇	0.614	4.17	乙胺	12.31	2.08
异氰酸	0.528	6.58	四氢呋喃	8.73	2.00
氯仿	0.325	6.18	丙酮	4.76	2.018
水	0.675	5.01	苯	1.452	1.002

5.4　超低界面张力

对于混合表面活性剂体系的界面张力,不同类型的表面活性剂混合物通常具有更强降低液 - 液界面张力的能力。碳氟化合物和碳氢化合物两种表面活性剂的混合体系就具有很强的降低界面张力的能力,如 $C_7F_{15}COONa$ – $C_8H_{17}N(CH_3)_3Br$ 混合表面活性剂水溶液的最低界面张力由 24 mN/m、41 mN/m 降低到 15.1 mN/m。

界面张力在0.1～0.001 mN/m时,称为低界面张力,高于上限为高界面张力,低于下限为超低界面张力。

低界面张力现象为已故表面化学家HarKins发现。1926年,HarKins和Zollman在研究油酸钠降低苯－水体系界面张力时发现,向体系中加入NaOH和NaCl可使界面张力进一步降低,如往体系中各加入0.1 mol/L NaOH和NaCl,则苯－水界面张力从35.0 mN/m降至0.04 mN/m,降低幅度高达3个数量级。在当时该发现并未受到足够的重视,直到20世纪30年代,Vonnegat首先应用旋滴法成功地测得了低界面张力,同时更由于3次采油研究的发展,低界面张力的现象才引起人们的兴趣。

从理论上讲,在保持其他条件不变时,若能降低界面张力,则注水驱油的效率便可大大提高,这也是低界面张力问题引起人们极大兴趣的重要原因。

1. 低界面张力测定

测定超低界面张力的最好方法是旋滴法(图5.3),其测定方法如下。

在样品管中充满高密度液体,再加入少量低密度液体。密闭后,装在旋滴仪上,转轴携带液体以角速度 ω 自旋,在离心力、重力及界面张力的作用下,低密度液体在高密度液体中形成一长球形或圆柱形液滴,液滴的形状由转速和界面张力决定。

当液滴呈长圆柱形,两端为半圆形时计算公式为

$$\gamma = \frac{\Delta\rho \times \omega^2 \times Y_0^3}{4} \qquad (5.23)$$

式中,$\Delta\rho$ 为两相密度差;ω 为角速度;Y_0 为圆柱半径。

若为长椭球体时计算公式为

$$\gamma = \frac{\Delta\rho \times \omega^2 \times R^3}{4(x/b - 1)} \qquad (5.24)$$

$$R = \left(\frac{3V}{4\pi}\right)^{1/3}$$

图5.3　旋滴法界面张力测定仪

式中,x 为液滴长度的一半;b 为顶点曲率半径;V 为液滴体积;ω 为1 200～2 400 r/min。

2. 低界面张力体系的经验

超低界面张力最主要的应用领域是在增加原油采集率和形成微乳状液。提高原油采收率的化学方法之一是在注水时加入表面活性剂使油水界面张力降低,对所加表面活性剂的要求是来源丰富、价格低廉。所以研究最多的表面活性剂溶液是石油磺酸盐。

石油磺酸盐组成是:水、表面活性剂、盐,加入油相后,便产生由油、水、表面活性剂、盐组成的低界面张力体系,其中油相包括各种烃类,如烷烃、不饱和烃、芳香烃、环烷烃及其混合物。表面活性剂可以是单一组分或混合物,盐类包括各种水溶性无机盐,研究最多的是氯化钠。体系的界面张力对各组分的性质和含量相当敏感,盐浓度、表面活性剂分子和油相成分的变化都可能使超低表面张力特性消失,针对以石油磺酸钠为活性剂的低界面张力体系,摸索出了部分经验。

(1)油相组成(表面活性剂和盐的配方固定)。改变油相成分,发现界面张力随烃的碳原子数而变,在某一碳原子数时界面张力出现最低值,此时的碳原子数称为最适宜碳

数($n_{\min}$)，表示该同系物油相对表面活性剂配方的最适宜碳数，对各同系物均存在这种关系。

（2）等当碳原子数。固定表面活性剂和盐的配方，各同系物的最适宜碳数不同，但存在一定关系，其中烷烃(A)、烷基苯(B)、烷基环己烷(C) 的 $n_{\min}$ 间有如下关系。

$$n_{\min(A)} = n_{\min(B)} - 6 = n_{\min(C)} - 2 \tag{5.25}$$

式(5.25) 提供了一种由某一油相的碳数得到另一油相的碳数的方法。

从式(5.25) 亦可看出，烷基苯当中，苯环的 6 个碳原子事实上不起作用，而烷基环己烷中，环烷基中的 6 个碳原子事实上只有 4 个有贡献。将这些等效的烷烃的碳原子数称为同系物油相的等当碳原子数(N_E)，用以表示油相形成低界面张力体系的特性，即对同一表面活性剂和盐的配方显示最低界面张力的烷基碳数与其他系列中显示最低界面张力的那个烃等价，如庚烷、庚基苯、丙基环己烷的等当碳原子数相同。

（3）石油磺酸盐的平均分子。当石油磺酸盐的平均分子增加，表面张力相应增加，且两者间呈线性关系。

（4）适宜表面活性剂浓度和适宜盐浓度。两种情况下，表面张力与浓度曲线均出现谷值。

（5）表面活性剂结构的影响。一般而言，烷基数增加，表面张力减少，即表面活性剂烷基分支化使油相最适宜碳数减少。

5.5　液 – 液界面上的吸附

在油 – 水二相体系中，当表面活性剂分子处于界面上，会降低界面张力。表面活性剂在界面上的浓度高于在油相或水相的浓度。这样表面活性剂在降低界面张力时，在液 – 液界面上发生吸附。界面张力与表面活性剂物质溶液吸附，可应用 Gibbs 吸附公式求出液 – 液界面吸附量。

1. Gibbs 吸附公式在液 – 液界面的应用

在液 – 液界面上至少存在三种成分，即两个液相和一个溶质，因此

$$- \mathrm{d}\gamma_{12} = \Gamma_1 \mathrm{d}u_1 + \Gamma_2 \mathrm{d}u_2 + \Gamma_3 \mathrm{d}u_3 \tag{5.26}$$

式中，下角标 1、2 代表两液相，3 代表溶质；Γ 为表面吸附量，mol/m。若采用 Gibbs 界面，即液体 1 过剩为 0，则式(5.26) 为

$$- \mathrm{d}\gamma_{12} = \Gamma_2 \mathrm{d}u_2 + \Gamma_3 \mathrm{d}u_3 \tag{5.27}$$

由于此时多出一个变量，因此无法用实验中测得的表面张力求出表面活性剂的吸附量，但这个问题可通过吉布斯 – 杜亥姆公式解决

$$x_1^{(1)} \mathrm{d}u_1 + x_2^{(1)} \mathrm{d}u_2 + x_3^{(1)} \mathrm{d}u_1 = 0$$

$$x_1^{(2)} \mathrm{d}u_1 + x_2^{(2)} \mathrm{d}u_2 + x_3^{(2)} \mathrm{d}u_3 = 0$$

$$\left[x_2^{(1)} x_1^{(2)} - x_2^{(2)} x_1^{(1)} \right] \mathrm{d}u_2 = \left[x_3^{(2)} x_1^{(1)} - x_3^{(1)} x_1^{(2)} \right] \mathrm{d}u_2 \tag{5.28}$$

将式(5.28) 代入式(5.27) 得

$$- \mathrm{d}\gamma_{12} = \Gamma_3 + \Gamma_2 \frac{x_3^{(2)} x_1^1 - x_3^{(1)} x_1^2}{x_2^{(1)} x_1^2 - x_2^{(1)} x_1^2} \mathrm{d}u_3 \tag{5.29}$$

要从式(5.29)求得Γ_3,必须要求

$$\Gamma_2 = 0 \qquad (a)$$

$$\frac{x_3^{(2)}x_1^1 - x_3^{(1)}x_1^{(2)}}{x_2^{(1)}x_1^{(2)} - x_2^{(2)}x_1^1} = 0 \qquad (b)$$

而下列两种情况,可满足(b)条件

①$x_3^{(2)} = x_1^{(2)} = 0$,即溶质及第一液相(水相)在第二液相完全不溶。

②$x_3^{(2)}x_1^1 - x_3^{(1)}x_1^{(2)} = 0$,表示溶质与液体1在两相中摩尔比相同,事实上,这点很难做到。

若体系能符合上述(a)、(b)条件之一,式(5.29)可简化为

$$-\mathrm{d}\gamma_{12} = \Gamma_3^{(1)}RT\mathrm{d}\ln a_3 \qquad (5.30)$$

可以用于界面张力测定计算界面吸附量,但实际上,上面条件很难成立,故式(5.30)只是近似的。

2. 液－液界面吸附等温线

液－液界面吸附等温线与溶液表面吸附等温线相似,也呈 Langmuir 型,表面活性剂在液－液界面上的吸附等温线有两个特点:

①界面饱和吸附量小于溶液表面的饱和吸附量;

②在低浓度区吸附量随浓度增加,上升的速度较快。

(1)吸附层结构。

界面上每个吸附分子平均占有的面积可从吸附量求得,由于界面吸附的Γ_m较小,因此界面上吸附质平均占有面积较大,若从吸附量及饱和吸附量计算界面压(表面压π)后,有

$$\pi = -\frac{RT}{A_m}\ln\left(1 - \frac{\Gamma}{\Gamma_m}\right) \qquad (5.31)$$

若以π对A作图,可看出液－液界面的吸附膜比空气－水表面吸附膜更为扩张(疏松),这是由于表面活性剂的亲油基和油相分子间的相互作用与亲油基之间的相互作用力非常相似。因此,许多油相分子插在表面活性剂的亲油基之间,从而使活性剂分子平均占有面积变大,吸附分子间的凝聚力减弱,这也是为什么低浓度时吸附量随浓度上升速度较快的原因。

从吸附过程的热力学量计算可看出,液－液界面吸附和溶液表面吸附所处环境不同,在溶液表面吸附过程中,亲油基在吸附相中所处的环境在不断变化,从开始的非烃环境到逐步接近烃环境,而在油水界面吸附过程中,亲油基则始终处于烃环境之中,因此前者(CH_2)[即每个CH_2基由溶液相迁移到界面上的标准自由能变化]从小到大变化,而油水界面吸附的(CH_2)基本保持不变。另一方面,根据界面压和分子平均占有面积a数据,以$\pi a \sim \pi$作图,其图形非常接近直线关系,其方程可表示为

$$\pi(a - a_0) = kT, \quad \pi a - \pi a_0 = kT, \quad \pi a = \pi a_0 + kT$$

式中,a_0为吸附分子自身占有面积,可从$\frac{\pi a}{kT} \sim \pi$直线斜率求得。从一些碳链长不等的同系表面活性剂得到的a_0值表明,其值稍大于紧密排列的表面活性剂分子的横截面积,与

憎水基链长无关。这一事实说明：

① 在界面上吸附的表面活性剂分子憎水基采用伸展的形态，近于直立地存在于界面上。

② 吸附在界面上的活性剂分子憎水基之间有油分子插入，因而 a_0 较大。例如，在辛烷－水界面上的吸附层比在十六烷－水界面的吸附层更为扩张，可认为是较小碳链的油分子更容易插入憎水基之间的结果。

（2）界面吸附层的本征曲率。

液－液界面的吸附层可以看成是由亲水层和憎水层组成，其中亲水层由水和亲水基组成，憎水层由憎水基和油相的憎水链组成，憎水链间由于色散力的存在，使得在一定范围内体系能量随分子间距减少而降低。同时，亲水基对水有强烈的亲和力，它力图与较多的水发生水合作用而使体系能量降低。这两方面作用的结果是体系能量降低而使界面稳定。

这时，亲水层和憎水层间的距离基本保持不变，各自占有面积亦有定值。当憎水基截面积和亲水基截面积之比（即排列参数 p）大于 1 时，液－液界面吸附层将向水相弯曲，反之，将向油相弯曲。将这种由于排列参数 p 的相对大小而产生的曲率称为吸附层的本征曲率。

可通过下列方法改变吸附层的本征曲率：

① 改变排列参数。

a. 增加憎水基的碳链长度；

b. 引入分支结构；

c. 增加油相分子的插入。

② 使用混合表面活性剂。

当油－水界面中只有主表面活性剂吸附时，界面张力由纯油－水界面的 γ_{o-w} 降为 γ_{L-g}，两者之差为

$$\pi = \gamma_{o-w} - \gamma_{L-g}, \quad \gamma_{L-g} = \gamma_{o-w} - \pi \tag{5.32}$$

加入助表面活性剂后，由于改变了原来的亲水层和憎水层的界面压，使两者不相等。因此，在混合双层中的界面压存在压力梯度时，迫使吸附层产生弯曲。

第6章　润湿与洗涤

6.1　润湿现象

润湿是日常生活和生产中最常见的现象之一。大家都有这样的经验,防雨布浸在水中"不湿",而普通布一浸就"湿",这是对"湿"与"不湿"的粗浅认识。水在荷叶上呈水珠状,荷叶稍加倾斜则水珠在重力作用下滚落,因此人们认为水不能润湿荷叶。将手在水中浸过后,手上就沾有一层水,说明手可以被水润湿。另外,在一些生产实际中,如农药液在植物枝叶上铺展,以发挥长期的药效;涂刷油漆时,要求油漆在墙面铺展成薄层又不脱落。再如洗涤、矿物浮选、印染、油漆的生产和使用,以及防水抗黏结涂层等,液体对固体表面的润湿性能都起着极重要的作用。那么,什么是润湿? 什么情况下液体可以润湿固体? 本节对此问题进行讨论。

6.1.1　润湿类型

从宏观上讲,润湿就是一种流体从固体表面置换另一种流体的过程。润湿涉及三个相,其中至少二个相是流体。从微观角度上看,润湿固体的流体,在置换原来在固体表面的流体后,本身与固体表面是在分子水平上的接触,它们之间无被置换的分子,其中最常见的润湿现象就是一种液体从固体表面置换空气。根据热力学条件,固体与液体接触后,体系(固体 + 液体等) 的Gibbs函下降时就称为润湿。1930 年 Osterhof 和 Bartell 把润湿现象分成附着润湿、铺展润湿和浸渍润湿3 种类型,如图6.1 所示。润湿方式或过程不同,润湿的难易程度和润湿的条件也不同。

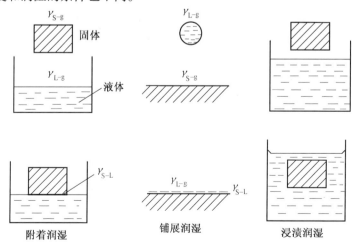

图 6.1　润湿的 3 种方式

1. 附着润湿

附着润湿是指液体和固体接触后,液－气界面和固－气界面被固－液界面取代。假设固－液接触面积为单位面积,并直接用界面张力代替 Gibbs 函,在等温等压恒定组成的条件下,上述过程中体系 Gibbs 函的变化为

$$\Delta G_1 = \gamma_{S-L} - (\gamma_{L-g} + \gamma_{S-g}) \tag{6.1}$$

式中,γ_{S-L}、γ_{L-g} 和 γ_{S-g} 分别为单位面积固－液、液－气和固－气界面的表面张力。对于上述附着润湿的逆过程,即将固－液界面可逆地再分开,外界所做功为 W_a,则 $\Delta G_1 = -W_a$,W_a 称之为附着功或黏附功(式6.2),它表示将单位面积的固－液界面拉开所需的功。这两种过程可用图6.2表示。

$$W_a = \gamma_{L-g} + \gamma_{S-g} - \gamma_{S-L} \tag{6.2}$$

从式(6.2)可以看出,γ_{S-L} 越小,则 W_a 越大。显然,W_a 越大,表明固－液界面结合越牢,附着润湿越强。若 $W_a \geqslant 0$,则 $\Delta G_1 \leqslant 0$,即附着过程可自发进行。一般固－液界面张力总是小于它们各自的表面张力之和,这说明固－液接触时,其附着功总是大于零,即不管对什么液体和固体而言,附着润湿总是可以发生的。

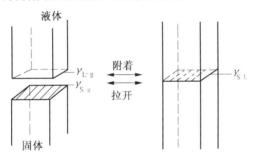

图6.2　附着正逆过程

如果将图6.2换成全部为液体,那么将单位截面积的液柱拉开后,产生两个液－气界面所做的功为 W_c。

$$W_c = \gamma_{L-g} + \gamma_{L-g} - 0 = 2\gamma_{L-g} \tag{6.3}$$

W_c 称为内聚功,它反映了液体自身结合的牢固程度。

2. 铺展润湿

液滴在固体表面上完全铺开成为薄液膜即为铺展。这是以固－液界面和液－气大界面代替原来的固－气界面和原来小液滴的液－气界面。设构成单位面积的液膜时,原来液滴对应的面积为 x,此时 $x \ll 1$,则有

$$\Delta G_2 = (1-x)\gamma_{L-g} + \gamma_{S-L} - \gamma_{S-g} \approx \gamma_{S-L} + \gamma_{L-g} - \gamma_{S-g} \tag{6.4}$$

令液体在固体表面上的铺展系数 $\varphi = -\Delta G_2$,则有

$$\varphi = \gamma_{S-g} - \gamma_{L-g} - \gamma_{S-L} = W_a - W_c \tag{6.5}$$

若 $\varphi > 0$,$\Delta G_2 < 0$,说明液体在固体表面上能铺展。从式(6.5)看出附着功(W_a)大于内聚功(W_c)时就可铺展。要补充一点就是两种液体之间也同样存在铺展的问题,仍然可用 φ 来判断。设 A、B 为两种不同液体,则有

$$\varphi = \gamma_{B-g} - \gamma_{A-g} - \gamma_{A-B} \tag{6.6}$$

式中，γ_{B-g}、γ_{A-g} 和 γ_{A-B} 分别为单位面积液 B – 气、液 A – 气的表面张力和 A – B 界面之间的界面张力。

铺展系数还有始末之分，始铺展系数指两种液体刚接触而尚未互溶的铺展系数，末铺展系数则指两种液体互溶至饱和时的铺展系数。

例如，室温下苯在水面上的铺展，没有互溶前各界面张力数据为 $\gamma_{水} = 72.8 \ \text{mN/m}$，$\gamma_{苯} = 28.9 \ \text{mN/m}$，$\gamma_{水-苯} = 35.0 \ \text{mN/m}$，则始铺展系数为 $\varphi = \gamma_{水} - \gamma_{苯} - \gamma_{苯-水} = 8.9 \ \text{mN/m} > 0$，说明苯滴到水面上能铺展成膜。

苯与水长时间接触后，要相互溶解形成各自的饱和溶液。$\gamma_{水} \to \gamma_{水(苯)} = 62.2 \ \text{mN/m}$，$\gamma_{苯} \to \gamma_{苯(水)} = 28.8 \ \text{mN/m}$，末铺展系数为 $\varphi = \gamma_{水(苯)} - \gamma_{苯(水)} - \gamma_{苯-水} = -1.6 \ \text{mN/m} < 0$，故原来铺展开的苯又回缩成透镜状了。这是最后看到的苯不在水面上铺展的现象。

3. 浸渍润湿

浸渍润湿是指固体浸入液体中的过程，是原来的固 – 气界面被固 – 液界面所代替，而液体表面则没变化。

$$\Delta G_3 = \gamma_{S-L} - \gamma_{S-g} \tag{6.7}$$
$$W_i = -\Delta G_3 = \gamma_{S-g} - \gamma_{S-L} \tag{6.8}$$

式中，W_i 称为浸渍功，它反映液体在固体表面上取代气体的能力。若 $W_i \geq 0$，则 $\Delta G_3 \leq 0$，即浸渍过程可自发进行。浸渍过程与附着过程不同，不是所有液体和固体均可发生浸渍。而只有固体的表面 Gibbs 函比固 – 液界面 Gibbs 函大时，浸渍过程才能发生。在铺展作用中它是对抗液体收缩表面的能力而产生的铺展力量，故又可称为黏附张力。从式 (6.5) 看出

$$\varphi = W_i - \gamma_{L-g} \tag{6.9}$$

上述讨论的三种润湿的热力学条件，应注意的是，这些条件均是指无外力作用下，液体自动润湿固体表面的条件。综上所述，可以看出三种润湿方式的共同点是：液体将气体从固体表面排挤开，使原有的固 – 气或液 – 气界面消失，而代之以固 – 液界面。就润湿发生条件而言，三种方式分别为

附着 $\qquad\qquad W_a = \gamma_{S-g} + \gamma_{L-g} - \gamma_{S-L} > 0 \qquad\qquad (6.10)$

浸渍 $\qquad\qquad W_i = \gamma_{S-g} - \gamma_{S-L} > 0 \qquad\qquad (6.11)$

铺展 $\qquad\qquad \varphi = \gamma_{S-g} - \gamma_{S-L} - \gamma_{L-g} > 0 \qquad\qquad (6.12)$

如果知道了三种界面张力的数值，就可以直接计算和判断。对于同一物系，$W_a > W_i > \varphi$，若 $\varphi > 0$，则 W_i 和 W_a 必大于零，就是说铺展是润湿的最高标准。能铺展则必能附着和浸渍，反之则不一定。因此，人们一般以铺展系数大小来衡量润湿性。但是到目前为止，液 – 气界面 γ_{L-g} 的数据较易测得，而 γ_{S-L} 和 γ_{S-g} 的数据测量非常困难，因此这些能量判据的应用却远非那么容易。尽管如此，这些判据仍为解决润湿问题提供了正确的思路。例如，水在石蜡表面不展开，如果要使水在石蜡表面上展开，根据式 (6.5)，只有增加 γ_{S-g}，降低 γ_{S-L} 和 γ_{L-g}，而使 $\varphi \geq 0$。但是，增加 γ_{S-g} 较难，而降低 γ_{S-L} 和 γ_{L-g} 则较容易，常用的办法就是在水中加入表面活性剂，使表面活性剂在水表面和水 – 石蜡界面上吸附，

从而降低 $\gamma_{\text{S-L}}$ 和 $\gamma_{\text{L-g}}$，实现铺展。

6.1.2 接触角与润湿方程

前面讨论了润湿的热力学条件，并且指出目前尚不能利用这些条件去定量地判断一种液体能否润湿某一固体，但是可以从接触角的测定来解决这一问题。1805 年 T. Young 将接触角与润湿的热力学条件结合，导出了用接触角来判断润湿的条件。

将一液滴放在一个理想平面上，如图 6.3 所示，如果另一相是气体，则三相接触达到平衡时，从三相交界 O 处取一长度微元沿液 – 气界面做切线，通过液体而与固 – 液界面所夹的角就是接触角(θ)，接触角也称润湿角。

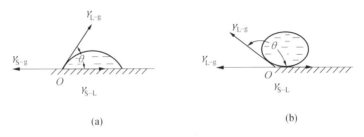

(a)   (b)

图 6.3   润湿角

在这个微元上受三个力的作用，平衡时合力为零，假定界面边界为单位长度，此时可直接用界面张力求其合力，即

$$\gamma_{\text{S-g}} = \gamma_{\text{S-L}} + \gamma_{\text{L-g}}\cos\theta \tag{6.13}$$

则

$$\cos\theta = \frac{\gamma_{\text{S-g}} - \gamma_{\text{S-L}}}{\gamma_{\text{L-g}}} \tag{6.14}$$

此式为著名的杨氏(Young)方程，也称润湿方程。应该指出，杨氏方程的应用条件是理想表面，指固体表面是组成均匀、平滑、不变形(在液体表面张力的垂直分量的作用下)和各相同性的。虽然严格上讲这种理想表面是不存在的，但是可以通过现在的科技手段和精心准备，使固体表面能够十分接近理想表面。

将杨氏方程代入 W_{a}、W_{i} 和 φ 的表达式可得

$$W_{\text{a}} = \gamma_{\text{L-g}}(\cos\theta + 1) \tag{6.15}$$

$$W_{\text{i}} = \gamma_{\text{L-g}}\cos\theta \tag{6.16}$$

$$\varphi = \gamma_{\text{L-g}}(\cos\theta - 1) \tag{6.17}$$

从这一组方程看出，θ 变小时这几种功均增大，当 $\theta = 0$，$\varphi = 0$，而 $\varphi > 0$ 时，θ 已不存在，因此对于铺展只能用能量作为判据，不能利用接触角进行判断。对于另外两种润湿过程则有

$$W_{\text{a}} = \gamma_{\text{L-g}}(\cos\theta + 1) \geqslant 0, \quad \theta \leqslant 180°, \quad 附着 \tag{6.18}$$

$$W_{\text{i}} = \gamma_{\text{L-g}}\cos\theta, \quad \theta \leqslant 90°, \quad 浸渍 \tag{6.19}$$

从上述讨论可以看出，对同一液体和固体，在不同的润湿过程中，其润湿条件是不同的，实际上在应用接触角表示润湿性时只对浸渍比较有效，但习惯上人们一般将 $\theta = 0$ 称为完全润湿，$\theta = 180°$ 称为完全不润湿(此时可以附着)。而将 $0 < \theta < 90°$ 称为润湿，

$90° < \theta < 180°$ 称为不润湿(不完全润湿),θ 为零或不存在则为铺展。

例如,氧化铝瓷件上需要披银,当烧至 1 000 ℃ 时,液态银能否润湿氧化铝瓷件表面?已知 1 000 ℃ 时 $\gamma_{Al_2O_3} = 1.00$ N/m,$\gamma_{Ag} = 0.92$ N/m,$\gamma_{Ag-Al_2O_3} = 1.77$ N/m。

根据杨氏方程(6.18)计算

$$\cos \theta = \frac{\gamma_{Al_2O_3} - \gamma_{Ag-Al_2O_3}}{\gamma_{Ag}} = -0.84, \quad \theta > 90°, \quad 不润湿$$

结果表明该条件下,银只能在氧化铝瓷件表面附着,不能润湿。

注①:杨氏方程也可以从热力学方法推出,在平衡条件下,使固 – 液界面面积扩大 dA_{S-L},则固 – 气界面面积就缩小 dA_{S-L},而液 – 气界面面积扩大 dA_{L-g},如图6.4所示。

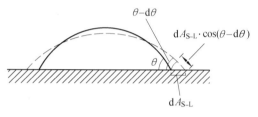

图 6.4 固 – 液界面接触角

从图6.4可以得到

$dA_{L-g} = dA_{S-L}\cos(\theta - d\theta) = dA_{S-L}\cos \theta$(因 $d\theta \ll \theta$) (6.20)

当三相平衡时,体系的自由能变化为

$$\Delta G = \gamma_{S-g}dA_{S-L} - \gamma_{S-L}dA_{S-L} - \gamma_{L-g}dA_{S-L}\cos \theta = 0 \tag{6.21}$$

从式(6.21)中消去 dA_{S-L},即得杨氏方程。

注②:上面讨论的三种润湿过程均是流体从平固体表面置换另一流体(一般是空气),但是对于有些润湿现象,例如使尘土不扬以及多孔物质或毛细管体系的润湿,其作用的基本机理涉及的不只是接触角问题。因为这些场合下要求液体能够渗入灰尘颗粒之间或毛细管内壁,此现象与毛细上升现象有关,其推动力是弯月面曲面两边的压力差,相关的公式是

$$\Delta p = \frac{2\gamma_{L-g}\cos \theta}{r} \tag{6.22}$$

式中,r 为毛细管半径。根据 θ 的大小又可以将式(6.22)写成下面两种形式:

当 θ 不等于零时
$$\Delta p = \frac{2(\gamma_{S-g} - \gamma_{S-L})}{r} \tag{6.23a}$$

当 θ 等于零时
$$\Delta p = \frac{2\gamma_{L-g}}{r} \tag{6.23b}$$

对于式(6.23a),若使 Δp 变大,主要是 γ_{S-L} 应该尽可能地小,因为一般不可能去选择 γ_{S-g},只有 $\gamma_{S-g} > \gamma_{S-L}$,润湿过程即自动进行。而对于式(6.23b),若使 Δp 变大,主要是 γ_{L-g} 应该尽可能地大。

6.1.3 接触角的测定及影响因素

主要介绍一些常用的接触角测量方法,并主要是针对固 – 液 – 气三相体系,但是其中有些方法略加修改也可以用于固 – 液 – 液体系接触角的测定。接触角的测定方法很多,但基本上可分为三种类型,即角度测量、长量测量和质量测量三大类。

1. 角度测量法

这是应用最为广泛也是最简单的一类方法。这种方法是通过观测与固体表面相接触的液滴、液面或液体中的气泡外形,如图 6.5 所示,然后通过各种仪器直接测量出三相交界处流动界面与固体界面的夹角,这就是接触角。角度测量法又可分为观察法和光反射法。

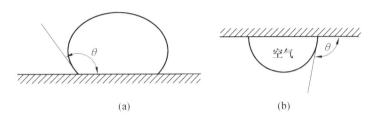

图 6.5 液滴和气泡的接触角测定

（1）观察法。

观察法有投影法、摄影法、显微量角法、斜板法等。投影法和摄影法把三相交界处液面形状投影放大到屏幕上或摄影后放大出照片,然后在所得到的影像的三相交界处作液面的切线,用量角器直接测量出它与固体表面的夹角。显微量角法则是用低倍显微镜（几十倍）观察液面,并在目镜上装上一量角器直接测量。这类方法有时也称切线法,其优点是样品用量较少,仪器简单并且测量很方便。缺点是切线的位置不好确定,有时误差非常大。

斜板法不用做切线,它是 1925 年 Adam 和 Jessop 提出的一种方法,如图 6.6 所示。此法是将一宽几厘米的固体平板插入液体中,然后通过可调装置调节板的位置,使得固 - 液 - 气三相相遇处的液面平坦,此时固体表面相对于液体水平面的倾斜角即为液体在该固体表面上的接触角。斜板法需要大量的固体样品和大量液体,不是很方便,目前这种方法用于液体的测量较多。如果倾斜角不与真正的接触角相等的话,就会出现弯曲的液面。图 6.6(a) 表明倾斜角比实际的接触角大,图 6.6(c) 表明倾斜角比实际的接触角小。

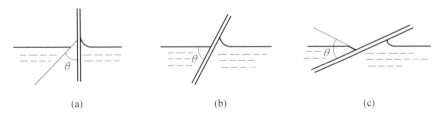

图 6.6 斜板法测接触角

（2）光反射法。

光反射法也是一种测量接触角比较好的方法。光反射法的原理是利用强的细缝光源照射三相界面处,并转动其入射方向,当反射光线刚好沿着固体表面进行时,观察者可见到反射光,如图 6.7 所示。此时 $\theta = 90 - \varphi$。此法不用作切线,不仅可以用于测量平固体表面,还可用于测定纤维的接触角。缺点是该方法只能测定小于 90° 的接触角。

2. 长度测量法

为避免作切线的困难,人们发现了从长度测量数据计算接触角的方法,其做法也有多种。

（1）液滴法。

将一个小液滴置于固体平面上,如图6.8所示,测量液滴的高度 h 与底面宽度 $2r$。当液滴很小时,忽略重力作用的影响,液滴可以近似看作是一个球形的一部分（球冠）,那么根据下面的公式计算接触角

$$R^2 = r^2 + (R - h)^2 \tag{6.24}$$

$$\sin\theta = \frac{r}{R} = \frac{2hr}{r^2 + h^2}$$

或

$$\tan\frac{\theta}{2} = \frac{h}{r} \tag{6.25}$$

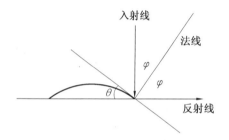

图6.7　光反射法

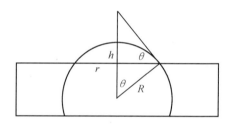

图6.8　液滴法

（2）液饼法。

将某液体置于平固体表面上形成一液滴,不断增加液量,液滴面积和高度都相应增加。当液滴高度达到最大时,再加入液体则只增加液滴直径而不再增加高度,如图6.9所示。设平衡时圆形液饼的半径为 r、体积为 V,然后液饼半径增加 Δr,则高度下降 Δh。这样固 – 液界面就扩大了 $2\pi r\Delta r$,而气 – 液及固 – 气界面的面积也有相应的变化,整个体系的表面自由能增加为 $2\pi r\Delta r(\gamma_{S-L} + \gamma_{L-g} - \gamma_{S-g})$。同时,由于液滴高度下降,液滴的势能降低为 $\rho g V\Delta h/2$（ρ 为液体密度,g 为重力加速度常数）。此二能量改变值应相等,则

$$2\pi r\Delta r(\gamma_{S-L} + \gamma_{L-g} - \gamma_{S-g}) = \rho g V\Delta h/2 \tag{6.26}$$

假设液滴的形状为圆柱体,液饼最大高度为 h_{max},则

$$2\pi r\Delta r h_{max} = \pi r^2\Delta h \tag{6.27}$$

另外 $V = \pi r^2 h$ 代入式（6.26）,同时合并式（6.26）和式（6.27）得

$$\gamma_{S-L} + \gamma_{L-g} - \gamma_{S-g} = \rho g h_{max}^2/2 \tag{6.28}$$

而铺展系数 $\varphi = -(\gamma_{S-L} + \gamma_{L-g} - \gamma_{S-g}) = \gamma_{L-g}(\cos\theta - 1)$,这样代入式（6.28）得到接触角与液滴最大高度 h_{max} 之间的关系,即

$$\cos\theta = 1 - \frac{\rho g h_{max}^2}{2\gamma_{L-g}} \tag{6.29}$$

因此,若已知液体的密度和表面张力,测出液饼最大高度 h_{max},即可计算出接触角的数值。但是,此种方法应用的前提是液滴半径要比最大高度大很多,并达到平衡。

3. 质量测量法

将被测固体做成挂片,插入待测液体中,如图6.10所示。设吊片与液体接触周长为 L,液体的表面张力为 γ_{L-g}。根据表面张力是界面分界线上单位长度上的力的概念,可得

$$F = \gamma_{L-g} \cos \theta \cdot L \tag{6.30}$$

$$F = (m - m_0)g \tag{6.31}$$

式中,m_0 为吊片自身质量,m 为表面张力作用后的总质量。合并式(6.30)和式(6.31)可得

$$\cos \theta = \frac{(m - m_0)g}{L\gamma_{L-g}} \tag{6.32}$$

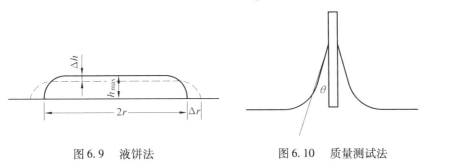

图6.9　液饼法　　　　　　　　　图6.10　质量测试法

4. 接触角的影响因素

接触角为判断液体是否能够润湿固体表面提供了有效的方法,经过前面对接触角测定方法的介绍,似乎关于润湿的判断应该较易解决,但是实际影响接触角测定的因素十分复杂。

接触角与相互接触的三相的化学组成、温度、压力、平衡时间及三相接触线的方式等因素都有关,因而接触角测定方法很多,但是其中可靠的较少。当测定体系未达平衡时,接触角会一直处于变化之中,平衡时间的影响一般是单方向的,仅对黏度较大的系统才影响明显,这时的接触角称为动接触角,动接触角对于一些黏度较大的液体在固体平面上的流动或铺展很重要。同时,温度可以影响表面张力的变化,因而对于温度变化较大的体系,温度的波动可能造成接触角的增大或减少。但是在室温附近,接触角的温度系数大致为 $0 \sim 0.2(°)/℃$,此时影响相对较少。

在接触角测量过程中,经常遇到的问题就是接触角滞后。以固-液-气三相体系为例,液-固界面取代气-固界面与气-固界面取代液-固界面后形成的接触角常不相同。以液-固界面取代气-固界面后形成的接触角称为前进角 θ_A;而以气-固界面取代液-固界面后形成的接触角称为后退角,用 θ_R 表示。把前进角与后退角的不同就称为接触角滞后现象,$\theta_A - \theta_R$ 称为接触角滞后。一般情况下,前进角 θ_A 大于后退角 θ_R。例如,溴苯在三醋酸纤维素膜上的前进角为113°,后退角为81°,两差相差32°,而水银在钢上的前进角与后退角之差则可达150°之多。

造成接触角滞后的原因主要与固体表面状态有关。符合杨式方程的表面应为理想表面,而实际上更多是一般固体表面,其表面本身或由于污染而使其表面的化学组成是不均匀的,或表面原子、离子排列的紧密程度不同,晶面的缺陷及表面自由能不同,或表面粗糙度不同,都可导致接触角滞后现象。

（1）固体表面不均匀性。

表面不均匀是造成接触角滞后的重要原因，假设固体表面是两种不同化学成分的光滑理想表面（复合表面），它们以极小块的形式均匀分散在表面上，并且液滴在表面展开时两种表面的体积分数不变，那么利用表面吉布斯自由能和杨式方程，就可以得到液滴对复合表面的接触角与液滴分别对两组分自身的接触角之间的关系，即

$$\cos \theta = x_a \cos \theta_a + x_b \cos \theta_b \tag{6.33}$$

式中，x_a 和 x_b 分别为两组分表面在复合表面上所占面积的分数；θ、θ_a 和 θ_b 分别为液滴在复合表面、纯 a 组分表面和纯 b 组分表面上的接触角。如果两组分分布不均匀，则出现接触角滞后现象，前进角反映的是与液体亲和力弱的那部分固体表面的性质，而后退角反映的是与液体亲和力强的那部分固体表面的性质。

有一些无机固体表面能比较高，很容易发生吸附而污染表面。这时的固体表面实际上也是复合表面。液体对这样的固体表面的接触角就与污染物性质及污染程度有关。因此在准确测定一种固 - 液体系的接触角时，保证固体表面干净无污染是至关重要的。污染也是接触角数据不重复的主要原因之一。例如，水蒸气 + 纯净空气条件下，水在金上的接触角前进角为 6°，后退角为 0°；而水蒸气 + 苯蒸气条件下，水在金上的接触角前进角为 84°，后退角为 82°。

（2）表面粗糙度。

实际固体表面是凹凸不平的，专业术语称为粗糙度，如镜子一样的光亮表面也有 0.02 ~ 0.25 μm 的不平度。将一液滴置于一个粗糙表面上，实验测得的接触角其数据只是表观接触角（θ'），表观接触角与界面张力的关系不符合杨式方程。

1936 年 Wenzel 研究了固体表面粗糙度对接触角的影响，并通过热力学推导提出 Wenzel 方程

$$\cos \theta' = \frac{r(\gamma_{S-g} - \gamma_{S-L})}{\gamma_{L-g}} \tag{6.34}$$

式中，r 为粗糙因子，是真实表面与表观面积之比，该方程只适用于热力学稳定平衡状态。将式（6.34）与式（6.14）比较，可得

$$r = \frac{\cos \theta'}{\cos \theta} \tag{6.35}$$

对于粗糙表面，r 总是大于 1，因而 $\cos \theta' > \cos \theta$。当 $\theta < 90°$，则 $\theta' < \theta$，即表面粗化后有利于液体润湿表面。因此，用吊片法测量表面张力时，总是把吊片打毛，使其粗化以保证吊片与试液之间良好的润湿性。但当 $\theta > 90°$，$\theta' > \theta$ 时，即表面粗化后更加不利于液体润湿表面，因此在制造防水材料时，可以保持表面一定的粗糙度以达到更好的不润湿性。

固体表面粗糙也是造成接触角滞后的一个重要因素。如果用固体表面的起伏角 φ 表示粗糙度大小，则 φ 越大，固体表面越粗糙。将一水滴置于起伏角 φ 为 30° 的石蜡表面，测定其前进角与后退角之差为 30°，而 φ 为 60°，其差值变为 64°。若将乙二醇置于上述两种起伏角的石蜡表面，则差值分别为 28° 和 103°。可见固体表面粗糙度增加，则接触角滞后现象趋于严重。

6.1.4 低能和高能固体表面的润湿

从润湿方程看出，表面能（γ_{S-g}）高的固体容易发生润湿。西斯曼（Zisman）把 0.1 N/m 以下的物质作为低能表面，1 ~ 30 N/m 以上的物质作为高能表面。通常将固体有机物及高聚物的表面视为低能表面；而将金属及其氧化物、无机盐等的表面视为高能表面。

1. 低能表面的润湿性

西斯曼等人对接触角数据进行统计整理发现，同系物液体在同一固体上的接触角随液体表面张力降低而变小，如图 6.11 所示。

液体在聚四氟乙烯表面的接触角余弦与 γ_{L-g} 关系曲线上外推至 $\cos \theta = 1$ 之处，$\gamma_{L-g} = \gamma_C$。此时 $\theta = 0$，说明为完全润湿，称 γ_C 为固体的润湿临界表面张力。进一步研究发现，各种有机同系物液体在聚四氟乙烯表面上的接触角 θ，当以 $\cos \theta$ 对 γ_{L-g} 作图时，每个同系物的数据均呈直线或接近为直线，而且外推所得的 γ_C 值又比较接近。实验中如果用非同系列的液体，所得 $\cos \theta$ 对 γ_{L-g} 关系也大致呈直线或分布于一窄带之中。将此直线或窄带外延与 $\cos \theta = 1$ 相交，相应的 γ_{L-g} 即为 γ_C 值。因此，西斯曼认为 γ_C 与所接触的液体关系不大，而只是所给固体的特征值。γ_C 的物理意义在于指出了只有表面张力小于 γ_C 的液体才能对该固体完全润湿和铺展。（$\gamma_{L-g} - \gamma_C$）越大，接触角也越大。西斯曼提出一个经验公式

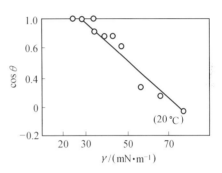

图 6.11　接触角随液体表面张力的变化

$$\cos \theta = 1 - \beta(\gamma_{L-g} - \gamma_C) \tag{6.36}$$

式中，β 一般取 0.03 ~ 0.04；聚四氟乙烯的 $\gamma_C = 18$ mN/m，这与水的表面张力相差很大，故可作为防水、抗水材料。一般规律如下：

① 高分子固体的润湿性质与其分子的元素组成有关。在碳氢链中引入其他杂原子会影响高聚物的润湿性。氟原子的加入使润湿性降低，γ_C 变小；而其他原子的加入则使 γ_C 升高，它们增进润湿性的能力有如下次序：F < H < Cl < Br < I < O < N。同一元素的原子取代越多则影响越大。氟原子取代氢原子时，大约每增加 25% 的氟取代量，γ_C 就降低 4 mN/m。

② 附有表面活性物质单分子层的玻璃或金属的表面显示低能表面的性质，说明决定固体润湿性质的是表面层原子或原子团的性质及排列情况，而与内部结构的关系将占次要地位。

③ 各种低能表面的化学结构与 γ_C 有一定关系，一定的表面基团组成相应于一定的 γ_C 值。如 —CF$_3$ 的 $\gamma_C = 6$ mN/m；—CF$_2$H 的 $\gamma_C = 15$ mN/m；—CH$_2$CF$_2$H 的 $\gamma_C = 22$ mN/m。

2. 高能表面的润湿与自憎

高能表面一般为液体所铺展，如水滴在干净的玻璃上。但也有某些有机液体其表面

张力并不高,在金属以及石英等高能表面上却不能润湿。原因在于这些有机液体被吸附到高能表面固体上,形成一种碳氢基朝向空气定向排列的吸附膜,从而使原来的高能表面变为低能表面,其临界表面张力变成低于液体的表面张力,以致这种液体在其自身吸附膜上不能铺展,这种现象称为自憎。这再一次说明固体润湿性取决于构成表面最外层(包括吸附膜)质点的性质和排列情况。综合各种固体表面按其组成分几大类,其可润湿性渐次增强:碳氟化合物 < 碳氢化合物 < 含杂原子的有机物 < 金属等无机物。

6.1.5　表面活性剂的润湿作用

就普遍意义而言,固体表面上的一种流体被另一种流体所取代的过程称为润湿。润湿作用一般是通过表面活性剂来实现的。用于润湿作用的表面活性剂,一般称为润湿剂。

这里把 Gibbs 吸附等温方程式和杨式润湿方程结合起来,探讨表面活性剂的润湿作用。对于 Gibbs 吸附等温方程式

$$\Gamma_2^{(1)} = -\frac{1}{RT}\left(\frac{\partial \gamma}{\partial \ln a_2}\right)_T, \quad \frac{\partial \gamma}{\partial \ln a_2} = -\Gamma_2^{(1)} RT \tag{6.37}$$

在等温等压下,将杨式润湿方程对 $\ln a$ 微分得接触角随表面活性剂活度与三个相界面上的吸附变化的一般关系为

$$\gamma_{L-g}\cos \theta = \gamma_{S-g} - \gamma_{S-L}$$

$$\frac{d(\gamma_{L-g}\cos \theta)}{d\ln a_2} = \frac{d\gamma_{S-g}}{d\ln a_2} - \frac{d\gamma_{S-L}}{d\ln a_2} = \frac{d\gamma_{L-g}}{d\ln a_2}\cos \theta - \frac{d\theta}{d\ln a_2}\sin \theta \gamma_{L-g} \tag{6.38}$$

其中 $\quad \dfrac{d\gamma_{S-g}}{d\ln a_2} = -RT\Gamma_{S-g}, \quad \dfrac{d\gamma_{S-L}}{d\ln a_2} = -RT\Gamma_{S-L}, \quad \dfrac{d\gamma_{L-g}}{d\ln a_2} = -RT\Gamma_{L-g}$

代入式(6.38)得

$$\gamma_{L-g}\sin \theta \frac{d\theta}{d\ln a_2} = RT(\Gamma_{S-g} - \Gamma_{S-L} - \Gamma_{L-g}\cos \theta) \tag{6.39}$$

接触角 0° ~ 180° 范围内 $\sin \theta$ 不会小于零,$\dfrac{d\theta}{d\ln a_2}$ 与等式右侧应具有相同的符号。

(1) $\dfrac{d\theta}{d\ln a_2} < 0$,若 $\Gamma_{S-g} < \Gamma_{S-L} + \Gamma_{L-g}\cos \theta$;

(2) $\dfrac{d\theta}{d\ln a_2} = 0$,若 $\Gamma_{S-g} = \Gamma_{S-L} + \Gamma_{L-g}\cos \theta(\theta = 0°$ 或 180°);

(3) $\dfrac{d\theta}{d\ln a_2} > 0$,若 $\Gamma_{S-g} > \Gamma_{S-L} + \Gamma_{L-g}\cos \theta$。

类型(1)与(2)通常见于非极性的低能表面,一般加入表面活性剂可以改善其润湿性能,而类型(3)则常见于极性较大的固体表面。

如将杨式润湿方程对 γ_{L-g} 微分,再与 Gibbs 吸附等温方程式结合得

$$\frac{d(\gamma_{L-g}\cos \theta)}{d\gamma_{L-g}} = \frac{d(\gamma_{S-g} - \gamma_{S-L})}{d\gamma_{L-g}} = \frac{\Gamma_{S-g} - \Gamma_{S-L}}{\Gamma_{L-g}} \tag{6.40}$$

如果仅为物理吸附时,实验表明式(6.40)中 $\dfrac{\Gamma_{S-g} - \Gamma_{S-L}}{\Gamma_{L-g}}$ 为常数,且为负值。

设 $\dfrac{\Gamma_{S-g} - \Gamma_{S-L}}{\Gamma_{L-g}} = -\kappa$，即

$$\frac{\mathrm{d}(\gamma_{L-g}\cos\theta)}{\mathrm{d}\gamma_{L-g}} = -\kappa \tag{6.41}$$

如果纯液体的表面张力为 γ_{L-g}^0，在固体表面上纯液体的接触角为 θ°，对式(6.41)进行积分得

$$\gamma_{L-g}\cos\theta = -\kappa\gamma_{L-g} + (\kappa + \cos\theta^\circ)\gamma_{L-g}^\circ \tag{6.42}$$

又由于固体的临界表面张力 $\gamma_C = (\gamma_{L-g})_{\theta=0^\circ}$，即 $\cos\theta = 1$，$\gamma_C = \gamma_{L-g}^\circ$

$$\cos\theta = -\kappa + (1+\kappa)\frac{\gamma_C}{\gamma_{L-g}} \tag{6.43}$$

利用式(6.43)讨论在溶液中加入表面活性剂的条件下，低能表面及高能表面的润湿问题。

1. 非极性表面的润湿

此类属于低能表面，很难被水润湿，对于其中一相是空气的情况，加入表面活性剂可以改善润湿性。由于是低能表面，加入表面活性剂在 S-g 界面上的吸附很小，$\Gamma_{S-g} \approx 0$，

$$\frac{\partial(\gamma_{L-g}\cos\theta)}{\partial\ln a} = -RT(\Gamma_{S-g} - \Gamma_{S-L}) = RT\Gamma_{S-L} \tag{6.44}$$

故由 $\gamma_{L-g}\cos\theta$ 随 $\ln a_2$ 的变化可求得固-液界面上的吸附量 Γ_{S-L}。Fowkes 与 Harkins 利用此法发现低相对分子质量的正丁醇在水溶液-石蜡界面上的吸附与液-气界面上的吸附几乎相同，即 $\Gamma_{S-L} \approx \Gamma_{L-g}$。这意味着

$$-\kappa = \frac{\Gamma_{S-g} - \Gamma_{S-L}}{\Gamma_{L-g}} \approx -1$$

将 $\kappa = 1$ 代入式(6.43)有

$$\cos\theta = -1 + 2\frac{\gamma_C}{\gamma_{L-g}} \tag{6.45}$$

对于不含氟的碳氢链的表面活性剂水溶液在聚乙烯与聚四氟乙烯表面上的吸附润湿行为服从式(6.45)关系。对于含氟表面活性剂水溶液，实验结果表明 $\kappa \approx 0.5$，即

$$2\Gamma_{S-g} = \Gamma_{S-L} - \Gamma_{L-g}$$

$$\cos\theta = -0.5 + 1.5\frac{\gamma_C}{\gamma_{L-g}} \tag{6.46}$$

在应用乙醇溶液测 γ_C 时，发现许多高分子物质的 γ_C 在 26 mN/m 附近。这与乙醇吸附在固-气界面上有关。

当 $\Gamma_{S-g} = \Gamma_{S-L}$ 时，$\kappa = 0$，则有

$$\gamma_C = \gamma_{L-g}\cos\theta \tag{6.47}$$

由此可见，κ 值为 0~1，根据 κ 值可大致判断溶质在三相界面上吸附的情况与润湿性能。

2. 极性固体表面的润湿

极性固体是高能表面，所以易被润湿，如果用表面活性剂溶液润湿极性固体，下列因素具有强烈影响。

① 表面极性(偶极矩等);

② 表面电荷与确定电荷离子的本性;

③ 溶液 pH 与离子强度,它们会影响表面电荷以及离子型表面活性剂的电离;

④ 表面水化程度;

⑤ 存在一些特殊离子,例如 Cu^{2+}、Ca^{2+} 可与表面生成螯合配合物或生成不溶性表面化合物,在碳酸钙表面上生成油酸钙。

现在仅讨论以下两种情况。

a. 表面活性剂离子与固体表面具有相同电荷。由于表面活性剂离子与固体表面电荷的静电排斥,它在固体表面上吸附很少,γ_{S-L} 与 γ_{S-g} 的变化也很少。θ 值的减少均来自液 – 气界面的吸附和 γ_{L-g} 的下降。

b. 表面活性剂离子与固体表面有相反电荷。例如,pH = 3 ~ 12 时的十二烷基氯化铵与石英,以及 pH < 9 时的十二烷基硫酸钠与 Al_2O_3 都具有相反电荷,接触角 θ 与 γ_{L-g} 随表面活性剂浓度的变化如图 6.12 所示。

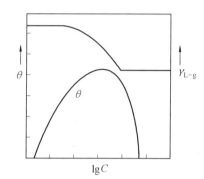

图 6.12　表面活性剂在极性表面上的吸附

假设开始时固体能被水润湿,在低浓度下,表面活性剂离子吸附在固体表面带反电荷的一些位置上,这种吸附比液 – 气界面上的吸附要强得多。在固 – 液界面上的吸附减弱了水与固体的相互作用,使 γ_{S-L} 增大,这就导致 θ 值增大与三相线后缩,而被吸附的表面活性剂仍留在露出的固 – 气界面上。这时固体表面的表面张力仍比原来要小,当表面活性剂浓度增加时,在固 – 液界面上单分子层吸附渐趋完全。与此同时,液 – 气界面上的吸附显著地增大,γ_{L-g} 下降,而 $\dfrac{d\theta}{d\ln a_2}$ 达到最高值。在最高点上,固体的表面电荷通常接近于零。这点大致上与矿物浮选易于发生的条件对应。最后,浓度足够高时,一般正好在临界胶束浓度附近,θ 的变化就开始下倾。这主要是因为在固 – 液界面上吸附了第二层分子。第二层再吸附时其离子基团指向溶液,因而增加了与水的相互作用并使 γ_{S-L} 下降。此过程称为半胶束生成。吸附在溶液 – 固体界面上的第二层离子再次增加了表面净电荷,并对固 – 液界面与固 – 气界面赋予相同的电荷。在这两种界面上的静电斥力导致憎水表面上形成的膜是介稳的,而这可能使以高浓度的表面活性剂进行矿物浮选的动力学受到影响。

6.1.6　固体表面能与润湿热

1. 固体表面能估算

固体表面能在润湿过程中起重要作用,但测定十分困难,迄今尚无普遍适用的测定固体表面能的方法。

对于低能固体表面和水或水溶液构成的体系,将 Good – Girifalco 理论应用于固 – 液界面,并结合润湿方程最终得到以下的关系式

$$\gamma_{S-g} = \frac{\gamma_{L-g}(\cos\theta + 1)^2}{4\varphi^2} \tag{6.48}$$

式中，φ 为分子间相互作用的参数，由体系的组成而定。对于非极性液体和非极性固体构成的体系，φ 值约等于 1，但是对于多数体系 φ 值尚不能确知。这样通过测定 γ_{L-g} 和 θ，就可以求出 γ_{S-g}。

将 γ_C 应用于式(6.48)，并当 $\theta = 0$ 时，式(6.48)可以写成

$$\gamma_{S-g} = \frac{\gamma_C}{\varphi^2} \tag{6.49}$$

因此，若已知 φ，利用 γ_C 也可以求出 γ_{S-g}。式(6.49)也说明了 γ_C 反映的不单纯是固体表面特性，还与 φ 有关。只有体系为非极性液体和非极性固体，φ 趋于 1 时，γ_C 近似等于 γ_{S-g}。一般来说，γ_C 总是小于 γ_{S-g}。

如果将 Fowkes 的 γ^d（固体或液体表面张力中的色散力成分）理论应用于固体表面的自由能估算，则可得到下面的关系式

$$\cos\theta = -1 + \frac{2\sqrt{\gamma^d_{S-g}}\sqrt{\gamma^d_{L-g}}}{\gamma_{L-g}} \tag{6.50}$$

这样，如果知道液体的 γ^d_{L-g}，则以 $\cos\theta$ 对 $\sqrt{\gamma^d_{L-g}}/\gamma_{L-g}$ 作图，可得到一条直线，由直线的斜率可求出 γ^d_{L-g}。因此，Fowkes 的方法只能求出固体表面自由能中的色散力成分，只是对于非极性固体，γ^d_{L-g} 才等于 γ_{S-g}；若液体也是非极性的，则 $\gamma^d_{L-g} = \gamma_{L-g}$。

当 $\theta = 0$ 时，$\gamma^d_{L-g} = \gamma_{L-g} = \gamma_C$，因此，在这种情况下，$\gamma_C = \gamma^d_{L-g} = \gamma_{S-g}$，即 γ_C 就相当于固体的表面能。

对于固体与液体之间同时存在着色散力和极性力的作用时，可以将 Kaelble 等人对液 - 液界面的处理方法用于固 - 液界面，进行固体表面的自由能估算，其计算公式为

$$\gamma_{L-g}(1 - \cos\theta) = 2\sqrt{\gamma^d_{S-g}\gamma^d_{L-g}} + 2\sqrt{\gamma^p_{S-g}\gamma^p_{L-g}} \tag{6.51}$$

式中，γ^p_{S-g} 和 γ^p_{L-g} 分别为固体和液体表面张力（表面自由能）中的极性部分。

Kaelble 等人的方法假设了两相间极性部分的相互作用等于它们各自的表面自由能极性部分的几何平均值，但是这一假设并无理论根据。并且当界面两相的极性相互作用主要源自氢键时，则 Kaelble 方法不再适用。尽管如此，Kaelble 方法却是目前估算有极性组分的固体表面自由能最常用的方法之一。

2. 润湿热

液体和固体接触时能否润湿，由接触角的大小来决定。但是，在接触角为 0 或自动铺展的情况下它便无力分辨体系润湿性的优劣，这时可以考虑测定润湿热，润湿热的数值也可以作为固 - 液体系润湿性能的表征。

当液体浸润固体时，由于固 - 液分子间的相互作用必然要释放出热量，该热量就称为润湿热（或浸润热），或者说润湿热是将固体浸入液体中所放出的热量，它来源于体系表面自由能的减少。润湿热可以采用精密的量热方法进行测定。润湿热越大说明固 - 液间的亲和力越强。固体可分为极性固体和非极性固体，极性固体与液体间的相互作用

的强弱以及性质都会随液体性质的不同而不同,一般极性固体(如硅胶、二氧化钛等)在极性液体中的润湿热较大,而在非极性液体中的润湿热较小。对于非极性固体,各种液体与其的相互作用主要是色散力,因此非极性固体(如石墨、高温热处理的炭或聚四氟乙烯等)的润湿热一般总是很小的。

6.1.7 润湿现象应用

润湿现象在生产实际中应用较广泛,由于润湿改变了界面状态,根据生产需要,人们可有目的地实现润湿或不润湿。例如,表面活性剂结构中一般都会有亲水基和亲油基,可作为润湿和不润湿的调节剂。当表面活性剂加入水中后,在水 - 空气界面上形成了定向排列,从而改变了原有界面的性质。前面曾提到固体表面能否为液体所润湿,关键在于液体表面张力 γ_{L-g} 和固体临界表面张力 γ_C 的差值。若 $\gamma_{L-g} < \gamma_C$,则能润湿铺展。一般聚四氟乙烯不易润湿,这是此类塑料电镀的难题,若将聚四氟乙烯浸在含 Fe^{3+}(3.7 × 10^{-2} mol/L)溶液中浸泡 16 min 后,前进角 θ_A 由(105° ±2°)→(54° ±2°),后退角 θ_R 则由(107° ±3°)→0°。还有众所周知棉布被水润湿不防水,若在棉布中加入氟代烷基类的化合物,让极性基吸附于棉布上形成定向排列吸附层,就增大了接触角 θ 值,使其变为低能表面,提高了棉布的 γ_C 值,从而使憎水性加强,达到了防雨的目的。总之,润湿性的调节可为人们有目的地利用。按行业举以下几个实例。

1. 冶金行业

(1)模型铸造。

浇铸工艺中熔融金属和模具间的润湿程度直接关系到浇铸件的质量。润湿性不好,熔融金属不能与模具吻合,铸件在尖角处呈圆形。反之润湿性太强,熔融金属易渗入模型缝隙中而形成不光滑的表面。为了调节润湿程度,可在钢水中加入硅来改变 θ 角;也可在模具表面涂上一层其他物质来调节润湿性。在铸铝时,若在模具表面涂上椰子油可使铸件质量大大提高。

(2)细化晶体。

熔体在模具中结晶时,因新表面生成而难以自发形成结晶中心,但是含有杂质有时可促进结晶过程进行。这就要看杂质能否成为结晶中心(晶核),关键在于杂质与熔体间的界面张力,若二者界面张力很小,θ 也小,润湿较好,形成的晶核质点便会在杂质表面上铺展进行结晶。此种原理在细化促生晶核,改善铸件质量上得到广泛应用。如 Al 水加入 Ti 可促生晶核,可获得晶粒细致的铸件。

(3)熔炼冶金。

在熔炼钢时要求钢水与炉渣不润湿,否则彼此不易分离,扒渣时容易造成钢水损失。存在钢水中的难熔物颗粒,也会由于润湿而难以排出成为杂质混在钢中。另外,还要求炉衬与钢水不润湿,防止炉体受侵蚀。又由于不能润湿,炉衬与钢水之间有空隙,易产生气泡,把杂质带出,对钢液净化有利。

(4)金属焊接。

从原理上讲,焊接就是个小冶金,要使焊剂能在被焊接的金属面上铺展,就要求焊剂

的附着功 W_a 大。如常用焊剂 Sn – Pb 合金要配合溶剂(坏水)$ZnCl_2$ 的酸性溶液使用,溶剂的作用是除去金属表面氧化膜并形成保护层,以防止再生氧化膜。因此,既要能润湿金属,又要能被熔融的焊剂从金属表面上顶替出来,使焊剂对金属的铺展系数大于溶剂对金属的铺展系数。如松香能溶解金属氧化膜,又有亲金属的极性,有利于在金属上的铺展,因此松香是常用的焊接溶剂。

2. 农业

在喷洒农药或液体化肥到植物上时,若农药、液体化肥对植物茎、叶表面润湿不好,就不会很好地铺展,容易滚落到地面造成浪费,这样就降低了效果。如果在农药中加入少量的活性剂,可提高润湿性,有利于发挥药效(在农药组成中这种起润湿作用的添加剂占20% 以上)。

3. 能源

这是涉及面非常广的问题,如干电池爬碱、水力发电中防水坝的寿命都与表面现象直接有关,这里仅举两个实例。

(1)节约能源。

热电厂滴状冷凝是传热现象中人们感兴趣的问题。如果对冷凝管不润湿,水蒸气在管内凝成液滴而又不在冷凝管上铺展,使液滴迅速流走,这样不致形成水膜而妨碍热交换,减少了对冷凝管的腐蚀,延长使用寿命,起到节约能源的作用。例如,铜质冷凝管用微量的十八烷基二硫化物($C_{18}H_{37}S \cdot SC_{18}H_{37}$)处理后其管壁变为憎水,当水蒸气在其上冷凝时形成微滴,并沿着管壁滚下,从而使大部分表面不被液膜所遮盖,可提高热交换率10 倍左右,从而大大节约能源。

(2)三次采油。

新油井开始是自动喷油,然后用泵抽油直到流出的油变为不经济为止。剩下的油可通过将水打进地层(注水),再泵出油和水混合物而将油采出。这样,最后地层中仍留下30% ~ 50% 的原油。所谓三次采油是指抽提这部分残油的过程,这种残油通常是以断续的方式分布在多孔性储油层的毛细管系统中,加入表面活性剂降低油 – 水界面张力,还能改变接触角以使水相能在固 – 液界面顶替油相。

4. 浮选

所谓浮选是使各种固体颗粒彼此分离,以达到使某种矿物富集提纯的目的。目前,每年用浮选法处理的矿石约10 亿 t 之多。关于矿石的机械破碎不是本书要讨论的内容。现在假定矿石已经被粉碎并和水混合好,这样要做的事情是从称为"矿浆"的浆体开始。一般浮选过程中要加入三大类化学药剂,依次考察其作用如下。

(1)捕集剂。

它吸附到矿物表面上使颗粒具备应有的条件而附着在空气气泡上,就能够使矿粒浮到液面上来。但是,浮选是要对原矿石分离提纯,要求捕集剂必须有选择地吸附,同时被吸附的捕集剂必须赋予质点表面憎水性,以便空气气泡附着到矿粒上。目前对金属化合物矿石用的捕集剂多数是碳原子数为8～18的羧酸盐、硫酸盐或胺类,而硫化物矿石常用一硫代碳酸酯和二硫代磷酸酯等,但最重要的捕集剂是黄原酸酯,分子式可写为

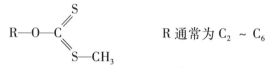

R 通常为 C_2 ～ C_6

捕集剂的基本作用是产生憎水性足够强的固体表面。因此,当给矿浆充气时,它可附着在空气泡沫上,如图 6.13 所示。当空气充入后形成气泡,由图 6.13(c) 看出,$\theta_2 > 90°$ 时最为有利。根据 $\gamma_{L-g} \cos\theta_2 = \gamma_{S-g} - \gamma_{S-L}$ 可知,$\gamma_{S-L} \gg \gamma_{S-g}$ 或者说在空气 - 固体界面上有大量吸附,而固 - 液界面上的吸附极少。捕集剂的憎水性和它们对一些特定固体的化学亲和性也能起到促进作用。

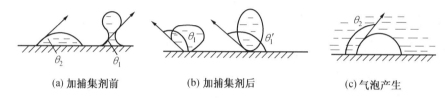

(a) 加捕集剂前　　　　(b) 加捕集剂后　　　　(c) 气泡产生

图 6.13　捕集剂加入前后 θ 角变化使气泡产生

另外,形成大的气泡为浮选提供了方便,这就要求有大的附着面积。更准确地说,要有大的附着周界(因为沿着周界是三相接触的交界),铺展系数为正值有利于增大这个周长,由 $\varphi = \gamma_{S-L} - \gamma_{L-g} - \gamma_{S-g} > 0$ 可知,捕集剂要降低 γ_{S-g} 对 $\varphi > 0$ 有利。

(2)调节剂。

调节剂是能够影响捕集剂吸附效果的化合物,它像催化剂一样起的作用可正可负。使捕集剂的吸附增强时,调节剂称为活化剂。当其效应为负时称为抑制剂。调节剂常常是一些控制 pH 和能多价螯合金属阳离子的化合物,否则的话这些金属阳离子要与矿物颗粒表面争夺表面活性捕集剂。pH 不仅影响某些捕集剂的有效性,而且还影响矿粒的荷电性。氨水石灰、CN^- 及 HS^- 离子源通常用作调节剂。

(3)起泡剂。

它的作用是使充气槽表面处充满矿粒的泡沫变得稳定,直到其能被舀走为止。在 C_5 ～ C_{12} 范围内的烷基或芳基醇是典型的起泡剂,这个系列中的长链成员一般在空气 - 溶液界面上形成单层使 γ_{L-g} 下降,对泡沫的稳定性有利。并且对大接触角($\theta_2 > 90°$)、正的铺展作用及浮选需要的大泡也有帮助。捕集剂和起泡剂在固 - 气和液 - 气界面上都不是独一无二地被吸附,尽管在这两个界面上它们的有关效应各为最大,某种程度上说有竞争吸附。因此,各自产生最大效应的条件难以达到,一般是统筹兼顾使净效应为最优。另外,起泡剂的另一个情况是往往生成凝集较黏排液慢的膜,因而除了热力学上的考虑外,使泡沫稳定的动力学因素也要考虑。

5. 防水

仅就织物防水和交通道路防水问题简单探讨,在此追求的目标是 θ 越大越好。

（1）织物防水。

这在纺织行业是很重要的问题。塑料雨衣防水但透气性不好，人们希望的是既能防水又能透气的织物。透气就要求多孔结构，因此一般是靠织物的憎水性来实现的。倘若经过处理使其作用如图6.14（a）所示，则织物只能说是防水的，而不能说不透水。因为织物仍保留多孔结构，只要施以足够的静压，水即可通过，见图6.14（b）。

| (a) | (b) |

图6.14　接触角在决定织物是否防水时的影响

一般起防水作用的织物涂料是有机硅聚合物和氯的季铵盐，结构式如下。

$$(C_{17}H_{35}CONHCH_2N \bigcirc)^+ Cl^- \text{（氯化甲基硬脂酰胺季铵盐）}$$

它是在水溶液中常用的，将织物加热至120 ~ 150 ℃再经漂洗和干燥，使季铵盐分解为酰胺$(C_{17}H_{35}CONH)_2CH_2$，它能在纤维上形成一种黏附的蜡质涂层。有机硅聚合物具有 —O—Si—O—Si— 链，且有烷基侧链，能提供一种碳氢化合物型的表面，它们同样能被织物束缚住，达到防水的要求。

（2）交通道路防水。

在交通上防止柏油路的损坏是属于另一种防水的类型，这种路面铺了压碎的岩石并覆以沥青等油性物质。问题是水有展开渗入岩石 – 油性物质界面的倾向可导致集块由其结合处脱开。虽然已经发现多种洗涤剂添加剂对于解决这一问题有所帮助，但由于环境变化复杂、老化等因素，还未得到完全满意的解决。

另外，目前海水受溢出油污染的问题日趋严重，适当应用表面活性剂可使这种油层的展开逆转，从而使油层集中便于清除。这也是一个很有实际意义的课题。

6.熔盐电解行业

熔盐电解中有时观察到这样的现象，电解槽的端电压突然升高（12 ~ 120 V），电流强度剧烈下降，阳极周围出现细微火花放电光圈，阳极停止析出气泡。电解质和阳极间好像被一层气体膜隔开似的，这种现象称为阳极效应，其形状如图6.15所示。

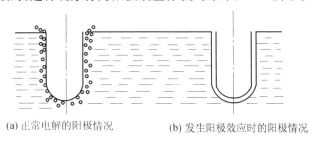

(a) 正常电解的阳极情况　　(b) 发生阳极效应时的阳极情况

图6.15　阳极效应

关于阳极效应产生的原因目前说法不一，但有一点可以肯定，就是与界面润湿及气泡生成有关。以铝电解为例进行讨论，铝电解的熔盐体系为 Na_3AlF_6（冰晶石）– Al_2O_3。

（1）不润湿说。

1947 年 А. И. Беляев 提出这一假说。他认为，当电解质中氧化铝浓度较大时，电解质对炭阳极的润湿性较好，能顺利地把阳极上产生的气泡排挤掉，因此不致发生阳极效应。但当电解质中氧化铝浓度低时，电解质对阳极的湿润性不良，阳极上产生的气泡不能及时被电解质排挤掉，于是小气泡逐渐长大黏附在阳极上，从而引起阳极效应的发生，如图6.16 所示。

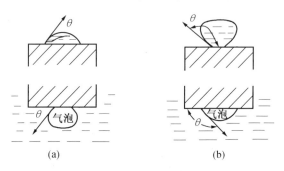

图 6.16　两种电解情况下电解质润湿性与气泡形状的变化

（2）电极过程说。

电极过程说认为阳极效应发生时，在阳极表面生成绝缘物质或者生成使阳极不能被电解质润湿的某种物质。它可能是化学吸附的氟或者是阳极表面和晶格中生成的某种碳氟化合物 C_xF_y，当然也可能是 CF_4 气体。

（3）静电引力说。

1926 年 Wartenberg 提出，阳极效应是由于阳极 - 气体间的静电引力造成的，如图6.17 所示。图中气泡不易从电极表面脱附，从而在电极表面形成了一层气体屏蔽面挡住了电力线的通过，引起阳极正电荷集中于气泡边缘。

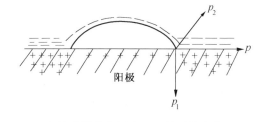

p_1—气泡边缘静电压力；p—拉开的合力；

p_2—气泡边缘的脱附力

图 6.17　微气泡在碳电极上受静电吸附力图解

电荷密度与气泡厚度成反比，静电压力可表示为

$$p_1 = \frac{DV^2}{8\pi d^2}\overline{F}_{电}　　　　　　　(6.52)$$

式中，V 为电荷外壳之间的电压（百万电子伏特）；d 为电荷间的距离（近似计算 $d \approx 10^{-9}$ m）。假定按静电单位计算，取介电常数 $D = 1$，静电作用力也取为 1，则 p_1 在 $10^5 \sim 10^7$ Pa 之间（取 $V = 1$）。这相当于气泡周围产生了 100 kPa ~ 10 GPa 压力。由于这样大的作用力存在，使气泡在阳极面上形成薄膜，相当于绝缘层。

（4）二阶段说。

1983 年，邱竹贤等提出的观点认为阳极效应的发生机理随电解质中氧化铝浓度不同而变化。

① 低氧化铝浓度时的阳极效应。阳极效应发生在阳极 - 气体 - 电解质三相界面上，当电解质液相变化时，必将对三相界面产生影响。在工业电解生产中随着电解的进行，氧

化铝质量分数逐渐减少到 1% ~ 2% 时接近了相应的临界电流密度值。氧化铝是一种表面活性剂物质。它的减少将使电解质对阳极的润湿性变差,阳极气体不易排出,从而使电位升高,为氟离子放电创造了条件。同时,当氧化铝的质量分数小于 2% 时,冰晶石中离子结构由一般配合形式转化为桥式。此种结构中离子团不利于氧离子放电,而有利于氟离子放电,生成 COF_2 或 CF_4 及其中间化合物。由于此类化合物的表面能低,在电解温度下分解迟缓致使润湿性变坏,电极表面生成的气体不能及时脱附而黏附在阳极上。实验证明,气泡生成所引起电流波动幅度已经是正常电解时的 3 ~ 5 倍,这是由于气泡黏附阳极上的面积显著增大使有效面积减少造成的。当阳极效应发生时,不仅仅是液相组成改变(氧化铝浓度降低)、电解质表面张力增加,而且固相表面也随之发生变化,即在阳极效应发生前后使 C_xO_y 转变为 C_xF_y,如由初始 CO_2 转变为 CO、CO_2、CF_2 等混合气体。

由于阳极气体黏附将使被电解质湿润的面积减少,进而引起双电层电容和阳极有效反应面积减少,真实电流密度增加,阳极电位进一步提高,更有利于氟离子放电。由于这一过程的恶性循环,最终阳极表面被一层气体膜所覆盖,堵塞了电流通道,于是槽压升高击穿此气膜层,电极周边产生弧光放电。此时阳极效应真正发生了。

②高氧化铝浓度时的阳极效应。当氧化铝的质量分数大于 3% 时一般不发生阳极效应,但在实验室里可采取增大电流密度的办法发生阳极效应。这是由于随着电流密度增加阳极气泡量明显增加,阳极表面上容许电流通过的面积减少,于是在此部位区生成的气泡量越发增多,电流便被迫从气泡层中通过,引起槽电压升高发生电弧就导致了阳极效应。但此种阳极效应与前者不同,它的发生不仅是阳极气体的黏附,而且还有阳极气体的密集。

以上几种说法是从不同角度阐述而导致认识的多样性,归纳起来有:

a. 从化学反应的角度。阳极表面生成 COF_2、CF_4 及其中间化合物使阳极钝化。

b. 从物理变化的角度。阳极表面产生的气泡逐渐长大,黏附或密集,最后覆盖整个阳极。

c. 从传质过程的角度。氧化铝浓度不断降低,电极表面氧离子浓度减少,致使传质速率小于反应速率,使电极电位升高满足阳极效应的条件。

d. 从界面化学的角度。氧化铝能降低电解质与炭阳极界面张力,所以氧化铝浓度低时界面张力增加,也就是接触角变大,使电解质不能很好地湿润阳极以排挤黏附在电极表面上的气泡,导致气泡成长终于发生了阳极效应。

e. 从电化学的角度。良好的双电层是发生电化学反应的前提,当阳极电流密度逐渐升高时电极表面气体逐渐增多,或由于气泡逐渐成长黏附在电极表面将导致双层电容下降。一般电化学双电层能够受住 10^{10} V/m 的电场强度,所以一旦双电层被击穿必将发生弧光放电,击穿气膜发生阳极效应。

6.2　洗涤作用

洗涤是每天都会遇到的事,所谓洗涤是指利用表面物理和化学方法将固体表面的外来污物去掉的过程。在洗涤过程中不仅涉及各种类型的界面(气 - 液、气 - 固、液 - 固和

液 – 液),而且还有胶体体系的许多重要问题(如加溶、乳化和分散等),它既不属于纯粹的机械清除,又不是纯粹的化学过程(将杂质用化学方法溶解)。洗涤和润湿直接相关,因此洗涤也是润湿的实际应用。

6.2.1 洗涤基本过程及污垢特点

1.洗涤的基本过程

在表面活性剂溶液中,自固体表面去除污垢的洗涤过程涉及润湿、分散、起泡、增溶及乳化等各种作用。虽然洗涤已有悠久的历史,但由于过程的复杂,迄今对它的本质还不十分了解。

最早作为洗涤剂的肥皂,是由动植物油脂和苛性碱皂化而成的。由于它在酸性溶液中生成不溶性的脂肪酸,所以在硬水中与 Ca^{2+}、Mg^{2+} 等离子生成不溶的脂肪酸盐,这一方面影响了它的使用效果,另一方面不溶物也会污染被洗涤的表面。自合成洗涤剂出现之后,因为它具有良好的去污能力,并且对污垢具有分散及悬浮作用,使之不能再次沉积于被洗涤物的固体表面,故在很大程度上代替了肥皂的使用。

去除污垢的洗涤作用涉及固体表面、洗涤剂、溶剂和污垢表面的性质,其机理相当复杂。但从宏观上看,可以把洗涤作用视为固体表面、污垢、洗涤剂、介质相互作用的结果。因此,可用下面的关系式表示洗涤过程。

$$基物 \cdot 污垢 + 洗涤剂 \Longleftrightarrow 基物 \cdot 洗涤剂 + 污垢 \cdot 洗涤剂$$

通常洗涤过程分成两个阶段,首先在洗涤溶液作用下,污物自被洗物上除去;其次将脱离被洗物的污垢稳定在介质中,防止再沉积到已清洗的被洗物上。对于第一个阶段起直接作用的主要是表面活性剂配合物,无机电解质等对表面活性剂性能的发挥起辅助作用。第二个阶段中起主要作用的除表面活性剂外,尚有抗再沉积的添加剂。在洗涤溶液作用下,污垢与基物之间的附着力被减弱或消除,使污垢与基物分离并进入介质。这样洗涤过程中表面活性剂在各个界面上的吸附就成为去除污垢的重要条件。将污垢在洗涤液中稳定悬浮,不再沉积到已清洗的基物上,也是基于表面活性剂和其他助剂在污垢表面的吸附并形成一层保护膜,这也是界面吸附问题。

2.污垢及分类

污垢就是欲被清除的对象,是一种相当复杂的体系。在人类文明发展的不同时期,在同一时期的不同地域和环境中,污垢的组成和种类却是不同的。在人类的原始时代,人口稀少,生产方式及生活方式都极单调,附着于物品上的污垢都是来自于大自然比较简单的物质。随着文化的进步,科技及工业的发展,人类生产水平的提高,污垢的种类及成分也变得日益复杂起来。日常生活和工、农业生产都不可能不产生污垢,污垢成分的复杂性也不可遏制。

物品的使用环境不同,使用情况不同,污垢的种类、成分和数量也不相同。例如,衣服上的污垢、餐具上的污垢、住宅中的污垢、地毯上的污垢等,其成分都是不相同的。就衣服上的污垢而言,内衣、外衣污垢种类也不尽相同。衣服上的污垢,就其来源而分,可有人体分泌物或排泄物如汗、皮脂、皮屑、手垢、乳、血、唾液、尿等;来源于食品的污垢如牛奶渍、油渍、调味品渍、淀粉渍等;由文具带来的污垢,如墨水、蜡笔、颜料等;由化妆品带来的污垢如唇膏、指甲油、染发水造成的污渍;大气中的固体颗粒如煤灰、尘埃、铁锈、砂土等。将各种污垢加以分类是困难的,也不易做出科学的分类。形形色色的污垢通常分为三大类:

① 液体油性污垢,如:动植物油、矿物油。

② 固体污垢,如:尘埃、黏土、砂、铁锈、灰、炭黑等。

③ 特殊污垢,如:蛋白质、淀粉、人体分泌物等。

3.污垢与基物的结合

一般情况下,污垢与物体表面接触后之所以不再分开,是由于污垢与基物之间存在着某种结合力,这就造成污垢与其他物体的黏附。污垢与基物结合力主要有以下几种。

(1) 机械力结合。

机械结合力主要表现在固体尘土的黏附现象上。依衣料纺织的粗细程度、纹状及纤维特性不同,结合力有所不同。在洗涤时,根据搅动或振动等不同的机械力作用,污垢的脱落程度也不一样。机械力结合是一种比较弱的结合,以此种力结合的污垢比较容易除去,但当污垢的粒子缩小到 $0.1~\mu m$ 时,就很难洗掉。

(2) 静电力结合。

纤维素纤维或蛋白质纤维在中性或碱性溶液中带有负电(静电),见表6.1。

有些固体污垢的粒子在一定条件下带有正电荷,如炭黑、氧化铁等污垢。带有负电的纤维对于这类污垢粒子就表现出很强的静电引力。另外,水中含有 Ca^{2+}、Mg^{2+}、Fe^{3+}、Al^{3+} 等多价金属离子,在带负电的纤维和带负电的污垢粒子之间,可以形成所谓的多价阳离子桥(Cation Bridge),如图 6.18 所示。有时,多价阳离子桥可能成为纤维上附着污垢的主要原因。

表6.1　纤维在水中的带电

纤维	ξ 电位 /mV
羊毛	− 48
棉	− 38
醋酸酯纤维	− 36
丝	− 1

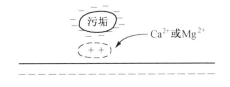

图 6.18　阳离子的桥梁作用

静电力结合比机械力结合强,所以带正电荷的炭黑、氧化铁之类的污垢附着在带负电荷的纤维上时,很难将此类污垢去除。

(3) 化学结合力。

极性固体污垢(如黏土)、脂肪酸、蛋白质等污垢与纤维的羟基之间通过形成氢键或化学键的化学结合力而黏附在纤维上,这类污垢通常以洗涤方法很难去除,需要采取特殊的化学处理,使之分离,去除。

(4) 油性结合。

在塑料制品上的油性污垢,具有把固体污垢和塑料本身黏附在一起的作用,这种黏附作用可以认为是一种油性的结合。污垢形成一种固溶体而渗透到非极性纤维内部,使污垢不易洗涤,油性结合是一种重要的黏附形式。

不同性质的表面与不同性质的污垢,有不同的黏附强度。在水为介质的洗涤过程中,非极性污垢(炭黑、石油等)比极性污垢(黏土、粉尘、脂肪等)不容易洗净。疏水表面上的非极性污垢,比亲水表面(棉花、玻璃)上的非极性污垢更不容易去除;而在亲水表面上的极性污垢则比疏水表面上的极性污垢不易洗涤。如果从纯粹机械作用来考虑,固体污垢在纤维物品表面上或较光滑的表面上容易黏附;固体污垢质点越小则越不易去除。

6.2.2 液体污垢的去除

洗涤作用的第一步是洗涤液(介质加洗涤剂)润湿被洗物表面,否则洗涤液的洗涤作用不易发挥。水在一般天然纤维(棉、毛)上的润湿性较好,但在人造纤维(如聚丙烯、聚丙烯腈)上的润湿性往往比较差。固体表面的润湿,仅与固体表面结构有关,与固体内部的化学结构无关,所以未经适当处理(清洗、脱脂)的天然纤维,其表面上有一些蜡和油脂,水在其中的接触角比较大,润湿性较差。例如原棉纤维,水在其上的接触角可达105°,经乙醇及乙醚处理后,其接触角分别降至65°和10°～30°。在硬水中用皂洗涤时往往有钙皂、镁皂沉积于纤维表面,也会使纤维表面变得疏水。表6.3 给出了一些纤维材料的临界表面张力和水在其表面上的接触角。可以发现,除聚丙烯等一类无极性纤维材料外,其余纤维表面上水的接触角均小于90°,但不能铺展,除聚四氟乙烯外,其余材料的界面张力都在 29 mN/m 以上。这就是说洗涤剂水溶液能够很好地润湿这些材料,特别是纤维状态,表面粗糙度大,表观接触角可能更小些,即更易润湿。如果材料表面上已黏附污垢,即使完全被覆盖,其临界润湿表面张力也不会小于 30 mN/m,表面活性剂溶液也能较好地将其润湿。

一般条件下,表面活性剂水溶液的表面张力可以低于一般纤维材料的临界表面张力(可铺展),所以纤维的润湿在洗涤过程中不是什么严重问题。另外,粗糙表面比光滑表面更易润湿,洗涤液对粗纤维表面的润湿更不会发生什么困难。

表 6.2　一些纤维材料的临界润湿表面张力和水在其表面上的接触角

纤维材料	临界润湿表面张力 $\gamma_C/(\text{mN} \cdot \text{m}^{-1})$	接触角 $\theta/(°)$
纤维素(再生)	44	0 ～ 32
聚四氟乙烯	16、18	108、124
尼龙 66	46	70
聚酯	43、42.5	81
聚丙烯	29	90
聚乙烯	31、32	92、94

洗涤作用的第二步就是油污的去除,液体油污的去除是通过蜷缩机理实现的,液体油污原来是以铺展的油膜存在于表面的,将被选物品浸入洗涤液后,洗涤液对物品表面有优

先润湿作用,使原来的铺展油膜逐渐蜷缩成油珠,如图6.19所示。图(a)为在物品表面上油膜有一接触角θ,油-水,固体-水、固体-油的界面张力分别为γ_{W-O}、γ_{S-W}、γ_{S-O},于是平衡时有下列关系

$$\gamma_{S-O} = \gamma_{W-O}\cos\theta + \gamma_{S-W} \tag{6.53}$$

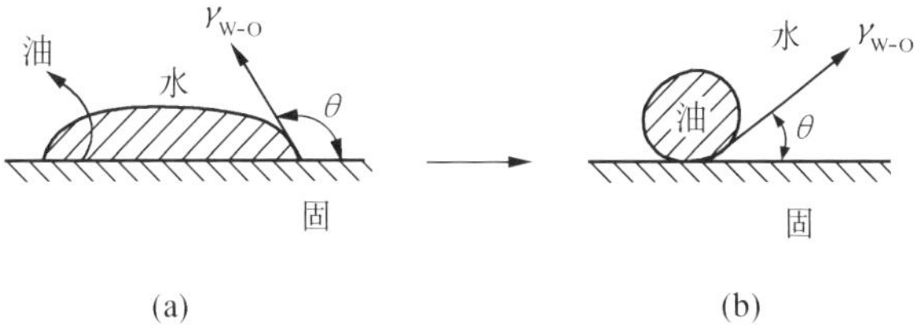

图6.19 润湿蜷缩过程

如果水中加入表面活性剂组分,由于表面活性剂易在固-水界面和油-水界面吸附,故γ_{S-W}和γ_{W-O}降低,而γ_{S-O}不变,为了维持新的平衡,$\cos\theta$值必须变大,θ要变小;也就是说接触角θ将从图6.19(a)中的大于90°,变为(b)中的小于90°,甚至在条件适宜时,接触角θ接近于零,洗涤液完全润湿固体表面,油膜蜷缩成油珠。于是,在揉搓和搅拌作用下,污垢自固体表面脱落,并分散、悬浮于介质中,而后增溶于表面活性剂的胶束中。此时,在干净的固体表面上也形成了表面活性剂分子的吸附膜,防止了洗下的污垢重新在干净表面上的再沉积。

通过关于液体污垢洗涤蜷缩机理的讨论,可以得出结论:若接触角$\theta = 0°$,即液体可自发脱离固体表面,可被水力冲走;当油污与表面的接触角小于90°,则即使有运动液流的冲击,仍然有小部分油污留于表面,要除去此残留油污,需要更多的机械力,或通过较浓的表面活性剂溶液的加溶作用去除。

6.2.3 固体污垢的去除

去除固体污垢的机理与去除液体油污有所不同,主要由于两种污垢对固体表面的黏附性质不同。在固体表面上固体污垢的黏附很少像液体那样展开成一片膜,往往仅在较少的表面或一些点上接触而黏附。黏附主要来源于范德瓦耳斯引力,静电引力则弱得多。非极性纤维上静电可加速空气中灰尘在固体表面上的黏附,但并不增加黏附强度。

污垢质点与固体表面黏附强度,一般随接触时间的增加而增强,在潮湿的空气中的黏附强度大于在干燥空气中,在水中的黏附强度比在空气中大为减弱。

(1)对于固体污垢的去除,主要由于表面活性剂在固体污垢质点及固体表面上的吸附。在洗涤过程中,首先发生的是对污垢质点及表面的润湿。洗涤液能否润湿固体污垢质点及固体表面,可以从其铺展系数φ来考虑。

$$\varphi = \gamma_{S-g} - \gamma_{S-w} - \gamma_{W-g} \geqslant 0 \tag{6.54}$$

只要$\varphi > 0$,则洗涤液即能在污垢质点及固体表面上展开润湿。一般已沾污的纺织物(或其他器皿)不易为纯水润湿,因为这些低能表面物质的γ_{S-g}相当低,而γ_{S-w}及γ_{W-g}则较高,于是φ往往小于零。若洗涤液中有表面活性剂存在,由于表面活性剂在固-液界面及溶液的表面吸附,γ_{S-w}及γ_{W-g}大大降低,因此φ可能变得大于零,洗涤液因此就能很好地

润湿污垢质点及固体表面。

（2）固体污垢或纤维的表面在水中都带负电荷,见表6.3。

表6.3 固体粒子在水中的电泳速度及 ξ 电位

粒子	电泳速度 /($\mu m \cdot s^{-1} \cdot cm^{-3} \cdot cm$)	ξ 电位 /mV
石英	-3.0	-44
氧化铁	-1.9	-28
炭黑	-4.5	-60
黏土	-3.1	-46
褐煤	-2.3	-40

污垢质点在水中带负电荷。污垢质点表面电势 ξ 受溶液中表面活性剂影响,尤其为表面活性剂离子电荷的影响。在一般情况下,加入阴离子表面活性剂往往提高污垢质点与固体表面的界面电势 ξ,从而减弱了它们之间的黏附力,有利于污垢质点自表面除去,同时也使去除了的污垢质点不易重新再沉积于表面。非离子型表面活性剂不能明显改变界面电势,因此去除表面黏附污垢时,非离子表面活性剂能力较阴离离表面活性剂差。但被吸附的非离子表面活性剂在表面上形成较大的空间障碍,有利于防止污垢的再沉积,因此从此意义来说,非离子表面活性剂的作用有独特之处。

从表面电荷而言,阳离子型表面活性剂一般不能作为洗涤剂。主要由于阳离子表面活性剂使表面电势下降或消除,不利于洗涤作用,甚至于阳离子表面活性剂水溶液比单纯的水溶液作用还差,因为表面活性剂阳离子被强烈地吸附于带负电荷的污垢质点,不易从带负电荷的表面上去除。而且基质和污垢粒子被阳离子表面活性剂吸附后都成为疏水性表面,它们相互之间具有引力,而使污垢粒子黏附于基质上,常称此现象为阳离子表面活性剂的反洗作用。

（3）对于固体污垢,即使有表面活性剂存在,如果不加机械作用,也很难除去。因为污垢固体不是液态,溶液很难渗入到质点与表面之间,必须加机械力以助溶液渗入,从而从表面去除固体污垢。一般而言,污垢质点越大,截面积承受水力冲击也越大,因而越容易清洗。但是,越靠近固体表面流体速率越小,在固体表面处,流体流速为0,而离开表面距离 d 越大,则流速 u 越大,如图6.20所示。因此,大的质点不仅因截面大而受较大的冲击力,而且因离基物表面较远处的流速也大,二者合一,其受到的冲击力更大而更易清洗。一般当污垢质点小于 $0.1\ \mu m$ 时,机械力很难发挥作用而不易清洗。

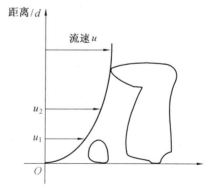

图6.20 固体污物与洗涤流速的关系

6.2.4 洗涤作用的影响因素

洗涤作用涉及的体系复杂多样,因而影响洗涤作用的因素几乎很难有统一的规律。常常在某些条件下,机械因素和几何因素甚至比物理、化学因素更加重要。这里仅对一些主要的物理、化学因素进行说明。

1. 表面张力

表面张力是表面活性剂水溶液的一种重要的性能指标,而表面活性剂也是洗涤剂的必要组分,洗涤剂的去污作用主要是通过表面活性剂来实现的,故表面张力与洗涤作用必然有内在的联系。

大多数优良的洗涤溶液均具有较低的表面张力。根据固体表面润湿的原理,对于一定的固体表面,液体表面张力越低,润湿性能越好。润湿是洗涤过程的初步,有利于润湿,才有可能进一步起洗涤作用。此外,较低的表面张力和固 – 液界面张力有利于液体油污的去除,有利于油污的乳化加溶作用,因而有利于洗涤。

阳离子表面活性剂虽然有比较低的表面张力,表面活性也比较好,但在多数情况下,吸附于固体表面,使固体表面疏水,不易润湿,易黏附油污,还有反洗作用,故其通常不宜作为洗涤剂组分,这是对带负电的污垢而言的。

2. 吸附作用

表面活性剂在污垢和洗涤物表面上的吸附使表面及界面性质变化,对洗涤作用有重要影响。

对于液体油污,表面活性剂在油 – 水界面上的吸附主要导致界面张力降低,有利于油污的清洗,也有利于已脱离表面的油污形成分散度较大的乳状液。同时,形成的界面膜具有较大的强度,这样的乳状液具有较高的稳定性,不易再沉积于织物表面。而阳离子表面活性剂易吸附于固体表面,使表面疏水,容易黏附油污,不利于洗涤。

对于固体污垢质点上的吸附比较复杂。在水介质中,一般固体污垢带负电,不易吸附阴离子表面活性剂。但若质点的非极性较强,则可通过质点的疏水性与表面活性剂的疏水碳氢链间发生范德瓦耳斯引力的吸附。质点表面的负电荷密度由于吸附阴离子表面活性剂而增加,这样质点之间的斥力以及已吸附阴离子表面活性剂的质点与带负电荷的固体表面之间的斥力也相应增加,从而提高了洗涤效果。对于阳离子表面活性剂,首先对水介质中带负电的固体污垢点发生吸附,使质点电荷密度减少,以致接近于零。同时,吸附于固体表面,烷基朝向水中使表面呈疏水性,二者的结果使质点容易聚集成大颗粒而再度沉积于疏水性固体表面上。但如果加入大量的阳离子表面活性剂,在第一吸附层上又吸附了第二层表面活性剂,此时表面活性剂的极性基朝向水中,质点和固体表面变成亲水性的,并且带有正电荷,这时又有利于清洗了。但需耗费大量价昂的阳离子表面活性剂,而且第二层吸附是物理吸附,一旦溶液中表面活性剂浓度降低,很容易脱附,质点和固体表面重新又变成疏水和不带电的,容易发生再沉积。

非离子表面活性剂可吸附于一般带电的固体上,常常使表面的电荷密度降低。一般聚氧乙烯型非离子表面活性剂的分子较大,而且亲水的聚氧乙烯链占全部分子的2/3以上。于是,在吸附非离子表面活性剂后,疏水的污垢质点变得相当亲水,形成一个水化层,成为污垢质点的保护层,造成了防止污垢质点相互接近的空间障碍,提高了所形成分散体系之稳定性。污垢质点不再沉积,达到良好的洗涤效果。

表面活性剂在各种纤维上的吸附情况各不相同,非离子表面活性剂在非极性纤维上的吸附,是通过碳氢链与碳氢链间的范德瓦耳斯引力,表面活性剂的疏水基朝向非极性纤维,而聚氧乙烯朝向水中,与已吸附非离子表面活性剂的污垢质点有较大空间障碍。阴离子表面活性剂在非极性纤维上的吸附也是如此。非离子表面活性剂则有所不用,聚氧乙烯链通过醚链与纤维的羟基形成氢键而吸附于纤维表面,其疏水基则朝向水中,使得亲水的纤维素纤维的表面变成疏水性,而吸附非离子表面活性剂的污垢质点则变成亲水性,不能再沉积于疏水性固体表面上。阴离子表面活性剂则无此情况。因此,无论在非极性织物上还是亲水性较强的棉纤维上,非离子表面活性剂的防止再沉积能力都比阴离子表面活性剂强,而阳离子表面活性剂总是以其疏水基朝向水中,故其洗涤作用最差。

无机电解质也显著影响离子型表面活性剂的吸附性能,从而影响清洗性能。所以无机电解质也称助洗剂,后面还要介绍。无机电解质一价、二价反离子对离子型表面活性剂吸附性能的影响介绍如下。

(1)一价反离子。

对于表面活性剂十四醇硫酸钠($C_{14}H_{29}OSO_3Na$)和NaCl构成的洗涤液,当NaCl的浓度较高(3 g/L左右)时,可很大程度上压缩双电层,降低表面活性剂离子间的排斥力,使其平衡吸附量增加。但是,由于离子水化作用,溶液中游离水减少,能降低表面活性剂在水中的溶解度,这又对吸附不利。一般情况下,加入反离子的浓度较低,对洗涤有利。

(2)二价反离子。

对于表面活性剂十四醇硫酸钠($C_{14}H_{29}OSO_3Na$)和$MgCl_2$构成的洗涤液,当$MgCl_2$的浓度 < 1 g/L时,Mg^{2+}对表面活性剂吸附能力远大于对溶解度的影响。因此,对阴离子表面活性剂的洗涤是有益的;而换成$CaCl_2$时,当浓度小于0.2 g/L时,也对洗涤有力,若超出此值,如0.5 g/L时,就会使洗涤能力明显下降。一般二价反离子比一价反离子影响大,对浓度更敏感。这是由于二价阳离子和阴离子表面活性剂较易形成沉淀,溶解度小,易使活性阴离子失去活性。因此,高硬度的水中含有大量Ca^{2+}、Mg^{2+}会导致清洗性能降低。

3. 乳化作用

不管油污多少,乳化作用在洗涤过程中总是相当重要的。具有高表面活性的表面活性剂,可以最大限度地降低油 – 水界面张力,只要很小的机械功即可乳化。降低界面张力的同时,发生界面吸附,有利于乳状液的稳定,油污质点不再沉积于固体表面。

仅仅是油污质点的乳化和分散不能有效地完成洗涤过程,洗涤过程必须着眼于降低污垢与被洗物之间的结合力,这一点要记住。

4. 泡沫作用

泡沫作用与洗涤没有必然的联系,习惯上往往把起泡作用与洗涤作用混为一谈,认为洗涤剂的好坏决定于泡沫的多少。实际并非如此,许多结果都表明,洗涤作用与泡沫作用没有直接关系。

虽然如此,但在某些场合下,泡沫还是有助于去除污垢的,例如洗地毯时,地毯香波的泡沫有助于带走尘土等固体粒子污垢,泡沫起到携带污垢的作用。另外,泡沫有时可以作为洗涤液是否有效的一个标志。例如,脂肪性油污对洗涤液的起泡力有抑制作用,当脂肪性油污过多而洗涤剂的加入量不够时,洗涤液就不会生泡沫,并使原有的泡沫消失,这样标志着洗涤液中的洗涤剂量不够,应添加,当添加量足够后,将油污抑泡作用抵消,又重起泡了。

另外,在洗发或洗浴时产生细腻的气泡使人感到滑润舒适,令人愉快。

5. 加溶作用

表面活性剂胶束对油污的加溶,使非极性油污加溶于胶束的疏水性内核中,极性油污则加溶于胶束的表层亲水性区域内,使油污不可能再沉积,以提高洗涤效果。实际上,加溶作用的前提必须是溶液浓度大于临界胶束浓度 cmc(具体定义在第 8 章介绍),若洗涤液中表面活性剂浓度在 cmc 以下,而且纤维纺织品具有较大的比表面积,将从溶液中吸附大量表面活性剂。这样使加溶作用失去前提。而且加溶作用并非黏附于织物表面的油污直接被表面活性剂胶束溶解,而是先经"蜷缩",脱离表面,形成悬浮的油滴,然后再加溶于胶束的油滴中。由此可见,加溶作用不是洗涤过程的主要因素。但是,一些非离子表面活性剂作为洗涤剂的洗涤过程,油污的去除程度随表面活性剂浓度(cmc 以上)增加而显著增加,这又表明了增溶作用在洗涤过程中起作用。

以上讨论是指织物浸在水介质中的去除污垢的过程,在局部集中使用洗涤剂的情况下(衣物上抹上肥皂或其他洗涤剂搓洗、肥皂洗手、洗脸等),加溶作用可能是清除表面油污的主要因素。

6.2.5 助洗剂

在一般的洗涤剂配方中,除了作为重要成分的表面活性剂外,还含有大量无机盐,少量的其他有机添加剂。这些物质在洗涤中有其特殊作用,但其共同之处是提高洗涤效果,故统称为助洗剂。

一般洗涤剂中,表面活性剂占 10%～30%,助洗剂占 30%～80%。助洗剂中,主要是无机盐,如磷酸钠类、碳酸钠、硫酸钠及硅酸钠等;还有少量有机助洗剂,如羧甲基纤维素钠盐及烷基单乙醇酰胺等。

1. 无机盐类助洗剂

(1)磷酸盐系列。磷酸盐中常用者为三聚磷酸钠(STPP、$Na_5P_3O_{10}$),焦磷酸钠($Na_4P_2O_7$)。磷酸盐助剂的作用主要是:

① 与水中的多价金属离子螯合,以避免这些金属离子与离子表面活性剂生成不溶物污垢,沉积于洗涤物表面;

② 本身也有一定的洗涤作用及质点悬浮作用,即使无表面活性剂存在时,也有助于洗涤过程进行。磷酸钠盐容易吸附于质点及洗涤物表面,大大增加其表面电荷(多磷酸根的负电荷数较多),从而有利于质点悬浮,防止了质点发生沉积,故对于洗涤有利。但

要考虑相关的环保问题,从排入江河富磷物这一点上应尽量禁止使用。

(2)硫酸钠。硫酸钠常常是合成洗涤剂的副产物,它与其他无机盐一样,有降低表面活性剂的 cmc,提高其表面活性的作用,并促使表面活性剂易吸附于质点及洗涤物表面,增加质点的分散稳定性,进而防止沉积。当然,无机盐的作用是随其浓度而变化的。若浓度过高,则往往适得其反,即其助洗作用反而下降。这是因为表面活性剂达到饱和后,再增加无机盐浓度只会引起表面电势降低,从而不利于洗涤作用。

(3)硅酸钠。硅酸钠俗称"水玻璃",其分子式有时写成 $m\mathrm{Na_2O} \cdot n\mathrm{SiO_2}$,$m/n$ 称为模数,一般在 $1/(1.6 \sim 2.4)$ 时洗涤效果好。硅酸钠的主要作用是稳定 pH。高 pH 可增加表面负电荷,有利于洗涤,还可以防腐蚀。此外,硅酸钠还有悬浮、乳化、稳泡作用。硅酸钠水解产生了具有胶束结构的硅酸化合物,此种溶剂化的胶束对固体污垢粒子的悬浮、分散有利,同时,硅酸钠对油污有乳化作用,有利于防止污垢的再沉积,提高清洗效率。

(4)碳酸钠。碳酸钠的主要用途是调节 pH。但由于洗涤剂显碱性,所以如丝、毛和某些易碱性水解的合成纤维均不适合加入碳酸钠。

另外,无机盐助洗剂还有过氧酸盐($\mathrm{NaBO_2} \cdot 2\mathrm{H_2O_2} \cdot 3\mathrm{H_2O}$),主要是释放活性氧,对织物有漂白作用。

2. 有机助洗剂

(1)有机螯合物。这类助剂对高价金属离子像三磷酸五钠一样有螯合作用,"螯合"是将多价离子抓住,封锁于螯合剂分子之中,使金属离子失去反应性能,有机螯合物可以分为两大类:

① 含氮的羧酸,包括乙二胺四乙酸(EDTA)、氨三乙酸(NTA)、二乙撑三胺五醋酸(DTPA)。此类螯合剂对三价离子的螯合作用好,因此洗涤剂加入此类螯合剂可防止洗涤中发生铁锈,并可螯合某些会催化过氯酸盐分解的金属离子或使增白剂失效的金属离子。

② 羟基羧酸,包括葡萄糖酸、柠檬酸,此类助剂不含 N、P 等杂原子,不会产生过肥作用,安全性又比较好,对金属离子有良好的螯合性,被认为是一类有前途的有机螯合剂。

(2)抗污垢再沉积剂。此类助剂包括羧甲基纤维素钠(CMC - Na)、聚乙烯吡咯烷酮(PVP)、聚乙二醇等,其中以羧甲基纤维素钠用得最多,含量为洗涤剂的 0.5% ~ 1.0%(质量分数)。羧甲基纤维素钠是高分子电解质,容易吸附在固体表面上,并使表面电荷密度增大,从而增加了质点的分散稳定性,防止再沉积于纤维表面。

(3)钙皂分散剂。此类助剂包括脂肪醇、甘油单脂肪酸酯、烷基醇酰胺等。这些物质的加入,目的是防止 $\mathrm{Ca^{2+}}$、$\mathrm{Mg^{2+}}$ 等离子与表面活性剂生成皂而沉淀。

另外,根据洗涤的目的不同,还有加入抗静电剂、柔软剂、泡沫抑制剂等。这里不再详细介绍。

6.2.6 洗涤剂种类

洗涤剂应用非常广泛,种类也很多,根据活性物质在水中离解出来的表面活性离子的电荷不同,可以简单地分为四大类,见表6.4。表6.5是几种典型的洗涤产品配方。

表 6.4　洗涤剂分类

种类	表面活性物质	应用
阴离子型	羧酸盐、磺酸盐、硫酸盐	用量很大,在碱性和中性溶液均可洗涤,也可用作润湿、乳化和金属清洗剂等
阳离子型	胺盐类、季铵盐类、咪唑啉类	洗涤带阳离子的织物,酸性溶液中洗涤毛织物,在染、织、石油、选矿和食品工业中广泛应用
非离子型	醚类、酯类、酰胺类	家庭洗涤剂、食品乳化剂、纤维柔软剂
两性离子型	羧酸盐、磺酸盐、硫酸盐	碱性介质中性质同阴离子表面活性剂,酸性介质中同阳离子表面活性剂

表 6.5　几种典型的洗涤产品配方

配料		用量 /g
高级衣料干洗剂	合成醇聚氧乙烯醚($n=3$)	3
	仲醇聚氧乙烯醚($n=9$)	5
	脂肪醇聚氧乙烯醚($n=7$)	2
	乳化剂	1
	轻度氯化石蜡(含氯1%)	1
	低沸点溶剂	10
	氯仿(极性溶剂)	15
	三乙醇胺	0.5
	去离子水	62.5
餐具洗涤剂	烷基苯磺酸钠	2.5
	脂肪醇聚氧乙烯醚($n=7.0$)	1.0
	脂肪醇聚氧乙烯醚($n=9$)	1%
	苯甲酸钠	0.25
	三乙醇胺	2.0
	香料	0.25
	水	42.5
除黄斑牙膏	七水三氯化镧	1.5
	山梨醇(70%)	30
	留兰香油	0.1
	氧化铝	33
	异丙醇	4
	糖精	0.05
	胶态二氧化硅	1.5
	羟乙基纤维素	0.5
	聚氧乙烯醇(50)硬脂酸脂	2
	水	余量加至100

续表 6.5

配料		用量 /g
门窗玻璃擦洗剂	乙醇	50
	乙醚	50
	铁红粉	少许
抗静电洗涤剂	脂肪酸钠(50%)	15
	十二烷基苯磺酸钾(50%)	24
	乙二胺三乙酸钠乙酰十二胺(50%)	8
	丙二醇十二烷基醚聚乙氧基(10)醚	6
	焦磷酸钾	5
	十二烷基五甲氧基甲酯硫酸铵	1
	异丙基磺酸钠	2
	色料	适量
地板清洁剂	脂肪酸二乙醇胺	5
	聚乙烯醇(600)	5
	烷基苯磺酸钠	5
	二甲苯磺酸钠	2
	亚硝酸钠	0.2
	磷酸钠	3
	焦磷酸钾	3
	水	76.8

第7章　乳状液与泡沫

乳状液与泡沫所涉及的都是两种或两种以上部分混溶或不混溶的流体,以及一相在另一相中的分散作用。乳状液属于液 – 液分散体系,泡沫属于气体分散在液体中的分散体系。分散体系中液滴或气泡的大小范围一般在零点几微米左右,它们的界面化学有相似之处,即乳状液与泡沫皆是不稳定的,能分离为两个流体相,也就是说乳状液会破坏,泡沫会崩溃,它们的稳定性与界面膜的性质和界面上的电荷等因素有关。

7.1　乳状液

乳状液是一个多相体系,其中至少有一种液体以液珠的形式均匀地分散在一个不和它混溶的液体之中,液珠的直径通常大于0.1 μm。这种体系一般不稳定,但加入第三者——乳化剂可明显地增加体系的稳定性。一般将以小液珠形式存在的那个相称为分散相或内相,其余作为分散介质的那一相,称为连续相或外相。乳化液可分为两种截然不

同的类型,一类是水为连续相,油分散在其中,如牛奶,简称为水包油型乳状液,用 O – W 表示;另一类是油为连续相,水分散在其中,如含水原油,简称为油包水型乳状液,用 W – O 表示。还有更复杂的多重乳状液,在乳状液体系内,分散的液滴中包含有连续相液体的细小液珠(图7.1)。它们也可以分为两类,一类是油分散在水中,而油滴中又有小水珠,称为水包油包水型多重乳状液,用 W – O – W 表示;另一类是水分散在油相中,而水滴中又含有小油珠,称为油包水包油型多重乳状液,用 O – W – O 表示。

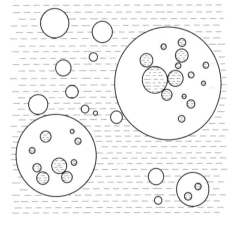

图7.1　多重乳状液

7.1.1　乳状液的一般性质

1.液珠大小及分布

乳状液液珠大小是很不相同的,直径为0.1 ~ 100 μm,可用一分布曲线表示(图7.2)。若分布曲线随时间变化明显,曲线峰向大半径移动,并且宽度增加,就表明乳状液不稳定。如果分布曲线显示出小半径的液珠多、分布集中,随时间变化小,即表明该乳状液具有较高的稳定性。根据分布曲线随时间变化的快慢,可以衡量乳状液稳定性的大小。乳状液液珠大小的分布与油、水相的性质,乳化剂的性质和含量、乳化的方式,以及

乳化的温度有关。可利用仪器直接测量液珠的大小,并自动给出分布曲线,根据曲线随时间的变化可知乳状液的稳定程度。

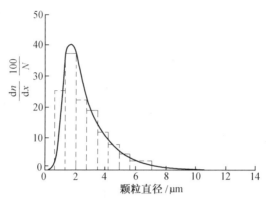

图 7.2 乳状液的颗粒大小分布

(纵坐标为在各种尺寸范围内的液珠的百分数)

2. 光学性质

液珠直径大于 6 μm 的乳状液呈乳白色;直径为 1 ~ 0.1 μm 的呈蓝白色乳液;直径为 0.1 ~ 0.05 μm 的呈灰色半透明状;直径小于 0.05 μm 的为透明溶液。这表明乳状液的外观与分散在其中的液珠大小密切相关。由于内相与外相的折光率不同,光照在分散颗粒上会产生折射、反射、散射等现象。当乳状液的液珠大于 0.1 μm 时,液珠大于入射光的波长发生反射或折射现象,乳状液呈不透明的白色;当液珠稍小于入射波长时,光的散射作用变得显著,体系呈半透明状;当液珠比入射光的波长小得多时,光可以完全透过,此时为透明溶液。另外,当分散相与分散介质的折射率相同时,乳状液有时为透明溶液;若两相的折射率相同,但色散率不同,则乳状液为不透明溶液,而且是五颜六色的彩色乳状液。有一种儿童玩具就是利用这种原理制成的。

3. 黏度

乳状液作为一种流体,其黏度为乳状液的重要性质之一。乳状液的黏度与其实际应用密切相关,例如某些金属切削用的乳状液需要较高的黏度,而原油乳液输送则需要降低黏度。影响乳状液黏度的因素很多,连续相、分散相、乳化剂或其他添加剂皆对乳状液的黏度有影响。通常对乳状液黏度影响最主要的因素是外相黏度,当连续相黏度已经确定时,分散相的浓度起重要作用,分两种情况对其进行讨论。

① 当分散相浓度不大时,乳状液黏度主要由分散介质决定。分散相浓度低,一般分散相的体积分数 $\Phi < 2\%$ 时,其液珠性质可近似看作是刚性球体,这时可用 Einstein 公式描述其黏度表达式

$$\eta = \eta_0(1 + 2.5\Phi) \text{ 或 } \eta_r = \eta/\eta_0 = (1 + 2.5\Phi) \tag{7.1}$$

式中,η_0 为分散介质的黏度;Φ 为内相体积分数;η 为乳状液黏度;η_r 为相对黏度。对于非常稀的乳状液,其相对黏度 η_r 将随内相体积分数的增大而线性增加,乳状液为 Newton 型流体。随着内相浓度增加,转变为非 Newton 型流体,先表现为假塑流型,当浓度很高时再表现为塑流型,具有黏弹性。这时 Einstein 公式便不再适用。

② 当分散相浓度较高时,乳状液黏度可以用 Sibree 公式计算

$$\eta = \eta_0 \left[\frac{1}{1 - (h\varPhi)^{1/3}} \right] \qquad (7.2)$$

式中,h 为体积因子,是一常数,代表乳化剂的水化作用对液珠有效体积的增量,一般 O – W 型乳状液 h 约等于 1.3。但实际上 h 与乳化剂的化学性质、浓度和连续相的性质皆有关。目前较为普遍适用的公式为

$$\eta_r = \frac{\eta_\infty}{\eta_0} = \exp\left(\frac{a\varPhi}{1 - K\varPhi} \right) \qquad (7.3)$$

式中,η_∞ 表示高剪切速率下液滴完全没有聚集时的乳状液黏度;$a = 2.5$;K 与液珠大小有关,随液珠减小而增大,一般为 1.35 ~ 1.91。

另外,乳状液的黏度除受分散介质的黏度和分散相的浓度影响外,质点的大小及分布、乳化剂吸附所形成的界面膜的流动性,以及所带电荷都对其有影响。

4. 电导

乳状液的介电常数和电导性质的研究有较多报道,乳状液的电导主要决定于分散介质。一般 O – W 型乳状液电导大于 W – O 型。此种性质常被用于辨别乳状液的类型和研究乳状液的变型过程。乳状液分散相质点在电场作用下的运动可通过淌度测量,从而判别质点的带电情况,为研究乳状液的稳定性提供依据。

当前普遍应用电导方法破坏原油乳状液,以达到原油脱水的目的。石油的电导率为 $(1 \sim 2) \times 10^{-6}\ \Omega^{-1}/cm$,原油的含水量(质量分数)增加则电导也相应增大,含水量为 50% 的乳状液的电导率比干燥后的石油高 2 ~ 3 倍。另一方面,温度对电导的影响较大,当温度升高时电导率明显增加。

7.1.2 乳状液类型的鉴别和影响因素

1. 乳状液类型鉴别

根据 O – W 和 W – O 型乳状液的特点,可采用一些简便方法对乳状液类型加以判别。

(1)稀释法。乳状液能与其外相性质相同的液体混溶,因此用水或油对乳状液进行稀释实验,就可以看出乳状液的类型。如牛奶可被水稀释而不能被植物油稀释,所以牛奶是 O – W 型。

(2)染色法。将少量的油溶性染料(如苏丹 III 号)加入乳状液中混合,若乳状液整体带色,则为 W – O,若只有液珠带色,则为 O – W 型。反之,若用水溶性染料(如亮兰 FCF)则情况刚好相反。

(3)电导法。前面已介绍了 O – W 型电导较大,一般可以判断小电导时为 W – O 型,但有时 W – O 型乳液的内相比例很高时,也可能有相当大的电导(如离子表面活性剂作为乳化剂等),因而要具体情况具体分析。

(4)滤纸润湿法。滴乳液于滤纸上,若是液体快速铺展,在中心留有一个小滴油,则为 O – W 型;若不铺展开则为 W – O 型。对某些重油与水的乳状液可用此法判断,但此法

对某些易在滤纸上铺开的苯、环己烷、甲苯等所形成的乳状液不适用。

此外,还有折射率法(利用油、水的折射率不同)和荧光法等。有时一种方法并不能得到明确的答案,而需要几种方法共同来考察才行。还有一点要注意,乳状液的类型不能用其量的多少来衡量,量多者不一定是外相,现在可制出内相体积分数 > 95% 的乳状液,其影响因素主要决定于乳化剂的亲水能力。

2.影响乳液类型的因素

(1)相体积。

在 1910 年,Ostwald 根据立体几何的观点提出"相体积理论"。他指出,一堆相同半径的圆球作紧密堆积时,圆球占总体积的 74.02%。若将其运用于乳状液,则内相体积分数 $\varphi > 74\%$ 时,将导致乳状液的破坏与变型。但是,在实际的乳状液中内相的液珠大小是很不均一的。此外,在内相体积很大时,乳状液的液珠可被挤压变为多面体,外相的液体可以挤成薄的液膜,结果使得内相体积分数 φ 可以远大于 74%。实际上能制得许多内相体积分数 $\varphi > 90\%$ 的稳定乳状液,显然,相体积理论是不能解释这些结果的。分两种情况简单讨论如下。

① 若乳状液分散相的液滴是大小均匀的圆球,并且不变形,则可计算出最紧密堆积时(图7.3(a)),分散相相体积分数为 74.02%,其余 25.98% 应为分散介质。若分散相相体积分数大于 74.02%,乳状液就会发生破坏或变形。一般水相的体积分数为 26% ~ 74% 时,均可形成 W – O 或 O – W 型乳液;若小于 25%,则只能形成 W – O;若大于 74.02%,只能是 O – W 型。

② 如果液珠尺寸不均匀(图7.3(b)),或有时液珠甚至呈多面体型(图7.3(c)),则内相体积大大超过 74%。不过制成此类乳液对乳化剂的要求更高,尤其在图7.3(c)的情况下。在液滴体积分数相同的情况下,以球型表面积为最小,呈多面体形是不稳定的,欲制出此类乳液相当困难。

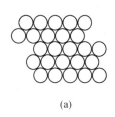

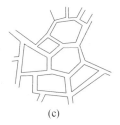

(a)　　　　　　　　　(b)　　　　　　　　　(c)

图 7.3　乳状液中液珠尺寸

(2)乳化剂分子构型。

乳化剂在分散介质间界面上的吸附层是影响乳液类型的主要因素。某一体系将形成何种类型的乳状液,这与所用的乳化剂、油、水相的性质,相体积和温度等许多因素有关。其中最重要的是乳化剂的性质,在绝大多数情况下,乳化剂的性质与结构决定乳化液的类型。而人们对决定乳状液类型的因素的认识有一个发展过程。

① 定向楔理论。Harkins 在 1917 年提出"定向楔理论",即乳化剂分子类似一定向楔吸附在界面上而决定了乳状液的类型。用一价金属钠皂可得 O – W 型乳状液,而用高价金属皂则可得 W – O 型乳状液,如图 7.4 所示。显然此处是几何因素起了重要作用。虽

然在许多情况下,一价金属皂能制备出 O－W 型乳状液,但也有例外;而二价金属皂通常能制备出 W－O 型乳状液,但改变温度、浓度等条件,有时也能得到 O－W 型乳化液。因而这个理论在某些情况下可供参考,例如在一价皂稳定的乳状液中加入高价金属盐,可以使原乳状液变型。

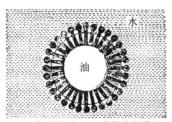

(a)一元金属皂对O–W乳状液的稳定作用(定向楔)　　(b)二元金属皂对W–O乳状液的稳定作用(定向楔)

图 7.4　定向楔理论

　　Ag 皂作乳化剂按定向楔理论应该形成 O－W 型乳液,但实际上形成的却是 W－O 型。此理论没有考虑分散相质点尺寸和乳化剂分子大小的关系。作为分散相质点尺寸远大于乳化剂的分子尺寸,这时分散相液珠曲面对于在其上定向排列的乳化剂分子而言,实际上近于平面。因此,乳化剂分子中极性与非极性基相对,大小与乳液类型的相关性就不那么密切了。例如,K、Na 皂的极性基 —COOK、—COONa 的截面积实际上比碳氢链的截面积要小些,截面积小的 —COOK 基应该朝内相,形成 W－O 型,但实际却为 O－W 型乳液。上述的 Ag 皂为 W－O 型,K 皂为 O－W 型是由于 Ag 皂本身的亲水能力比 K 皂的弱,即易溶于水的乳化剂易形成 O－W,反之为 W－O 型乳化液。

　　总体来说,它没有抓住乳化剂本身性质这一要点,因而这个理论价值不大。

　　② 溶解度经验规则。Bancroft 提出乳化剂溶解度经验规则,称为 Bancroft 规则,即若乳化剂在某相中的溶解度较大,则该相一般是外相。后来又做了补充,认为一个界面膜有两个界面张力$\gamma_{膜-水}$ 和$\gamma_{膜-油}$,如果界面张力不同,膜就向张力高的那面弯去。这样可以减小这个面的面积,符合能量降低的原则。因而 $\gamma_{膜-水} > \gamma_{膜-油}$ 时得到 O－W 型乳状液,$\gamma_{膜-油} < \gamma_{膜-水}$ 时得到 W－O 型乳状液。这个从溶解度出发得出的规律较切合实际。因为它是从考虑乳化剂的化学性质出发,抓住了乳状液类型主要矛盾是乳化剂亲水或疏水性质这一关键问题。此外,溶解度问题还分别涉及油相与水相的性质与乳化剂的关系。Bancroft 提出的规律是比较正确而又是概括性的。

　　③ 聚结速度理论。1957 年 Davies 提出了一个关于乳状液类型的定量理论。他认为,在乳化剂、油和水一起摇荡时,油相与水相都被裂成液滴。乳化剂吸附在液滴的界面上,以后发展成何种乳状液,则取决于两类液滴的聚结速度。如果水滴的聚结速度远大于油滴的聚结速度,则形成 O－W 乳状液;如果油滴的聚结速度远大于水滴的聚结速度,则形成 W－O 乳状液;如果二者的聚结速度相近,则相体积大者构成外相。

　　定性地说,乳化剂的亲水部分构成阻碍油滴聚结的势垒,疏水部分则构成阻碍水滴聚结的势垒。因此,若乳化剂比较亲水,则易形成 O－W 乳状液;若比较疏水,则易形成 W－

O 乳状液。根据乳化剂疏水与亲水部分的大小、离解度以及在界面上的吸附模型,可以估算油滴与水滴聚结速度,从而将乳状液类型与乳化剂的分子结构定量地联系起来。计算聚结速度的详细过程相当复杂,但是 Davies 理论的确提供了一种预测乳状液类型的简单方法。在油-水两相(乳化剂事先溶于其中一相)的界面上,测定单个水滴与油滴的存在时间(寿命),由此可以推断水滴与油滴的聚结速度及形成的乳状液的类型。

(3)HLB 值。

决定乳状液类型的最主要因素是乳化剂的亲水疏水性质。为了判断乳化剂亲水疏水能力,人们将乳化剂分子化学结构与亲水、疏水性的关系进行量化数值表示,这就是乳化剂的 HLB 值。

在大量实验的基础上,1949 年 Griffin 在化妆品杂志上发表了关于这方面内容的文章,提出亲水亲油(本书中一般统称为疏水)平衡(Hydrophilic and Lipophilic Balance, HLB)这一概念,作为一种经验的指标来衡量表面活性剂的亲水疏水性质。HLB 值较低,表示该表面活性剂疏水性较强,若 HLB 值较高,则表示其亲水性较强。通常 HLB 值为 3～6 的乳化剂可得到 W-O 型乳状液,HLB 值为 8～18 的乳化剂可得到 O-W 型乳状液。

HLB 值与乳化剂的分子结构有关,因此可以把表面活性剂结构分解为一些基团,每一个基团皆对 HLB 值有一定的贡献,从实验中可得出各种基团的 HLB 值,称之为 HLB 基团数。其标准值:石蜡 HLB = 0;十二烷基硫酸钠 HLB = 40;油酸 HLB = 1;油酸钾 HLB = 12,其他部分基团的 HLB 值见表 7.1。

表 7.1　一些基团的 HLB 值

亲水的基团	HLB 值	疏水的基团	HLB 值
—SO_4Na	38.7	—CH—	
—COOK	21.1	—CH_2—	
—COONa	19.1	—CH_3	0.475
—SO_3Na	11.0	=CH—	
—N(叔胺)	9.4		
酯(失水山梨醇环)	6.8	—(C_6H_6O)—	0.150
酯(自由)	2.4	—(CF_2)—	
—COOH	2.1	—(CF_3)	0.870
—OH(自由)	1.9		
—(C_2H_4O)—	0.33		

通过大量实验证明,HLB 值与表面活性剂性能具有一定的关系,如图 7.5 所示。

HLB 值非常重要,其应用的关键在于确定表面活性剂分子的 HLB 具体数值,包括以下四种方法。

① 水溶法。这是在不知分子结构时估算的有效方法,其经验总结见表 7.2。

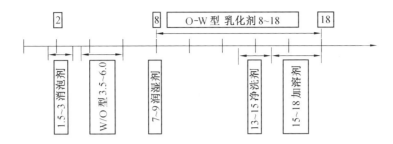

图 7.5　HLB 值与表面活性剂性能的关系

表 7.2　表面活性剂的水溶状态与其 HLB 值

表面活性剂在水中的状态	HLB 值范围
不分散	1 ~ 4
分散不好	3 ~ 6
剧烈振荡后成乳状,体系不稳定	6 ~ 8
乳液分散体系较稳定	8 ~ 10
半透明至透明分散体系	10 ~ 13
透明溶液	> 13

②Griffin 法。对于多元醇的脂肪酸酯／非离子表面活性剂适用。$HLB = 20(1 - S/A)$,其中 S 为酯的皂化值;A 为脂肪酸的酸值(这两个术语是油脂化学品常用概念)。例如,硬脂酸单甘油酯 $S = 181$,$A = 198$;根据公式计算 HLB = 3.8。

对于某些皂化值不易测定的表面活性剂,如羊毛脂、蜂蜡等还有另一种算法。$HLB = (E + P)/5$,其中 $E\%$ 为分子中氧乙烯的质量分数,$P\%$ 为多元醇的质量分数。例如,氧乙烯质量分数为 77% 的聚氧乙烯鲸蜡醇,氧乙烯是唯一的亲水基。$E = 77$,$P = 0$(不含多元醇),则 HLB = 15.4。

③Matsuda(川上八十太氏)法。该方法适用于 $RO(PO)_m(EO)_n H$ 类表面活性剂。PO 环氧丙烷,EO 环氧乙烷。

$$HLB = 7 + 11.7\log \frac{M_W}{M_O} \quad (M_W \text{ 亲水基分子},M_O \text{ 疏水基分子}) \tag{7.4}$$

④Davies 法。Davies 法也称基数法,是最常用的方法。对非离子和离子型表面活性剂均适用。因为 HLB 值有加和性,则

$$HLB = 7 + \sum H - \sum L \tag{7.5}$$

式中,$\sum H$ 为亲水基 HLB 值之和;$\sum L$ 为疏水基 HLB 值之和。例如,将 20% Span(司盘)80(HLB = 4.3)和 80% Tween(吐温)40(HLB = 15.6)掺在一起,该混合物的 HLB 值 = $0.2 \times 4.3 + 0.8 \times 15.6 = 13.3$。再如十二烷基硫酸钠($C_{12}H_{25}SO_4Na$)HLB = $38.7 - 0.475 \times 12 + 7 = 40$。

有了 HLB 值,就可以判别乳化液的类型,也能有目的地控制 HLB 值,将油相乳化成 O - W 或 W - O,见表7.3。

表7.3 乳化各种油所需的 HLB 值

油相	W - O 型	O - W 型
羊毛脂	8	12
芳烃矿油	4	12
烷烃矿油	4	10
矿脂	4	7 ~ 8
松油	5	16
蜂蜡	5	9
石蜡	4	10
煤油	6 ~ 9	12.5
油醇	6 ~ 7	16 ~ 18
油酸	7 ~ 11	16 ~ 18

【例7.1】 20% 的石蜡和80% 的芳烃矿油所构成的油体系,若要乳化成 O - W 型,① 该体系所需 HLB 为多少? ② 已知 Span 20 的 HLB = 8.6;Tween 的 HLB = 16.7,求这两种乳化剂的百分比。

解 ①HLB = 10 × 20% + 12 × 80% = 11.6,根据这一数值就可以选择乳化剂。

② 设 Span 20 占 x,Tween 占 y,则 $8.6x + 16.7y = 11.6$。这是一个不定方程,指定 x 就有相应的 y。由于 Span 较便宜,当 $x = 63\%$ 时,$y = 37\%$。

关于 HLB 有两点要注意:一是 HLB 不能指明所用乳化剂的浓度,只有比例关系;二是不能判断乳状液的稳定性,只说明乳状液的类型。另外,HLB 值还有其他求法,如 cmc 法、色谱法、介电常数法和表面张力法,此处不一一介绍。

(4) 温度对乳液类型的影响。

对于非离子表面活性剂做乳化剂所组成的乳状液,在不同温度下分别可得到两种不同类型的乳状液。这是由于非离子型表面活性剂的亲水疏水性质随温度变化十分明显。其亲水基的水化度随温度升高而降低,在低温下,它能形成 O - W 型乳状液。而在高温下,则形成 W - O 型乳状液。对于给定的体系,每一非离子表面活性剂存在一相转变温度(Phase Inversion Temperature,PIT),在此温度下该表面活性剂的亲水疏水性质刚好平衡,低于此温度体系形成 O - W 型乳状液,高于此温度体系形成 W - O 型乳状液。

HLB 值的方法与 PIT 方法是相关的,当油的类型、温度、乳化剂等条件都给定时,二者之间可互相变换,图7.6表示各种不同油相的 HLB 值与 PIT 的关系。由图中可知,对含有聚氧乙烯链的非离子表面活性剂,其 HLB 值高者相转变温度亦高。在各条曲线的左上方区域是 O - W 乳状液的形成区,即降低温度与增加 HLB 值皆有利于 O - W 型的生成。在曲线右下方是形成 W - O 型的区域,升高温度,降低 HLB 值有利于形成 W - O 型的乳状液。这些关系对于确定类型与制备用非离子表面活性剂所稳定的乳状液是有指导意义的。例如,希望制备稳定的乳状液,对于O－W型,应选择其PIT高于该乳状液保存温度20～60 ℃的非离子表面活性剂作乳化剂;对于W－O型,乳状液则应选择其PIT低于该乳状液保存温度10～40 ℃的非离子表面活性剂作乳化剂。

（5）电解质或其他添加物的影响。

离子型乳化剂体系加入强电解质可使其变型,如油酸钠为乳化剂的苯－水(O－W型)乳状液,加入0.5 mol/L的NaCl后就转变为W－O型。这是因为电解质的加入使离子型表面活性剂的离解度下降,增加了该离子与异号离子的相互作用,并降低了分散液滴上的表面电势。故乳化剂的亲水性下降,使原来的分散相液滴凝聚为连续相,发生变型。在O－W型乳状液加入长链醇或脂肪酸可导致变型。由十六烷基硫酸钠与胆甾醇构成的乳化体系,加入高价离子 Ba^{2+}、Ca^{2+} 也可以引起乳状液变型,其变型机理可用图

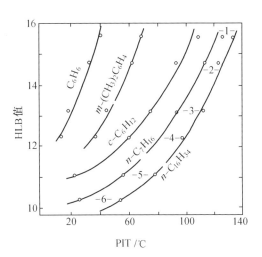

1. $i-R_9C_6H_4O(CH_2CH_2O)_{17.7}H$;

2. $i-R_9C_6H_4O(CH_2CH_2O)_{14.0}H$;

3. $i-R_9C_6H_4O(CH_2CH_2O)_{9.6}H$;

4. $i-R_9C_6H_4O(CH_2CH_2O)_{7.4}H$;

5. $i-R_9C_6H_4O(CH_2CH_2O)_{6.2}H$;

6. $i-R_9C_6H_4O(CH_2CH_2O)_{5.3}H$。

图7.6 不同非离子表面活性剂(1.5%)稳定的 O－W(1：1)乳状液的HLB值与PIT之间的关系

7.7说明。水包油(O－W)型乳状液,当以阴离子型表面活性剂为乳化剂时,界面吸附使分散相的质点带负电。当引入高价阳离子后,表面电性被中和,同时阳离子桥的作用使油滴倾向于聚结在一起,结果水相被油相包围,被分隔开形成不规则形状的水滴,而油则成为连续相,变成 W－O型乳状液。

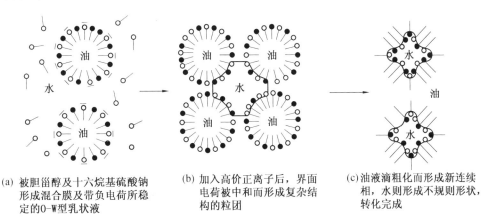

(a) 被胆甾醇及十六烷基硫酸钠形成混合膜及带负电荷所稳定的O-W型乳状液　　(b) 加入高价正离子后,界面电荷被中和而形成复杂结构的粒团　　(c) 油液滴粗化而形成新连续相,水则形成不规则形状,转化完成

图7.7 O－W型乳状液转换成 W－O型的机理

（6）乳化器具材料的影响。

器壁的亲水性强弱也直接影响乳状液的类型，一般而言，器壁的亲水性强则易形成 O－W 型，反之形成 W－O 型。如 0.1 mol/L 油酸钠乳化变压器油，器壁为玻璃时，就为 O－W 型乳状液，若换为塑料器壁，由于其憎水性强，则成为 W－O 型乳状液。关于乳状液类型的影响因素非常复杂，以上介绍的只是有规律的一些内容。

7.1.3　乳状液的稳定性

因为乳状液是多相分散体系，液珠与介质之间存在着很大的相界面，体系的界面能很大，故为热力学不稳定体系。将两种不相混溶的液体放在一容器内激烈地摇动，可得到乳状液，但这种乳状液中悬浮的液珠会很快地合并，在几秒钟内，体系即分为两层液体。小液珠合并成大液块是一种自发趋势，这样可降低体系的能量，使其更稳定，即使乳状液依靠乳化剂使其稳定，也只是暂时的、相对的，但乳化剂选择得合适，往往也能得到相当稳定的乳状液。

使乳状液稳定的因素通常有以下几方面：低的界面张力，使体系的自由能降低；形成保护屏障，阻碍液珠的聚结；使分散质点带电，增加电的排斥作用（图 7.8）。分别讨论如下。

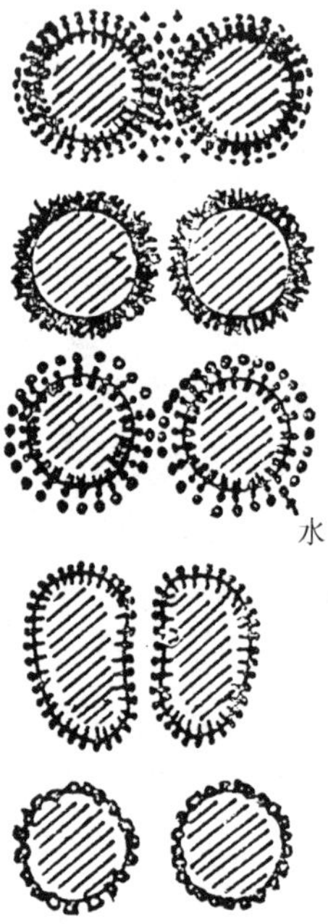

(a) 电的排斥作用

(b) 高聚物膜的空间阻碍作用

(c) 定向的水化层
水

(d) 低界面张力使液滴易变形而增加碰撞表面间的液体量

(e) 固体质点的保护围墙

图 7.8　使乳状液稳定的界面保护层示意图

1. 界面张力的影响

乳状液存在着很大的相界面，体系的总表面能较高。这是乳状液成为热力学不稳定体系的原因，也是液珠发生聚结的推动力。若降低其界面张力，有利于增加其稳定性。例如，煤油－水体系的界面张力为 49 mN/m，但加入少量聚氧乙烯－聚氧乙烯整体共聚表面活性剂能使界面张力下降到 2.8 mN/m，可得到十分稳定的乳状液；再如，石蜡－水的界面张力是 40.6 mN/m，当水中加入油酸浓度为 10^{-3} mol/L 时，界面张力降为 31.05 mN/m；若再用 NaOH 中和形成皂，相当于加入油酸钠，界面张力下降至 7.2 mN/m。若再加入 NaCl 浓度为 10^{-3} mol/L，又可使界面张力降到小于 10^{-2} mN/m，此时乳状液非常容易形成。需注意的是，对于乳状液的稳定性更重要的影响因素是界面膜的性质，因为有的体系虽有很低的界面张力，但并不能形成稳定的乳状液，而有的高分子物质的界面膜界面张力较高，却能形成十分稳定的乳状液，因此降低界面张力对乳状液的稳定是一个有利的因素，但不是决定的因素。

2. 界面膜的性质

乳状液稳定性的决定因素是界面膜的强度与紧密程度。若界面膜中吸附分子排列紧密,不易脱附,膜具有一定的强度与黏弹性,则能形成稳定的乳状液。制备乳状液须加一定量的表面活性剂,使之吸附在油 – 水界面上以形成稳定的乳状液。若表面活性剂浓度较低,在界面上吸附的分子少,膜中分子排列松散,乳状液则是不稳定的。当表面活性剂浓度增加到能在界面上形成紧密排列的界面膜时,它将具有一定的强度,足以阻碍液珠的聚结,乳状液的稳定性将大大提高。实验表明,一般乳化剂的加入量为 1% ~ 10%,有时高达 15%。

形成界面膜的乳化剂结构与性质对界面膜的性质有十分重要的影响。一般混合物质形成的界面膜比单一物质的紧密。同一类型的乳化剂中直链结构的比带有支链结构的膜紧密。这是因为混合表面活性剂在油 – 水界面上形成了混合膜,吸附的表面活性剂分子在膜中能紧密排列。

经研究发现,由乳化剂与脂肪酸、醇或胺类等极性有机物所构成的混合乳化剂体系可以大大增加所形成的界面膜的强度。如十二烷基硫酸钠经过提纯的产品浓度为 8×10^{-3} mol/L 时,$\gamma_{L-g} = 0.038$ N/m;但是当其含有少量十二醇杂质时,$\gamma_{L-g} = 0.022$ N/m。这是由于表面活性剂分子与有机醇这类极性化合物相互作用,形成了"复合物",增加了界面膜的强度,将此种"复合物"应用于乳化油 – 水界面上,就大大提高其稳定性。混合乳化剂:一部分是表面活性剂(水溶性),另一部分是极性有机物(油溶性),其分子中一般含有 —OH、—NH$_2$、—COOH 等能与其他分子形成氢键的基团。混合乳化剂中的两组分在界面上吸附后形成的"复合物"定向排列较紧密且强度高。现以 3 种混合界面膜为例,如图 7.9 所示。

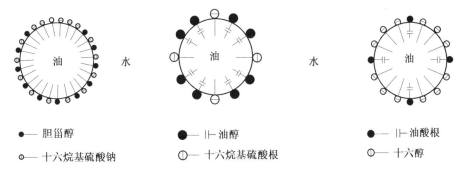

(a) 膜强度很高乳液状稳定　　(b) 膜因双键所至而稀松乳状液不稳定　　(c) 膜比较紧密乳状液稳定性中等

图 7.9　混合乳化剂界面上吸附后的定向排列

①从 7.9(a)可以看出,因亲油基结构相似,所以界面膜中定向排列十分紧密,强度高,稳定。

②从 7.9(b)可以看出,油醇比十六烷基硫酸钠更易吸附,但油醇烃链上有双键,界面膜的分子排列不紧密,复合膜的强度差,乳液稳定性低。

③从 7.9(c)可以看出,鲸蜡醇比油酸钠在界面的吸附能力强。同时油酸钠中有双键,尽管鲸蜡醇吸附较多,但复合膜的排列相对没有(a)紧密,比(b)的复合膜紧密,形成界面膜强度居中,乳液稳定性也居中。

另外,油溶性表面活性剂与水溶性表面活性剂在油 – 水界面上可形成"复合物",构成混合乳化剂。由于聚氧乙烯链是亲水的,故可深入水相,使其憎水的碳氢链与 Span 的碳氢链靠得更近,相互作用也因此比两种物质单独存在时更强烈,形成了具有较高强度的界面膜,使乳状液稳定性大增。目前,比较成熟的乳状液,经常是 Span 与 Tween 配伍,在食品行业中广泛应用。

事实上,复合物分子间较强烈的相互作用结果,表现为界面张力降至更低,吸附增加,分子排列更加紧密,膜的强度大大提高。使乳化效率、稳定性增加。因此,一般实际乳状液中较多使用混合乳化剂。

另外,表面活性剂在合适的浓度下与水、油混合,体系中常会有液晶形成,这种由水、表面活性剂、油形成综合结构的液晶是具有各向异性的胶状半固体,有很高的黏度。液晶的存在可以明显地提高乳状液的稳定性。研究表明,液晶作为第三相在油 - 水界面上形成,以多层结构包围着液珠。当乳状液中液珠发生聚结时,促使液珠相互接近的范德瓦耳斯引力起决定作用。而被多层液晶包围的液珠之间的范德瓦耳斯引力比被表面活性剂单分子膜覆盖的液珠之间的范德瓦耳斯引力显著降低。此外,黏性液晶包围层的机械强度对液珠的聚结起保护作用。这两种因素使液晶相包围的液珠对聚结作用的稳定性大大提高,液晶的存在对于许多食品乳液、医用乳液及化妆品的稳定性起重要作用。

乳状液液珠的吸附膜具有抵抗局部机械压缩的能力,许多大分子作为乳化剂所稳定的乳化液表现得尤为突出。这些大分子组成的界面膜具有较高的界面黏弹性,使得界面膜具有扩张性和可压缩性,当界面膜遭到破损时,它能使膜愈合。

乳状液的界面吸附层的紧密结构是乳状液稳定性得以保持的最关键因素。当乳状液液珠发生聚结时,要破坏其吸附层才能使液珠合并。液珠被挤压在一起时,吸附分子的空间排斥效应很强,这属于分子间的短程作用力,要克服此种排斥力需要较大的能量,因此这种短程力是乳状液稳定的最重要的原因。

3. 电力的作用

乳状液的破坏,经常是先发生絮凝,然后聚结,逐步被破坏,因而絮凝是液珠合并的前奏,与液珠相互作用的长程力有关。范德瓦耳斯力使得液体颗粒相互吸引、当液滴接近到表面上的双电层发生相互重叠时,电的排斥作用的结果使液滴分开。如果这种排斥作用大于颗粒的吸引作用,则液珠不易接触,因而不发生聚结,有利于乳状液的稳定。

通常油 - 水界面上有电荷存在,界面两边皆有双电层和电位降,特别是乳化剂可以电离时,界面电势更为明显。水相的扩散层电位的数值一般比油相的数值高得多,电荷主要聚集于水相中,表面电势可以大到使 O - W 型乳状液稳定的程度。对于非极性液体,因其介电常数低,双电层可以相当厚;对于大液滴的 W - O 型稀乳状液,表面电势对其稳定性也起一定的作用。

液珠带电对乳状液的聚结稳定性的作用,可通过乳状液的液滴之间的相互作用位能变化来观察。对于一对相同的球形质点间的相互作用能可表示为

$$V_A = -\frac{\pi^2 n^2 \beta}{6}\left(\frac{2a^2}{R^2 - 4a^2} + \frac{2a^2}{R^2} + \ln\frac{R^2 - 4a^2}{R^2}\right) \qquad (7.6)$$

式中,V_A 为相互作用能,其负值表示是吸引作用;n 为颗粒内每 cm³ 中的分子数;β 是一对分子在真空中相距 1 cm 时的相互作用能;a 为球形颗粒的半径;R 为两个球心的距离。

当两个颗粒比它们之间的距离大得多时，即 $a \gg h(=R-2a)$，式(7.6)可简化为

$$V_A = -\pi^2 n^2 \beta \frac{a}{12h} \tag{7.7}$$

式中，h 为两个球表面之间的最近距离；$A = \pi^2 n^2 \beta$，称为 Hamaker 常数，其值与组成分子间的极化率有关。如果分子极性较强，则 A 值一般较高。由式(7.7)可以看出，对于短距离内的球形颗粒，相互作用能与颗粒半径和 Hamaker 常数成正比，与距离成反比。

当球形颗粒的半径比其双电层的厚度大得多，而其表面电势又较低时，两颗粒间的排斥能 V_R 可表示为

$$V_R = \frac{1}{2} \varepsilon a \varphi_0^2 \ln[1 + \exp(-kh)] \tag{7.8}$$

式中，ε 为介质的介电常数；φ_0 为表面电势；k 为双电层厚度的倒数；h 为两质点间的距离。

将 V_A 与 V_R 的作用综合起来考虑，可得到相互作用能曲线，其形状如图7.10所示。由图7.10可见，在颗粒间距 h 较小时，有一个较高的能垒 V_{max}，在 h 较大时，有一个极小值 V''，当质点进入极小的距离，只发生可逆的聚集作用，而不会聚结，颗粒只有越过 V_{max} 的能垒之后才能发生聚结。

乳液中分散相质点带电原因有如下几种。

（1）非离子型乳化剂。

电荷可以来自吸附，或液滴与介质之间的摩擦。一般构成乳液的两种液体其介电常数不同，介电常数大的带正电，而水的介电常数比油大，所以油相大都带负电。

（2）离子型乳化剂。

电荷来源于两种情况：① 直接吸附离子即液滴表面电荷密度与离子表面活性剂的吸附量成正比；② 电离作用即乳化剂的极性端在水相中电离，使液滴带正电荷，异号离子则分布其周围，构成扩散双电层，也称"离子氛"。应该注意，界面两侧均有扩散双电层存在，因为即使是非极性的油相也会有微弱的电离发生，如图7.11所示。

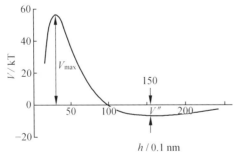

图7.10　以牛血清白蛋白稳定的 O－W 乳状液中液状石蜡油珠的相互作用势能

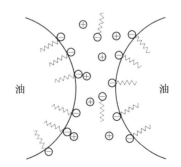

图7.11　由静电反作用力使乳浊液稳定化

（3）界面电势的分布与乳液的稳定性。

油－水界面两侧的双电层中电势分布情况受局外电解质的影响较大。

① 无局外电解质和表面活性剂的情况。一般油相荷负电，水相荷正电，油－水两相

的总电势差为 $\Delta\varphi$。在界面上有一个电势降 x，如图 7.12(a) 所示。虽然界面两侧电势都相当高，但是在 O – W 型乳液界面上离子分布不宽，特别是在水相一侧电势降较小，所以液滴能相互靠拢，乳液不稳定。

②无局外电解质而有阴离子表面活性剂的情况。活性剂分子在界面吸附，"离子头"（亲水基）伸入水中将与其他电荷符号相反的离子静电吸引，使得水相一侧双电层变宽。又由于阴离子吸附使水相靠界面处的电势大幅下降，如图 7.12(b) 所示。但此时因原来的油 – 水相组成不变，所以总电势差 $\Delta\varphi$ 不变，但界面电势降 x 变大，使液滴排斥效应加强，乳液稳定性提高。

③局外电解质的影响。

a. 当局外电解质浓度低时，局外电解质浓度增加，x 有所增加，双电层的厚度略有压缩，x 增加效应占主导作用，增加了液滴间的排斥作用，使稳定性增加。

b. 当局外电解质浓度过高时，如图 7.12(c) 所示，此时双电层被压缩占主导地位，增加了液滴接触集聚的机会，同时电荷相反的离子也会挤入界面上竞争一部分电荷，产生了一层很薄的等电势层。它的分布宽度和陡度都比前一种情况差，因而稳定性下降。

根据以上分析，乳状液的稳定性与电解质浓度的关系曲线上应有一最大点，如戊醇 – 水组成的乳状液体系，当 1 – 1 价电解质浓度为 2×10^{-3} mol/L 时，稳定性最好。

对于 W – O 型乳液，分散相水滴带正电，而油相的电离程度很弱，离子浓度极低，故双电层扩展很远，厚度可达几微米。但在非极性介质中双电层容量小，少量电荷存在就能产生显著的界面电势 x，所以对乳状液也能起到稳定作用。

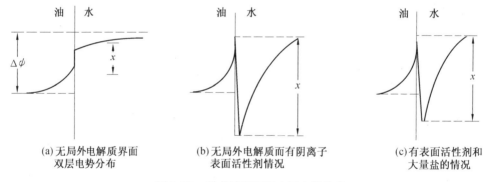

(a) 无局外电解质界面 　　(b) 无局外电解质而有阴离子 　　(c) 有表面活性剂和
　　双层电势分布 　　　　 表面活性剂情况 　　　　　 大量盐的情况

图 7.12　乳状液界面双电层电势分布

4. 黏度的影响

黏度的影响从动力学上比较容易说明。分散介质黏度越大，则分散相液珠运动速度越慢，越有利于乳状液稳定。因此，许多能溶于介质的高分子物质常用来做增稠剂。在 O – W 型乳液中加入水溶性高分子增稠剂不仅能增加分散介质的黏度，还能形成坚固的界面膜。蛋白质就有这种典型作用，因此更能促进乳状液稳定性的提高。

5. 油相组成的影响

乳液中油相组成也会影响其稳定性。如轻石油中加入少量十八醇（质量分数 0.4%）后，用十六烷基硫酸钠作为乳化剂所得的乳液就比不加醇的稳定。其原因是溶于油相中的十八醇与溶于水的十六烷基硫酸钠在界面形成复合物,使乳状液稳定。又如在轻石油中加少量的液状石蜡后使 O – W 型乳状液稳定性增加。通常长链的脂肪烃(如液状石蜡)总比短链脂肪烃(沸点在 60 ~ 80 ℃ 的轻石油)形成的乳液更稳定。

6. 固体粉末的影响

许多固体粉末如碳酸钙、黏土、炭黑、石英、金属的碱式硫酸盐、金属氧化物(包括水和氧化物)以及硫化物等,可以用作乳化剂。固体粉末只有存在于 O – W 界面上,才能起到乳化剂的作用(与表面活性剂相似,只有吸附于界面时才起作用)。

固体粉末在两个不相混溶的液相中分配,取决于界面张力之间的关系,其中 γ_{S-W} 代表固体与水相界面张力,γ_{O-W} 代表油和水的界面张力,γ_{S-O} 代表油与固体的界面张力。

(1)$\gamma_{S-O} \geq \gamma_{S-W} + \gamma_{O-W}$,固体完全存在于水相中。

(2)$\gamma_{S-W} \geq \gamma_{S-O} + \gamma_{O-W}$,固体完全存在于油相中。

(3)$\gamma_{O-W} \geq \gamma_{S-W} + \gamma_{S-O}$,S – O、S – W 都能取代 O – W 界面,固体存在于油水界面。

(4)若三种界面张力没有一种界面张力大于其他二者之和,同样固体存在于油水界面上,有稳定乳状液的作用。

对润湿方程 $\gamma_{S-O} = \gamma_{S-W} + \gamma_{O-W}\cos\theta$ 进一步分析。假定粉末是球形的,考察上述 3 种情况,如图 7.13 所示。

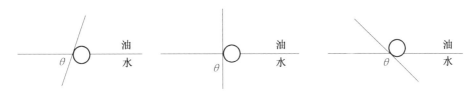

图 7.13 固体粉末的润湿和乳液类型

(1)$\theta < 90$,$\cos\theta > 0$,$\gamma_{S-O} > \gamma_{S-W}$。

固体被水润湿,形成乳状液时希望油 – 固体的面积 A_{S-O} 越小越好。

$0 < \cos\theta = \dfrac{\gamma_{S-O} - \gamma_{S-W}}{\gamma_{O-W}} < 1$,即 $\gamma_{S-O} < \gamma_{S-W} + \gamma_{O-W}$,显然只有固体粉末大部分在水相中才能满足这一要求,因此形成的是 O – W 型乳状液。

(2)$\theta > 90$,$\cos\theta < 0$。

$0 < -\cos\theta = \dfrac{\gamma_{S-O} - \gamma_{S-W}}{\gamma_{O-W}} < 1$,所以有 $\gamma_{S-W} < \gamma_{S-O} + \gamma_{O-W}$,形成乳状液时希望 A_{S-W} 小,所以固体被油润湿,形成 W – O 型乳状液。

由此得到一个原则:润湿固体较多的那种液体在形成乳状液时构成外相。

(3)$\theta = 90$,$\gamma_{S-W} = \gamma_{S-O}$。

固体在水、油中各占一半,此时乳液不稳定。

上述原则在实践中已得到充分证明,对煤油(或石油、苯等)与水的体系,铁、铜、镍、锌、铝等金属的碱式硫酸盐及二氧化硅、氧化铁等易为水所润湿的固体粉末,可形成 O – W 型乳液,而炭黑、松香等易被油所润湿的固体粉末则形成 W – O 乳状液。

若用表面活性剂处理固体粉末,可以改变其乳化作用的性质。如将 $BaSO_4$ 粉末用十二烷基硫酸钠处理(控制吸附)后,用其当乳化剂,则得到较稳定的 W－O 型乳液,接触角 $\theta = 120°$;若用 0.001 mol/L 月桂酸钠($C_{11}H_{23}COONa$)、pH $= 12$ 的溶液处理 $BaSO_4$,则得到 O－W 型乳液,$\theta = 80°$。

根据大量实验结果证明,界面膜的形成与强度是乳液稳定的主要因素,可以根据上面的分析寻求提高乳液稳定性的措施。

7. 提高乳液稳定性的措施

(1)选择合适的乳化剂。这是最关键的,目的是要使界面吸附膜有较好的机械强度和韧性。在表观形式上如降低界面张力、表面增加吸附量和形成"复合物"等。

(2)调节离子强度。设法使界面电荷密度增加,使乳状液表面形成较厚的扩散双电层和表面电势 x 的绝对值增大。注意 pH 的改变有时非常有效。

(3)提高分散相的动力学稳定因素。如减少液滴尺寸,缩小两相间的密度差,提高分散介质的黏度,加入增稠剂等。

(4)研究合适的乳化方法。提高乳化设备对液体的分散效率。

(5)投加一些有效的乳化稳定剂。如植物胶、淀粉、蛋白质等,一方面提高分散能力,另一方面也有助于提高界面膜的强度等。

(6)尽量避免外界环境变化。如温度、振动、摩擦、蒸发等。

上述六项措施是希望乳状液稳定,如在化妆品、人造奶油等行业中得到应用。但有时又不希望乳状液稳定,如原油脱水、羊毛洗涤、废液回收脱水等,这就是破乳。

7.1.4 破乳

使稳定的乳状液破坏成为不相混溶的两相的过程称为破乳。

1. 乳状液不稳定性的表现

乳状液不稳定形式有三种,即分层(greaming)、聚集(aggregation) 或絮凝(flocculation)、聚结(coalescence)。

(1)分层。

分层是因为分散的液珠与介质密度不同,乳状液放置后产生液珠上浮或下沉的现象。分层的结果使乳状液的外观均匀性消失,乳状液的浓度上下变得不均匀,但并未完全破坏乳状液。表现为一相比原来的乳状液更浓(分散相更多些),称为乳油;另一相则更稀,称为乳清。对于 O－W 型乳状液,因油珠上浮,使上层的油珠浓度比下层大得多。对于 W－O 型的原油乳状液,则水珠下沉,下部浓度大于上部。如牛奶一般含乳脂 10%,分层后上层含乳脂 35% ～ 40%,下层 80% 左右。根据 Stokes 定律,分层速度与两液相的密度差以及液滴半径的平方有关。由此计算 1 μm 粒径的苯分散液滴,在水相中分层速度为 10 cm/h。但实际体系的分层速度变化范围很大,稳定性差的很快就分层,稳定性特别好的分层速度趋近于 0。影响分层过程的因素主要有内外两相的密度差、液珠大小、外相黏度等方面。若有较大的分散相聚集体存在将加速分层过程。因为絮凝速度与分散相的浓度有关。分层将促进絮块的形成,反之形成的絮块也使分层加快。另外,分层过程有一定的表观限度。分层到一定程度后,表观上相对稳定不再发展,因为分开的较浓乳油的体积决定于在外力作用下液滴的重排和密堆积程度。

（2）聚集。

聚集则是分散相的液珠絮凝成团,但在团中各液珠皆仍然存在。这些团是可逆的,经搅动后可以重新分散。乳状液中液滴的聚集是由于它们之间的范德瓦耳斯引力在较大的距离起作用的结果,液珠的双电层重叠时的电排斥作用将对聚集起阻碍作用。从分层的角度考虑,聚集作用形成的团类似于一个大液滴,起加速分层作用。

（3）聚结。

聚结是在聚集之后发生的过程,这时聚集所形成的团中的小液珠互相合并,并不断长大,使之成为一个大液滴,这是不可逆过程。它使得乳状液中的颗粒数目逐渐减少,液滴不断增大,最后导致乳状液完全破坏。因而聚集为聚结提供了条件,而聚结是导致乳状液破坏的关键步骤。一个乳状液的稳定性与其聚结速度直接有关,而后者取决于界面上乳化剂所形成的吸附膜的性质。欲使液珠不发生聚结,要求乳化剂在液体之间形成一个有一定强度的屏障,并能承受一定的压力而不破坏。

2. 破乳的方法

乳状液因其热力学不稳定最终将分层,但这没有考虑时间的因素,只是说可能分层破乳。若想实现破乳并为所用,必须考虑时间因素,加快破乳的完成。破乳的方法很多,总体上分成两大类。

（1）物理化学法。

改变乳液体系的界面性质,设法降低界面膜的强度或破坏其界面膜,从而使稳定的乳状液破乳。如可加入一种能强烈吸附于界面,但又不能形成坚固界面膜的物质,即破乳剂。因其吸附强烈能把原来的乳化剂从界面上顶替出来,使界面膜强度下降而被破坏。

①W－O型原油脱水。原油乳液稳定的原因是水滴与油的界面存在胶质、树脂状的表面活性物,还有沥青质的胶态粒子、微晶蜡、黏土粉末等物质,皆可起乳化剂的作用,针对原油乳液界面膜的情况,能使原油破乳的表面活性剂应具有下列特性。

a. 能将原有各类乳化剂从界面膜上顶替下来,而所加的破乳剂又不能形成牢固的界面膜。例如,大分子的聚醚型表面活性剂,因其分子结构上支链多,极性基团（聚氧乙烯）与非极性基团（聚氧丙烯）都很大,吸附分子在 W－O 界面上大致是平躺着,故分子间的相互作用不强,不能紧密排列,使所形成的界面膜强度降低,从而达到破乳的目的。

b. 使固体粒子在一相中完全润湿,易于脱离界面,从而破坏其乳化作用。

c. 破乳剂能使沥青等胶态物质分散,将它们从界面上去除。

②皂类乳化剂的乳液。加入无机酸（如盐酸、硫酸）以后,皂则被破坏生成脂肪酸而失去乳化作用,对脂肪酸钠、钾皂类乳化剂,也可加少量多价金属盐,如 Ca^{2+}、Mg^{2+}、Al^{3+} 的盐类,破坏乳化剂的活性达到破乳的目的。

③对依靠液滴表面的双电层起稳定作用的乳状液。加入大量电解质使双电层压缩,降低电性斥力,也可破乳。

（2）物理机械法。

①静电破乳法。用高压静电（约 10^4 V, > 2 000 V/cm）使带电液滴放电聚结成大液滴,在重力作用下,沉降分成两相。此法多用于原油的破乳及燃料油的脱水等。对于 O－

W 乳液也有作用,但效率不高,此时油滴在电场作用下并非互相聚结,而是发生电泳动并在电极上聚结。此外,用可溶性阳极电解凝聚也是一种破乳方法。

② 离心分离或超声波破乳法。高速离心分离时,乳状液中油水两相因密度差在离心力场作用下而分离;超声波能破坏稳定的界面膜,加速液滴的聚结,但使用时需要控制适当条件,否则反而起乳化作用。

③ 过滤法。用加压使乳状液通过多孔性材料,乳化剂被吸附使界面膜破坏达到破乳的目的。还可用能优先润湿分散相液滴的材料过滤,使两相分离。如原油通过多孔玻璃板或压实的硅藻土、白土等过滤,由于这些材料先被水润湿,可将原油 W – O 乳液中水含量降至 0.2% 。

④ 变温法。提高温度使分子热运动加剧,介质(外相) 黏度下降,这样使液滴易于聚结而导致破乳。如果加热到油或水相中某一相沸点之上而蒸发也可破乳。同样理由,若降温冷冻到冰点以下,使其发生相变也能实现破乳。

7.1.5　微乳状液

前已述及,乳状液的一个特点是其分散相质点的大小都在 0.1 μm 以上,除极少数情况外,一般皆为乳白色不透明的分散体系。在 20 世纪 40 年代,Schulman 等人研究浓乳状液时发现,当表面活性剂的用量比较大、并有相当大量的极性有机物(如醇类) 存在时,可以得到透明的"乳状液"。以后的工作确定出这种"乳状液"的分散相质点非常小(< 0.1 μm),故称之为微乳状液。

1. 微乳状液的形成

如果在苯或十六烷中加入相当量的油酸(大约 10%),再以 KOH 水溶液中和,搅拌均匀,则得到浑浊的乳状液;然后再于搅拌下逐渐加入正己醇,至一定量后可得透明液体。其稳定性极高,分散质点的大小在一般显微镜下不可分辨,此即微乳状液。

由此可见,微乳状液的形成一般有较普遍的规律,除油、水及作为乳化剂的表面活性剂外,还须加入相当量的极性有机物(一般为醇类)。而且,表面活性剂及极性有机物的浓度相当大。此种极性有机物称为微乳状液体系中的辅助表面活性剂。微乳状液就是由油、表面活性剂、辅助表面活性剂和水所组成。

2. 微乳状液的性质

微乳状液为透明的分散体系,多数有乳光,但在显微镜下观察不到质点。由此可知,其质点大小为 0.1 ~ 0.2 μm。如果再进一步观察透射光与反射光的颜色,则可发现乳状液的透射光及反射光均无颜色,而微乳状液的外观为灰色半透明者,其透射光为红色,反射光为蓝色。透明的微乳状液的透射光及反射光均无色。

拥有极大的界面面积,1 mL 油加 1 mL 水和表面活性剂制成微乳状液,将拥有 60 m^2 以上的油水界面,因而赋予微乳状液极好的界面功能,包括吸附功能、传热功能、传质功能等。

微乳状液的导电性能一般与乳状液相似。水为分散介质的微乳状液,其导电性较好,油为分散介质的则较差。

微乳状液的稳定性很高,放置长时间不分层、不破坏,用普通离心机亦不能使之分层,故一般可用离心机鉴定、区分乳状液与微乳状液。

在微乳状液体系中,油－水界面张力往往低至不可测量,例如在水和苯的体系中,如水中的油酸钠浓度为0.01 mol/L,氯化钾浓度为0.5 mol/L,而在苯中加入正己醇,则界面张力自未加正己醇时的大于 4 mN/m 降至不可测量的数值;当正己醇的摩尔分数在苯中近于0.1 时,微乳状液形成,整个混合体系变为透明,此时的油－水界面张力已无物理意义。

表7.4 为乳状液、微乳状液和胶束溶液的一些性质,通过比较可以了解微乳状液的本质。

表7.4 乳状液、微乳状液和胶束溶液的性质比较

性质	乳状液	微乳状液	胶束溶液
分散度	粗分散体系,质点 > 0.1 μm,显微镜可见,粒径不均	质点 < 0.1 μm,显微镜下不可见,一般粒径均匀	胶束一般 < 0.01 μm,显微镜不可见
质点形状	一般为球形	球状	稀溶液为球形,浓时可呈棒状、团状、层状等
透光性	不透明,乳白色	透明或灰白透明	一般透明
稳定性	不稳定,离心机可分离	稳定,离心机不可分离	稳定不分层
表面活性剂用量	一般为1% ~ 10%,可少用,不一定加辅助表面活性剂	用量多,需要加助表面活性剂	表面活性剂浓度 > cmc 即可,当加溶油或水时要多加
与水油的混溶性	O－W 型与水溶,W－O 型与油溶	与油、水在一定范围内可混溶	未达到加溶饱和量时,可溶解油或水

3. 微乳状液形成机理

一般乳状液的形成主要是,由于乳化剂在油－水界面的吸附,形成坚韧的保护膜,同时降低界面张力,使油(或水)较易分散。但无论如何仍有界面,从而有界面张力存在,故此种体系是不稳定的,总是力图使界面积减少,最后的结果是"油、水不相容"——发生分层现象。

微乳状液之所以能形成稳定的油、水分散体系,一种解释认为在一定条件下产生了所谓负界面张力,从而使液滴的分散过程自发地进行。

没有表面活性剂存在时,一般油－水界面张力大约是30 ~ 50 mN/m(此处的油是指一般非极性有机液体,如脂肪烃和芳香烃等)。有表面活性剂时,界面张力下降;若再加入一定量极性有机物时,可将界面张力降至不可测量的程度,此后即形成稳定的微乳状液。由此可见,当表面活性剂及辅助表面活性剂之量足够时,油－水体系的界面张力可能暂时小于零(为负值),但负界面张力不可能稳定存在,体系欲趋于平衡,则必扩大界面,使液滴的分散度加大,最终形成微乳状液。此时,界面张力自负值变为零。此即微乳状液的形成机理。

因此,与乳状液相反,微乳状液的形成是自发过程。质点的热运动使质点易于聚结;一旦质点变大,则又形成暂时的负界面张力,从而又必须使质点分散,以扩大界面积,使负界面张力消除,而体系达到平衡。因此,微乳状液是稳定体系,分散质点不会聚结、分层。

负界面张力的说法虽有引人入胜之处,但却缺乏理论与实践的基础。界面张力本为宏观性质,是否可以应用于质点接近于分子大小的情况?何况,此时界面是否存在还是一个问题;而无界面,则又何谓界面张力?从另一方面看,微乳状液在基本性质上与胶束溶液相近,即似乎均是热力学的稳定体系,而且在质点大小和外观上也相似。因此,另一种机理为,微乳状液的形成,实际上就是在一定条件下表面活性剂胶束溶液对油或水的加溶结果,即形成膨胀(加溶)的胶束溶液,亦即形成了微乳状液。

一般而论,有关乳状液类型的规律也可适用于微乳状液,乳化剂较易溶于油者一般形成 W－O 型,较易溶于水者形成 O－W 型;油多者易形成油"外相"的微乳状液,而水多的则往往形成水"外相"的微乳状液。

4. 微乳状液的应用

近 10 年中对微乳状液的研究大量增加,原因就在于它在许多科学与技术的专业领域中具有广泛而重要的应用。它既提供了某些优质的产品,又是一些先进技术的基础。

(1)基于微乳状液的产品。

① 化妆品。现代化妆品含有多种功能成分,有油溶性的,也有水溶性的。常采取加溶、微乳化或乳化的办法做成外观精美、使用方便、便于功能成分发挥的剂型。微乳剂型有很大优势,它不仅具有外观透明的优点,还有便于各种成分发挥其功能的好处。一些需要透皮吸收的成分,因微乳粒子小于乳状液而更容易被吸收。

② 液体上光剂。传统的上光蜡要求抛光,其实质是通过摩擦生热使涂上的蜡表面熔化而得到一个平整光亮的外观。微乳型上光剂有两个好处,一是黏度低,易于施用;二是它所形成的蜡粒子尺寸小于可见光波长,流平的表面外观平整,无须抛光就有很好的效果。大大减轻了劳动强度并节约原材料用量。

③ 全能清洁剂。用阳离子型表面活性剂、非离子型表面活性剂、香料油制成 W－O 型微乳。使用时加适量水稀释,便转相成为 O－W 型微乳,它既可消除油溶性污垢,也可清除极性污垢。这种清洁剂使用后可以不用清洗。

④ 燃油掺水。用非离子表面活性剂,例如聚乙十二醇十二烷基醚,将柴油做成含水 20%～30%(质量分数)的 W－O 微乳状液。其外观清澈透明,用于发动机时可以降低 NO_x 生成量,并且工作情况良好。

⑤ 超滤膜成膜剂。超滤膜应用面较广,人们不断寻求新方法以控制其孔分布。用苯乙烯、十二烷基硫酸钠、助表面活性剂和水可以制成可聚合的微乳。用水溶性引发剂使之聚合后,将表面活性剂和水相洗出便得到微孔膜。通过改变聚合所用微乳的性质可以控制膜的特性。

⑥ 微乳剂型的药品。微乳状液可以使水溶性或亲水性的物质,如药物和酶,加溶在有机溶剂之中,所得产物具有均匀性和热力学稳定性。同时,需要的油溶性药物则可以溶解在油外相之中,使同一医疗目的的两类药物集于一剂,使用时不仅更加方便而且可以提高疗效。

(2)基于微乳的技术。

① 蛋白质分离。许多蛋白质都是水溶性的,可以加溶到 W－O 微乳的水核之中。不同的蛋白质在微乳中的加溶能力随它的大小和所带电荷与微乳所带电荷及水核大小间的相对关系而异。蛋白质和微乳的这些性质又可以分别通过控制溶液 pH、盐浓度及使用添

加剂进行调控。利用这种加溶能力的差别可达到分离蛋白质的目的。一般的做法是将含有几种蛋白质的水溶液与适宜的 W－O 型微乳相接触,加溶能力强的蛋白质便加溶其中。将微乳相与水相分离,再从微乳的水核中回收蛋白质。Goklen 和 Hatton 曾用此法将相对分子质量非常接近而不易分离的核糖核酸酶(M_r = 13 683)、细胞色素(M_r = 12 384)和溶菌酶(M_r = 14 300)从它们的混合液中分离。

②干洗。脏衣服有许多污垢,有的是油溶性的,如皮脂、矿物油等;也有水溶性的,如糖、淀粉、胶质等;也还有尘土、烟灰等固体污物。用 W－O 型微乳进行干洗可除去所有这三类污垢,油溶性污染物溶解在油相中,水溶性的加溶到微乳的水核之中,微乳中含有大量的表面活性剂可吸附到固体污物的表面上使之易于随流体离开衣物。而且由于用水量很少,对一些对水敏感的纤维,如羊毛,不会造成损伤、缩水、变形等问题。

③化学反应介质。以微乳状液作为反应介质有许多好处。

a. 许多化学反应中既有水溶性的又有油溶性的反应物,要进行化学反应首先必须使两种分子有相遇的机会。对于在油－水界面上的反应,界面面积影响很大。微乳状液的结构特点为此类反应提供了最好的场所,可大大提高反应的效率。例如,芥子气为熟知的化学武器,它的毒性可通过其分子中的氯代烷基硫醚结构的碱式水解而解除。

$$\sim\!\!\sim\!\!CH_2\!-\!S\!-\!CH_2\!-\!CH_2\!-\!Cl
\begin{cases}
\xrightarrow{OH^-} \sim\!\!\sim\!\!CH_2\!-\!S\!-\!CH_2\!-\!CH_2\!-\!OH \\[2mm]
\xrightarrow{ClO^-} \sim\!\!\sim\!\!CH_2\!-\!\underset{\overset{\|}{O}}{S}\!-\!CH_2\!-\!CH_2\!-\!Cl
\end{cases}$$

但是,芥子气不溶于水,因而不易与羟基反应。因此,它的毒性在碱性水面上也可存留数月之久。如果使用微乳状液处理,则只需很短的时间(1 min 之内)反应即可完成。

b. 在微乳状液中进行聚合反应可以防止反应放热引起的高温,可以克服产物的高黏度对继续反应的阻碍,因而可以得到高质量的聚合产物。

c. 酶反应。酶常要求水环境以发挥其功能,但许多酶反应的基质却不易溶于水,而易溶于与水不混溶的有机溶剂,微乳状液是此类酶反应极好的反应介质。一般做法是,将酶置于 W－O 微乳的水核之中,反应基质溶于微乳的连续相油中。研究表明,这时酶不仅能保持其催化功能,而且有些酶的活性还有所提高。

d. 制备纳米粒子。固体的尺寸如果降到纳米的范围常常会显示出特异的物理化学性质,成为开发新材料的重要途径。纳米粒子的制备已成为当前高新科技领域的一个热点,利用 W－O 型微乳状液作为反应介质,在水核中生成的固体粒子被微乳粒子尺寸限制在纳米范围,是制备纳米材料的重要方法。

e. 三次采油。前面介绍了低界面张力注水采油法,增加原油采收率的另一种化学方法是利用微乳状液。在地层中注入一定量的微乳状液,再接着注入聚合物增黏的水溶液以控制流动。微乳可以与油相和水相分别形成张力很低的界面,又具有同时与油和水混溶的能力,故可以携带滞留于地层孔隙中的原油顺利通过地层毛细孔流向生产井。此种方法在实验室已取得良好效果,但是它也同低界面张力注水法一样,存在表面活性剂流失和成本太高等严重问题。

7.1.6 多重乳状液

近年来多重乳状液的研究很多,其应用涉及许多领域,简单介绍如下。

1. W－O－W 多重乳状液的制备

首先选用疏水性的乳化剂制备稳定的 W－O 型乳状液,称之为原始乳状液(primary emulsion)。然后再用适于生成 O－W 型乳状液的乳化剂,在水中乳化上述原始乳状液,经缓慢地搅动可得到 W－O－W 型多重乳状液。

多重乳状液的内部水滴及油滴的大小分布与选用的乳化剂和制备技术有关,使用不同的乳化剂可得出不同分布的 W－O－W 型乳状液。

2. W－O－W 多重乳状液的稳定性

多重乳状液是热力学不稳定体系,它力图缩小其内部、外部液滴的界面面积使体系的自由能降低。其方式可以有以下几种:① 外部油滴聚结成更大的油滴;② 内部小水珠发生聚结使体积变大;③ 内部小水珠被赶出油滴,使油滴中的水珠数目减少,甚至为零;④ 内部水珠通过油相逐渐扩散,使体积不断缩小直至最后消失。在实际体系中,上述过程可能皆有之。

若从降低体系表面自由能的角度考虑,W－O－W 乳状液中,油滴聚结会引起体系自由能较大的改变。实验表明,这种聚结经常在多重乳状液制备后的数周内尤为明显。

另一个主要的破坏机制是内部水珠被赶出油滴与外部水相合并,可以减少因内部水珠的存在而增加自由能。

内部水珠的缩小与胀大,显示出水的渗透流动,这是因为在 W－O－W 乳状液的油滴中有水珠存在,包在外面的油层相当于一个半透膜,渗透作用在不同的情况下可使内部的水珠收缩或放大。

7.1.7 乳状液的制备

1. 乳化剂的选择

为了使应用者选择一种合适的乳化剂,人们探讨了方便快速的评价性能指标,根据该指标可以判断乳化剂是否可用。

(1) HLB 值法。

前面介绍的乳化各种油所需的 HLB 值,根据 HLB 值具有加和性,可算出混合乳化剂间的比例关系,进行乳化实验。HLB 法使用很方便,但对有些离子型表面活性剂的 HLB 值很难确定。由于 HLB 值没有考虑温度的因素,对某些非离子型表面活性剂因温度变化影响其亲水性改变,也就不适用了。

(2) PIT 法。

PIT 是表征在一特定的乳状液体系中乳化剂的亲水基和疏水基部分达到平衡的温度。用3% ~ 5% 的非离子型乳化剂乳化等体积的油相和水相,加热至不同温度并搅拌。用电导仪测量乳状液电导率变化,看是否转型,当升温至发生转型时,该温度就是 PIT。在测定 PIT 后,①O－W 型,一个合适的乳化剂其 PIT 应比乳状液的保存温度高 20 ~ 60 ℃;②W－O 型,一个合适的乳化剂其PIT 应比乳状液的保存温度低 10 ~ 40 ℃。

（3）用"有机概念图"选择乳化剂。

所谓有机概念图,其含义为把组成有机化合物分子的各官能团分解成不同的基,并指定一个数字表示,称为基数值。将分子结构式中非极性部分称为有机性基,以 O(Organic) 表示;极性部分称为无机性基,以 I(Inorganic) 表示。在平面坐标系,O 为横轴,I 为纵轴,对某种化合物可在平面上确定一个点 (O,I),$I-O$ 之比为 $\tan \alpha$,称为无机性 – 有机性平衡值(Inorganic-Organic-Property Balance),简称 IOB。利用 α 角对表面活性剂分类,作为选择乳化剂的指标。$I-O$ 图就是有机概念图。一般 $\tan \alpha$ 大时,相应的 HLB 值也高,IOB 和 HLB 有一定的对应关系。表 7.5 中列出了一些官能团的 I 值和 O 值。

表 7.5 一些官能团的 I 值和 O 值

无机基团	I 值	兼有两基性官能团	I 值	O 值
轻金属盐	> 500	—SO_2	170	40
重金属盐胺、胺盐、季铵盐	> 400	—SCN	80	90
—SO_2NHCO—, —N＝N—NH_2	260	—NCS	75	90
—SO_3H	250	—NO_2	70	70
—SO_2NH	240	—CN	70	40
—CONHCO—	230	—NO	50	50
＝NOH	220	—O—NO_2	40	60
＝N—NH	210	—N＝C—	40	40
—CONH	200	—N＝C—O—	30	30
—COOH	150	—I(碘)	10	80
—OH	100	—Br,—SH,—S—	10	60
—CO—O—CO—	110	—Cl,—P	10	40
—Hg(有机共价键)	95	石蜡	0	520 ~ 640
萘	80	煤油	0	200 ~ 400
—NH—NH—,—C—CO—O—	80			
—NH_2,—NHR,NR_2	70			
＝CO	65			
—COOR	60			
—C＝NH	50			
—N＝N—	30			
—O—	20			
苯环	15			
非芳香环	10			
炔键	3			
烯键	2			

（4）选择乳化剂要考虑的其他因素。

上面 HLB、PIT 等是大致的经验规律,给一个选择乳化剂类型上的原则指导,除此之外,必须综合考虑以下因素。

① 乳化剂与分散相的亲和性。要求乳化剂的非极性基部分和内相"油"的结构越相似越好,这样乳化剂和分散相亲和力强,分散效果好,用量少,效率高。

② 分散相的分散介质的亲和差别程度。如果分散相是"油",乳化剂与油相亲和力强,HLB 值小。这种乳化剂与分散介质亲和就弱,这种亲和差别程度过大,液滴在分散介质很难分散,因此并不理想。一般要求乳化剂对分散相与分散介质同时有较强的亲和力。实际单一乳化剂很难达到这种要求,往往用复配的方法,把 HLB 值小的和大的乳化剂混合使用,如图 7.14 所示。

③ 乳化剂对液滴带电的影响。乳状液珠带电有利于乳液的稳定,所以应选用与乳状液的分散相带有相同电荷的离子型乳化剂比较合适,以免引起电荷密度下降。

④ 某些乳状液的特殊要求。在食品工业中的乳状液要求无毒,无特殊气味。在纺织工业中用的乳化剂必须是不影响织物的染色、洗涤和进一步后处理的工艺。

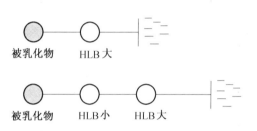

图 7.14　乳化剂配合使用原理

2. 乳状液的配制方法及设备

乳状液这种分散体系的形成有两种完全不同的途径。一种是分散法,就是在一种液体中将另一种液体粉碎成微小液滴制成乳状液的方法;另一种途径是凝聚法,使被分散物质的分子溶入一种液体,再使该分子聚集达到所需要粒子尺寸形成乳状液的方法。目前分散法经常使用,具体介绍如下。

（1）配制乳状液的几种方法。

为配制合乎要求的乳状液,大致有 5 种方法。

① 剂在水中法。此法是将乳化剂直接溶于水中(乳化剂先溶在水中,简称"剂在水中"),然后在激烈搅拌下将油加入。此法可直接生产 O－W 型乳状液。若想配制 W－O 型,则继续加油直至油发生变型。此种方法用于亲水性强的乳化剂,直接制成 O－W 型乳状液比较合适。用剂在水中法制得乳液颗粒大小均匀性差,稳定性也较低,因此经常将用此法制的乳状液再进一步用胶体磨或均化器进行处理,以提高其稳定性。

② 剂在油中法(也称"转相乳化法")。此法是乳化剂加入油相,然后加水制作 W－O 型乳状液的方法。若想制成 O－W 型就继续加水,使水由内相转为外相,在转相范围内使亲水性－疏水性达到适当平衡。转化后再乳化往往比直接乳化效果更好。另一种制作 O－W 型的方法为:先制成乳化剂与油的混合物,将此混合物直接加入水中,可直接生成 O－W 型乳液。剂在油中法制作的乳液比较稳定,液滴相当均匀,其平均直径约为 0.5 μm。

③ 轮流加液法。将水和油轮流加入乳化剂,每次只加入少量。制作食品类乳液(如蛋黄酱或含菜油的乳液) 此法比较适宜。

④初生皂法。用皂类作乳化剂的 O – W 或 W – O 型的乳状液比可用此法制备。将脂肪酸溶于油,将碱溶于水,两相接触在界面生成皂,而得到稳定的乳状液。

⑤转相温度乳化法。此法适用于非离子表面活性剂作乳化剂所制备的乳状液。温度升高乳状液由 O – W 转变为 W – O 型。实验中发现,在 PIT 附近制备的乳状液有很小的颗粒,但不稳定而易聚结,要得到分散度高且稳定的乳状液,对 O – W 型,须采取低于 PIT/2 ~ 4 ℃ 的温度制备,然后冷却至保存温度。这样可得稳定的乳状液。

制备乳状液时需要能量,一方面是形成界面时需要增加界面能,另一方面产生新界面还需要机械功,如对内摩擦(黏度)所做的功等。在制备乳状液时不可能出现自动乳化,需要外界供给能量,这就与乳化设备密切相关。

(2)乳化设备。

按照供给能量的方式,乳化设备大体有 4 类。

①搅拌混合器。此种搅拌器有许多类型,按搅拌方式不同而决定的,如上下搅拌、水平搅拌、旋转搅拌等。搅拌混合器设备只能生产较粗的乳状液。

②胶体磨。胶体磨的主要部分是定子和转子,转子的转速可自 1 000 ~ 20 000 r/min,操作时液体自定子与转子的间隙通过,此间隙的宽窄可以调节,有时小至 25.4 μm。液体通过高速旋转的转子与定子间所受到的巨大剪切力是液体被乳化的原因。高级雪花膏就是用此法制成的。

③均化器。均化器的操作原理是将欲乳化的混合物在很高的压力下由一小孔挤出,均化器的主要部分是泵(产生高压)和一个用弹簧控制的活门(也就是小孔),均化器的区别主要在于各种活门设计的不同。

④超声波乳化器。超声波乳化是采用压电晶体作为换能器产生超声波,并将声能传给液体,达到乳化的目的。

上述乳化设备虽各有不同,但其目的都是使分散相形成足够小的颗粒,以保持乳液的稳定性。乳化效果除与乳化设备有关外,还与乳化温度、乳化体系的成分、混合技巧等因素有关。虽然乳化剂的选择是关键,但外部条件也很重要。如除加料方式和乳化设备外,乳化时温度控制对乳化效果影响较明显。一般常使油相温度控制在高于其熔点 10 ~ 15 ℃,而水相温度稍高于油相温度较好。乳化后的降温也应适当控制,通常快速冷却能得到较细的粒子。

7.2 泡 沫

如果表面活性剂在气 – 液界面上吸附,使气体分散在液体中,就形成了泡沫。泡沫是人们日常生活中常见的,如肥皂产生泡沫,并且经常用于工业生产。泡沫的生成主要有物理法、化学法和表面活性剂法等。物理法又包括送气法(鼓泡)、溶解度降低法、加热沸腾法以及工业上常用的如振动、搅拌等起泡方法。其中,送气法最为常用,技术上的关键是通过调节送气压力即可以调节气泡的生成速度。一般送气速度越快,表面张力降低得越多,则气泡越易生成。缺点是送气压力大小与蒸发速度相矛盾,送气压力越低、蒸发越快。化学法是指一切热分解反应可以产生气体的反应都可以用来起泡。例如,小苏打、碳酸氢钠等的加热分解以及生物发酵过程中产生的气体均可造泡。无论是物理法还是化学法,气泡生成的难易和稳定程度都必须保持低的表面自由能。降低表面自由能最有效的方法就是加入表面活性剂。根据表面活性剂的作用不同,又分为起泡剂和稳泡剂等。因此,泡沫的制作主要是通过表面活性剂的起泡作用实现的,消泡也同样,分别介绍如下。

7.2.1 起泡剂及液膜的性能

1.起泡剂

一般纯液体很难形成稳定的泡沫(如纯水中没有稳定的泡沫),泡沫这种分散体系在广义上也属于乳状液,但分散相的气体所占体积分数在90%以上。而作为外相的液体则很少量,若想使液体把气体包围作为外相,只能形成液膜,这种被气泡压缩的液膜极易破裂。要使这种液膜形成,必须加入第三种物质,这就是起泡剂。常见的起泡剂有表面活性剂类、蛋白质类及固体粉末类等。

表面活性剂类可以形成低表面张力的溶液。当表面活性剂分子在液膜两侧的气－液界面作定向排列时,气相中非极性基的碳氢链段之间相互吸引,可以形成坚固的膜,同时伸入液相的极性基团由于水化作用,具有阻止液膜液体流失的能力。这些性质对泡沫的稳定性也起着重要作用。

蛋白质类(如明胶等)虽然降低表面张力的能力有限,但它可形成有一定机械强度的薄膜。这是因为蛋白质分子之间除了范德瓦耳斯引力外,分子中的羧基与氨基有形成氢键的能力,所以生成的薄膜十分牢固,但这类起泡剂易受溶液的pH影响,并有老化现象。

固体粉末类包括炭末、矿粉等细微的憎水性固体粉末。常聚集于气泡表面,在气－液界面上的固体粉末,成为防止气泡相互合并的屏障,同时附着在液膜上的固体粉末因形状各异、杂乱堆集,这就增加了液膜中的液体活动的阻力,也有利于泡沫的稳定。

此外,还有其他一些类型,包括高分子化合物皂素等,高分子起泡剂的作用与蛋白质有类似之处,但没有蛋白质的那些缺点。这种起泡剂的作用可能是在气－液界面形成了多分子层的吸附膜。

从以上分析看出,起泡剂的作用本质是能形成大量的气－液界面,这就要求起泡剂必须有明显降低液体表面张力的作用。但是,不是将其加入液中就自动起泡,须在一定条件下,才有良好的起泡能力,如搅拌、吹气等。而且形成泡沫后还有一个持久性的问题,如肥皂产生的泡沫持久性好,而LAS虽比较容易起泡,但泡沫的持久性差,为了使生成的泡沫稳定持久,往往还需要另加使泡沫稳定持久的稳泡剂。常用的稳泡剂如尼纳尔(月桂酰二乙醇胺)等。稳泡剂的作用本质是使形成的液膜坚固,并且具有一定的弹性,在外力作用下不破坏,才能使泡沫稳定。因此,起泡剂是指使泡沫形成,而稳泡剂是保证液膜具有较好的强度。

2.泡沫液膜

泡沫的液膜从外形看呈多面体结构,所占体积很小,液膜的物理性质决定了泡沫的性能。

（1）Plateau 交界。

泡沫中各气泡相交处（一般是 3 个气泡相交）形成所谓的 Plateau 交界，如图 7.15 所示。由于液膜中的界面的曲率为负值，使 P 点处压力小于平表面 A 点的压力，液体将自动由 A 处流向 P 处，使液膜不断变薄，由于阻力的存在，膜达到一定厚度就暂时平衡了。从界面压力看，在泡内气相压力是均等的，膜之间的夹角 120° 时应该泡沫最稳定。所以在多边形泡沫结构中，大多数是六边形结构，就是因为 120° 角最稳定。

上述的对液膜平衡的讨论，前提是必须有表面活性剂的存在，因为膜与气体的接触面很大，液体极易挥发，只有表面活性剂在液膜两侧同时吸附，才能保证液膜不挥发不破裂，称这种吸附膜为双层吸附膜，如图 7.16 所示。

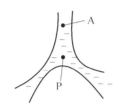

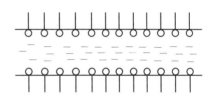

图 7.15　Plateau 交界　　　　　　　　图 7.16　　双层吸附膜

（2）双层吸附膜的作用。

由于双层吸附膜的存在，可以使膜中液体不易挥发；由于表面活性剂亲水基的吸引，液膜中水的黏度增大，不易从吸附层中流失，从而液膜能够保持一定的厚度；表面活性剂疏水基间的相互吸引会增加吸附层的强度，使液膜不易破坏；对于离子型表面活性剂，亲水基团在水中电离，表面活性剂离子端带有相同电荷而排斥，阻碍液膜变形。液膜经以上作用较稳定，在附加压作用下，液膜自身强度和阻力最后达到受力平衡，这也有利于生成泡沫的持久性。

7.2.2　泡沫的稳定性

泡沫的起泡能力和泡沫的稳定性是两个不同的概念。起泡能力是指液体在外界条件作用下生成泡沫的难易程度。表面张力越低，$\Delta P = \dfrac{2\gamma}{\gamma_g}$ 附加压越小（由拉普拉斯公式推得附加压公式）、P 处和 A 处的差别小，越有利于形成 Plateau 交界，即有利于起泡。泡沫的稳定性是指泡沫生成后的持久性。液膜能否保持恒定、坚固是泡沫稳定的关键因素。因此，液膜必须有一定的强度，能对抗外界各种干扰，才能保持泡沫稳定。泡沫破坏的原因主要是液膜由厚变薄，最终破裂。所以，若使泡沫更加稳定，就必须防止液膜的破裂，以此为依据讨论泡沫的稳定性影响因素。

1. 表面黏度和溶液黏度

所谓的表面黏度是指液体表面上单分子层内的黏度，不是整体黏度。液体内部黏度称为体黏度。液膜的强度主要取决于表面吸附膜的坚固性。在实验上，表面吸附膜的坚固性通常用表面黏度来度量。因此，表面黏度高者，泡沫的稳定性也高，见表 7.6。从表

7.6 看出,凡是表面黏度比较高的体系,泡沫寿命也长,但表面张力低的体系并不是泡沫的最稳定的体系。因此,表面张力小是形成泡沫的有利因素(即起泡作用),但不能保证泡沫的稳定性好。

表7.6　某些表面活性剂溶液(质量分数为0.1%)的表面张力、表面黏度和泡沫寿命

表面活性剂	表面张力/(N·m^{-1})	表面黏度/(N·m^{-2}·s)	泡沫寿命/min	相对透过性
Tritox – 100	0.030 5	—	60	1.38
烷基苯磺酸钠	0.032 5	3×10^{-4}	440	—
月桂酸钾	0.035 0	39×10^{-4}	2 200	0.15
十二烷基硫酸钠	0.023 5	2×10^{-4}	69	1

实践证明,在作为起泡剂的表面活性剂体系中加入稳定剂,可以提高泡沫的稳定性,如图7.17所示。

加入稳定剂十二醇后,泡沫寿命急剧增加,与此同时表面黏度也相应增加,但在较高浓度时表面黏度近于不变。此时,表面黏度并不是泡沫稳定性增加的主要因素,而高的表面屈服值(使表面膜的液层开始"流动"时所需要的力)以及表面膜的其他流变性能转变为主要因素。表面黏度无疑是生成稳定泡沫的重要条件,但也不

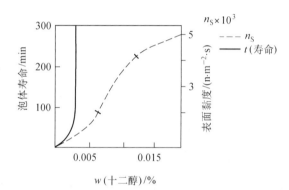

图7.17　pH = 10,质量分数为 0.1% 十二烷基硫酸钠中加入十二醇后泡沫寿命和表面黏度

是唯一的,而且常有例外。例如,十二酸钠溶液表面黏度并不高,但由此而生成的泡沫都很稳定。有时某些能生成泡沫的溶液,若无法增加其表面膜强度,却反而降低了泡沫的寿命,这可能是由于表面黏度太大,使表面膜变脆,泡沫容易破裂的缘故。

所谓溶液黏度是液体黏度的含义。液体内部黏度增加能提高泡沫的稳定性,但这只是辅助因素,如果没有液膜生成,液体的黏度再大也不一定有稳定作用。

2. 表面张力及自修复作用

在生成泡沫时液体表面积增加,体系的能量也增加,若表面张力低则有利于泡沫的产生,但不能保证所生成的泡沫就稳定。只有当表面膜有一定强度,能形成多面体系泡沫时,低表面张力才有助于泡沫稳定。这是因为液膜的 Plateau 交界处 P 与 A 之间的压差与表面张力成正比,表面张力越低,压差越小,液膜变薄速度慢,有利于泡沫稳定性提高,但要注意表面张力不是泡沫稳定的关键因素。

将小针刺入肥皂膜,肥皂膜可以不破,或将一小铝粒穿过膜后,肥皂膜也看不出破裂,这说明气泡液膜有自己"愈合伤口"的能力,具体分析如下。

当泡沫的液膜受外力冲击时,会发生局部变薄,变薄之处表面积增大,如图 7.18 所示。表面积增大,相应吸附的表面活性剂分子密度在 ② 处减少,导致该处表面张力升高,

$\gamma_2 > \gamma_1$，此时 ① 处的表面活性剂分子有向 ② 迁移的趋势，力图使 ② 处的表面活性剂分子密度增加到原来的程度，以使其表面张力恢复原来的程度。在迁移过程中活性剂分子会携带邻近溶液一起移动，结果使变薄的液膜又恢复到原来的程度。这种表面张力的恢复和液膜厚度的恢复，其结果都是使液膜强度维持不变，有利于泡沫的稳定。修复作用的宏观表现是液膜有一定的表面弹性，能一定程度对抗各种机械力撞击。

实验证明：表面活性剂的饱和溶液所形成的泡沫稳定性差，这是因为当表面活性剂浓度高时，图 7.18 中 ② 区的表面活性剂分子的补充不是来自 ① 区的迁移，而是自溶液中的吸附得到补充，这样就没有液体在表面上的迁移，不能使已经变薄的液膜恢复到原来的厚度。因此，机械强度差，使泡沫稳定性降低。

3. 液膜表面电荷的影响

如果液膜的上下表面带有相同电荷，液膜受到外力挤压时，则表面有同号电荷的排斥作用，可防止液膜变薄，增加泡沫的稳定性。用离子型表面活性剂作起泡剂就有此特点。如用十二烷基硫酸钠作起泡剂，烷基硫酸根吸附于液膜两个表面，形成带负电荷表面层，反离子 Na^+ 则分散于液膜溶液中，形成双电层。由图 7.19 液膜双电层可以看出，当溶液中有较高的无机电解质时，双电层被压缩，使两个表面间的静电斥力减弱，液膜变薄。如油酸钠溶液的平衡膜厚度，当加入 NaCl 10^{-4} mol/L 时，膜层厚为 75 nm，而 NaCl 浓度为 0.1 mol/L 时，膜层厚为 12 nm。这已经是油酸钠水化层厚度 6 nm 的 2 倍，表面双电层被极大地压缩了。因此，无机电解质的加入对泡沫的稳定性有不利的影响。

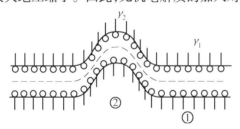 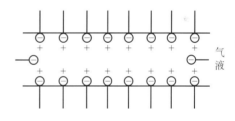

图 7.18　液膜局部变薄引起表面张力变化　　　　图 7.19　液膜双电层

4. 液膜的透气性

一般形成的泡沫中，气泡大小总是不均匀的。根据 Laplace 公式，小泡中气体压力比大泡大，于是气体自高压的小泡中透过液膜扩散至低压的大泡中，造成小泡消失，大泡变大，以消耗小泡来增长大泡，引起泡沫中气泡的重排，产生机械冲击导致液膜破裂，最终泡沫破坏。

一般表面黏度高者，气体透过性低，其泡沫稳定性较好；反之，气体透过性高的，泡沫稳定性较差。气体透过性与表面吸附膜紧密程度有关，表面吸附分子排列越紧密，则气体越难透过。在十二烷基硫酸钠溶液中加入少量十二醇后，表面吸附膜中分子间引力加强，分子排列更紧密，气体透过性降低，泡沫稳定性提高。

所以要使泡沫稳定，必须具有较高的表面黏度，很强的"修复"能力及较大表面电荷密度。一种良好的起泡、稳泡的表面活性剂分子必须具备在吸附层内有比较强的相互引力，同时亲水基团有较强的水化作用。前者使液膜产生较高的机械强度，后者可以提高液膜表面黏度。含碳原子数较多的烃链可以有较大的相互吸引力,像癸酸钠(C_{10}),碳链较短,几乎不能产生稳泡作用;而月桂酸钠(C_{12})和豆蔻酸酸(C_{14}),由于烃链变长相互吸引力增加,所以可得到较稳定的泡沫。可是软脂酸钠(C_{16})和硬脂酸钠(C_{18})稳泡作用反而不如月桂酸钠。这可能是过长的烃链会使活性剂水溶性、亲水性减弱的缘故。

7.2.3 泡沫性能的测定

泡沫的稳定性为泡沫最主要的性能,此外表面活性剂(或其他起泡剂)的起泡能力亦属与泡沫有关的重要性质。因而,一般泡沫性能的测定,主要是对稳定性及起泡性进行研究。

泡沫稳定性测量方法很多,根据成泡的方式主要分为两类:气流法及搅动法。前者是以一定流速的气体通过一玻璃砂滤板,滤板上盛有一定量的测试溶液,于是在容器(刻度量筒)中形成泡沫。当固定气体的流速并使用同一仪器时,流动平衡时的泡沫高度 h(图7.20)可以作为泡沫性能的量度。因为 h 是在一定气体流速时,泡沫生成与破坏处于动态平衡时的泡沫高度,所以此量包括了泡沫稳定性及起泡性两种性能。

搅动法是在气体(一般为空气)中搅动液体,使气体搅入液体中,形成泡沫。实验时在量筒中放入少量试液,用下端固定有盘状不锈钢丝网的搅拌器(图7.21),通过液面上下搅动。严格规定仪器规格、搅动方式、时间、速度及液体用量等,则生成泡沫的体积 V_0(刚停止搅拌时的体积)即可表示试液的起泡性,并记录刚停止搅拌时泡沫体积随时间的变化(减少),作出曲线,如图7.22所示,由此了解泡沫的稳定性。一般可利用下式求出泡沫的寿命

$$L_f = \frac{\int V \mathrm{d}t}{V_0} \tag{7.9}$$

式中,V 为时间 t 时的泡沫体积;$\int V \mathrm{d}t$ 可自 $V-t$ 曲线中求得,即量出 $V-t$ 曲线下的面积。

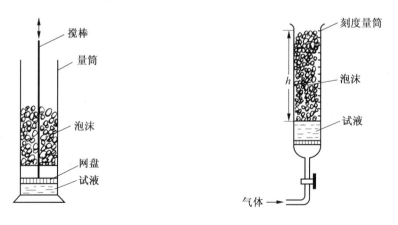

图7.20 气流法测定泡沫稳定性　　　图7.21 搅动法测定泡沫稳定性

以上皆为对气泡聚集体的研究方法。在实验室中,有时也对一个气泡的稳定性进行研究,即所谓单泡性能的研究。单泡稳定性的测量方法比较简单:气泡自插入试液中的毛

细管口形成后,上浮于液面,记录气泡上升至液面到破裂的时间,即为此气泡的寿命。由于影响气泡稳定性因素很多,而且无法精确控制,一次测量显然是不够的,往往需要测量多次,取其统计平均值,才能得到比较有代表性的结果。因此,方法虽然简单,但实验条件要求甚高,实验时间也较长。尽管如此,单泡法仍不失为研究泡壁液膜的气体透过性的最为合适之法,可以由此测量气泡大小随时间的变化率,气泡缩小越快者,气体透过性就越大。

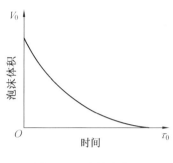

图 7.22　泡沫寿命

7.2.4　表面活性剂的起泡力

1. 表面活性剂的浓度与起泡力

在一定条件下,表面活性剂水溶液产生泡沫的量,是随着浓度而变化的,在某一浓度下,几乎不产生泡沫。将表面活性剂开始起泡所对应的浓度称为临界发泡浓度(Critical Foaming Concentration,CFC),如图 7.23 所示。当表面活性剂浓度超过 CFC 时才有明显的起泡作用,在cmc 点泡沫量达到最高,简称"最大泡沫高度"(Maximum Foaming Height,MFH)。这样表面活性剂的 cmc 越低,MFH 需用浓度就越低,所以能够影响 cmc 的因素,均能影响泡沫性能。

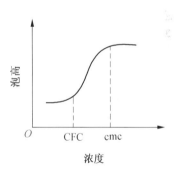

图 7.23　肥皂泡高与浓度的关系

2. 表面活性剂结构因素

① 阴离子表面活性剂疏水基长度。一般来说,疏水基直链长度的增加,将使表面活性剂水溶液的 cmc 下降,有泡沫量增加的效果。但是表面活性剂最佳碳原子数一般为 $C_{12} \sim C_{16}$;烷基苯磺酸钠系列,随着直链碳原子数的增加,cmc 下降,泡高增大;支链的泡高大于直链。泡高次序为:烷基磺酸钠 > 烷基硫酸钠 > 烷基苯磺酸酸钠。

② 对于聚醚型非离子表面活性剂,当醇醚型(EO)m 聚氧乙烯链聚合度 $m = 15 \sim 18$ 时,泡高大;一般醚型,醚链则在 $m = 18 \sim 20$ 时,泡高大。

3. 表面活性剂水溶液的 pH

各类起泡剂均有一个最优泡高的 pH,但规律性不强。此处不做详细介绍。

7.2.5　消泡与消泡剂

在某些生产过程中,并未使用表面活性剂,但由于某些因素也会发泡,而且影响日常生产,抗生素的生产、制糖工业中糖的精制或在蒸馏过程中气体夹带泡沫,都会使产品质量降低或操作发生困难。为了消灭有害泡沫,可以采取加热、静置、减压等方法,但是要在短时间内迅速将泡沫消除,就必须加入消泡剂。凡是加入少量物质能使泡沫很快消失的,称为消泡剂。消泡剂大多也是表面活性剂。

1. 消泡机理

消泡剂可以分为破泡剂和抑泡剂两种,合称"消泡剂"。广义上说,消泡指破泡和抑泡,狭义上说,消泡仅指破泡。破泡剂是破坏已经产生的泡沫,为见效迅速的消泡剂。抑泡剂是预先加入发泡性溶液内,在相当长的时间内阻止发泡。

有关消泡理论,至今还不够清楚。由于所用消泡剂结构不同,其作用机理也各不相同,大致有以下几种作用机理。

① 与起泡剂发生化学反应或使起泡剂溶解。例如,用脂皂酸皂类为起泡剂的泡沫体系,加入无机酸或钙、镁盐可因产生不溶于水的脂肪酸或难溶盐使泡沫破坏。

② 消泡剂在液面上取代起泡剂,本身又不能形成强度好的液膜。也就是消泡剂分子比起泡剂的表面活性更大,取代、吸附、顶替原来的起泡剂分子。又由于消泡剂分子间作用不强,在表面上排列较疏松,所形成的液膜强度差,结果使泡沫破坏。还有一种情况是消泡剂在液面上迅速铺展,带走表面下的薄层液体,使液膜变薄至破裂。如碳链不长的醇或醚表面活性高,能顶替吸附,又因碳链短,所形成的液膜就容易破坏,$n - C_3F_7CH_2OH$ 能在十二烷基硫酸钠溶液表面很快铺展,带走次表层液体,使液膜变薄直至破坏。

③ 降低液膜表面黏度,使排液加快导致泡沫破裂。例如,磷酸三丁酯分子截面积大,渗入液膜后介于起泡剂分子之间,使其相互作用力减弱,导致液膜表面黏度大幅下降,泡沫变得不稳定而易破坏。

④ 降低液膜表面双电层的斥力。对以双电层为主要稳定因素的泡沫,增加电解质浓度以压缩双电层有利于消泡。

⑤ 使液膜失去表面弹性或自修复能力。

a. 聚氧乙烯、丙烯共聚物非离子表面活性剂,不能形成坚固的表面膜,但扩散与吸附到界面都很快,使液膜变薄处难以自修复而降低泡沫的稳定性。b. 又如长链脂肪酸的钙盐形成没有弹性的易碎固态膜,当它们部分或全部取代液膜内的十二烷基苯磺酸钠等分子时,就使液膜失去弹性。当然,如果钙皂可与起泡剂产生紧密混合膜的情况,就没有消泡作用了。c. 当起泡剂浓度大于 cmc 时,消泡剂可能被加溶而削弱其消泡作用,但是实验也发现,增溶了的消泡剂溶液,表面张力随时间的变化迅速,很快就下降至平衡值。这表明自溶液内部吸附到表面的速度很快,结果表面分子因表面张力差引起的迁移过程不易进行,修复其表面厚度的作用缓慢,泡沫的稳定性下降。

⑥ 扰动液膜促使其破裂。某些以胶态液滴分散存在的不溶性液体可能起这个作用,可溶性液体或气体可通过扩散使液膜受到扰动。

2. 消泡剂类型

消泡剂种类很多,可以分为天然和合成两种。矿物、动植物油等被用作消泡剂,一般来说,它们的消泡能力不高,如果用量过多,反而会助长泡沫的产生。大部分使用的是合成消泡剂。合成消泡剂可分为两大类:一类是不溶于水的低表面张力的液状有机消泡剂。例如,脂肪酸酯、带有支链的脂肪醇、磷酸酯及聚醚型表面活性剂等。这类消泡剂使用浓度较大,为 0.1% ~ 0.4%,消泡作用不持久。另一类是有机硅类,主要成分是不同相对分子质量的聚二甲基硅氧烷,使用量很低,仅 $(1 ~ 60) \times 10^{-6}$ 就能具有良好的且持久的消泡作用,但由于不溶于水,需制成乳液。聚硅氧烷的表面张力很低,为20 mN·m。它在气-液表面上吸附,或吸附在泡沫的发泡剂分子界面膜上,使之强度减弱而消泡。选择消泡剂要看具体情况,多半仍是凭经验,按其化学类型,常用的消泡剂有以下几种。

① 油脂类。脂肪酸甘油酯和脂肪酸分别用于造纸、药品行业和发酵过程。如Span 20用于奶糖液的蒸发干燥和蜜糖液的浓缩等。一些天然油脂,如玉米油、豆油类脂肪酸甘油酯常用于食品工业的消泡剂。

② 醇类。低碳或中碳的醇类,特别是有支链的醇都是常用的消泡剂。其作用是吸附在液膜局部表面使该处表面张力急剧下降,导致局部液膜迅速变薄而遭破坏。

③ 磷酸酯类。磷酸三丁酯是很早就使用的消泡剂。不溶性的磷酸酯常先使其溶于易与水混溶的有机溶剂中(如配成0.01% ~ 0.1% 的丙酮或乙醇溶液)。除了用于水溶液消泡外,磷酸三丁酯也可用在润滑油中作为消泡剂。

④ 酰胺类。如二硬脂酰乙二胺、油酰二乙烯三胺缩合物、硬脂酸三酰胺与二乙撑三酰胺的共聚物。聚酰胺和硅树脂常用于防止锅炉用水的发泡。

⑤ 有机硅化合物。硅油是广泛使用的消泡剂,硅油容易在液面上铺展而又不形成坚固表面膜,乳化硅油可用于水溶液的消泡,而硅油可用于非水体系的消泡。

⑥ 聚醚类。聚醚型非离子表面活性剂是低泡型表面活性剂,其中有一些可作为防泡剂或消泡剂,如聚氧丙基甘油醚等。非离子表面活性剂在其浊点附近或浊点以上都具有消泡作用。

⑦ 其他。如高氟化物常用于防止润滑油、机械油的发泡;长链脂肪酸钙(Mg 及 Al) 皂也是有效的消泡剂,还有磺化油(土耳其红油) 价廉易生产,也常用作消泡剂。

3. 消泡方法

消泡方法有物理法、化学法两种。

(1)物理法。物理法主要是改变产生泡沫的条件,如提高温度使液体黏度下降,表面弹性减小,加快液体蒸发等导致泡沫破裂,又如反复加压减压操作也可使液膜破坏,泡沫消失。离心力法是处理大量泡沫常用的方法,把泡沫装入金属网中,高速离心使泡破坏。还有用机械搅拌,用 X 射线、紫外线及超声波等击碎泡沫。一般根据不同目的与条件而采用不同方法。

(2)化学法。这是常用的方法,基本原理是利用化学药剂消除泡沫的稳定因素。前面已介绍,不再重复。

7.2.6　泡沫的应用

有关泡沫的应用较多,如泡沫玻璃、泡沫水泥和泡沫塑料,以及泡沫灭火、泡沫分离和泡沫浮选等。

面包中有气泡是人所共知的,正是由于气泡的存在,才使面包具有松软适口等特点。面包制造是利用酵母菌分解面粉中的糖,产生大量 CO_2 使面发泡的。为了得到质量好的面包,关键在于控制发泡与面包的成熟时间。如果发泡快而成熟慢,或发泡慢而成熟快,都会出现发不起来的劣质品。只有发泡与成熟时间同步时,才能得到高质量的面包。

泡沫灭火时,形成泡沫的量和坚实性决定灭火效率。除操作工艺外,起泡剂及稳泡剂则为关键。一般起泡剂常用皂素、肥皂及其他合成表面活性剂。稳泡剂则多用天然蛋白质及其水解物、纸浆皂等。泡沫灭火剂中常含有铝盐、铁盐,它们在生成泡沫的反应过程中形成了胶状不溶氢氧化物,对于增加泡沫的强度和稳定性具有良好的作用。泡沫的密度小,可以覆盖在轻质可燃有机液体上,隔绝空气,起到灭火作用。

一般来说,从含有界面活性物质的溶液中所得到的泡沫,其界面活性物质的含量都比原溶液的含量高。例如,经分析发现破坏的啤酒泡沫中所含的蛋白质、蛇麻子、铁等的浓度比原来的溶液及残余的溶液都高。肥皂泡所含皂的成分比皂液的要高。因此,利用这种现象能够进行溶质的浓缩和分离的方法称为泡沫分离法。分离的一般规律是,当溶液中只含有一种溶质,这种溶质又是表面活性物质且能形成稳定泡沫时,它在泡沫中易被浓缩分离,而当溶液中含有两种以上溶质时,活性高者首先被浓缩分离。

另外,在泡沫应用中还有消泡的问题。如在电影胶片生产中,卤化银乳剂中存在气泡将严重影响胶片质量。因此,在涂布之前必须对乳剂进行消泡处理。一般是在乳剂中加入消泡剂,并放置一段时间。为了不影响胶片的感光性能,使用相当大量的乙醇和丁醇作为消泡剂。

第8章　表面活性剂简介

8.1　表面活性剂的结构和类型

8.1.1　表面活性剂的定义和结构特点

表面活性剂是这样一种物质,加入少量就能显著改变界面状态。习惯上降低溶剂(一般为水)的表面张力(气－液)或界面张力(液－液)的,称为表面活性剂,可产生润湿、乳化、增溶、发泡、洗涤等一系列作用,以达到实际应用。但是,也有使界面张力升高的情况,此时习惯上称为表面惰性剂。

实际应用的表面活性剂品种繁多,但所有的表面活性剂在结构上具有相同点,分子中有基本结构,即有一个对溶剂(主要是水)不亲和的基团,称为疏水基团(或亲油基团),另一个是对溶剂亲和的基团,称为亲水基团。因而表面活性剂是一种亲疏分子,这样的分子结构使一部分溶于水,另一部分易从水中逃离而具有双重性质,如肥皂中的 $C_{17}H_{35}$—$\overset{\displaystyle O}{\overset{\|}{C}}$—ONa。

尽管表面活性剂有各种各样的性能和用途,但就其分子结构而言,都是由亲水基和疏水基两部分组成,表示如下。

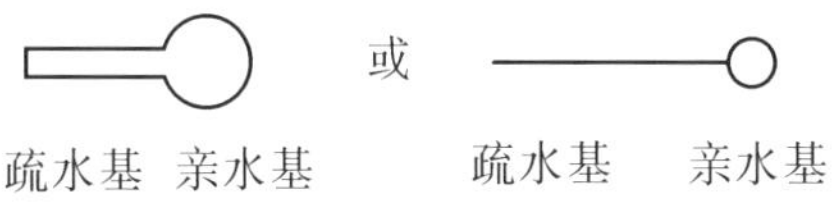

疏水基　亲水基　　或　　疏水基　　亲水基

8.1.2　表面活性剂的分类

表面活性剂是一种同时具有亲疏水基团的分子。疏水基团的差别主要表现在碳氢链的结构变化上,差别较小,而亲水基团则种类繁多,差异很大。所以表面活性剂的分类,一般应以亲水基团的结构为依据。

人们根据亲水基团的带电特性,首先分成阴离子型表面活性剂、阳离子型表面活性剂、非离子型表面活性剂和两性表面活性剂四大类。每一大类中又以官能团的特性加以细分。这种分类方法,只要弄清楚表面活性剂的离子类型,就可以决定使用范围。例如,已知是阴离子型的,便不能与阳离子型物质同时使用,否则会生成沉淀。除这四大类外,还有特殊的其他活性剂,表面活性剂的分类如图8.1所示。

1.阴离子表面活性剂

具有表面活性的是阴离子部分,细分为4大类。

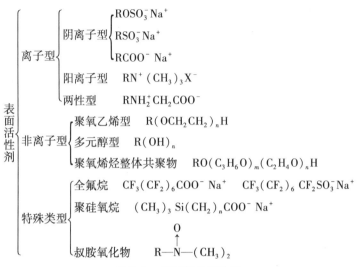

图8.1 表面活性剂分类

（1）磺酸盐（R—SO₃Na）。

烷基磺酸钠（AS）、烷基苯磺酸钠（ABS，R—⟨○⟩—SO₃Na ）比较常见。此类产品由于磺酸为强酸，有很强的亲水性，故即使在酸性介质中加热也不会分解而影响溶解度，具有优良的润湿性能、洗涤性能，所以有广泛的用途。

合成洗涤中表面活性剂成分采用的就是十二烷基苯磺酸钠，硬水中不会生成钙、镁皂沉淀，克服了肥皂的弱点。但是，烷基苯磺酸钠不能将洗掉的污垢保持在洗涤液中，因此民用皂粉中除了有增白剂之外，还需加入羧甲基纤维素、甲基纤维素等保护胶体，以防污垢再附着。

此外，烷基萘磺酸钠还是有名的润湿剂，俗称"拉开粉"。

（2）羧酸盐（R—COONa）。

肥皂即脂肪酸盐（钠盐最多），是一种古老的表面活性剂，现在仍大量应用于日常生活和生产中。肥皂较易制造，使用油脂与碱作用即生成皂类。

洗涤用的钠皂为硬质肥皂，钾皂为软质肥皂，肥皂的应用对溶液的 pH 有一定要求，当 pH < 7 时，羧酸基会与水中氢离子生成羧酸，从而失去表面活性。并且钙、镁离子也会与肥皂生成不溶性物质，因此这类表面活性剂不适用于硬水、酸性和海水。

肥皂除净洗作用外，还有润湿、乳化和发泡作用。碳链从 C₈ 开始可显著降低水的表面张力，C₁₄ ～ C₁₈ 时达到最低值，而且与温度有关。碳链长的肥皂，在温度较高时才能显著降低表面张力，例如硬脂酸肥皂的最适宜温度为 70 ～ 80 ℃，而椰子油肥皂最好在常温下。

（3）硫酸酯盐（R—OSO₃Na）。

硫酸十二烷基钠（C₁₂H₂₅OSO₃Na）即为此类表面活性剂的典型代表。它有良好的乳化、起泡性能。"土耳其红油"（Turkey red oil）是蓖麻油硫酸化后的产物，是常用的润湿剂，具有低泡性。

（4）磷酸酯盐。

此类表面活性剂与硫酸酯盐相似，但可以有单酯盐和双酯盐两种，例如

$$RO-\overset{\overset{\displaystyle ONa}{|}}{\underset{\underset{\displaystyle ONa}{|}}{P}}=O \qquad\qquad \overset{\overset{\displaystyle RO}{\diagdown}}{\underset{\underset{\displaystyle RO\quad ONa}{\diagup\quad\diagdown}}{P}}\overset{O}{\diagup}$$

单酯盐　　　　　　　　　双酯盐

此类表面活性剂应用较少，生产不多，抗静电及抗硬水性强，为低泡表面活性剂，常用作乳化剂、抗静电剂及抗蚀剂等。

2. 阳离子表面活性剂

具有表面活性的是阳离子部分，此类表面活性剂中绝大部分是有机胺的衍生物。

（1）有机胺的盐酸盐或醋酸盐（$RNH_2 \cdot HCl$ 或 $RNH_2 \cdot HAC$）。

它们可在酸性介质中用作乳化、分散、润湿剂，也常用作浮选剂以及作为颜料粉末表面改性剂。其缺点是当溶液的 pH > 7 时，自由胺容易析出，从而失去表面活性。

（2）季铵盐（$R_1R_2N^+R_3R_4$）。

一般常用的阳离子表面活性剂为季铵盐，4 个 R 基中，一般只有 1 ~ 2 个 R 基是长碳氢链，其余的 R 基的碳原子数大多为 1 ~ 2 个，如十六烷基三甲基溴化铵（俗称"1631"）。

$$C_{16}H_{33}-\overset{\overset{\displaystyle CH_3}{|}}{\underset{\underset{\displaystyle CH_3}{|}}{N^+}}-CH_3Br^-$$

季铵盐不受 pH 变化的影响，不论在酸性、中性、碱性介质中，均无变化。季铵盐的水溶液有很强的杀菌力，因此常用作消毒、灭菌剂，典型的杀菌剂是

（3）吡啶盐（NC_5H_5 的衍生物）。

季铵盐的一种，如十二烷基吡啶盐酸盐：$C_{12}H_{25}(NC_5H_5)^+Cl^-$。阳离子表面活性剂具有容易吸附于一般固体表面及杀菌性两个特点。此外还具有某些特殊用途，可以作为矿物浮选剂、柔软剂、抗静电剂、颜料分散剂等。缺点是价格较高，洗涤性能很差。

$$\underset{N}{\bigcirc}\qquad NC_5H_5\ 的结构$$

3. 非离子表面活性剂

在水溶液中不电离，其亲水基部分多为聚氧乙烯基构成的，由所含的氧乙烯基的数目来控制其亲水性能。正是这一特点决定了非离子表面活性剂在某些方面比离子型表面活性剂优越。因为在溶液中不是离子状态，所以稳定性高，不易受强电解质无机盐类存在的影响，也不易受酸碱的影响，与其他类型的表面活性剂的相容性好，可以很好地混合使用；

非离子表面活性剂的主要缺点是随温度升高,一般溶解度下降。这是由于它在水溶液中的氢键随温度升高而破坏,导致其亲水性减弱而不溶于水,原来透明的溶液会变混浊,由清晰变为混浊时的温度称为浊点。非离子表面活性剂只有在浊点以下才溶于水。

（1）脂肪醇聚氧乙烯醚。

$$R—O—(C_2H_4O)_n—H$$

俗称"平平加系列",此类表面活性剂因在其结构中,醇的烃基与聚氧乙烯间是比较稳定的醚键,所以稳定性较高,较易生物降解,水溶性好,并且有较好的润湿性能。

（2）脂肪酸聚氧乙烯酯。

$$R—\overset{\overset{\textstyle O}{\|}}{C}—O—(C_2H_4O)_n—H$$

此类表面活性剂由于含有酯基（—COOR）,在酸、碱性热溶液中皆易水解。此种表面活性剂起泡性差,但具有较好的乳化性能。

（3）烷基酚聚氧乙烯醚。

$$R—⟨○⟩—O—(C_2H_4O)_n—H$$

俗称"OP 系列",此类表面活性剂化学性质稳定,不怕强酸、强碱,即使在温度较高时也不易破坏,因此可用于金属酸洗的溶液配方或强碱性洗涤中。遇某些氧化剂,如次氯酸盐、高硼酸盐、过氧化物等,亦不易氧化。缺点是比其他非离子表面活性剂更不易生物降解,毒性也较大。可作润湿剂、乳化剂,洗涤性较好。

（4）聚氧乙烯烷基酰醇胺。

$$RCONH(C_2H_4O)_nH \text{ 或 } RCON\overset{\displaystyle (C_2H_4O)_xH}{\underset{\displaystyle (C_2H_4O)_yH}{\diagup\!\!\!\diagdown}}$$

其表面活性剂具有较强的起泡及稳泡作用,常用作泡沫促进剂或稳泡剂,如净洗剂 6501

$$C_{11}H_{23}—\overset{\overset{\textstyle O}{\|}}{C}—N(C_2H_4O)_2 \cdot NH(C_2H_4OH)_2$$

此化合物具有优良的水溶性与洗涤性,易产生稳定的泡沫,它的水溶液黏度较大,可以作为增黏剂,可使纤维手感柔软。此类表面活性剂比脂肪酸聚氧乙烯酯耐水解,特别在碱性介质中稳定性较好。

（5）多元醇类。

多元醇类的面活性剂主要是失水山梨醇的脂肪酸酯及其聚氧乙烯加成物。常用的Span 类表面活性剂属高级脂肪酸的失水山梨醇酯。若把 Span 类表面活性剂再与环氧乙烷作用,可得到相应的 Tween 类非离子表面活性剂,由于聚氧乙烯链的引入可以大大提高其水溶性。

多元醇表面活性剂除具有一般非离子型表面活性剂的良好表面活性外,还具有低毒的特点,可用于食品工业和医药工业。如用蔗糖制成的脂肪酸酯,因为蔗糖为双糖,分子中极性基团羟基较多,易溶于水。蔗糖脂肪酸单酯无毒、无臭,可作乳化剂和低泡沫洗涤剂。

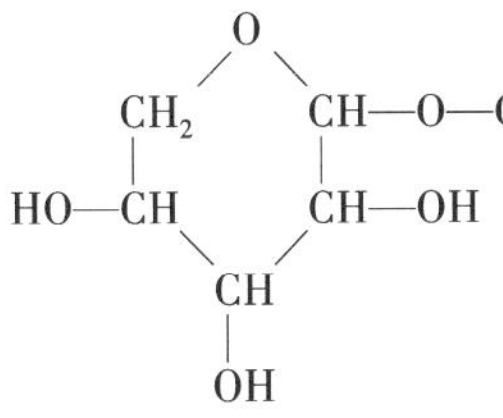

Span(失水山梨醇脂肪酸酯) 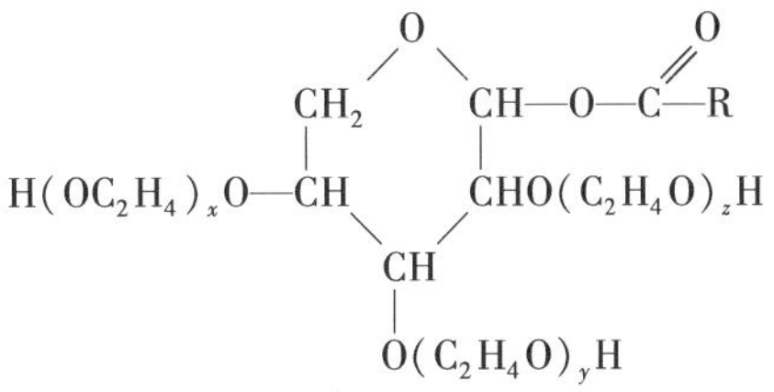　　　　　Tween(聚氧乙烯基失水山梨醇脂肪酸酯)

(6)聚氧烯烃整体共聚物。

这是一类较新的非离子表面活性剂,经常应用的是环氧丙烷和环氧乙烷的整体共聚物,亲油部分是聚氧丙烯基,其亲水部分是聚氧乙烯基。亲油亲水部分的大小,可以通过调节聚氧丙烯与聚氧乙烯比例加以控制。商品统称为聚醚 GP、GPE。

亲水基

$$R—(C_2H_4O)_a—(C_3H_6O)_b—(C_2H_4O)_c—H$$

疏水基

此类聚醚中有很多品种在低浓度时即有降低界面张力的能力,是许多水包油及油包水体系的有效的乳化剂。聚醚对钙皂有良好分散作用,在浓度很稀时即可防止硬水中钙皂沉淀。聚醚还有较好的加溶作用。一般无臭、无味、低毒、无刺激性,有些品种可用于人造血液中作为乳化、分散剂。聚醚有很好的稳定性,与酸、碱及金属离子皆不起作用,其中还有不少醚是低泡性表面活性剂,在许多工业过程中甚至可以用作消泡剂或抑泡剂。

4. 两性表面活性剂

此类表面活性剂的分子与蛋白质中的氨基酸相似,在分子中同时存在酸性和碱性基,易形成"内盐"。这种物质很早就被发现,但作为表面活性剂应用,还是近年来的事,两性表面活性剂的酸性基主要是羧酸基和磺酸基,碱性基主要是氨基或季铵基,易溶于水,杀菌作用比较柔和,也较少刺激性,毒性小,所以两性表面活性剂常用作杀菌剂、防蚀剂、油漆颜料的分散剂、柔软剂以及抗静电剂等。有以下主要类型。

(1)甜菜碱系。

甜菜碱系通式为 $R—\overset{\overset{\displaystyle CH_3}{|}}{\underset{\underset{\displaystyle CH_3}{|}}{N^+}}—CH_2COO^-$ 。

结构简单而又实用的为 $R = C_{12} \sim C_{18}$,这种化合物加水能呈透明溶液,泡沫多,去污力好,对纤维有保护作用,可以看作是两性表面活性剂的代表。

(2)氨基酸系。

氨基酸系通式为 $R(NH_2)CH_2CH_2COOH$, 例如十二烷基氨基丙酸钠盐 $C_{12}H_{25}NHCH_2CH_2COONa$。这种表面活性剂易溶于水,为透明溶液。其水溶液发泡性好,呈碱性。此外,它的洗涤性能良好,故常作为特殊洗涤剂来使用。

(3)咪唑啉系。

此类物质洗涤性好,常用的为 2 - 十二烷基 - N - 乙酸基 - N - 2 - 羟乙基咪唑啉

$$C_{12}H_{25}-C \overset{\overset{\displaystyle CH_2}{\|}}{\underset{N}{}} \overset{\overset{\displaystyle CH_2}{}}{\underset{\underset{CH_2COO^-}{|}}{N^+}}-CH_2CH_2OH$$

(4)卵磷脂类。

卵磷脂类属天然表面活性剂,常用作食品添加剂,其中 α - 磷脂酸胆碱常用,化学式为

$$\begin{array}{c}
H_2C-O-C-R_1 \\
\overset{\displaystyle O}{} \\
HC-O-C-R_2 \\
\overset{\displaystyle O}{} \\
H_2C-O-P-O-CH_2-CH_2-N^+-CH_3 \\
\overset{\displaystyle O^-}{} \\
CH_3
\end{array}$$

5.特殊表面活性剂

(1)氟碳类。

在表面活性剂的碳氢链中,氢原子全部被氟原子所取代,称为全氟表面活性剂。这类表面活性剂由于碳氟链的疏水作用强于碳氢链,其水溶液的表面张力可低至 20 mN/m 以下,这是其他类型的表面活性剂所远远不及的,氟碳链不但疏水,而且疏油。全氟表面活性剂在固体表面上形成的单分子层不能被烷烃液体所润湿。氟表面活性剂化学性质极其稳定,耐温、强酸、强碱和强氧化剂。常用于形成既疏水又疏油的表面,制造既防水又防油的纺织品、纸张、皮草,能作为高效的灭火剂等。铬雾抑制剂全氟辛酸钠$(CF_3(CF_2)_6COONa)$就是抗强酸性的利用。

(2)硅化合物类。

聚硅烷氧化物的疏水性非常突出,较短的硅氧烷链就能使整个疏水性剂具有很强的疏水性。可以作为拒水处理剂,还是很好的消泡剂。

$$CH_3-\overset{\overset{\displaystyle CH_3}{|}}{\underset{\underset{CH_3}{|}}{C}}-\overset{\overset{\displaystyle CH_3}{|}}{\underset{\underset{CH_3}{|}}{Si}}-(O-Si)_4CH_2(C_2H_4O)_xCH_3 \quad \overset{CH_3}{\underset{CH_3}{|}}$$

(3)高分子聚醚类。

例如,$RCONH(EO/PO)_nH$,其中

$$R = C_{12}H_{25} \sim C_{17}H_{35}$$

$$n = 8 \sim 25$$

$$EO/PO = -C_2H_4O-/C_3H_6O-$$

此类常用于染料添加剂。

（4）硼化合物类。

这是最近几年刚刚开发的一类新型表面活性剂,多用于漂白剂。

6.生物表面活性剂

这是由生物体系新陈代谢产生的两亲化合物,当能显著改变界面状态时,就具有了表面活性,称此种代谢产物为生物表面活性剂。其最大的优点是原料易得,无污染。微生物在一定条件下培养时,在其代谢过程中会分泌出来具有一定表面活性的代谢产物,如糖脂、多糖脂等,中性脂类衍生物、脂肽,它们与一般表面活性剂分子在结构上类似,不仅有脂肪烃链构成的疏水基,同时也有极性的亲水基磷酸根、多羟基基团等。这种表面活性剂的制备关键在于培养菌较困难,但应用前景广阔。

8.2 表面活性剂的基本作用

8.2.1 界面吸附

把表面活性剂溶于水后,其疏水基使体相水的结构发生扭曲,破坏了部分水分子间的氢键,从而有使体系的能量增加的趋势。为使体系能量降至最低,表面活性剂有逃离水分子的趋势,而亲水基与水分子有相互吸引作用。因此,表面活性剂会相对集中在表面层,如图8.2所示。

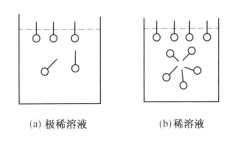

(a) 极稀溶液　　　　(b)稀溶液

图8.2　界面吸附现象

所以,表面层的表面活性剂浓度比体相内部浓度会高一些,这就是吸附。正是表面活性剂的"双亲"结构这种桥梁作用,降低了产生单位面积的界面所需的功,因而也就降低了水的表面张力。由于亲水基团的存在,防止了表面活性剂作为一个分离相从水中完全析出,同时造成了表面活性剂在表面的定向。吸附和定向是表现活性剂的重要性质,有关吸附的热力学处理及分析方法此处不再介绍。

8.2.2 胶束的形成及其性质

1.胶束的形成

图8.2(b)是低浓度的表面活性剂溶液的情况。当继续增加表面活性剂的浓度时,表面吸附饱和后剩余部分存在于溶液内部,表面活性剂分子有逃离水分子的趋势,使疏水基

要尽量靠拢在一起,就形成了亲水基朝外,疏水基朝内的胶束,如图 8.3(a) 所示。此时因表面已达到饱和吸附,水溶液的表面张力明显下降,达到最低值。把表面活性剂形成胶束时所需最低浓度称为该表面活性剂的临界胶束浓度,英文表示为 cmc(critical micelle concentration)。如果再继续提高表面性剂的浓度 $C > $ cmc,只有胶束数目增加,界面吸附程度没有改变,表面张力也不再有显著变化,如图 8.3(c) 所示。

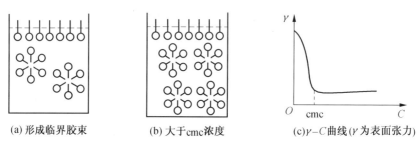

(a) 形成临界胶束　　(b) 大于cmc浓度　　(c)γ–C曲线(γ 为表面张力)

图 8.3　胶束形成

2. 胶束的形状

哈特勒(Hartley) 最先提出胶束是球状的,大小一定。根据多年的研究,一般认为,在浓度不很大(超过 cmc 不多),而且没有其他添加剂及加溶物的溶液中,胶束大多呈球形。光散射法也证实了此点。

在高于 cmc 10 倍或更大浓度溶液中,胶束一般是非球状的。德拜(Debye) 提出了棒状胶束的模型。这种模型使大量的表面活性剂分子碳氢链与水接触面积缩小,有更高的热稳定性。

当溶液中表面活性剂浓度更大时,就形成了巨大的层状胶束,如图 8.4 所示。

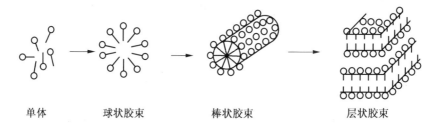

单体　　　　球状胶束　　　　棒状胶束　　　　层状胶束

图 8.4　胶束形状

8.2.3　加溶作用

水溶液中表面活性剂的存在能使难溶于水的有机化合物的表观溶解度明显高于它在纯水中的溶解度,此种现象称为加溶作用。加溶作用只有在表面活性剂的浓度高于 cmc 时,才能明显表现出来,所以说加溶作用与表面活性剂在水溶液中产生胶束有密切关系。加溶是使本来不溶于水的物质溶入表面活性剂胶束中的一种现象。加溶量增加将使胶束的体积增大,胶束的数目增加亦会增加溶量,因为在cmc 以上,表面活性剂浓度越高,生成的胶束数目越多,能加溶于胶束的微溶或不溶物质也越多,加溶作用越强。表面活性剂的加溶作用可用下例说明:乙苯是基本上不溶于水的有机物质,但乙苯在 100 mL,10.3 mol/L 十六酸钾水溶液中可溶解 3 g 之多。图 8.5 为加溶物溶解量对表面活性剂溶液浓度图,此曲线表示一种微溶物加溶于一种表面活性剂水溶液中的情况。在浓度小于 cmc 时,溶解度很低,并且溶解度不随表面活性剂浓度变化。浓度达到 cmc 以上,则溶解度大大增加,并随表面活性剂浓度的增加而明显增加,这说明加溶作用与表面活性剂在溶液中生成胶束有密切关系。

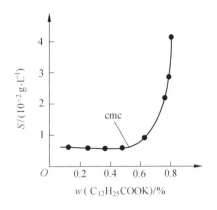

图 8.5　2 - 硝基二苯胺在月桂酸钾水溶液中的溶解度

　　加溶作用与乳化作用有一定区别。乳化作用所形成的是多相分散体系,在热力学上不稳定。加溶作用形成的是均相体系,在热力学上是稳定的。

　　加溶作用的大小与加溶物和加溶剂的结构有关,与胶束的大小和多少也有关系,在此不详细讨论。

8.2.4　表面活性剂降低表面张力的效率和能力

　　在溶液中,表面活性剂使溶剂的表面张力降低是表面活性的标志,是最重要的性质。如何对表面活性剂的表面活性进行准确度量? 可根据表面活性剂在 cmc 时能达到降低最大表面张力的特点,确定两种衡量方式,一是在溶液未达到 cmc 之前,考察降低溶剂表面张力至一定值时所需表面活性剂浓度,称之为降低表面张力的效率;二是在 cmc 时,表面张力降低所能达到的最大程度,称之为降低表面张力的能力。

　　(1) 表面活性剂降低表面张力的效率。

　　以能使水的表面张力明显降低所需表面活性剂的浓度来度量的。那么,显著降低的数量一般是指比纯液体的表面张力降低了 20 mN/m。设纯液体的表面张力为 γ_0,加入表面活性剂的浓度为 C_{20},此时溶液的表面张力为 $\gamma_{C_{20}}$,则有 $\pi_{C_{20}} = \gamma_0 - \gamma_{C_{20}} = 20$ mN/m。

　　定义:
$$\lg(1/C)_\pi = 20 = \lg(1/C_{20}) = -\lg C_{20} = pC_{20}$$
其中 p 表示以 10 为底的负对数,与 pH 的规定类似。pC_{20} 大,说明在表面活性剂的浓度较低时,就能使表面张力降低 20 mN/m,当然其效率高。

　　(2) 表面活性剂降低表面张力的能力。

　　以使表面张力降到最低值大小度量,不论加入多少表面活性剂,只要求与达到表面张力的最低值所对应的浓度有关。那么什么浓度下表面张力降到最低值? 一般与 cmc 对应,因此表面活性剂降低表面张力的能力(用 π_{cmc} 表示)被定义为 $\pi_{cmc} = \gamma_0 - \gamma_{min} = \gamma_0 - \gamma_{cmc}$。$\pi_{cmc}$ 越大,说明表面活性剂的能力越高。

8.3　表面活性剂结构与性能的关系

　　随着表面活性剂科学的发展,表面活性剂的品种日益增多。如何从复杂纷纭的现象中把握表面活性剂的发展规律？事物的发展是事物内部运动的必然结果，同时与周围的事物也有一定的联系和影响。同样，表面活性剂的物理化学性质与应用也是与其内部结构紧密相关的。不同的结构有不同的性质，性质的变化与物质所处的条件有关。本节对表面活性剂结构与性能关系做专门讨论，以便在实际生产生活中应用，不致因问题复杂而茫然不知所措。本节主要讨论结构与 γ、cmc、润湿、洗涤四方面问题。

8.3.1　表面活性剂结构与 pC_{20} 和 π_{cmc} 关系

根据合理的对比实验来考察评价参数（pC_{20} 和 π_{cmc}）的变化，人们得到以下结论。

① 增加疏水基的链长，效率 pC_{20} 增加。对于直链烃类疏水基变化 π_{cmc} 基本不变，而支链增加时 π_{cmc} 变大。减小疏水基链长时，结果相反。表 8.1 的数据就说明了这一规律。

表 8.1　表面活性剂疏水基与 pC_{20} 的关系（70 ℃ 的结果）

表面活性剂	pC_{20}
$C_8H_{17} - C_6H_4SO_3Na$	1.96
$C_{10}H_{21} - C_6H_4SO_3Na$	2.25
$C_{12}H_{25} - C_6H_4SO_3Na$	3.10
$C_{14}H_{29} - C_6H_4SO_3Na$	3.64
$C_{16}H_{33} - C_6H_4SO_3Na$	4.21

一般，pC_{20} 是直链疏水基中碳原子数 n 的线性函数，即 $pC_{20}=f(n)$。经验证明，一个苯环相当于 3.5 个 CH_2 基，n 增大，$pC_{20}\uparrow$，降低表面张力的效率提高。

② 对于碳原子数相同，疏水基结构发生变化。疏水基有支链或不饱和链，效率 $pC_{20}\downarrow$，而 π_{cmc} 呈上升趋势。带有分支的链所起的作用大致等同于碳原子数的 2/3，见表 8.2。

表 8.2　表面活性剂支链与 pC_{20} 的关系

表面活性剂	温度 /℃	pC_{20}
$C_6H_{13}CH(C_4H_9)CH_2 - C_6H_4SO_3Na$	75	2.98
$C_{12}H_{25} - C_6H_4SO_3Na$	75	3.14
$C_6H_{13}CH(C_5H_{11}) - C_6H_4SO_3Na$	75	2.52

③ 同亲水基接在表面活性剂分子中间相比，亲水基接在表面活性剂分子的两端时 pC_{20} 值高，而 π_{cmc} 值低；前者 pC_{20} 值低，而 π_{cmc} 值则较高。这实际上是 ② 的一个特例，亲水基不在亲油基端点的位置时，相当于疏水基有分支存在一样。

④ 增加表面的离子化程度，效率 pC_{20} 降低，而 π_{cmc} 值呈增加趋势。

⑤ 结构相近时，非离子表面活性剂的 pC_{20} 值最高，其次是两性型，最后是离子型，π_{cmc} 值则呈相反变化趋势。

例如，有相同疏水基的聚氧乙烯基非离子表面活性剂 $pC_{20}=A+Bm$，其中 m 表示聚氧乙烯链的数目，A、B 为与 m 无关的常数，$B < 0$。

该式说明，随聚氧乙烯链的增加，降低表面张力的效率是下降的。从反离子影响水合度来解释，也就是增加水相中离子强度来实现，使双电层压缩，减弱了亲水基离子间的排斥力，使得吸附量增加。这样 C_{20} 上升，pC_{20} 下降。

⑥ 当氟取代烃中氢时，pC_{20} 与 π_{cmc} 同时升高，但只取代两侧氢时情况相反。

由以上结论可以看到，效率 pC_{20} 与 π_{cmc} 之间基本呈相反趋势。人们也由此定义了润湿型和洗涤型表面活性剂。所谓润湿型是指 π_{cmc} 较强的表面活性剂，由于这类表面活性剂在界面排列紧密，而易于润湿固体表面，所以称为润湿表面活性剂；洗涤型则指那些效率较高的表面活性剂，因效率高、去除油污快而得名。

表面活性剂降低表面张力的效率 pC_{20} 与能力 π_{cmc} 之间呈现相反趋势的原因，一直是许多科学家感兴趣的问题，也提出了许多不同的观点。编者认为，表面活性剂一系列独特的性能是表面活性剂在界面的定向吸附与在溶液中形成胶束两个现象融合作用的结果。pC_{20} 反映的是仅在界面吸附而未形成胶束时的情况，而 π_{cmc} 则主要反映了形成胶束后的情况。

8.3.2　表面活性剂结构与临界胶束浓度的关系

cmc 可以作为表面活性剂的表面活性的一种量度。因为 cmc 越小，则表示此种表面活性剂形成胶束所需浓度越低，因而改变界面性质，起到润湿、乳化、加溶、起泡等作用所需浓度也就越低。此外，胶束浓度还是表面活性剂溶液性质发生变化的一个"分水岭"。着重讨论影响表面活性剂 cmc 的内在因素，即表面活性剂的化学结构。

1. 表面活性剂的碳氢链长

在水溶液中，离子性表面活性剂碳氢链的碳原子数在 8 ~ 16 范围内，cmc 随碳原子数的变化呈现一定规律，即在同系物中，一般碳原子数增加 1 个时，cmc 下降一半。对于非离子表面活性剂，一般每增加 2 个碳原子，cmc 下降为原来的 1/10。此种规律可以用以下经验公式表示

$$\lg cmc = A - Bm$$

式中，A、B 均为常数；m 为碳氢链的碳原子数。

2. 碳氢链中分支及极性基位置的影响

有分支的碳氢链，其 cmc 值要大于直链的 cmc 值。例如，二正丁基琥珀酸酯碳酸钠的 cmc 值为 0.20 mol/L，而 $C_{10}H_{21}SO_3Na$ 的 cmc 则要小得多，为 0.045 mol/L。

关于极性基的影响，可以采用上述经验公式，$\lg cmc = A - Bm$。

对于二正烷基琥珀酸酯磺酸钠，可得 A 为 1.76，B 为 0.307；对于 R_2CHSO_3Na，A 为 1.12，B 为 0.129。在第五个碳原子的，则 A 为 1.44，B 为 0.258。这些结果表明，当极性基有分支结构或极性基处于碳氢链的较中间位置时，B 值即下降。在胶束形成时，每个 CH_2 基的自由能减少较小，非极性基团的相互作用较弱。

3. 碳氢链中其他取代基的影响

在疏水基中除饱和碳氢链外还有其他基团时，必然影响表面活性的疏水性，从而影响

cmc。例如,在疏水性基中有苯基时,一个苯基大约相当于 3.5 个 CH_2 基,所以 $P-n-C_8H_{17}C_6H_4SO_3Na$ 虽有 14 个碳原子,却只相当于有 11.5 个碳原子的烷基苯磺酸钠。另外,当碳氢链中有双键时,则有较高的 cmc。在疏水基中引入极性基(如 —O— 或 —OH 等),亦使 cmc 增大。可见,加入极性基团后,cmc 有不同程度的增加。

4. 碳氟链化合物

含碳氟链的表面活性剂,特别是在碳链上的氢全部被氟取代的全氟化合物具有很高的而且非常特殊的表面活性。与同碳原子数的一般表面活性剂相比,其 cmc 往往低得多、水溶液所能达到的表面张力亦低得多。

碳氢链中的氢被氟部分取代了的表面活性剂,其 cmc 随被取代程度增加而变小,但末端的碳原子上的氢被氟取代了的化合物,其 cmc 反而升高。

5. 亲水基团的影响

在水溶液中,离子型表面活性剂的 cmc 远比非离子型的大。疏水基团相同时,离子表面活性剂的 cmc 大约为非离子表面活性剂的 100 倍。两性表面活性剂的 cmc 则与有同碳原子数疏水基的离子表面活性剂相近。

离子型表面活性剂中亲水基团的变化对其 cmc 影响不大。非离子表面活性剂中亲水基团的变化,即聚氧乙烯基的氧乙烯单元的数目变化对 cmc 有影响。多数情况下氧乙烯单元数目变化与 cmc 之间有一定的规律关系

$$\lg cmc = A' + B'm$$

式中,A' 与 B' 均为经验常数,与温度及疏水有关;m 为氧乙烯单元数目。

6. 一价反离子的作用

一价反离子对表面活性剂的 cmc 的影响不大,是由于胶束化的性能主要取决于反离子浓度,而反离子本身的性质仅起次要作用的缘故。但是,如果反离子本身就是表面活性剂离子,随着反离子的碳氢链的增加,表面活性剂的 cmc 不断降低,特别是与表面活性剂的正、负离子中的碳氢链长相等时,cmc 降至更低。以 $C_{12}H_{25}N(CH_3)_3Br$ 为例,其 cmc 值为 0.016 mol/L,而 $C_{12}H_{25}N(CH_3)_3,C_{12}H_{25}SO_4$ 的 cmc 则小于 400 倍左右,低达 0.04 mmol/L。可见,表面活性剂的表面活性反离子对于胶束的形成有强烈的促进作用。此种作用不但表现于 cmc 的降低,而且表现于溶液的表面及界面吸附。产生强烈相互作用的原因主要是正、负表面活性离子间的库仑力。在此种情况下,溶液中加入无机盐将不易影响此种表面活性剂的 cmc。

8.3.3 表面活性剂结构特征与性能的关系

1. 结构与洗涤性能

表面活性剂的洗涤能力不仅与其化学结构有关,还与被洗物的性质有关,只有在其他条件相同时,表面活性剂的洗涤能力和化学结构关系才真正显示出来。

(1)疏水基团的影响。

增加疏水基长度或将亲水基团自分子中部移向分子的终端,对洗涤有利,如 LAS 中,

烷基链的碳原子数在 $C_8 \sim C_{18}$ 范围内,洗净力是随碳原子数的增加而提高的。但要注意,洗净力随疏水基链长增加有一定限度。这是由于链长增加同时,其在水中的溶解度也迅速下降。

其次,直链比支链表面活性剂在链长相等时洗涤效力更强。

(2) 亲水基团的影响。

亲水基团的种类对洗净力影响比较明显,这是由于被洗物基质表面,有时直接与亲水基团作用。当用与被洗物基质所带电荷相反的离子型表面活性剂时洗净力差;对油脂性污垢或尘土,使用非离子效果好;对棉织物污垢,一般使用阴离子型表面活性剂较好。

2. 结构与润湿性能

亲水基在分子中间,润湿性强。实例有琥珀酸二异辛酯磺酸钠,磺基在中间且有支链,是有名的润湿剂。

$$C_4H_9CHCH_2OCOCH_2CHCOOCH_2CHC_4H_9$$

$$\underset{C_2H_5}{|} \qquad \underset{SO_3Na}{|} \qquad \underset{C_2H_5}{|}$$

十五烷基硫酸钠水溶液的润湿性能与 SO_4^{2-} 所在位置的关系如图 8.6 所示。

极性基在第二个碳原子润湿性最差,而在第八个碳原子上润湿性最好。图中润湿时间越短,表示润湿能力越强。

3. 结构与起泡性能

极性基在碳氢链中间时起泡性好,但在未达到 cmc 前顺序正好相反,这种反常现象与表面张力随浓度的变化有关,如图 8.7 所示。

4. 结构与乳化性能

这里仅对乳化矿物油而言,以带脂肪烃基或脂肪基芳香烃基的结构为宜。因为乳化剂的选择除要考虑 HLB 以外,还应考虑乳化剂亲油基与油的亲和性,当亲和性差时,乳状液的稳定性差。一般经验表明,疏水基与油分子结构越相近,则亲和性与相容性越好。

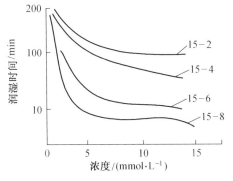 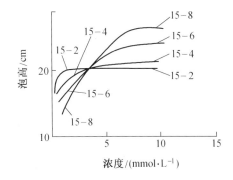

图 8.6　十五烷基硫酸钠水溶液的润湿性能与　　　图 8.7　十五烷基硫酸钠的起泡性能(泡高)与
　　　　　亲水基团位置的关系　　　　　　　　　　　　　亲水基团位置的关系

5. 低泡表面活性剂结构

一般来说,疏水基中带弱亲水基结构就为低泡的。如聚醚类,因疏水基内含有聚丙烯链,含有许多醚键,故为典型的低泡表面活性剂。

疏水基的强弱顺序如下:

脂肪族烃 ≥ 环烷烃 > 脂肪族烯烃 > 脂肪 > 基芳香烃 > 芳香烃 > 带弱亲水基的烃。

8.4　表面活性剂的安全性

使用表面活性剂时,应注意表面活性剂的毒性,保证安全使用。毒性与杀菌力关系密切,毒性小的杀菌力弱,毒性大的杀菌力强,两者基本上是一致的。

阳离子型表面活性剂中的季铵盐,是著名的杀菌剂,同时对生物有较大的毒性。非离子表面活性剂毒性小,有的甚至无毒,但其杀菌力相应很弱。阴离子表面活性剂的毒性和杀菌力介于两者之间。

对生物的毒性大都采用半致死量,即用 LD_{50} 来表示。所谓的 LD_{50} 是急性毒性的量度,按实验动物每千克体重配药 X mg(在服药后观察 3 ~ 7 d),如该动物群中死亡 50%,则该药剂的 $LD_{50} = X$。X 在 300 g 以下者为毒物,200 g 以下者为剧毒物。列出黑鼠的 LD_{50} 值(g/kg),见表 8.3。

表 8.3　黑鼠经口服表面活性剂的急性毒性(LD_{50})　　　　　　g/kg

表面活性剂		LD_{50} 值
阴离子类	直链烷基苯磺酸钠(C_{12} ~ C_{14})	1.3 ~ 2.5
	十二烷基硫酸钠	1.3
	烷基磺酸盐	3.0
非离子类	十八烷基聚氧乙烯(2)	25.0
	十八烷基聚氧乙烯(10)	2.9
	十八烷基聚氧乙烯(20)	1.9
阳离子类	十六烷基三甲溴化铵(1631)	0.4
	十六烷基氯化吡啶	0.2

表面活性剂中含有芳香基者,毒性较大。聚氧乙烯醚型非离子表面活性剂的毒性以链长者较大。非离子型表面活性剂的毒性虽小,但往往构成污水域,在水中浓度只要百分之几就能杀害鱼类。

对于洗涤剂和日用化妆品而言,还要考虑对皮肤的刺激和对黏膜的损伤,与其毒性大体相似。阳离子型的刺激性大大超过阴离子型,两性型和非离子型为最小。因为作为洗涤剂和日用化妆品的表面活性剂中以离子型最多,对皮肤的刺激的作用顺序大致上是烷基硫酸钠最大,其次为烷基苯磺酸钠、羧酸盐等。而以疏水基而言,碳原子数小于 12 者刺激性最大,12 以上刺激性较小,非离子型刺激性小,而醚型又大于酯型。

Span 和 Tween 类刺激作用小,但不论醚型或酯型,随环氧乙烷的物质的量的增加而亲水倾向增大,刺激性降低。以上仅是大致情况,实际上,像非离子型表面活性剂由于种类、浓度、杂质等不同,对皮肤刺激程度差异较大。

使用表面活性剂,除了要考虑安全性外,还必须考虑其生物降解性。表面活性剂在完成任务后大多混入污水而弃去,含表面活性剂的污水释放到自然环境中,对环境的生态体系是否有影响,是人们关注的。在自然环境的物质循环体系中,光、热、生物等是相互共联的,其中微生物所起的作用很大。为了解表面活性剂对环境的影响,有必要讨论微生物的分解性,即生物降解性。

生物降解是利用微生物分解有机碳化物,有机碳化物在微生物的作用下转化为细胞物质,分解成为二氧化碳和水的现象。

在阴离子型表面活性剂中,对于烷基苯磺酸钠,含直链的降解快。在直链的烷基苯磺酸钠中,$C_9 \sim C_{12}$ 烷基链长的降解速度快,而大于 C_{12} 的直链烷基苯磺酸钠对微生物活性抑制比较显著,所以商品烷基苯磺酸钠洗涤剂,以对十二烷基苯碳酸钠为主。

在非离子型表面活性剂中,疏水基支链比直链降解困难,酚基对降解影响比较大,氧乙烯链越大,降解性越差。

阳离子型表面活性剂本身具有强杀菌性,似乎得出降解性很差的结论,但由于阳离子表面活性剂的使用量比其他类型的表面活性剂要少,因此在污水中和其他表面活性剂混合后并不改变微生物群落,而且烷基三甲基氯化铵和烷基苯基二甲基氯化铵基本上易于降解。

8.5 表面活性剂的应用

由于表面活性剂分子具有两亲结构,能够在界面定向排列,改变了界面的物理化学性质,所以表面活性剂不仅具有润湿、洗涤、乳化、发泡、分散、渗透等作用,还有抗静电、柔软、杀菌等一系列作用,与许多行业密切构关。

8.5.1 液相介质中固体微粒的分散作用

许多生产工艺中需要固体微粒均匀和稳定地分散在液体介质中,凡是在液体介质中加入一种或数种表面活性剂来达到稳定分散固体粒子为目的的物质可统称为分散剂。

通常表面活性剂是通过吸附在固体粒子上并产生足够的能垒,使固体粒子分散而不聚结的。一般来说,固体粒子要被分散在液体介质中,其被润湿是必要条件,但不是分散的充分条件。润湿吸附在固体粒子上的分散剂,必须使固体微粒之间的能量上升到足够的高度,才能保证其不团聚而均匀分散。这在新型纳米材料团聚问题的解决上是一条措施。把凡是能使固体微粒表面迅速润湿,又能将固体微粒间的能垒上升到不能再团聚一定高度的物质称为分散剂。

分散体系的稳定是一个非常复杂的过程,不仅反映分散介质使用条件和分散剂的种类和浓度,更重要的是取决于分散相的表面性质,其中固体微粒的双电层是关键所在。

1. 固体表面微粒的双电层结构

当把边长为 1 cm 的立方体细分为边长为 1 nm 的粒子时,其比表面积可达 $6 \times 10^9 \text{ m}^{-1}$,这样巨大的比表面积吸附能力极强,可以吸附液体介质中的离子或极性分子等,使固体微粒产生双电层现象。若微粒为 $10^{-9} \sim 10^{-7}$ m 的胶体颗粒,这种固体微粒的双电层结构就可看成是胶束,固体颗粒本身就是胶核,它有选择地吸附于有强烈作用的某种离子形成了吸附层,该吸附层再通过静电作用和热运动综合效果,使周围形成了带有相反电荷的扩散层,如图 8.8 所示。

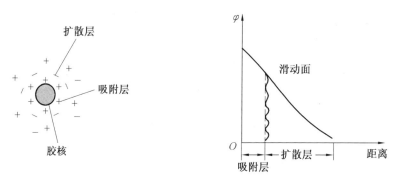

图 8.8　胶束结构

在吸附层与扩散层之间,靠近吸附层处有一个滑动面,当胶核及吸附层一起移动时,通过滑移面做相对运动。这些带有同号的电荷之间的排斥力才能使分散体系稳定。有关这方面的详细分析称为 DLVO 理论。

2. 表面活性剂在固体微粒分散过程中的作用

表面活性剂对液体中固体微粒的分散过程一般有三个阶段。

① 润湿。把固体微粒均匀分散在液体中,首先须润湿,并且至少要在最后阶段实现铺展润湿,$\varphi = \gamma_{S-g} - \gamma_{S-L} - \gamma_{L-g} \geq 0$,当加入的表面活性剂在微粒表面上吸附后,降低了 γ_{S-L} 和 γ_{L-g},使润湿容易进行。当粒子一旦被液体润湿就进入第二阶段。

② 粒子的分散。润湿后粒子表面因分散剂的吸附使其在液体中分散开来。

③ 阻止固体微粒的重新聚集。固体微粒一旦分散在液体中,因为分散剂的吸附使微粒间的能垒上升,阻止了微粒的再聚集。

8.5.2　抗静电方面应用

1. 表面活性剂抗静电机制

日常生活中的静电多数来源于摩擦,物体间经过摩擦可以产生不同的电荷,如玻璃、毛发、羊毛、尼龙、棉等经摩擦就会带上正电荷,而涤纶、聚乙烯、丙纶纤维、合成橡胶等则易带负电荷。纤维带静电荷量大小除与材质、摩擦对象和方式有关外,还和纤维的吸湿性大小有关。一般吸湿性能高的纤维不易带电。

表面活性剂之所以能作为纤维的抗静电剂,是因为在纤维上吸附时,疏水基朝向纤维,亲水基朝向空气,使纤维的导电性和吸湿性增加,纤维表面电阻降低,不易产生电荷积聚。离子型表面活性剂具有良好的抗静电效果,非离子型相对弱一些。造成这种情况的原因是由于表面活性剂存在于纤维表面,并在其上形成容易吸收湿气的膜。而离子型表面活性剂本身就是离子,又增加了吸湿表面层的导电性,因而易使生成的静电散开,不致积累太多而发生放电。

2. 典型的抗静电剂

一般用作抗静电剂的表面活性剂,主要有下列几类:① 离子型的:RSO_4Na、$RO(C_2H_4O)_nSO_3Na_2$、$ROPO_3Na_2$、$(RO)_2PO_2Na$、$R_1R_2R_3B_4N^+ X^-$(季铵盐)以及两性表面活性剂等;② 非离子型的:$RO(C_2H_4O)_nH$、$RCOO(C_2H_4)H$ 及多元醇脂肪酸酯等。

在这些表面活性剂中,季铵盐型阳离子表面活性剂的抗静电效果比较突出。表8.4为不同品种表面活性剂的抗静电效果(以纤维的电阻降低表示)。

表8.4 各种表面活性剂的抗静电效果

表面活性剂	涤纶	尼龙	腈纶	醋酸纤维
无	$> 10^{10}$	7×10^{10}	$> 10^{10}$	$> 10^{10}$
$ROSO_3Na(L)$	2×10^6	7×10^7	2×10^6	5×10^7
$R_1R_2R_3R_4N^+ X^-$	9×10^6	8×10^7	4×10^6	8×10^7
$RCOO(C_2H_4O)_nH$	5×10^7	8×10^8	2×10^7	6×10^9
多元醇脂肪酸酯	2×10^8	5×10^{10}	5×10^8	8×10^9

注:20 ℃,65% 相对湿度下,含表面活性剂 0.2%,测定布样上下表面之间的电阻。

可以看出,前两种表面活性剂的抗静电效果比较突出,多元醇型非离子表面活性剂的效果最差。

8.5.3 柔软作用

纤维织物特别是合成纤维都需平滑柔软处理。表面活性剂作为柔软剂使用,一般分为永久柔软和暂时柔软两种。表面活性是通过降低纤维间的静摩擦系数实现柔软的。首先是纤维吸附了表面活性剂,其疏水基团朝向纤维表面,使纤维之间有这样润滑层存在,把摩擦系数降低了,达到了平滑柔软的目的。但是,这样并不能保持永久,经多次水洗,表面活性剂脱离了纤维表面,就失去了柔软作用,这称为暂时柔软。永久型柔软剂是利用一种带有长碳链的疏水基接在纤维的表面,而这些长链的烷基、烷氧基、酰酯基等就能长久在纤维间存在。虽经多次水洗也不脱落,达到永久柔软的目的。

摩擦可以分为动摩擦和静摩擦两种。一般情况下,降低动摩擦系数,用矿物油效果最好,然后是高级醇、聚氧乙烯的非离子表面活性剂,阴离子表面活性剂较次,多元醇型非离子表面活性剂(如甘油脂肪酸酯、季戊四醇酯及Span)较差,阳离子表面活性剂最差,但对于降低静摩擦系数,其效果恰恰相反。可见,纤维纺织品的柔软、平滑主要是靠表面活性剂;而要求降低纺纱、抽丝等操作的动摩擦系数时,主要应采用矿物油、植物油及高级醇等。

8.5.4 杀菌作用

表面活性剂中,阳离子表面活性剂(特别是季铵盐)和某些两性表面活性剂都有较强的杀菌作用,故广泛用作消毒、灭菌剂,也用作防霉剂。关于表面活性剂杀菌机理,有些科学家认为是由于表面活性剂分子强烈吸附在细菌的细胞壁上,并且对细胞壁进行破坏的结果;还有人认为,表面活性分子的吸附破坏了细菌正常的 N、P 类新陈代谢,而最后杀死了细菌。

阳离子表面活性剂的杀菌力,常达苯酚的 100 倍以上,如 $C_{12}H_{25}N^+(CH_3)_2CH_2C_6H_5Cl^-$(新洁尔灭),其杀菌力为苯酚的 150 ~ 300 倍,类似还有 $1631[C_{16}H_{33}N^+(CH_3)_3Br^-]$ 和 $C_{16}H_{33}(NC_5H_5)^+Cl^-$。阳离子表面活性剂还有突出的防霉作用,其效力和苯酚相近。

某些两性表面活性剂杀菌、消毒作用也较强。以 $(C_{18}H_{17})_2N(C_2H_4)NHCH_2COOH$("Tego")的盐,以及 $C_{12}H_{25}NH(CH_2)_2NH-(CH_2)_2NH(CH_2)COOH \cdot HCl$("Teoguil 51")为例,它们的特点是刺激性小,有些化合物甚至可以和肥皂等一类阴离子表面活性剂一起使用,而不致降低杀菌效力。

第9章　界面催化

9.1　固体表面催化的特性

9.1.1　催化作用及其特点

1. 催化剂和催化作用

"催化"一词诞生至今已有一百多年,化学家们从理论到工业实践对催化反应进行了大量的研究。虽然尚未能有一个完整而统一的理论来描述催化现象,但对催化现象已逐步深入到揭示其本质的阶段。长时间以来,文献中多使用如下定义:"催化剂是一种能够改变化学反应的速度,而它本身又不参与最终产物的物质。"催化剂促进化学反应速度的现象就称为催化作用。1976 年国际纯粹与应用化学联合会公布的催化作用的定义是:"催化作用是一种化学作用,是靠用量极少而本身不被消耗的一种称为催化剂的外加物质来加速化学反应的现象。"有催化剂参与的化学反应就称为催化反应。例如,二氧化硫与氧在一起,即使受热也几乎不生成三氧化硫,而当它们的混合物通过五氧化二钒时,便有相当量的三氧化硫生成。此处的五氧化二钒是催化剂,它对二氧化硫氧化的加速则是催化作用。催化剂的重大贡献就是通过化学作用大大加快化学反应速度,使成千上万个速度缓慢的化学反应加速,以便实现工业化。

根据催化剂与反应物所处的不同状态,催化作用可分为均相催化和多相催化。固体催化剂对气态或液态反应物所起的催化作用属于多相催化作用。目前,在工业上被广泛利用并取得巨大经济效益的是反应物为气相、催化剂为固相的气－固多相催化过程。这是由于固体催化剂具有寿命长(如二氧化硫氧化用钒催化剂可以使用 10 ~ 20 年)、容易活化、再生、回收,容易与产物分离,以及便于化工生产连续操作等优点。所以在相当长的时间内,在各类催化剂中,固体催化剂在工业催化过程中扮演着重要的角色。

2. 催化作用的特点

催化剂能使反应按新的途径通过一系列基元步骤进行,催化剂既是其中第一步的反应物,又是最后一步的产物,即催化剂参与了反应,但经过一次化学循环后又恢复原来的组成。催化剂有以下的基本特性。

① 催化剂参与反应而本身又在反应后恢复到原来的化学状态,因而催化反应必定是一个循环过程。一方面催化剂促使反应物分子活化;另一方面在后续步骤中催化剂又能再生复原。正是这样一个循环保证了催化反应得以实现,也使催化剂与其他也能使反应加速的某些引发剂和添加剂等物质相区别,因为后者在反应中是消耗的。

② 催化剂对反应具有选择性,即催化剂对反应类型、反应方向和产物的结构具有选

择性。例如,$SiO_2 - Al_2O_3$ 催化剂对酸碱催化反应是有效的,但对氨合成反应无效,这就是催化剂对反应类型的选择性。从同一反应物出发,在热力学上可能有不同的反应方向,生成不同的产物。催化剂的这种专门对某一化学反应途径起加速作用的性能称为催化剂的选择性。利用不同的催化剂,可以使反应有选择性地朝着一个所需要的方向进行,生产所需的产品。例如,从同一原料 CO 和 H_2 出发选用不同的催化剂和反应条件,即可得到全然不同的产物。

$$
CO + H_2 \begin{cases} \xrightarrow[260\ ℃,10^7\ Pa]{CuO/ZnO} CH_3OH \\[1em] \xrightarrow[150\sim300\ ℃,5\times10^6\sim1\times10^7\ Pa]{Rh} CH_2OHCH_2OH \\[1em] \xrightarrow[250\ ℃,3\times10^6\ Pa]{Ni/Al_2O_3} CH_4 \\[1em] \xrightarrow[220\sim350\ ℃,2.6\times10^6\ Pa]{Fe} 汽油 \\[1em] \xrightarrow[150\ ℃,1.5\times10^7\ Pa]{Ru} 固态石蜡 \end{cases}
$$

又如,乙醇在不同催化剂催化下可生成如下产物。

$$
CH_3CH_2OH \longrightarrow \begin{cases} \xrightarrow[360\ ℃]{Al_2O_3} CH_2=CH_2+H_2O \\[1em] \xrightarrow[260\sim290\ ℃]{Cu-Zn,\ Cu-Al} CH_2CHO+H_2 \\[1em] \xrightarrow{MgO} CH_3CH_2OCH_2CH_3+H_2O \\[1em] \xrightarrow[250\ ℃]{HZSM-5} CH_2=CH_2+H_2O \end{cases}
$$

相同原料经不同催化剂催化可得到完全不同的产物。在原料和产物都相同时,因催化剂不同其反应条件可相差很大。如乙醇脱水生成乙烯,在 Al_2O_3 催化下 360 ℃ 的反应温度而空速仅为 0.5/h,但当在 HZSM – 5 分子筛上时则仅需 250 ℃,而且空速可增至 (1 ~ 3)/h。 对于某些串联反应,利用催化剂可以使反应停留在主要生成某一中间产物的阶段上,其意义也与此相近。如乙炔选择加氢,只停留在乙烯上,而不进一步生成乙烷。再如,利用不同催化剂也可使烃类部分氧化为醇、醛或酮等不同产物,使其并不完全氧化为 CO_2 和 H_2O。总之,选择性强调的是催化剂的特殊性和专用性。

③ 催化剂只是对热力学上可能进行的化学反应进行加速,而绝不能对热力学上不可能进行的反应实现催化作用。例如,在常温常压又无其他功的条件下,H_2O 是不可能变成 H_2 和 O_2 的,因而永远找不到一种催化剂可使此反应实现。而常温常压下将 H_2 和 O_2 放在一个容器中,尽管反应极慢(106 亿年生成 0.15% 的 H_2O),但这是一个热力学上可以进行的反应,那么就一定可以找到一种催化剂,使其反应加速。事实上体系中放入铂黑,很快所有 O_2 和 H_2 几乎都变成了 H_2O,所以虽然催化研究本身是一个动力学问题,但首先必须考虑的还应该是热力学条件。

④ 催化剂只能改变化学反应的速度,而不能改变化学平衡的位置。在一定外界条件下某化学反应产物的最高平衡浓度,受热力学变量的限制。换言之,催化剂只能改变达到

（或接近）这一极限值所需要的时间,而不能改变这一极限值的大小。根据热力学第二定律,当反应达到平衡时 $\Delta G_{T,P} = 0$,而 $\Delta G^0 = -RT\ln K$,已知 ΔG^0 只是温度的函数,因此在指定温度下,不管有无催化剂存在,平衡常数 K 也是定值。由于催化剂不出现在计量反应方程式中,因而它的存在不影响反应的自由能变化值 $\Delta G_{T,P}$。例如,以 N_2 和 H_2（体积比 1:3）在400 ℃,2.94×10^6 Pa 压力的条件下,热力学计算表明 NH_3 生成的平衡浓度为 35.87%。不管使用怎样的催化剂,最后的平衡浓度最多只能为该数值。所以,催化剂只是同时加速正反两个方向的反应速率缩短了平衡建立的时间,化学平衡的位置没有发生改变。

⑤ 催化剂不改变化学平衡,意味着对正方向有效的催化剂,对反方向的反应也有效。

对于任一可逆反应,催化剂既能加速正反应,也能同样程度地加速逆反应,这样才能使其化学平衡常数保持不变,因此某催化剂如果是某可逆反应的正反应的催化剂,必然也是其逆反应的催化剂。

例如,合成氨反应

$$N_2 + 3H_2 \rightleftharpoons 2NH_3$$

其化学平衡常数与压力成正比关系,高压下平衡趋向于正反应氨的合成,低压下平衡趋向于逆反应氨的分解。如果要寻找氨合成的催化剂,就需要在高压下进行实验。由于催化剂不改变化学平衡,于是正反应的催化剂也是逆反应的催化剂,就可以从氨分解的逆反应催化剂的研究来寻找氨合成正反应的催化剂。这样就可以在低压下进行实验。

镍、铂等金属是脱氢的催化剂,同时也是加氢的催化剂。这样,在高温下平衡趋向于脱氢方向,就成为脱氢催化剂;而稍低的温度下平衡趋向于加氢方向,就成为加氢催化剂。又如,镍催化剂对 CH_4 蒸气转化成 CO 和 H_2 有效,反过来,对 CO 和 H_2 进行甲烷化镍催化剂也同样有效。

当然,要实现方向不同的反应,应选用不同的热力学条件和不同的催化剂配方。

9.1.2 催化剂的作用本质

催化剂并不改变化学平衡,一个化学反应进行到什么程度是由热力学决定的。由热力学公式 $\Delta G^0 = -RT\ln K_p$ 可以看出,反应物、产物的种类、状态（温度、压力）一经确定,那么反应的平衡也就确定了,与催化剂的存在与否无关,因此催化剂的作用不是改变化学平衡,而是加速平衡的到达。催化剂对反应之所以能起加速作用,是加入催化剂后,能与反应物作用生成不稳定的中间配合物,最终形成产物,其中每一步所需的活化能都比原来无催化剂参与时所需活化能要小得多,从而加快了反应速率。实际上催化剂已经改变了原来的反应途径。图 9.1 所示为催化与非催化的能量变化。一气体体系以均相非催化方式和以多相催化方式进行时,过程的能量变化不同。$E_非$ 和 $E_催$ 分别代表两种情况下的反应活化能;Q_{ad} 和 Q_{des} 分别代表吸附热和脱附热,ΔH 代表总反应的热效应。根据 Arrhenius 定律,低的活化能意味着高的反应速率。由于 $E_催 < E_非$,因而该反应以催化方式进行时的

速率高于以非催化方式进行时的速率。

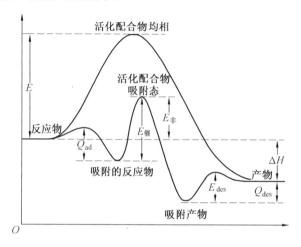

图 9.1 催化与非催化反应时的能量变化

9.1.3 多相催化剂分类

工业上应用的催化剂种类繁多,为了研究、生产和使用上的方便,常常从不同角度对催化剂加以分类。

1. 根据聚集状态的分类

催化剂自身以及被催化的反应物可以是气体、液体或固体三种不同的聚集态,在理论上可以有多种催化剂与反应物的相间组合方式,见表 9.1。

表 9.1 多相催化的相间组合方式

催化剂	反应物	例子
液体	气体	被磷酸催化的烯烃聚合反应
固体	液体	被金催化的过氧化氢分解
固体	气体	被铁催化的合成氨反应
固体	液体 + 气体	钯催化的硝基苯加氢生成苯胺
固体	固体 + 气体	二氧化锰催化氯酸钾分解为氯化钾与氧气
气体	气体	被 NO_2 催化的 SO_2 氧化为 SO_3

当催化剂和反应物形成均一相时,称为均相反应。催化剂和反应物处于相同相时,称为均相催化反应,如由 I_2、NO 等气体分子催化的一些热分解反应。当催化剂和反应物处于不同相时,反应称为多相催化反应。在多相催化反应中,催化剂多数为固体,反应物为气体或液体,组成反应体系称为气 - 固多相催化反应,或液 - 固多相催化反应。气 - 固相是最常见的并且也是最重要的一类反应。如氨的合成、乙烯氧化合成环氧乙烷、丙烯氨氧化制丙烯腈等。

当然,上述的分类并不是绝对的,例如,乙烯和氧在处于液相的$(PdCl_2 + CuCl_2)$催化剂中合成乙醛时,由于反应物是气体,在反应器中形成了气、液两相,但是反应却是在反应物溶剂–水中进行的,所以该反应仍属于均相反应。酶的催化反应更具有特点:酶本身呈液体状均匀分散在水溶液中(均相),但反应却是从反应物在其表面上的积累开始(多相)的,因此同时具有均相和多相的性质。近年来,考虑到根据聚集态分类,往往并不能客观地反映催化剂的作用本质和内在联系,于是又有学者提出了以下一些新的分类方法。

2. 根据化学键的分类

表9.2为根据化学键的类型对催化剂的分类。

表9.2　根据化学键类型分类

化学键类型	催化剂举例
金属键	过渡金属、活性炭
等级键	燃烧过程中形成的自由基
离子键	MnO_2、醋酸锰、尖晶石
配位键	BF_3、$AlCl_3$、H_2SO_4、H_3PO_4

3. 按元素周期律的分类

元素周期律将元素分为主族元素和过渡元素。主族元素的单质由于电负性较小,反应活性较大,故本身很少用作催化剂,它们的化合物几乎不具备氧化还原的催化性质,相反却具有酸–碱催化作用。过渡元素具有易转移的电子(d或f电子),因此这类元素的单质(金属)以及离子化合物(氧化物、硫化物、卤化物及其配合物)都具有较好的氧化还原催化性能。同时,它们的离子有时还具有酸–碱催化性能。根据这些基本性能,可以把具有催化性能的物质分类,见表9.3。

表9.3　催化剂根据周期律的分类

元素类别	存在状态	催化剂举例	反应类型
主族元素	单质	强阳性:Na 强阴性:I_2、Cl_2 中性:活性炭	供电子体(D) 受电子体(A) 电子接受体(D – A)
	化合物	Al_2O_3、$AlCl_3$、BF_3	酸碱反应
	含氧酸	H_2SO_4、H_3PO_4	酸碱反应
过渡元素	单质	Ni、Pt……	氧化还原反应
	离子	V^{5+}……	氧化还原反应 酸 – 碱

4. 根据催化剂组成及其使用功能的分类

多相催化剂的分类是根据实验结果归纳整理出来的,这种分类法见表9.4。

表 9.4 多相催化剂的分类

类别	功能	例子
金属	加氢 脱氢 加氢裂解	Fe、Ni、Pd、Pt、Ag
半导体氧化物和硫化物	氧化 脱氢 脱硫	NiO、ZnO、MnO_2 Cr_2O_3、$Bi_2O_3 - MoO_3$ WS_2
酸	聚合 异构化 裂化 烷基化	H_3PO_4、H_2SO_4 $SiO_2 \cdot Al_2O_3$
过渡金属配合物	羰基化 氧化 聚合	负载型铑的配合物 $PdCl_3/$ 活性炭 二茂铬 $\cdot SiO_2$

9.2 多相催化剂的结构与催化参量

9.2.1 化学组成

多相固体催化剂作为目前工业中使用比例最高的催化剂,以无机物构建其基本材质,其化学成分主要包括金属、金属氧化物或硫化物、复合氧化物、固体酸、碱、盐等。

催化剂经过了早期用于加氢反应的雷尼 Ni 等极少数的单组分催化剂,逐渐由多种单质或化合物混合而成为多组分催化剂。对于后者,根据各组分在催化剂中的作用分别定义并说明如下。

1. 主催化剂

催化剂的化学组分虽然是复杂、多变的,但其中必定有起主要作用的成分,把它称为主催化剂。主催化剂是起催化作用的根本性物质,没有它就不能对化学反应起催化作用。例如,在氨合成催化剂 $Fe - Al_2O_3 - K_2O$ 中,Fe 是主催化剂。倘若只有 $Al_2O_3 - K_2O$,那它根本没有催化活性。此外,主催化剂的形态在使用前和使用时也不一定相同,如氨合成催化剂中的主催化剂在使用前为没有活性的钝态 Fe_3O_4 和 $FeAl_2O_4$,使用时转化为活性态的 $\alpha - Fe$。

2. 助催化剂

与主催化剂相对应,助催化剂在各种催化剂中起辅助作用,它可以提高主催化剂活性、选择性,改善催化剂的耐热性、抗毒性、机械强度和寿命等。虽然助催化剂本身并无活性,但只要在催化剂中添加少量助催化剂,即可达到改进催化性能的目的,效果显著。若以氨合成催化剂为例,假如没有 Al_2O_3、K_2O 而只有 Fe 则催化剂寿命短,容易中毒,活性也低,但在铁中有了少量的 Al_2O_3 或 K_2O 后,催化剂的性能就大大提高了。

助催化剂大体分为以下几种:① 结构助催化剂,能使催化活性物质粒度变小,表面积增大,防止或延缓因烧结而降低活性等作用;② 电子助催化剂,由于合金化使空 d 轨道发生变化,通过改变主催化剂的电子结构提高活性和选择性;③ 晶格缺陷助催化剂,使活性物质晶面的原子排列无序化,通过增大晶格缺陷浓度提高活性。电子助催化剂和晶格缺陷助催化剂有时又合称为调变性助催化剂,因为其"助催"的本质近于化学方面,而结构性助催化剂的"助催"本质,更偏于物理方面。

此外,扩散助催化剂也是经常使用的,在化学工业中,经常要求催化剂有较大的表面积和很好的通气性能。所以制备催化剂过程中,有时加入一些受热容易挥发或分解的物质,如氢氧化物、NH_3、碳酸盐、萘、矿物油、水、石墨、木屑、糊精、蓖麻油、油酸、硫黄、纤维素粉、甲基纤维素、多孔性硅藻土等,会使制成的催化剂具有很多孔隙,以利于传质顺利进行,更好地发挥催化剂的性能。

应该指出,在催化剂中往往不只含有一种助催化剂,而可能同时含有数种,如 Fe - Al_2O_3 - K_2O 催化剂中,就同时含有两种助催化剂 Al_2O_3 和 K_2O。

3. 载体

载体是承载主催化剂物质的固体,它的作用主要是改变主催化剂的形态构造,对其起分散和承载作用,从而增加催化剂的有效表面积,提高机械强度和耐热稳定性,并降低催化剂造价。

例如,对于某些容易生长的结晶性物质,如 MoO_3、Cr_2O_3 等,需要用载体分散开以提高其稳定性;对于贵金属,如 Cu、Pb、Ni、Co 等,将它们强制分散在适当的载体上可以增加其有效表面积,并提高催化剂的活性、耐热稳定性和机械强度,从而提高贵金属的利用率;对于在高温等条件下很快就失去活性的催化剂,如纯铜催化剂等,加入载体转变成 Cu - ZnO - Cr_2O_3 催化剂,可以在 180 ~ 260 ℃ 长期使用。

催化剂载体的种类很多,可以是天然物质(如浮石、硅藻土、白土等),也可以是人工合成物质(如硅胶、活性氧化铝等)。天然物质的载体因来源不同而使其性质有很大差异,例如,不同来源的白土,其成分差别就很大。另外,由于天然物质的比表面积及微孔结构很有限,所以目前工业上所用载体多数是采用人工合成的物质,或在人工合成物质中混入一定量的天然物质。

9.2.2 晶体结构

固体物质可以分为晶态和无定形态两种。晶态物质又按其对称性分为七大晶系和 14 种空间点阵。晶体结构、晶面、晶体缺陷以及晶粒大小都对催化剂的催化活性有影响。

固体晶体结构和制备方法对催化剂活性有影响。例如,中温变换($CO + H_2O \rightleftharpoons CO_2 + H_2$)所用铁 - 铬体系催化剂,其主要活性组分为 Fe_3O_4,由不同氧化剂制备的 Fe_3O_4 催化剂,其活性各不相同,其中由 γ - Fe_2O_3 制得的活性比 α - Fe_2O_3 制得的高。这是由于 γ - Fe_2O_3 和 Fe_3O_4 都是立方晶系,故以 γ - Fe_2O_3 为原料制得的催化剂晶格转变不大。再如

Al_2O_3 催化剂，$\gamma - Al_2O_3$ 对某些反应呈现极高的催化活性，而 $\alpha - Al_2O_3$ 则呈现惰性。

固体催化剂的活性与其不同晶面的相异催化性能有关。同一晶体由于晶体表面上可裸露出各种晶面，不同的晶面具有不同的催化活性。例如，氨合成催化剂的催化活性组分为体心立方结构的 $\alpha - Fe$，由于不同晶面上 Fe 原子的排布和原子间距不同，对特定反应的催化活性也可能不同。在(110) 晶面，Fe 原子堆积最密，表面原子具有六配位，(100) 晶面的表面原子具有四配位数，(111) 晶面是三种晶面中最敞开的晶面，原子松弛排列，因而能量最高，稳定性最低。在一般情况下，具有高表面势能的(111) 晶面对氨合成的催化活性也高。再如 H_2 与 D_2 交换反应容易在高 Miller 指数(997)Pt 单晶表面上进行，而在低指数(111)Pt 表面上没有检测到 HD 产物。所以对于台阶似的晶面，晶面台阶越曲折，催化活性越高。

对于含有助催化剂的催化剂，晶格常数会不同程度地偏离原本的正常值。如磁铁矿和少量助催化剂熔融而成的氨合成催化剂，经 X 射线分析表明，晶格常数就偏离了原本 0.839 63 nm 的正常值。这说明晶格常数与助催化剂有关。一般来说，如果磁铁矿与助催化剂发生同晶取代，根据取代离子半径的大小和取代离子数量的多少，会使固溶体的晶格常数相应增大或缩小。例如，离子半径较大的 Ca^{2+} 取代铁离子时，会使固溶体 $Fe_3O_4 \cdot CaFe_2O_4$ 晶格常数变大；离子半径较小的 Al^{3+} 取代 Fe_3O_4 中的离子时，会使固溶体 $Fe_3O_4 \cdot FeAl_2O_4$ 的晶格常数变小，这些都会使化学活性吸附与催化活性中心的尺寸发生变化，进而影响催化剂对某些反应的选择性和催化活性。

此外，催化剂的活性组分表面积会随晶粒尺寸的减小而增大，所以活性组分微晶粒子越细，催化剂的活性就会越高。而在催化剂制备的过程中，经常将活性组分尽量分散以增大表面积从而提高活性。然而，一些结构敏感性的催化剂，如乙烯气相合成醋酸乙烯用 $2\% Pd/SiO_2$ 催化剂，它们有着最适宜的晶粒度，晶粒度过大因表面积没有充分展开而活性低，晶粒度过小由于不能满足活性中心构造上的要求或者逸出功太高，也使活性下降。在 Fe/MgO 电子授受附载型氨合成催化剂上，当金属铁微晶粒度介于 1 ~ 10 nm 时，也是一种结构敏感性的催化剂，转化数随粒度的增大而增大，(111) 晶面上的活性中心相对分数在一个数量级内变化。较小的微晶不利于形成 N_2 的离解吸附的活性中心。远大于 10 nm 的微晶则将降低铁的表面积，两者都有不足之处。而氨合成熔铁催化剂中 $\alpha - Fe$ 微晶一般处在 10 ~ 30 nm，这是比较合适的。

9.2.3　表面结构

催化剂表面的结构状态是影响催化活性的一个重要因素。由于多相催化反应发生在催化剂的表面，所以常常将催化剂制成高度分散的多孔性颗粒，由微孔的孔壁构成巨大的表面积，为反应提供广阔的场地。表示表面和微孔的参量主要有比表面积、孔容、孔隙率和堆积密度等。

1. 比表面积

催化剂的总表面是活性组分、助催化剂、载体以及杂质各表面的总和。1 g 催化剂所暴露的总表面积称为该催化剂的总比表面积(简称"比表面积")。1 g 催化剂活性组分所暴露的表面积称为活性组分比表面积。1 g 催化剂的助催化剂或载体所暴露的表面积称为助催化剂或载体组分比表面积。

有些催化剂的活性与比表面积成正比。但是,这种关系并不普遍,主要原因是:其一,对固有活性而言,活性中心数目不一定随活性组分比表面积的增加而直线上升,或者助催化剂组分比表面积与总比表面积不一定有平行关系,所以活性组分比表面积与总比表面积不一定成比例关系;其二,对表观活性而言,多孔性催化剂的表面积绝大部分是内表面积,不相同的孔结构使得物质传递的方式不同,也就影响表面积利用率从而改变总的反应速度。虽然如此,但比表面积还是固体催化剂的重要参量,而且通过测定比表面积,可以预示活性,判断活性衰退的可能原因,以及分析添加剂的作用。比表面积可以通过在低温下吸附 N_2 的 BET 实验及其公式计算求得。

2. 孔隙结构

由微小晶粒或胶粒凝集而成的多孔性固体催化剂,内部含有许多大小不等的微孔,由微孔的孔壁构成巨大的表面积,可为催化反应提供广阔的场地。可见,催化性能与孔隙结构密切相关。

(1) 孔容。

孔容是催化剂内所有孔隙体积的加和,是表征催化剂孔结构的参量之一。一定的反应要求催化剂具有一定范围的孔容,表示孔容常用比孔容这一物理量。比孔容 $V_{比孔}$ 为 1 g 催化剂所具有的孔体积。

$$V_{比孔} = V_{孔}/m \tag{9.1}$$

通常用四氯化碳法测定孔容。在一定的四氯化碳蒸气压力下,四氯化碳蒸气只在催化剂的细孔内凝聚并充满。若测得这部分四氯化碳的质量就可算出孔的体积,即

$$V_{比孔} = \frac{W_2 - W_1}{W_1 d} \tag{9.2}$$

式中,W_1 和 W_2 分别代表催化剂孔中凝聚 CCl_4 以前与以后的质量,d 为 CCl_4 的密度。

实验时在 CCl_4 中加入正十六烷,以调整 CCl_4 的相对压力在 0.95,在此情况下,CCl_4 的蒸气仅凝聚在孔内而不在孔外。除了 CCl_4 以外还可采用丙酮、乙醇作为充填介质测定孔容。

(2) 孔隙率。

催化剂的孔隙体积($V_{孔}$) 与颗粒体积($V_{孔} + V_{骨}$) 之比,称为该催化剂的孔隙率(θ),则

$$\theta = \frac{V_{孔}}{V_{孔} + V_{骨}} \tag{9.3}$$

孔隙率的大小决定了孔径和比表面积的大小。一般情况下,孔隙率越大催化剂的活性也越高,但催化剂的机械强度会下降。因此,只追求孔隙率是不合适的,较理想的孔隙率为 0.4 ~ 0.6。

(3) 孔径分布与平均孔径。

固有活性高的催化剂,气相本体中的浓度与微孔内反应物的浓度有可能不相同,传质往往跟不上反应,使得反应速度特别容易受到内扩散的影响。此时孔径大小会影响催化

活性和选择性。

在研究孔径大小对反应速度的影响时,首先必须了解催化剂含有几种微孔体系,各个体系内的微孔体积所占的分量,即一个体系内的孔径分布,各个微小孔径间隔内所贡献的微孔体积,以及对微孔体积贡献最大的孔径。理想的孔隙结构应当是孔径大小相近,孔形规整。但是,除分子筛之类的催化剂外,绝大多数固体催化剂的孔径分布范围非常宽广,而且各个孔径微小间隔内所对应的孔体积也不相等。

对于硅胶和裂化催化剂等许多物质,仅有一个微孔体系,孔径分布曲线是平滑的,大部分孔径离中央平均值不远,用平均孔半径 $\bar{r}$ 表示孔径大小,其值可由实验测得的比孔体积 $V_{比孔}$ 和比表面积 $S_{比孔}$ 按下式计算

$$\bar{r} = \frac{2V_{比孔}}{S_{比孔}} \tag{9.4}$$

(4)堆积密度、颗粒密度与骨架密度。

对于多孔性固体颗粒,堆积体积 $V_{堆}$ 可以分解为颗粒本身真实骨架的体积 $V_{骨}$,颗粒内部的微孔体积 $V_{孔}$,以及颗粒与颗粒之间的空隙体积(自由空间体积) $V_{空}$ 3 项,即

$$V_{堆} = V_{空} + V_{孔} + V_{骨} \tag{9.5}$$

以不同含义的体积除质量时,可得堆积密度、颗粒密度和骨架密度。

单位堆积体积所具有的质量,称为堆积密度(堆密度) $\rho_{堆}$,即

$$\rho_{堆} = \frac{m}{V_{堆}} = \frac{m}{V_{空} + V_{孔} + V_{骨}} \tag{9.6}$$

单位颗粒体积所具有的质量,称为颗粒密度(假密度) $\rho_{粒}$,即

$$\rho_{粒} = \frac{m}{V_{孔} + V_{骨}} \tag{9.7}$$

单位骨架体积所具有的质量,称为骨架密度(真密度) $\rho_{骨}$,即

$$\rho_{骨} = \frac{m}{V_{骨}} \tag{9.8}$$

数量关系上,骨架密度约为颗粒密度的2倍,颗粒密度约为堆密度的2倍,可以从一种密度大概推算出另外两种密度。

由上述3种密度可以分别推算出催化剂空隙体积与孔隙体积的计算式。由堆密度的倒数与颗粒密度的倒数之差得出单位质量催化剂的空隙体积

$$\frac{1}{\rho_{堆}} - \frac{1}{\rho_{粒}} = \frac{V_{空} + V_{孔} + V_{骨}}{m} - \frac{V_{孔} + V_{骨}}{m} = \frac{V_{空}}{m} \tag{9.9}$$

$$\frac{1}{\rho_{堆}} - \frac{1}{\rho_{粒}} = \frac{V_{空}}{m} \tag{9.10}$$

由颗粒密度的倒数与骨架密度的倒数之差得出单位质量催化剂的孔隙体积(比孔体积)

$$\frac{1}{\rho_{粒}} - \frac{1}{\rho_{骨}} = \frac{V_{孔} + V_{骨}}{m} - \frac{V_{骨}}{m} = \frac{V_{孔}}{m} = V_{孔} \tag{9.11}$$

$$\frac{1}{\rho_{粒}} - \frac{1}{\rho_{骨}} = V_{孔}$$

可见,堆密度比颗粒密度越小,单位质量催化剂的空隙体积越大;颗粒密度比骨架密度越小,单位质量催化剂的孔隙体积越大。

此外,通过颗粒密度与骨架密度还可以计算出孔隙率(θ):

$$1 - \frac{\rho_{\text{粒}}}{\rho_{\text{骨}}} = 1 - \frac{\dfrac{m}{V_{\text{孔}} + V_{\text{骨}}}}{\dfrac{m}{V_{\text{骨}}}} = \frac{V_{\text{孔}}}{V_{\text{孔}} + V_{\text{骨}}} = \theta \qquad (9.12)$$

即

$$1 - \frac{\rho_{\text{粒}}}{\rho_{\text{骨}}} = \theta \qquad (9.13)$$

由此可知,催化剂的密度可以用来检查催化剂装填是否均匀紧凑,也可以向设计者提供有关催化剂与质量及其相互关系方面的数据。

9.2.4 固体催化剂性能和评价

衡量一个工业实用催化剂的质量与效率,集中起来是活性、选择性和使用寿命这三项综合指标。这不仅是工业上的主要指标,也是最直观最有实际意义的参量,与这三项指标相关,还要从催化剂的机械强度、抗毒性等各方面综合衡量。

1.活性

活性是指催化剂效能的高低,是任何催化剂最重要的性能指标。应该说催化剂的活性是指催化反应速率与非催化反应速率之间的差别。由于通常情况下非催化反应速率小到可以忽略,所以催化剂的活性就是催化反应的速率。表示催化剂活性的方法很多,常用的有以下几种。

(1)反应速率。

反应速率表示反应的快慢,不同场合使用不同速率表示法。根据1979年国际纯粹化学与应用化学联合会的推荐反应速率的定义为

$$v = \frac{\mathrm{d}\xi}{\mathrm{d}t} \qquad (9.14)$$

式中,ξ 为反应进度,定义为

$$\xi = \frac{n_i - n_i^0}{v_i} \qquad (9.15)$$

式中,n_i 和 n_i^0 分别为 $t = t$ 和 $t = 0$ 时物质 i 的量,以 mol 表示。v_i 为组分 i 的化学计量系数。由于反应速率还与催化剂的体积、质量或表面积有关,所以必须引进比速率概念。

$$\text{体积比速率} = \frac{1}{V} \frac{\mathrm{d}\xi}{\mathrm{d}t} \qquad (9.16)$$

$$\text{质量比速率} = \frac{1}{m} \frac{\mathrm{d}\xi}{\mathrm{d}t} \qquad (9.17)$$

$$\text{面积比速率} = \frac{1}{S} \frac{\mathrm{d}\xi}{\mathrm{d}t} \qquad (9.18)$$

式中,V、m、S 分别为固体催化剂的体积、质量和表面积。

在工业生产中,催化剂的生产能力大多数是以催化剂单位体积为标准,并且催化剂的

用量通常都比较大,所以这时反应速度应当以单位容积表示。

在某些情况下,用催化剂单位质量作为标志,以表示催化剂的活性比较方便。例如,一种聚乙烯催化剂的活性为"十万倍",即为每克催化剂可以生产 10 万 g 聚乙烯。

当比较固体物质的固有催化剂性质时,应当以催化剂单位面积上的反应速度作为标准,因为催化反应有时仅在固体的表面上发生。

这三种表达中以面积比速率式为最好,因为反应是在表面积上发生的。然而,相同表面积的催化剂表面积上活性位浓度(或密度)可能并不一样,因此根据活性位数来表征反应速率似乎更能接近催化剂的本质速率。

(2)转换频率。

转换频率定义为单位时间内每个活性中心引发的总包反应的次数。虽然这个表示活性的方法很科学,但测定活性位却不容易,目前只限于理论方面的应用。

(3)转化率。

转化率的定义为

$$\chi_A = \frac{\text{反应物 A 已转化的物质的量}}{\text{反应物 A 的起始物质的量}} \times 100\% \qquad (9.19)$$

转化率是常用的比较催化剂活性的参量,在用转化率比较活性时,要求反应温度、压力、原料气质量分数和接触时间相同。若为一级反应,由于转化率与反应物质量分数无关,则不要求原料气质量分数相同的条件。

采用这种参数时,必须注明反应物料与催化剂的接触时间,否则就没有速率概念了。为此在工业实践中还引入下列参数。

① 空速。在流动体系中,物料的流速(体积／时间)除以催化剂的体积就是体积空速。单位为 s^{-1} 或 h^{-1}。空速的倒数为反应物料与催化剂接触的平均时间,以 τ 表示。

$$\tau = \frac{V}{F} \qquad (9.20)$$

式中,V 为催化剂体积;F 为物料体积流速。

② 时空得率。时空得率为每小时、每升催化剂所得产物的量。该量虽很直观,但因与操作条件有关,因此不十分确切。

上述一些量都与反应条件有关,所以必须加以注明。

2. 选择性

某些反应在热力学上可以沿几个途径进行而得到不同的产物,反应沿什么途径进行与催化剂的种类、性质密切相关。反应物沿某一途径进行的程度,与沿其余途径进行反应程度的比较,即为催化剂对某反应的选择性。

选择性定义为

$$S = \frac{\text{所得目的产物的物质的量}}{\text{已转化的某一反应物的物质的量}} \times 100\% \qquad (9.21)$$

从某种意义上说选择性比活性更重要,在活性和选择性之间取舍时,往往决定于原料的价格、产物分离的难易等。与选择性有关的两个常用参数如下。

① 收率

$$R = \frac{产物中某一类指定的物质总量}{原料中该类物质的总量} \times 100\% \qquad (9.22)$$

例如,在甲苯歧化反应中,计算芳烃收率就可估计出催化剂的选择性,因为原料和产物均为芳烃,且无物质的量的变化。

② 得率

$$Y = \frac{生成目的产物的物质的量}{起始反应物的物质的量} \times 100\% \qquad (9.23)$$

3. 稳定性

催化剂稳定性通常以寿命来表示。它是指催化剂在使用条件下,维持一定活性水准的时间(单程寿命),或经再生后的累计时间(总寿命),也可以单位活性位上所能实现的反应转换总数来表示。

根据催化剂的定义,一个理想的催化剂应该是可以永久地使用下去的。然而,实际上由于化学和物理的种种原因,催化剂的活性和选择性均会下降,直到低于某一特定值后就被认为是失活了。

催化剂稳定性包括对高温热效应的耐热稳定性,对摩擦、冲击、重力作用的机械稳定性和对毒化作用的抗毒稳定性。

(1) 失活。

造成催化剂失活一般有以下原因,中毒、积炭、污染和烧结等。

催化剂的中毒是指反应原料中含有微量杂质,使催化剂的活性、选择性明显下降。如在环己烯加氢反应中,2×10^{-6} mol 的噻吩就可毒化催化剂铂,使活性降低70% ~ 80%。中毒的本质是微量杂质与活性中心的某种物质起化学作用,形成了没有活性的物种。对金属催化剂而言,H_2S、H_3P、CO、CN^-、Cl^- 等是毒性物质。对裂解催化剂,NH_3、吡啶等一些碱性物质是毒性物质。中毒是由杂质和活性中心的结构决定的,如 Fe、Co、Ni、Ru、Rh、Pt 等金属催化剂,由于它们具有空的 d 轨道,因此能与具有未共用电子对的物质或含有重键的物质起作用而发生中毒。

净化反应气体,脱除毒性物质可以预防中毒。中毒后的催化剂可通过适当的处理而使其活性再生。

积炭是催化剂失活的另一因素,在烃类的催化转化中,原料中含有的或者在反应中生成的不饱和烃在催化剂上聚合或缩合,并通过氢的重排,逐渐脱去氢而生成含碳的沉积物。积炭中除碳元素外,还含有 H、O、S 类物质。一般用燃烧法除去积炭。

催化剂使用温度过高时,会发生烧结。烧结导致催化剂有效表面积的下降,使附载型金属催化剂中载体上的金属小晶粒长大,导致催化剂活性的降低。

评价和比较催化剂抗毒稳定性的方法如下。

① 在反应气体中加入一定浓度的有关毒性物质令催化剂中毒,而后再换用纯净原料进行实验,视其恢复程度。

② 在反应气体中逐量加入有关毒性物质至活性和选择性维持在给定的水准上,视能加入毒性物质的最高质量分数。

③ 对中毒后的催化剂进行再生处理,视其活性和选择性恢复的程度。

（2）耐热稳定性。

由于高温反应在催化反应中是常见的,所以要求催化剂在高温的反应条件下仍具有活性。例如,氨氧化必须在高温下反应

$$4NH_3 + 5O_2 \xrightarrow[900\ ℃]{Pt} 4NO + 6H_2O$$

然而大多数催化剂有自己的极限温度,这主要是高温容易使催化剂的活性组分的微晶烧结长大,晶格破坏或者晶格缺陷减少,金属催化剂通常超过半熔温度就容易烧结。改善催化剂耐热性的常用方法是采用耐热的载体。

（3）机械稳定性。

机械强度是工程材料的最基本性质,也是固体催化剂的一项重要性能指标。由于催化剂形状各异,使用条件不同,难于以一种通用指标表征催化剂普遍适用的机械性能。机械稳定性高的催化剂能够经受颗粒与颗粒之间、颗粒与流体之间、颗粒与器壁之间的摩擦与碰击,且在运输、装填及自重负荷或反应条件改变等过程中不破碎或没有明显的粉化。根据实践经验认为,催化剂至少需要从抗磨损性能和抗压碎这两方面做出相应的评价。

① 压碎强度测定。均匀施加压力到成型催化剂颗粒压裂为止,所承受的最大负荷称为催化剂压碎强度。因为对于细颗粒催化剂,若干单粒催化剂的平均抗压碎强度并不重要,因为有时可能百分之几的破碎就会造成催化剂床层压力降猛增而被迫停车,所以小粒径催化剂,最好使用堆积强度仪,测定堆积一定体积的催化剂样品在顶部受压下碎裂的程度。而大粒径催化剂或载体,可以使用单粒测试方法,以平均值表示。

② 磨损性能实验。催化剂磨损性能的测试,要求模拟其由摩擦造成的磨损。相关的方法也已发展多种,如用旋转磨损筒、用空气喷射粉体催化剂使颗粒间及器壁间摩擦产生细粉等方法。

9.3　多相催化的动力学过程

多相催化反应动力学研究反应物在催化剂作用下是以怎样的速率和机理发生的。

实验表明,多相催化反应是在催化剂表面进行的,因此至少要有一种反应物分子与表面上的吸附位发生化学吸附,然后在表面上发生化学反应,经过脱附和扩散,生成产物进入流动相中。因此,尽管多相催化反应的机理可以千差万别,但催化过程大体上由下列步骤组成。

① 反应物分子从物质流向固体催化剂外表面扩散;

② 如果催化剂是多孔的,则反应物由催化剂表面沿着微孔方向朝催化剂的内表面扩散;

③ 反应物分子在催化剂表面发生化学吸附,进行催化反应产生吸附态的生成物;

④ 吸附态产物从催化剂表面脱附;

⑤ 产物从催化剂内表面扩散到外表面;

⑥ 产物从催化剂的外表面扩散到物质流中。

其中第 ① 和 ⑥ 两步称为外扩散过程;第 ② 和 ⑤ 两步称为内扩散过程;内扩散和外扩散过程均为物理传质过程;第 ③ 和 ④ 两步统称为表面反应过程或化学动力学过程。由于大多数固体催化剂是多孔的,具有极大的内表面积,故反应主要在内表面上进行。

对催化过程的描述可以看出,多相催化是一个多步骤过程,既包括化学过程又包括物理传质过程,其中的每一步骤又都有它们各自的历程和动力学规律。因此,研究多相催化动力学不仅涉及表面反应的动力学规律,还涉及吸附、脱附和扩散的动力学规律。

9.3.1 表面质量作用定律

吸附、表面反应和脱附 3 个步骤都在表面上进行,一般认为每个步骤就是一个基元步骤。假设催化剂表面为理想表面时,吸附和脱附行为均符合 Langmuir 模型。凡涉及吸附和脱附速率时,都采用 Langmuir 吸附和脱附速率方程,使表面覆盖率与反应物浓度(或分压)相关联。尽管实际表面与理想表面有较大区别,但固体催化剂中能起活性中心作用的活性位只是表面的极小部分,因此可认为活性位能量是均匀分布的,事实上这点也已经由实验证实。所以,在讨论表面反应动力学时均从理想表面出发。分析表面化学过程动力学的基础是表面质量作用定律,描述表面反应速率则要应用表面质量作用定律。

这一定律表明,发生在理想吸附层中的表面基元反应,其速率与反应物在表面上的浓度成正比。如对反应

$$\alpha A_{\mathrm{a}} + \beta B_{\mathrm{a}} \xrightarrow{\ k\ } \cdots$$

其反应速率 v 为

$$v \propto C_{\mathrm{SA}}^{\alpha} C_{\mathrm{SB}}^{\beta} \tag{9.24}$$

或

$$v = k C_{\mathrm{SA}}^{\alpha} C_{\mathrm{SB}}^{\beta} \tag{9.25}$$

式中,C_{S} 为表面浓度;k 为速率常数。

由于表面浓度可用覆盖率代替,因而

$$v = k' \theta_{\mathrm{A}}^{\alpha} \theta_{\mathrm{B}}^{\beta} \tag{9.26}$$

式(9.26)表明,表面反应质量作用定律和通常的均相反应质量作用定律是一样的形式,只是浓度项不同。根据速控步骤的不同,速率方程还会有不同的形式。

9.3.2 多相催化反应速率方程

比较表面化学过程中的吸附、表面反应和脱附 3 个步骤的速率,可能出现 3 种情况。

① 表面反应是速率控制步骤;

② 吸附或脱附是速率控制步骤;

③ 3 个步骤的速率相差不大,不存在速率控制步骤。

分别讨论不同速率控制步骤(以下简称"速控步骤")的速率方程。

1. 表面反应是速控步骤时的速率方程

推导理想表面的催化反应速率方程有两种方法:一种是用表面覆盖率 θ 表示反应物在表面的浓度,然后用 Langmuir 吸附等温方程把 θ 与流动相中的反应物浓度(或压力)相

关联,这种方法称为 Langmuir – Henshellwood 方法,简称"L – H 方法";另一种是用吸附物和空吸附位表面浓度来表达反应速率,然后用 Langmuir 吸附等温方程求出表面浓度与流动相中反应物浓度(或压力)的关系,这种方法称为 Hougen – Watson 方法,简称"H – W 方法"。

这两种方法所得结果在形式上无显著区别,但 H – W 方法更为严谨,使用范围更广。以下各以两种方法来讨论单分子反应和双分子反应。

(1)单分子反应(L – H 方法)。

表面单分子反应如下所示:

$$A \longrightarrow B$$

反应机理如下式所示:

$$A + * \rightleftharpoons A * \xrightarrow{k_i} B * \rightleftharpoons B + *$$

如果表面反应为不可逆,且产物的吸附很弱,则根据表面质量作用定律和 Langmuir 吸附等温方程可知反应的总速率

$$v = k_i \theta_A = k_i \frac{K_A p_A}{1 + K_A p_A} \tag{9.27}$$

式中,k_i、K_A 在一定反应条件下都是常数,而 p_A 是可测的量,因而通过式(9.27)可算出反应速率 v,根据不同情况,对式(9.27)进行简化:

① 如果在低分压或当 A 的吸附很弱时,即 $K_A p_A \ll 1$,则

$$v = k_i K_A p_A = k p_A \tag{9.28}$$

反应为一级反应。

② 如果在高分压或当 A 的吸附很强时,即 $K_A p_A \gg 1$,则

$$v = k_i \tag{9.29}$$

反应对 A 为零级反应。

③ 如果 A 的吸附不强也不弱(相当于 p_A 为中等数值)时,则对 A 而言是分数级反应。

若一反应按以上机理进行时,这个反应在不同分压区间显示对 A 有不同的级次。

实验发现,PH_3 在钨上的分解就是如此,低分压时为一级,高分压时为零级,中等分压时为非整数级。由此推论,PH_3 的分解是按以上机理模型进行的,见表9.5。

表9.5 PH_3 在钨上的分解

压力范围 /Pa	速率方程	级数
0.13 ~ 1.3	$v = k'p$	一级
2.7×10^2	$v = \dfrac{k''p}{1 + bp}$	非整数
$1.3 \times 10^3 \sim 6.6 \times 10^3$	$v = k'$	零级

当有反应物之外的其他物质,如产物或杂质的吸附时,由于表面活性位被占而减少,也会使反应受到限制,其动力学方程也相应发生变化。这相当于混合吸附,假定产物或杂质与 A 同时发生竞争吸附。这时由表面质量作用定律和 Langmuir 吸附等温方程可知反应的总速率为

$$v = k_i \theta_A = k_i K_A p_A \frac{1}{1 + K_A p_A + K_B p_B} \tag{9.30}$$

由式(9.30)看出,在反应过程中若有产物或其他物质发生吸附,将使反应速率减慢,减慢的程度取决于 $K_B p_B$ 相对于 $K_A p_A$ 的大小。

式(9.30)也可根据不同情况进行简化。

④ 当 B 的吸附大于 A 的吸附时,即 $1 + K_B p_B \gg K_A p_A$,则

$$v = k_i K_A p_A \frac{1}{1 + K_B p_B} \tag{9.31}$$

⑤ 当 B 的吸附为强吸附时,即 $K_B p_B \gg 1 + K_A p_A$,则

$$v = k_i \frac{K_A p_A}{K_B p_B} = k \frac{p_A}{p_B} \tag{9.32}$$

由上面的推导过程可以看出,应用 Langmuir 的吸附模型,将以表面质量作用定律推出的速率表达式简化成能够以实验中可测量的量(压力 p)所表示的速率方程,从而使实验数据能与之比较。

大量的实验表明,多相催化的速率常数与温度之间的关系仍服从 Arrhenius 方程,即

$$\frac{\mathrm{d}\ln k}{\mathrm{d}T} = \frac{E}{RT^2}$$

对于多相催化反应的速率常数是几个基元步骤的速率常数的组合,对应的表观反应活化能也是几个基元步骤活化能的组合。

如对于单分子反应的第 d 种情况有 $v(速率) = k p_A = k_i K_A p_A$ 关系,对其进行分析,其中

$$k = k_i K_A$$

$$k_i = K_0 \exp\left(-\frac{E_i}{RT}\right)$$

$$K_A = K_A^0 \exp\left(\frac{Q}{RT}\right)$$

式中,K_0 和 K_A^0 与温度无关;E_i 是真实活化能;Q 是吸附热。

将上面两式代入 Arrhenius 方程得

$$\frac{\mathrm{d}\ln k}{\mathrm{d}T} = \frac{\mathrm{d}\ln k_i}{\mathrm{d}T} + \frac{\mathrm{d}\ln K_A}{\mathrm{d}T} = \frac{E_i - Q}{RT^2} = \frac{E_{表观}}{RT^2} \tag{9.33}$$

由此可见,表观活化能 $E_{表观}$ 加吸附热 Q 得到实际活化能 E_i。

对于单分子反应的第 e 种情况有 $k = k_i \cdot K_A / K_B$ 关系,对其进行分析,得

$$\frac{\mathrm{d}\ln k}{\mathrm{d}T} = \frac{\mathrm{d}\ln k_i}{\mathrm{d}T} + \frac{\mathrm{d}\ln K_A}{\mathrm{d}T} - \frac{\mathrm{d}\ln K_B}{\mathrm{d}T} = \frac{E_i - Q_A + Q_B}{RT^2} = \frac{E_{表观}}{RT^2} \tag{9.34}$$

由此可见表观活化能 $E_{表观}$ 加上 Q_A 减去 Q_B 得到实际活化能 E_i。

通过对 Arrhenius 方程的推广应用,可将实验上求得之表观活化能与基元步骤的本质活化能联系起来。

(2) 双分子反应(H - W 方法)。

表面反应为双分子反应时有两种机理,即 Langmuir - Hinshellwood 反应机理和 Rideal 反应机理。Langmuir - Hinshellwood 反应机理是指两种已吸附的相邻反应物分子

之间的反应,称为双位吸附反应机理。Rideal 机理是指吸附的反应物与气相中的反应物进行反应,称为单位吸附反应机理。

用 H－W 方法时,以 C_S、C_o 和 C_i 分别表示催化剂活性位的总浓度、空位浓度和吸附物占有的活性位浓度,并存在下面的关系

$$C_S = C_o + \Sigma C_i \tag{9.35}$$

与覆盖率 θ 有如下关系

$$\theta_i = \frac{C_i}{C_S}; \quad \theta_o = \frac{C_o}{C_S} \tag{9.36}$$

①Langmuir－Hinshellwood 机理。

两种反应分子 A 和 B 在表面上发生反应,若服从 L－H 机理,设反应按下列方式进行

步骤 a	A + ＊ $\rightleftharpoons$ A＊	(吸附)
步骤 b	B + ＊ $\rightleftharpoons$ B＊	(吸附)
步骤 c	A＊ + B＊ $\rightleftharpoons$ C＊ + D＊	(表面反应)
步骤 d	C＊ $\rightleftharpoons$ C + ＊	(脱附)
步骤 e	D＊ $\rightleftharpoons$ D + ＊	(脱附)

若表面反应 c 步骤为速控步骤,总反应速率等于速控步骤的反应速率,即

$$v = k_3 C_A C_B - k_{-3} C_C C_D \tag{9.37}$$

以平衡法处理其余各步可得

步骤 a $\qquad K_A = \dfrac{C_A}{p_A C_o}$

步骤 b $\qquad K_B = \dfrac{C_B}{p_B C_o}$

步骤 c $\qquad K_C = \dfrac{C_C}{p_C C_o}$

步骤 d $\qquad K_D = \dfrac{C_D}{p_D C_o}$

式中,K_A、K_B、K_C、K_D 分别表示物种 A、B、C、D 的吸附平衡常数。将其代入式(9.37) 和式(9.35) 得

$$v = k_3 K_A K_B p_A p_B C_o^2 - k_{-3} K_C K_D p_C p_D C_o^2 \tag{9.38}$$

$$C_S = C_o(1 + K_A p_A + K_B p_B + K_C p_C + K_D p_D) \tag{9.39}$$

则

$$C_o^2 = \frac{C_S^2}{(1 + \Sigma p_i K_i)^2} \tag{9.40}$$

将式(9.40) 代入式(9.38) 得

$$v = C_S^2 \frac{k_3 p_A K_A p_B K_B - k_{-3} p_C K_C p_D K_D}{(1 + K_A p_A + K_B p_B + K_C p_C + K_D p_D)^2} = k_3 C_S^2 K_A K_B \frac{p_A p_B - \dfrac{p_C p_D}{K_p}}{(1 + K_A p_A + K_B p_B + K_C p_C + K_D p_D)^2} \tag{9.41}$$

$$K_p = \frac{k_3 K_A K_B}{k_{-3} K_C k_D} = \frac{\vec{k}}{\vec{k}}$$

式中，K_p 为反应平衡常数。如果认为在反应过程中表面的总活性位浓度 C_S 保持不变，则可令

$$k = C_S^2 k_3 K_A K_B$$

于是

$$v = \frac{k\left(p_A p_B - \dfrac{1}{K_p} p_C p_D\right)}{(1 + K_A p_A + K_B p_B + K_C p_C + K_D p_D)^2} \tag{9.42}$$

根据各种情况进行以下讨论。

若产物 C 和 D 为弱吸附，即

$$1 + K_A p_A + K_B p_B \gg K_C p_C + K_D p_D$$

则

$$v = \frac{k\, p_A p_B}{(1 + K_A p_A + K_B p_B)^2} \tag{9.43}$$

第 1 种情况，若 A 和 B 为稀疏地被覆盖的表面，如果压力 p_A 和 p_B 足够低，则是 $K_A p_A$ 和 $K_B p_B$ 两项与 1 相比较都可忽略不计，因而速率公式是

$$v = k\, p_A p_B \tag{9.44}$$

速率与两个分压的乘积成正比，对于 A 和 B 反应都是一级。而反应的表观活化能 $E_{表观}$ 可由

$$k = C_S^2 k_3 K_A K_B$$

得到

$$E_{表观} = E_3 - Q_A - Q_B$$

很多反应都遵循这种类型的定律，例如，一氧化氮与氧之间在玻璃上的反应；在某些温度条件下乙烯与氢之间在铜上的反应；在各种表面上的乙醛分解也是这种类型的反应。

第 2 种情况，如果反应物 B 足够强烈地被吸附以致 $K_B p_B$ 远大于 $1 + K_A p_A$，则速率公式就变成

$$v = \frac{k K_A p_A}{K_B^2 p_B^2} = \frac{k p_A}{K_B^2 p_B} = k' \frac{p_A}{p_B} \tag{9.45}$$

此时，强吸附的 B 对反应起到抑制作用，是一种典型的竞争吸附规律。

由

$$k' = \frac{k}{K_B^2} = \frac{C_S^2 k_3 K_A}{K_B}$$

可得表观活化能

$$E_{表观} = E_3 - Q_A + Q_B \tag{9.46}$$

现在速率是与强烈地被吸附着的反应物 B 的压力成反比。例如，在某些条件下，在石英和铂表面上的一氧化碳与氧之间的反应速率是直接地与氧的压力成正比而与一氧化碳的压力成反比。所以一氧化碳是强烈地被吸附，当它的压力增大时它就把氧从表面上替代出去。

②Rideal 机理。

对于属于 Rideal 机理的反应，其动力学方程推导如下。

设反应机理为：

步骤 a $\qquad$ $A + * \rightleftharpoons A *$

步骤 b $\qquad$ $A * + B \underset{k_{-2}}{\overset{k_2}{\rightleftharpoons}} D * + C$

步骤 c $\qquad$ $D * \rightleftharpoons D + *$

由于步骤 a 和 c 处于平衡,故有

$$C_A = K_A p_A C_o, \quad C_D = K_D p_D C_o \qquad (9.47)$$

表面反应 b 为速控步骤,故

$$v = k_2 C_A - k_{-2} C_D$$

将式(9.47) 代入后得

$$v = k_2 K_A p_A p_B C_o - k_{-2} K_D p_D p_C C_o \qquad (9.48)$$

由于

$$C_S = C_o + C_A + C_D$$

得

$$C_o = \frac{C_S}{1 + K_A p_A + K_D p_D} \qquad (9.49)$$

将式(9.49) 代入式(9.48) 得

$$r = \frac{k_2 C_S K_A p_A p_B - k_{-2} K_D p_C p_D C_S}{1 + K_A p_A + K_D p_D} = \frac{k_2 C_S K_A (p_A p_B - \frac{1}{K_p} p_C p_D)}{1 + K_A p_A + K_D p_D} =$$

$$\frac{k'(p_A p_B - \frac{1}{K_p} p_C p_D)}{1 + K_A p_A + K_D p_D} \qquad (9.50)$$

式中,$K_p = \dfrac{k_2 K_A}{k_{-2} K_D} = \dfrac{\vec{k}}{\bar{k}}$ 为反应平衡常数,而 $k' = k_2 C_S K_A$。

如果反应为不可逆,且 D 的吸附很弱,则
式(9.50) 变为

$$v = \frac{k' p_A p_B}{1 + K_A p_A} \qquad (9.51)$$

由式(9.51) 可知,当 p_B 保持不变,而增加 p_A 时,反应速率并不出现极大值,而是达到一极限值,如图9.2 所示。因此可利用反应速率与反应物分压之间的曲线形状来判别双分子反应是属于 L – H 机理,还是属于 Rideal 机理。

根据不同情况可对其进行简化。

a. 反应在低压下进行时,即 $K_A p_A \ll 1$,则

$$v = k' p_A p_B \qquad (9.52)$$

反应对 A 和 B 均为一级反应,此时表观活化能

$$E_{表观} = E_2 - Q_A \qquad (9.53)$$

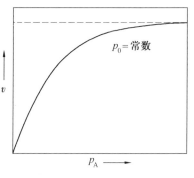

图9.2 Rideal 机理的 v 与 p_A 关系

b. 反应在高压下进行时,或 A 为强吸附时,即 $K_A p_A \gg 1$

$$v = \frac{k'}{K_A} p_B = k_2 C_S p_B \tag{9.54}$$

反应对 B 为一级,对 A 为零级。表观活化能

$$E_{表现} = E_2 \tag{9.55}$$

乙醛在金属铂上的催化分解反应的实验结果有:

在低压条件下 $\qquad v = k p_{乙醛}^2$

在高压条件下 $\qquad v = k' p_{乙醛}$

对照上述讨论可知,该反应为双分子的 Rideal 机理,即一个吸附的乙醛分子与气相中的一个乙醛分子相互作用的反应机理。

2. 吸附或脱附是速控步骤时的速率方程

吸附是速控步骤与脱附是速控步骤求速率方程类似,因此此处只介绍前者。

因为吸附是速控步骤,所以吸附以外的其他各步都近似处于平衡状态,而且总反应速率由吸附的速率而决定。由于现在吸附这一步已不是处于平衡状态,因而不能像前面那样借助于吸附等温方程将覆盖率转化为相应的分压函数。当反应条件一定时,A 的表面浓度是固定的,且存在着一个与之相应的平衡压力 p_A^*。p_A^* 与表面浓度之间的关系服从 Langmuir 吸附等温方程。

以反应 $A + B \Longleftrightarrow C + D$ 为例

$$A + * \xrightarrow{k_1} A *$$

$$B + * \xrightleftharpoons{k_2} B *$$

$$A * + B * \xrightleftharpoons{k_3} C * + D *$$

$$C * \xrightleftharpoons{k_4} C + *$$

$$D * \xrightleftharpoons{k_5} D + *$$

其中除 A 吸附反应外都处于平衡状态,故有

$$K_2 = \frac{C_B^*}{p_B \theta_o}, \quad K_3 = \frac{C_C^* C_D^*}{C_A^* C_B^*}, \quad K_4 = \frac{p_C \theta_o}{C_C^*}, \quad K_5 = \frac{p_D \theta_o}{C_D^*} \tag{9.56}$$

总反应速率等于第一步控制步骤的反应速率

$$v = k_1 p_A \theta_o \tag{9.57}$$

由于 A 不是处于吸附平衡状态,所以引入假想平衡压力 p_A^*

$$K_1 = \frac{C_A^*}{p_A^* \cdot \theta_o} \tag{9.58}$$

由于各步骤连续,总反应的平衡常数为各步骤平衡常数之乘积

$$K = K_1 \cdot K_2 \cdot K_3 \cdot K_4 \cdot K_5 = \frac{p_C p_D}{p_A^* p_B} \tag{9.59}$$

$$p_A^* = \frac{p_C p_D}{K p_B} \tag{9.60}$$

根据 Langmuir 吸附等温方程

$$\theta_o = \frac{1}{1 + K_1 p_A^* + K_2 p_B + K_4 p_C + K_5 p_D} \tag{9.61}$$

可得

$$v = \frac{k_1 p_A}{1 + \dfrac{K_1 p_C p_D}{K p_B} + K_2 p_B + K_4 p_C + K_5 p_D} \tag{9.62}$$

式(9.62)可根据不同条件加以简化。

（1）当 A 的吸附远远超过其他物种时,即

$$\frac{K_A p_C p_D}{K p_B} \gg 1 + K_2 p_B + K_4 p_C + K_5 p_D$$

则

$$v = \frac{k_1 K p_A p_B}{K_1 p_C p_D} \tag{9.63}$$

由式(9.63)看出,虽然产物吸附很弱或者不吸附,但由于有化学平衡存在,当 p_C、p_D 增加时,由式(9.60)知,p_A^* 也随之增加,从而使反应速率降低。由式(9.59)可以看出,虽然 C、D 吸附很弱或不吸附,但对反应仍有阻抑作用,这是通过 p_A^* 来起作用的。因为当 p_C 增加时,p_A^* 也就增加,于是 θ_o 下降。

（2）当所有组分的吸附都很弱或压力很低时,即

$$\frac{K_A p_C p_D}{K p_B} + K_2 p_B + K_4 p_C + K_5 p_D \ll 1$$

可简化为

$$v = k_1 p_A \tag{9.64}$$

此时反应表现为一级。

（3）当产物之一的 C(或 D) 吸附很强时,即

$$K_4 p_C \gg 1 + \frac{K_A p_C p_D}{K p_B} + K_2 p_B + K_5 p_D$$

可简化为

$$v = \frac{k_1 p_A}{K_4 p_C} = k' \frac{p_A}{p_C} \tag{9.65}$$

则产物对反应速率起抑制作用,此时反应对 A 为一级,对 C 为负一级。

举例说明其应用。例如,环己烷在铂重整催化剂上的脱氢反应,若环己烷的吸附是速控步骤,按式(9.62)反应速率为

$$v = \frac{k p_{环己烷}}{1 + \dfrac{K_1 p_{环己烷} p_{氢}^3}{K} + K_2 p_{环己烷} + K_3 p_{氢}}$$

实验结果表明,脱氢速率与氢分压无关,上式可简化为

$$v = \frac{k p_{环己烷}}{1 + K p_{环己烷}} \tag{9.66}$$

所以环己烷在铂上脱氢反应的吸附是速控步骤。

9.3.3 多相催化反应中的扩散效应

催化反应的进行既包含化学反应,又包含物理传质过程。物理传质过程是指反应物从流动相到达催化剂外、内表面,和产物离开内、外表面到达流动相的过程。它们依靠扩散作用进行。扩散过程具有一定的速率,与表面化学过程的速率相比,可能出现两种极限情况。假如扩散过程比化学反应进行得快,那么扩散不影响总的反应速度,此时催化剂孔内和催化剂外表面浓度和气相中的浓度相等。假如扩散速度和反应速度接近,那么由于不完全的传质,反应速度减慢,在个别情况反应速度可以完全由扩散决定。实际使用的固体催化剂大多数是多孔的或是附在多孔性载体上,催化剂的内表面面积远远大于外表面,反应物分子除扩散到外表面找到活性位进行吸附和反应外,绝大多数要通过微小而形状不规则的孔道扩散入孔隙内才能找到内表面上的空活性位进行吸附和反应。因此,扩散分为催化剂颗粒外表面的扩散(外扩散)和孔内扩散(内扩散)两种形式。外扩散是指发生催化剂颗粒外部、反应物自气流主体穿过颗粒外的一层气膜转移至颗粒外表面上的扩散,产物则经历相反的过程。内扩散是指发生在催化剂颗粒内部,反应物自外表面孔口处向孔内转移的扩散,产物相反,自孔内向孔口、孔外扩散。内外扩散的动力都是浓度差。外扩散效应和内扩散效应介绍如下。

1. 外扩散效应

根据 Fick 第一扩散定律,反应物从气相向单位固体催化剂外表面扩散的速率与相间浓度差成正比,而与扩散层厚度 L 成反比,由下式表示

$$v_D = - DS \frac{\mathrm{d}C}{\mathrm{d}L} \tag{9.67}$$

式中,D 为反应物的扩散系数,S 为外表面面积。式(9.67)又可写为

$$v_D = DS \frac{C_o - C_S}{L} \tag{9.68}$$

令 v 表示表面化学反应的反应速率,通常与反应物的表面浓度 C_S 成正比。若反应为简单的一级反应,则

$$v = k_S S C_S \tag{9.69}$$

式中,k_S 为单位外表面积上的反应速率常数。由于反应受外扩散控制,当体系达到稳定状态时,扩散到表面上的气体反应物分子与在表面上反应掉的分子一样多,可得

$$v = k_S \cdot S \cdot \frac{C_o}{\left(1 + \dfrac{k_S \cdot L}{D}\right)} \tag{9.70}$$

当 $\dfrac{k_S \cdot L}{D} \gg 1$,即 $k_S \gg \dfrac{D}{L}$ 时,则

$$v = k_S \cdot S \cdot \frac{C_o}{\left(\dfrac{k_S \cdot L}{D}\right)} = \frac{D \cdot S}{L} \cdot C_o = k' C_o \tag{9.71}$$

从以上论述可以看出,在外扩散区进行的反应,反应的级数与传质过程的级数一致,

均为一级过程,与表面反应的级数无关,控制速率的因素是 D、L 和 S。

当 $\dfrac{k_S \cdot L}{D} \ll 1$,即 $k_S \ll \dfrac{D}{L}$ 时,则 $C_S \approx C_o$,表明扩散效应可略去不计。此时总过程的速率等于表面反应速率

$$v = k_S C_o \tag{9.72}$$

此情况易在较低温度范围内发生。

综上所述,消除扩散影响的条件是,$k_S \ll \dfrac{D}{L}$ 时,即增大 D 值,减小 k_S 和 S 值,所以可采取一些措施来实现上述条件。一种方法是提高流体线速,使流体的湍流程度增加,从而使包围在催化剂颗粒外表面的扩散层变薄,这导致扩散系数增加,即减少了 L 和增加了 D,从而可消除外扩散影响;另一种方法是通过降低反应温度,提高扩散的相对速率来取得消除外扩散影响的效果,这是由于反应速率常数 k_S 和扩散系数 D 与温度的依赖关系不同,$k_S \propto \exp(-E/RT)$,$D \propto T^{3/2}$。因此,降低温度可使 k_S 值变化程度大于 D 值变化,有可能使 $k_S \ll \dfrac{D}{L}$,从而达到消除外扩散的影响效果。

2. 内扩散效应

当反应物分子从固体外表面向微孔扩散时,一部分反应物已经在微孔表面上发生了反应,微孔的中心部分和里面部分的内表面没有被利用。所以,当反应物分子在表面上的反应速率比扩散速率大时,未等反应物分子扩散到最深处就已经消耗殆尽。由于内扩散效应的存在,使催化剂的内表面利用率降低。扩散越慢,表面利用率越低。反应物分子在催化剂孔内的扩散通常有两种主要形式,一是普通扩散式,称为容积扩散;另一种是分子扩散,也称为 Kundsen 扩散。

当孔的孔径很大,气体十分浓密,气体分子间的碰撞数远大于气体分子与孔壁的碰撞数,这时发生的扩散即为普通扩散。

普通扩散的扩散系数 D_B 为

$$D_B = \frac{1}{3}\bar{v}\lambda \tag{9.73}$$

式中,$\bar{v}$ 为气体分子的平均速率;λ 为气体分子的平均自由程,它与气体压力成反比。

当孔径很小,气体稀薄时,分子与孔壁的碰撞数远大于分子自身的碰撞数,这时发生的扩散称为分子扩散。描述这种扩散的速率仍然使用 Fick 第一定律,但扩散系数采用分子扩散系数 D_k。从气体动理学理论得

$$D_k = \frac{2}{3}\bar{v}r \tag{9.74}$$

式中,r 为孔的半径。当 r 具有一定分布时,r 取平均值。

从式(9.74)看出,在发生分子扩散时,扩散系数与孔径成正比,与压力无关。

许多因素影响内扩散,如催化剂的颗粒大小、微孔半径、反应组分的扩散系数、反应的速率常数、温度和压力等。这些因素中影响最显著而又最易被调整的是催化剂颗粒的大小,其次是反应温度。因此,可以通过减少催化剂粒径,使催化剂内部的微孔长度变小,以

增加内表面的利用率;还可以通过适当降低反应温度,k 值下降比 D 值下降显著,使表面反应速率大幅度降低而相对地提高了扩散速率,从而消除内扩散效应。

9.4 各类固体催化剂的催化活性及应用

9.4.1 固体酸催化剂及其应用

借助于固体表面的酸碱性质来促进化学反应的催化剂,称为固体酸碱催化剂。固体酸催化剂广泛用于催化裂化、异构化、烷基化、脱烷烃、脱水、氢转移、歧化、聚合等反应,其中石油催化裂化用得最多。催化裂化是现代化学工业中规模最大的过程之一,其理论是以固体酸催化理论为基础的,所以首先介绍固体酸催化理论。

1. 固体酸的定义和分类

对于酸碱性质的理论有很多,有酸碱的电离理论(Arrhenius 理论)、酸碱的质子理论(Brønsted –Lowry 理论)和酸碱的电子理论(Lewis 理论)。酸碱的电离理论认为,酸就是在水溶液中电离后,阳离子全部是 H^+ 的物质;酸碱的质子理论认为,酸就是具有失去或者给予质子倾向的物质,属这类的酸又称 B 酸;Lewis 理论把酸碱定义扩大到非质子物质,认为凡能接受电子对的物质就是酸,此种类型的酸又称 L 酸。一个固体酸通常可以理解为一种能使碱性指示剂变色或能使碱性物质在其上发生化学吸附的固体,较为严格的定义应该是一个固体酸的表面具有给出质子或接受电子对的倾向。

表面具有酸性中心的固体物质有:①天然的黏土矿物;②合成的氧化物的混合体;③金属硫酸盐或磷酸盐;④固体化的酸;⑤离子交换树脂等。固体酸催化剂的分类见表9.6。

这些酸性物质可以单独使用,也可以用来作为催化剂的载体。由于它们有酸性,再附载上有加氢和脱氢功能的金属,便可以制成双功能的催化剂,如铂重整催化剂。

表 9.6 固体酸催化剂的分类

黏土矿物		酸性白土、膨润土、蒙脱土、高岭土
合成的混合氧化物		$SiO_2 - Al_2O_3$、$SiO_2 - MgO$、$SiO_2 - ZrO_2$、$Al_2O_3 - B_2O_3$、$TiO_2 - B_2O_3$、分子筛
盐类	硫酸盐	$Ca -$、$Mn -$、$Ni -$、$Cu -$、$Co -$、$Cd -$、$Sr -$、$Zn -$、$Mg -$、$Fe -$
	磷酸盐	$Zr -$、$Ti -$、$Al -$、$V -$、$Fe -$
固体化酸		磷酸 / 硅藻土、H_2SO_4/SiO_2、H_3BO_4/SiO_2
阳离子交换树脂		碘化酚醛树脂、交换型分子筛

2. 产生固体酸碱的机理

各种固体酸碱物质由于本身的结构不同而引起的酸碱中心,其形成机理也略有不同。

(1)氧化铝。

氧化铝是催化应用中典型的一种氧化物,广泛地用作于载体、催化剂和吸附剂。氧化铝表面虽然具有酸性,但酸性较弱,其产生酸性的原因可图示为

$$
\begin{array}{c}
\text{OH}\quad\text{OH}\\
\text{O—Al—O—Al—O}
\end{array}
\xrightarrow[-\text{H}_2\text{O}]{\triangle}
\begin{array}{c}
\text{O}^-\\
\text{O—Al}^+\text{—O—Al—O}
\end{array}
\xrightarrow{+\text{H}_2\text{O}}
\begin{array}{c}
\text{H}\quad\text{H}^+\\
\text{O}\qquad\text{O}^-\\
\text{O—Al—O—Al—O}
\end{array}
$$

L 酸中心　　碱中心　　　　　　B 酸中心　　碱中心

L 酸中心是由脱水形成的不完全配位的铝构成的。L 酸中心吸附水则形成 B 酸中心, 后者的酸强度太弱,以致认为氧化铝不具 B 酸性。因此,对 Al_2O_3 而言,其表面酸主要是 L 酸。

（2）硅铝催化剂。

硅铝催化剂是无定形 $SiO_2 - Al_2O_3$ 催化剂的简称,从化学组成看,它是硅与铝的复合氧化物。在催化领域中也是一种用量极大的催化剂。实验发现,单独的 Al_2O_3 酸性较弱, 作为裂化催化剂的活性也不高。单独的 SiO_2 酸性更弱,而 $SiO_2 - Al_2O_3$ 混合物的酸性却很强,是催化裂化的优良催化剂。

硅铝催化剂中 SiO_2 和 Al_2O_3 均按四面体排列,其中硅和铝是通过氧桥相连接,在表面上,每一个铝离子通过三个氧桥与正四价的硅连接,朝向表面外的一方缺一个配位硅。硅的不对称分布导致铝离子具有强烈的亲电子特性。当水分子靠近这种铝离子时,水分子的负性羟基为铝离子所吸引,结果分离出一个质子,形成了 B 酸。原来的三配位铝起 L 酸作用。

$$
\begin{array}{c}
\text{Si—O—Al}^+\text{—O—Si}\\
|\\
\text{O}\\
|\\
\text{Si}
\end{array}
\underset{-\text{H}_2\text{O}}{\overset{+\text{H}_2\text{O}}{\rightleftharpoons}}
\begin{array}{c}
\text{OH}\quad\text{H}^+\\
|\\
\text{Si—O—Al—O—Si}\\
|\\
\text{O}\\
|\\
\text{Si}
\end{array}
$$

L 酸中心　　　　　　　　　B 酸中心

关于 $SiO_2 - Al_2O_3$ 产生酸性的另一说法是 Al^{3+} 对氧化硅骨架中 Si^{4+} 取代,使取代点出现了多余的负电荷,为了保持电荷平衡,在铝氧四面体结构中必须缔合一个带正电荷的 H^+,这就是 B 酸的来源。如果酸性羟基受热以水的形式脱去,形成三配位铝,则这种铝成为 L 酸中心。所以 $SiO_2 - Al_2O_3$ 上同时存在 B 酸和 L 酸中心。

许多类似 $SiO_2 - Al_2O_3$ 的复合氧化物都产生酸性,如 $SiO_2 - MgO$、$Al_2O_3 - B_2O_3$ 和 $SiO_2 - ZrO_2$ 等。

（3）沸石。

沸石是一种合成的晶态氧化硅 – 氧化铝。当将它们加热时会产生熔融并发生类似起泡沸腾的现象,人们称之为沸石。沸石晶体具有许多大小相同的"空腔",空腔之间又有许多直径相同的微孔相连,形成均匀的、尺寸大小为分子直径数量级的孔道。因而不同孔径的沸石就能筛分大小不一的分子,故又得名为"分子筛"。沸石的化学组成为

$$M_{j/n}(AlO_2)_j(SiO_2)_y \cdot xH_2O$$

其中,M 代表可交换阳离子（Na^+、K^+、NH_4^+、Ca^{2+}、Ba^{2+}……）;j 代表铝氧四面体的个

数;y 代表硅氧四面体的个数;x 表示所含水分子的数目。根据 SiO_2/Al_2O_3 比值不同,所得的分子筛结构也不同。因此有"A 型分子筛""X 型分子筛""Y 型分子筛"和"丝光沸石"之分。

沸石的基本结构单元与无定型硅酸铝相同,均是硅氧四面体和铝氧四面体键合在共有氧原子的三维网状结构里的结合氧化物结晶。

铝氧四面体间不能直接相连,而间隔硅氧四面体,这一规则称为 Loewenstein 规则。氧桥可以把硅氧四面体和铝氧四面体按一定方式连接。由 4 个四面体形成的环称为四元环,由 6 个四面体形成的六元环,依此类推还有八元环和十二元环等。

各种环通过氧桥相互连接成三维空间的多面体称为晶穴或孔穴,也称为空腔。通常以"笼"来称呼。由笼再进一步排列即成各种沸石的骨架结构,有立方体笼、六方柱笼及 β 笼。β 笼的几何形状似一个正八面体被切去了 8 个顶角以后所留下的几何体,因而得削角八面体笼。它是内八面体削去顶角而形成,其过程如图 9.3 所示。图中的八面体上下各有 4 个正三角面,即共有 8 个面 6 个顶点,若各在离顶点的 1/3 处削去 6 个顶点,则在每个削去顶角的地方形成 1 个正四角面,原来的三角面都变成正六角面,结果就成为削角八面体。用四元环代替削角八面体的四角面,而用六元环代替六角面,这样形成的结构单元称为 β 笼。

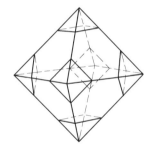

图 9.3 八面体和削角八面体

由于沸石中的氧都是两个四面体共用,因而在一个硅氧四面体中的氧提供 4 个负价,硅提供 4 个正价,所以整个四面体里呈电中性。由于铝为 3 价金属,所以在铝氧四面体中,氧原子的一个价没有得到饱和,因此整个铝氧四面体带有负电,需由附近带正电的阳离子来中和,沸石中的碱金属和碱土金属就是起这种作用的。分子筛中的阳离子可以被交换,通过离子交换,分子筛的性能会发生变化。由此可知,分子筛属于多孔性物质,具有比较均匀的孔径和很大的内表面积(一般为 300 ~ 1 000 m^2/g)。在一定条件下,沸石内存在着 B 酸与 L 酸,可作为酸式催化剂。

沸石的 B 酸性来自它的结构羟基,结构羟基产生的途径主要有两种。

① 铵型沸石分解。

② 多价阳离子的水合解离。

交换多价阳离子的分子筛中含有适量的水是产生催化活性的主要条件。含水沸石中多价阳离子处于水合状态,加热失水至一定程度,金属阳离子对水分子的催化作用就逐渐增强,以致解离出氢质子,生成带正电的 $M(OH)^+$ 及 H^+ 都位于带负电的铝氧四面体附近,其极化过程可用下式表示:

$$M(H_2O)^{2+}$$

$$
\begin{array}{ccccc}
O & O & O & O & O \\
\diagdown Si \diagup & \diagdown Al^{\ominus} \diagup & \diagdown Si \diagup & \diagdown Si \diagup & \diagdown Al^{\ominus} \diagup \\
O & O & O & O & O
\end{array}
$$

$$M(OH)^+ \qquad\qquad\qquad H^+$$

$$
\xrightarrow{\quad}
\begin{array}{ccccc}
O & O^{\ominus} & O & O & O^{\ominus} \\
\diagdown Si \diagup & \diagdown Al \diagup & \diagdown Si \diagup & \diagdown Si \diagup & \diagdown Al \diagup \\
O & O & O & O & O
\end{array}
$$

关于沸石内 L 酸的产生目前尚无定论,通常的解释是结构羟基脱除形成的。

$$
\begin{array}{ccccc}
 & H & & H & \\
O & O & O & O & O \\
\diagdown Si \diagup & \diagdown Al \diagup & \diagdown Si \diagup & \diagdown Al \diagup & \diagdown Si \diagup \\
O & O & O & O & O
\end{array}
\xrightleftharpoons{\triangle,\ -H_2O}
\begin{array}{ccccc}
O & O & O^- \ O^+ & O & O \\
\diagdown Si \diagup & \diagdown Al \diagup & \diagdown Si \diagup & \diagdown Al \diagup & \diagdown Si \diagup \\
O & O & O & O & O
\end{array}
$$

L 酸中心

沸石的有效催化性质是由于有三个重要特点:第一,规则的晶体结构和均匀的孔大小,因而只能使一定大小的分子发生反应;第二,具有强的酸性羟基,可引起正碳离子反应;第三,阳离子附近有很大的静电场,从而可诱导出反应分子的反应性。因此,沸石的催化活性与阳离子性质有很大关系,阳离子可能还影响羟基的酸性。

3. 固体酸催化剂的应用

催化裂化是目前原油二次加工中的一个重要环节,石油通常先经常压和减压处理得到汽油、煤油、柴油等各种馏分油,之后将某些馏分油送入催化裂化装置进行二次加工。催化裂化的主要目的是将分子大的烃分解成具有合适挥发性的分子质量较小的烃,使产品宜于作燃料用。同时,在催化裂化过程中副产的裂化气体,富含烯烃(主要含 C_3、C_4 烃)是化学工业的宝贵原料。因此,催化裂化在近代石油炼制工业中占有十分重要的地位。第一代裂化催化剂用的是酸处理过的活性白土,第二代是硅酸铝催化剂,第三代是分子筛催化剂。

催化裂化主要是以正碳离子机理进行的。烃类分子首先与催化剂上的酸中心生成正碳离子,正碳离子是烃类分子中的碳带上一个正电荷形成的物种。由于正电荷的存在,其结构不稳定,具有较高的反应活性。烃类分子与酸中心反应后形成各种正碳离子,然后按照正碳离子的反应规律进行反应。

烷烃、烯烃和芳烃可分别通过下列方式产生正碳离子。

（1）烷烃与表面质子酸中心或 L 酸中心直接作用。

$$RH + H^+ \longrightarrow R^+ + H_2$$

$$RH + L \longrightarrow R^+ + LH^-$$

（2）烯烃与质子酸中心作用。

$$CH_2 = CHCH_3 + H^+ \longrightarrow CH_3 \overset{+}{C}HCH_3$$

（3）芳烃作为质子的接受者。

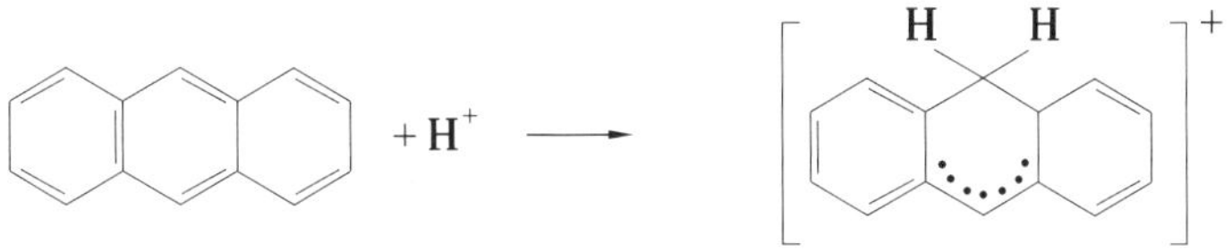

以烯烃为例，说明固体酸催化裂化和异构化机理。

例如，烯烃裂解反应首先是烯烃与酸中心作用产生正碳离子，即

其中 HA 表示 B 酸中心。由于正碳离子很不稳定，链又很长易在 B 位断裂生成烯及更小的正碳离子，即

再如，烯烃异构化反应首先也是烯烃与酸中心形成正碳离子

烯烃由于带有双键的 π 电子，容易被质子酸进攻生成正碳离子，再通过氢转移改变正碳离子的位置，使烯烃的双键得到转移，反应如下：

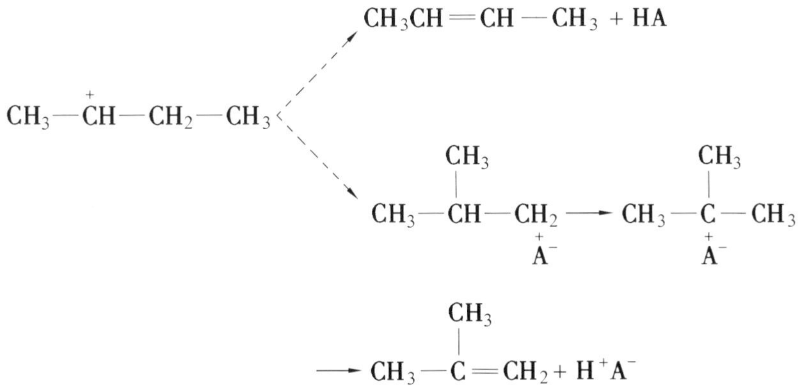

利用正碳离子的反应机理,可以说明石油催化裂化各种产物的生成。

催化裂化使用的分子筛催化剂对比硅酸铝胶体催化剂有如下特点,沸石中具有活性的酸中心的浓度高于硅铝催化剂;汽油组分中含饱和烷烃和芳烃多,汽油质量好;沸石的细孔具有很强的吸附性能,使酸中心附近有较高浓度的烃,单程转化率增大,不容易产生"过裂化",裂化效率较高;抗重金属污染性能好。

9.4.2 过渡金属配合催化剂及其应用

过渡金属配合催化剂在溶液中作为均相催化剂的研究和应用比较多,但是均相催化剂难以分离和回收,化工生产过程不便于连续操作。因此,近年来趋向于把均相催化剂的活性物质固定在载体上,成为一种固体催化剂。过渡金属的配合物固体催化剂具有高效、多功能、适应于缓和条件(低温和低压)下操作等特点,在石油化工过程和高分子聚合过程中得到广泛的应用。烯烃和烷烃在金属配合催化剂的配合催化作用下经过加成、氧化、脱氢和聚合等催化反应后,可制得合成塑料、合成橡胶以及某些合成纤维等各种产品。表 9.7 列出了工业上某些重要的固体配合催化剂。

表 9.7 金属配盐固体催化剂示例

反应类型	反应物	产物	催化剂
羰基化	甲醇	醋酸	负载型铑的配合物
氧化	乙烯	乙醇、乙醛	$PdCl_3$/ 活性炭或 $PdCl_3 - V_2O_5 - AhO_3$
	乙烯、醋酸	醋酸乙烯	$Pd \pm Au - KOAC - SiO_2$
加合	乙炔、HCl	氯乙烯	$ZnCl_2$/ 活性炭
	乙炔、醋酸	醋酸乙烯	$Zn(OAC)_2$/ 活性炭
聚合	乙烯	聚乙烯	二茂铬·SiO_2,$TiCl_4$ + 三乙基铝附载型高效催化剂
	丙烯	聚丙烯	$TiCl_2$ 附载型高效催化剂

在配合物中,过渡金属构成中心原子(或离子),围绕在中心原子(或离子)周围的是一些具有孤对电子的配位体,配位体可以是离子(Cl^-、Br^-、F^-、OH^-、CN^- 等)或中性分子(H_2O、NH_3、CO 等)。配合催化作用是和过渡金属的电子结构分不开的,可以认为在反应过程中过渡金属配合物催化剂的活性中心与过渡金属的 d 电子状态有密切联系。有关配位配合物的基础理论介绍如下,并举例说明配合催化的机理。

1. 配位配合物的基础理论

价键理论认为,在配合物中中心原子(或离子)具有空的价电子轨道,而配位体具有孤对电子,后者将孤对电子配位到中心原子(或离子)的空轨道上,便形成两者之间的化学键,这就是配位键。由于过渡金属原子的价电子有($n-1$)d、ns 和 np 等 9 个能量相差不多的原子轨道,其中有的是本来空着的,有的可以腾空出来,这就是过渡金属元素在化学性质上具有形成配合物的主要原因。配位体和中心原子(或离子)之间以配位键按一定的几何构型结合而成配合物。中心离子是采用杂化轨道与配位体相互作用的,各种杂化轨道具有不同的几何构型,即如,sp 杂化轨道接受 2 个配位体形成直线构型,如 $[Ag(NH_3)_2]^+$、$[Ag(CN)_2]^-$、$[Cu(NH_3)_2]^+$ 等络合离子。中心离子 Zn^{2+} 是采用 sp^3 杂化轨道接受配位体,这些轨道是等同地指向正四面体的 4 个顶点。根据理论计算,杂化轨道与几何构型间有对应关系。例如,sp 杂化轨道对应于直线型构型,sp^2 杂化轨道对应于正三角形构型,dsp^2 杂化轨道对应于正方形构型,d^2sp^3 杂化轨道对应于八面体构型。

晶体场理论提出,中心离子原来五重简并的 d 轨道在配位体的静电作用下会发生能级分裂,但根据量子力学原理它们的总能量不变。若进一步把中心离子与配位体之间的作用看作纯粹的静电作用,则可算出这些轨道能级分裂的大小。对于八面体配合物,当 6 个配位体沿 x、y、z 坐标接近中心离子时,d_{z^2} 和 $d_{x^2-y^2}$ 轨道中的电子受到配位体的负电荷的排斥,使这 2 个轨道的能量上升(每个单电子为 $+6D_g$),而夹在两个坐标间的 d_{xy}、d_{yz} 和 d_{zx} 轨道中的电子则避开了配位体的影响,因此轨道能级降低(每个单电子为 $-4D_g$)。晶体场的静电作用越强(D_g 越大),两组的分裂能 Δ 值(此处为 $10D_g$)也越大。因此,晶体场分裂带来的后果不仅使得能级有了高低之分,d 电子的分布也可能发生变化。在不违背鲍林原理并考虑到静电排斥作用,电子优先占据能量最低的轨道。过渡金属离子的 d 轨道在晶体场理论中分裂的值随其配位体不同而异,且随电子给予配位体的原子半径减少而增大。同时,也因中心离子的不同而改变。中心离子电荷越高或所含 d 轨道主量子数越大,Δ 值也越大。

分子轨道理论认为,中心离子外层的价电子轨道可与配位体的轨道发生重叠而形成配合物的分子轨道。配合物的中心离子(或原子)外层有几种原子轨道,对第一过渡系而言(Se、Ti、V、Cr、Mn、Fe、Co、Ni、Cu、Zn),它们的 $3d_{xy}$、$3d_{yz}$、$3d_{zx}$、$3d_{x^2-y^2}$、$3d_{z^2}$、$4s$、$4p_x$、$4p_y$、$4p_z$ 9 个原子轨道中,后 6 个轨道的极大值方向均沿 x、y、z 坐标轴指向配位体,有可能与配位体的 σ 轨道重叠,生成 6 个 σ 键分子轨道。此外,尚有 6 个相应的反键 σ^* 轨道。由于 $3d_{xy}$、$3d_{yz}$、$3d_{zx}$ 等 3 个轨道的极大值方向在轴之间,可为中心离子(或原子)的非键轨道,但在对称性匹配的条件下,它们能与配位体 π 型轨道相互重叠而形成 π 键。这种 π 键往往是由一方提供孤对电子形成的,故常称为 π 配键。配位体上 π 键型轨道是指配位原子的 p 或 d 原子轨道或它们的组合轨道,也可指反键的 σ^* 轨道或 π^* 轨道等。于是中心离子与配位体间可形成一个 σ 键和一个 π 键的配位配合物。以八面配合物为例,当配位体的轨道能量比中心离子轨道能量低,并且充满了电子,在成键过程中,配位体是电子给予者,将形成正常的共价配键;而当配位体的 π 轨道能量比中心离子轨道的高,并且是空的,在成键过程中,中心离子是电子给予者,将形成正常的反馈 π 键。配键强弱与金属中心离子和配位体形成配键时所提供的轨道能级差大小密切相关,差值大的其配键弱,差值小的其配键强,因此在催化反应中要给予考虑。只有中心离子与配位体间形成的 σ 键和 π 键的强度相匹配时,才最有利于催化反应的进行。

2. 过渡金属配合催化机理

配位配合活化催化作用,是指催化剂在配位上配合活化反应物分子,并在其配位上进一步反应的基本效应。这类催化剂有共同的特点,就是其活性中心比较明显地反映过渡金属离子或原子的化学特性,配位基起稳定、调控中心离子的电子状态的作用,或在中心离子上起预配合作用。配合催化的一般机理可表示为主要步骤可归结为:配合、插入反应、空位恢复。

反应物分子可与配位数不饱和的配合物直接配位,也可取代原来的配位体,所以配合催化又称配位催化。这种新的配位体—X随即插入相邻的顺位 M—Y,与—Y 结合成单一配位体—XY,同时留下空位中心。M—Y 键属于不稳定的配位键,如金属—碳键、金属—氢键和金属—氧键。羰基化、加氢、氧化和定向聚合等反应的特征就在于反应物配位体对于这些不稳定的配位键的插入反应,而插入反应留下的空位中心又可使其他反应物分子活化。过渡金属配合物的中心原子(或离子)和配位体的性质,以及它们相结合的几何构型在很大程度上影响其催化活性,所以可以通过配位基或其金属离子的选择来调变其性能,从而得到高效的配合物催化剂。

3. 过渡金属配合物催化剂应用

(1)乙烯氧化制乙醛。

乙烯作为重要的有机化工原料,用于生产乙醇、乙醚、醋酸、醋酐、丁醇、辛醇、醋酸乙烯等十几种重要的有机合成产品,由此可进一步生产维尼纶、醋酸纤维素、二辛酯增塑剂、农药等几十种重要的化工产品。过渡金属中以钯的配合物活性最高,在钯的存在下,除乙烯以外的许多烯烃,如丙烯、丁烯等都可以反应,生成相应的醛和酮。

以下主要讨论乙烯氧化制乙醛的反应。在工业上,把乙烯和氧通入含有 H_3O^+、$PdCl_4^{2-}$、Cu^{2+}、Cl^- 的反应器中,反应物被吸收而反应。

自1960年以后,实现了氯化钯配合催化剂固体化,从而以气-固相催化过程将乙烯和氧制成乙醛获得成功。这一过程的特点是产率高,选择性高。它的总反应为

$$C_2H_4 + \frac{1}{2}O_2 \xrightarrow{PdCl_2/ 活性炭} CH_3CHO$$

$PdCl_2$ 在反应体系内存在的形式之一是 $[PdCl_4]^{2-}$,乙烯与 $[PdCl_4]^{2-}$ 进行 π 键结合成配合物,反应式如下

上述反应得到的 Pd(Ⅱ)-烯配合物按下列步骤转化为乙醛

$$Cl^- \overset{Cl^-}{\underset{Cl^-}{\diagdown}} Pd^{2+} - \overset{CH_2}{\underset{CH_2}{\parallel}} + H_2O \rightleftharpoons Cl^- \overset{Cl^-}{\underset{Cl^-}{\diagdown}} Pd^{2+} - \overset{CH_2}{\underset{CH_2}{\parallel}} + Cl^-$$

$$Cl^- \overset{OH_2}{\underset{Cl^-}{\diagdown}} Pd^{2+} - \overset{CH_2}{\underset{CH_2}{\parallel}} + H_2O \rightleftharpoons Cl^- \overset{OH^-}{\underset{Cl^-}{\diagdown}} Pd^{2+} - \overset{CH_2}{\underset{CH_2}{\parallel}} + H_3O^+$$

$$Cl^- \overset{OH_2}{\underset{Cl^-}{\diagdown}} Pd^{2+} - \overset{CH_2}{\underset{CH_2}{\parallel}} \rightarrow \left[Cl^- \overset{OH^-}{\underset{Cl^-}{\diagdown}} Pd^{2+} \cdots \overset{CH_2}{\underset{CH_2}{\parallel}} \right]^* \xrightarrow{H_2O} \left[Cl^- \overset{OH_2}{\underset{Cl^-}{\diagdown}} Pd^{2+} - CH_2 - CH_2 - OH \right]$$

$$\left[Cl^- \overset{OH_2}{\underset{Cl^-}{\diagdown}} Pd^{2+} - CH_2 - CH_2 - OH \right] \longrightarrow Pd^0 + 2Cl^- + H_3O^+ + CH_3C\overset{O}{\underset{H}{\diagdown\!\!\!\diagup}}$$

催化剂通过氧化机理进行再生

$$O_2(气) + 2\Sigma \rightleftharpoons 2(O - \Sigma)$$
$$(Pd + 2HCl) + O - \Sigma \rightleftharpoons PdCl_2 + H_2O + \Sigma$$

式中,Σ 表示表面吸附位。

应当指出,液相催化剂固相化后,由于反应条件、反应原料混合比以及固体催化剂物理结构的变化,将给金属络盐催化剂带来新的特征,如 Pd - V_2O_5 催化剂的选择性较差,乙醛只占 60% ~ 80%。随着 Pd 附载量及乙烯分压的增加,副产物丁烯的量也增加,这种现象在液相催化反应中并不存在。另一方面,所选载体不同,催化剂的寿命也不同,用 γ - Al_2O_3 作载体,催化剂的寿命不过 2 h。用 SiO_2 作载体,不仅寿命短,活性也不断降低,用活性炭作载体,寿命才较满意。

(2)α 烯烃的定向聚合。

利用过渡金属配合物催化剂把 α 烯烃定向聚合为等规高聚物是催化科学的实践史上的一项光辉成就。Ziegler 首先发现了催化剂,而 Natta 研究了聚合物的立体规整性。工业上最常使用的催化剂是 Ziegler - Natta 催化剂,由 α - $TiCl_3$ 和烷基金属化合物组成。

丙烯或高分子的 α 烯烃在 Ziegler - Natta 催化剂存在时的聚合将得到具有异常高熔点、高结晶度、高立体规整性的产物,这样的产物称等规聚合物。丙烯在 Ziegler 催化剂存在下发生定向聚合,其机理有不同的看法,但和配合催化的一般机理是一致的。整个聚合过程分以下几个步骤。

① 活性中心的形成。固态 $TiCl_3$ 和烷基铝相互作用发生配体交换形成活性中心。活性中心 Ti^{3+} 离子具有正八面体的立体构型(采用 d^2sp^3 杂化轨道),配位数为 6。而 Ti^{3+} 的 6 个配位 Cl^- 中有一个空缺,这个位置称为 Cl^- 缺位,以 □ 表示,其余 5 个配位 Cl^- 中,与 □

相近的一个 Cl^- 因与金属的连接松散而被乙基取代，由此形成一个同时含有 $Ti—C_2H_5$ 和 $Ti—\square$ 的配位球，这就是活性中心。同位素实验也表明，仅仅是 $TiCl_3$ 固体表面的一部分 Cl^- 与乙基发生交换。

② 单体配合。单体烯烃在 Cl^- 缺位处被 Ti 配合形成 Ti—烯配合物。

③ 插入反应。由于与丙烯配合使 $Ti—C_2H_5$ 键内的电子流走而造成该键的断裂。断下的 C_2H_5 对丙烯中双键上的碳发生亲核攻击，随之 π 配合物转化为 σ 配合物，结果烯烃双键上的两个碳顺式插入 $Ti—C_2H_5$ 之间，即在 C_2H_5 上结合一个单体分子，并在 C_2H_5 原来的配位处留下一个空穴。这时完成了一次链增长。

顺时偶极过渡态

如果在空穴处重新配合上烯分子，并重复上述过程，则能形成越来越长的聚合物链。

以上几步表明，活性中心是 $TiCl_3$，表面上的一个含 C_2H_5 基的中心，且该 C_2H_5 基在加到聚合物链上以后就不再与表面直接键合，尽管它所在的那个聚合物链仍是与表面相键合的。因为实验表明，在以含 $^{14}C_2H_5$ 的 $TiCl_3$ 聚合丙烯时，得到的每一个聚合物分子都含有一个 $^{14}C_2H_5$ 基，同时，这也说明单体分子插入的位置是在表面中心与 C_2H_5 基之间。

以上说明了活性中心的形成和聚合物的生长，对于丙烯分子结合方式及配合位置的不同造成的高聚物等规定性或无规定性的内容在此不再详细叙述。

9.4.3　金属催化剂及其应用

金属催化剂是催化剂中的一大类型，主要用于加氢和脱氢反应，也有一部分贵金属如 Pt、Pd、Ag 等由于对氧的吸附不太强而本身又不易被氧化，所以可常用于选择性催化氧化反应。常用作催化剂的金属主要是过渡金属和周期表中靠近过渡金属的一些金属，它们所具有的催化活性是与其结构相关的。一方面，由于金属表面所暴露的空配位，代表了金属原子没有得到满足的化学作用力，其数量级与使金属原子聚集在一起的化学作用力相当，因此只要轨道对称性、轨道的能级匹配得当,它们对反应物分子所发生的作用以及活化反应物分子的能力是相当大的。通常在较低的温度下就能表现出催化能力,这与这些过渡元素所持有的 d 轨道特性密切相关。另一方面,由于金属原子之间的化学键是非定域化的,因此金属的晶体结构、取向、颗粒大小、分散度以及其他金属元素的电子迁移作用或轨道杂化作用都会对催化性能有直接的影响。

到目前为止,在认识金属催化作用本质的过程中,由于金属化学键理论同催化作用的联系不充分,还没有一个能概括全局的统一的理论模型。因此,将几个常用的有关金属催化作用的理论模型介绍如下。

1. 金属催化机理

（1）能带理论。

金属原子中的价电子在原子间是高度共有化的,用化学键的观点来看,就是金属原子间所形成的化学键是一个很大的共轭体系,电子云高度离域化,外层价电子在形成金属键后再也不属于某一个别原子所有,原子的孤立能级成为共有化能级。在周期表中,过渡金属原子中的 d 电子数由左向右依次递增。金属原子中的电子能级是不连续的,当由原子形成金属晶体时,原子中产生金属键。以 Ni 为例,在镍原子中,3d 能级上有 8 个电子,4s 能级上有 2 个电子,能级结构 $3d^8 4s^2$,在形成金属键时,4s 电子和 3d 电子的能级由于相互作用而发生扩展,形成 4s 能带和 3d 能带,这些能带部分地发生重叠,因此 d 带的一部分被 s 带的电子占据。根据饱和磁矩的测量,可以认为金属状态的镍在 3d 能带中每个原子含有 9.4 个电子,而在 4s 能带中则含有 0.6 个电子,于是在镍的 d 能带中每个原子含有 0.6 个空穴,称为 d 带空穴,它相当于 0.6 个不成对电子。这些不成对电子在化学吸附时,可以与被吸附分子中的 s 电子或 p 电子作用形成吸附键。d 空穴越多,说明未配对的 d 电子越多,形成吸附键越强,所以 d 带空穴的程度影响吸附性能和催化性能。

（2）价键理论。

过渡金属有两类轨道,一类称为成键轨道,它由外层 s、p、d 轨道杂化而成,另一类是非键轨道,或称原子轨道。对于过渡金属来说,有 5 个 d 轨道、1 个 s 轨道、3 个 p 轨道,共 9 个轨道。由它们形成了成键 d 轨道的 dsp 杂化轨道、与磁性有关的原子 d 轨道和与电导性有关的金属轨道。过渡金属的 d 电子状态可以用 d 百分数来定量描述。d 百分数是指 d 电子参加金属键的分数,或成键轨道中 d 轨道的成分。

现以 Ni 为例加以说明,根据磁化率的测定,假定金属中 Ni 有两种杂化轨道:$d^2 sp^3$ 和 $d^3 sp^2$,它们出现的概率分别为 30% 和 70% ,杂化轨道 $d^2 sp^3$ 中 d 轨道成分为 $\frac{2}{6} = 0.33$。杂化轨道 $d^3 sp^2$ 和一个空轨道中,d 轨道成分为 $\frac{3}{7} = 0.43$。每个镍原子的平均 d 百分数为

$$30\% \times 0.33 + 70\% \times 0.43 = 40\%$$

由上述可见,金属键的 d 百分数越大,表示留在 d 能带中的电子越多,即 d 带中空穴越少。

从活化分子的能量因素考虑,要求化学吸附既不太强,也不要太弱。吸附太强导致不可逆吸附,吸附太弱则不足以活化分子。催化实践表明,金属催化剂的活性要求 d 百分数有一定范围,一般为 40% ~ 50% 。由此可见,金属的 d 百分数或 d 空穴和化学吸附以及催

化活性间必然存在某种联系。

（3）多位理论。

在多相催化反应中，分子的活化是通过与催化剂表面的相互作用而实现的。如果这种作用力属于共价键，那么形成的表面键就具有一定的方向性。要使反应分子活化，首先必须在化学吸附过程中使某些键变形，甚至断裂。这就要求反应物分子中原有的键与催化剂表面原子间的键长相对应，键角的张力最小。这种要求催化剂原子和反应物分子结构在几何尺寸上接近的理论就是几何对应理论。这是 1929 年苏联的 Balandin 提出的著名理论——多位理论（multiplet theory）。由于几何对应所要求的是多于一个活性位以上的化学吸附，所以才有"多位"之称。

多位理论假定：① 反应物分子中只有一部分参与反应，这种参与反应的特殊原子基团称为"示性基团"；② 只有催化剂的某些原子具有反应所要求的构型，这种催化剂原子称为"多位体"。根据这一理论，在催化过程中反应物分子的示性基团重叠在催化剂的活性原子上，从而生成一种多位中间配合物，其间价键要发生变形和位移。

以乙烯在 Ni 表面上吸附为例说明多位理论。镍的结晶是面心立方结构，有（110）、（100）和（111）三种不同晶面的原子分布。在金属 Ni 的不同晶面上，Ni—Ni 间的距离有 0.248 nm 和 0.351 nm 两种。乙烯在表面上的双位吸附C—C骨架和Ni—Ni 之间的几何结构如图 9.4 所示。已知 Ni—C 键长为 b = 0.200 nm，C 和 C 间的距离为 0.154 nm，C 和 Ni 间的距离为 0.182 nm，根据图9.4

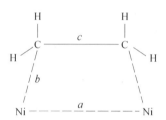

图 9.4　乙烯在 Ni 上吸附

可得。当Ni—Ni 间的距离从 0.248 nm 拉长到 0.351 nm 时，θ 角也从 105°40′ 变到 122°57′，这时 C 原子的正四面体键角（109°28′）将强烈变形，而提高了吸附物的能量，化学吸附热将减小。从而使被吸附的乙烯具有更高的反应活性。（110）面内 Ni 原子间距为0.351 nm 数目较多，实验结果表明活性较好，它比混合晶面[（110）、（100）、（111）各占 1/3] 的 Ni 的活性大5倍。在多相催化中，只有吸附较弱、吸附速率较快，而且能够使反应物分子得到活化的化学吸附才能显示较高的活性。Beek 报道了273 K，过渡金属（W、Ta、Ni、Rh、Pd、Pt、Fe、Cr 等）上乙烯加氢的活性与金属晶格之间关系。随着晶格原子间距的增加，催化活性先增加后减小，有极大值，其中 Rh 具有最高的活性，其晶格距离为 0.375 nm，晶格间距为0.248 nm 的金属并不一定具有最高活性，而晶格间距为 0.36 ~ 0.38 nm 的 Rh、Pd、Pt 才是优良的催化剂，这证明催化剂的活性与催化剂中原子的几何构型有一定关联。

尽管几何对应原理有上述成就，但它并不足以完全解释某些催化反应产物的多样性。例如，Толторятова 发现，ThO_2 和 CuF_2 显然具有相同结构和甚至大小一样的原子间距，但对乙醇催化分解的性能却完全不同。在 ThO_2 存在下脱水反应占优势而在 CuF_2 上则优先进行脱氢。此结果表明，在不同催化剂上，醇分子具有不同的取向。Баландин 认为，这种差异可以从反应的能量角度来解释。因此，除了结构对应外，多位理论还提出能量对应的假设。

（4）能量对应原则。

能量对应是指反应物与催化剂之间形成化学吸附所释放的能量与反应物断键和产物形成新键所需的能量之间有一定的对应关系。对于指定的同样始态反应物种在催化剂上进行催化反应的过程中，可能沿着不同的反应途径到达同样或不一样终态生成物种，这些反应途径各自的能量优势不同，好的催化剂应该能按所希望的目标反应沿着能量最有利的途径进行。

要精确考虑能量对应，必须先知道反应的机理，多位理论对双位催化反应提出了模型，并认为最重要的能量因素是反应热（ΔH）和活化能（E_a），两者都可从键能的数据求得。

一个催化反应必然涉及旧键的活化与断裂和新键的形成。Balankin 将催化剂表面活性吸附位看作参加反应的"孤立的原子"，在化学吸附时，这些催化剂表面的"孤立的原子"可与反应物中的原子形成多位配合物，而后这些配合物再分解成产物和催化剂表面的"孤立的原子"。假设反应物种为 AB 和 CD，在催化剂上双位反应，AB + CD $\rightarrow$ AD + BC，对于双位机理的催化反应分为反应物吸附生成表面配合物和表面配合物分解生成产物两步进行。

若催化剂表面活性吸附位为 K，以 Q_{A-B} 和 Q_{C-D} 表示原子 A 与 B 间的键能和原子 C 与 D 间的键能，即在气相中 A—B 键和 C—D 键的解离能，而以 Q_{A-K}、Q_{B-K}、Q_{C-K} 和 Q_{D-K} 分别表示单个原子 A、B、C 和 D 与催化剂表面（K）之间的键（A—K、B—K、C—K 和 D—K）的键能。反应过程能量的变化为：

(a)   (M)   (b)

第一步吸附后生成表面配合物，放出能量 E'（放热为正），此即多位配合物（M）的生成热

$$E' = E_{A-B,K} + E_{C-D,K} = -Q_{A-B} - Q_{C-D} + (Q_{A-K} + Q_{B-K} + Q_{C-K} + Q_{D-K}) \quad (9.75)$$

第二步是多位配合物进一步分解为产物，放出能量 E''：

$$E'' = E_{A-D,K} + E_{B-C,K} = Q_{A-D} + Q_{B-C} - (Q_{A-K} + Q_{B-K} + Q_{C-K} + Q_{D-K}) \quad (9.76)$$

总反应的反应能（U）为

$$U = Q_{A-D} + Q_{B-C} - Q_{A-B} - Q_{C-D}$$

反应物和产物的键能和为

$$S = Q_{A-B} + Q_{C-D} + Q_{A-D} + Q_{B-C}$$

催化剂的吸附势为

$$q = Q_{A-K} + Q_{B-K} + Q_{C-K} + Q_{D-K}$$

则

$$E' = q - \frac{1}{2}S + \frac{1}{2}U = -Q_{A-B} - Q_{C-D} + q \quad (9.77)$$

$$E'' = q + \frac{1}{2}S + \frac{1}{2}U = Q_{A-D} + Q_{B-C} - q \tag{9.78}$$

比较 E' 和 E'',哪一个负值大哪一步就是速控步骤。这个最大的负值是反应位能峰的高度。从能量角度考虑,要使反应快,尽量使两步的速率相近,显然只有 $E' = E''$ 时,催化剂的活性最适宜。

对于给定的反应,总反应的反应能(U)以及反应物与生成物键能的总和(S)均为常数,选取不同的催化剂就有不同的 q,所以 E' 和 E'' 对不同催化剂来说,只是 q 的线性函数。根据式(9.77)和式(9.78),将 E' 和 E'' 分别对 q 作图,得相交的两条直线(称为火山形曲线),斜率分别为 $+1$ 和 -1,交点坐标为($S/2, U/2$)。火山的左边($q < S/2$),吸附势 q 不高,所以从能量上看,速控步骤应是多位配合物的生成。火山的右边,多位配合物与催化剂上活性位的键合较牢,这时的速控步骤应是多位配合物的分解。

最适宜的催化剂应该具有 $E' = E''$,这时催化剂的吸附势(q)大致等于键能和一半,活化能大致等于反应热一半。这就是选择催化剂的能量对应原则。其物理意义相当于两步反应的能量相同。所以,吸附势 q 代表了催化剂能量被利用的程度。

实际应用时,如果 $q \approx S/2$,那么这个催化剂就可能比较理想,说明已符合能量对应原则,这时不必改变催化剂原子组成,只需要改变催化剂的制备和处理方法以获得合适的分散度、晶格参数等。若 q 与 $S/2$ 相差很大,则需要通过改变催化剂的化学组成、加助催化剂、应用载体等方法来提高催化剂的活性。

式(9.75)~(9.78)都是表示反应分子中的键完全断裂的情况,实际上键未发生断裂,而是变形,因此在表示反应活化能 E_0 与 E 值关系时需用近似公式 $E_a = rE$,其中 $r = -\frac{3}{4}$,已被实验所证实。显然上面提到乙醇在 ThO_2 和 CuF_2 上催化分解性能的不同以及 Cu 不能催化环己烷脱氢都是由于不符合能量对应原则所引起的。对于 Cu,由于 C—Cu 键能较小,不足以使反应分子活化,故没有活性。

显然,应用方程(9.75)等已能卓有成效地预言若干催化反应的发生,对于烃类的氧化、开环和脱氢等反应从理论上预测的产物和实验中发现的产物有一定的一致性,多位理论解释了一部分实验结果,但全面阐明催化现象的复杂性和多样性,还需从各方面做进一步基础研究。

2. 金属催化剂应用

(1)乙炔选择加氢。

加氢精制是石油炼制工业中的重要工艺。石油裂化气中含有大量烯烃,也含有少量炔烃,炔烃总量为 2 000~5 000 mL/L。深度裂解气中炔的含量最高。从这些裂解气中分离出的烯烃仍含有几千 mL/L 的炔烃,这样的烯烃不能直接用于高分子聚合,必须脱炔到 10~20 mL/L 或更低。

脱炔的方法主要是用负载型金属催化剂进行选择加氢。在加氢反应中使用的催化剂主要是周期第Ⅷ族的金属和 Cu、Re 等,经常使用的金属是 Cu、Co、Ni、Re、Pt、Pd、Ru 和 Rh 等。例如,Pd/Al_2O_3 在 75~90 ℃、3.8 MPa、空速为 7 000 h^{-1},能使乙烯气的炔含量由 1 900~4 000 mL/L 减少到 10 mL/L 以下。

乙炔部分加氢的机理如下：

$$HC\equiv CH + *\quad * \xrightarrow{k_1} HC\!\!=\!\!CH \underset{-H}{\overset{+H}{\rightleftharpoons}} H_2C\!\!=\!\!CH \xrightarrow{+H} C_2H_4\,(\text{气})$$

常用的第 Ⅷ 族金属对乙烯的吸附强度可由金属对乙烯的 H－D 交换的能力、Kemball 参数 p，以及烯烃异构化反应能力等方面来判断，第 Ⅷ 族金属对乙烯的吸附强度是：$5d > 4d > 3d$。金属对乙烯加氢的活性次序是：$4d > 5d > 3d$。

众所周知，选择加氢是部分加氢和仅限于目的官能团的加氢。那么乙炔加氢在多大程度上只生成乙烯，决定因素有：① 金属催化剂对阶段产品乙烯的加氢活性；② 催化剂对乙烯的吸附强度；③ 催化剂使加氢停留在乙烯阶段的选择性。

表 9.8 是炔烃和部分双烯烃在第 Ⅷ 族金属上加氢的初期选择性。

表 9.8　炔烃等不饱和烃加氢反应初期的选择性

催化剂	Fe	Co	Ni	Ru	Rh	Pd	Os	Ir	Pt
A	1.0	1.0	1.0	0.97	0.99	1.0	0.90	0.96	0.97
B	—	—	0.93	0.84	0.92	0.99 ~ 1.00	0.73	0.36	0.80 ~ 0.89
C	0.98	1.0	1.0	0.84	0.84	1.0	0.58	0.35	0.63
D	0.9	0.9	0.8	0.70	0.75	1.0	0.45	0.45	0.80

表 9.8 说明：A、B、C、D 分别表示二甲基乙炔加氢选择率（丁烯／丁烯＋丁烷）、丙二烯加氢选择率（丙烯／丙烯＋丙烷）、丁二烯－1,3 加氢选择率（丁烯／丁烯＋丁烷）、乙烯加氢选择率（乙烯／乙烯＋乙烷）。

从表 9.8 的数据可以看出，3d 金属 Fe、Co、Ni 的选择性都很高，这些金属对烯烃氧化能力小，生成乙烯后容易脱离催化活性中心。从吸附态上看，这些金属有效降低的氢化能，不能使生成的乙烯转化为半氢化态，所以不宜生成乙烷。而 5d 金属 Os、Ir、Pt 则相反，它们氢化能力高，生成的乙烯难以脱离表面，选择性极低。4d 金属 Ru 和 Rh 处于中间状态，选择性也居中。值得提出的是 Pd，它吸附乙炔的能力远比吸附乙烯的大，在反应体系中只要有微量的乙炔，已吸附的乙烯立即被强吸附的反应物从表面驱走，使乙烯难于在活性中心停留。这也就解释了为什么 Pd 催化剂对炔烃加氢既有高转化率，又有优异的选择性。

实用的 Pd 催化剂中常引入助催化剂 Ag，Ag 的作用可能是：① 调节 Pd 的 d 空穴，以减弱对乙烯的吸附力；② 改善 Pd 原子在表面的分散状态，以改进其结构性能和电子状态，使炔烃在竞争吸附中更具有优势。

（2）氨的合成反应。

氨的合成反应是一个经典的催化反应。氨的合成反应过程包括氮和氢表面吸附、表面合成，以及氨的脱附，其中 N_2 的吸附和氨的脱附极为关键。

工业上使用的第一代氨合成催化剂是以金属 $\alpha-Fe$ 为主催化剂，以难还原的氧化物为助催化剂的助催化型催化剂。因为催化剂是在电弧炉或电阻炉中熔炼而成，也称为熔铁型催化剂。催化剂的主要原料是磁铁矿 Fe_3O_4，它是具有磁性的、反尖晶石结构的本征半导体。铁对合成氨是结构敏感型的催化剂，金属铁有4种变体 α、β、γ、$\delta-Fe$，在氨合成条件下，具有活性的铁是 $\alpha-Fe$。$\alpha-Fe$ 属于立方体心结构。据研究，$\alpha-Fe$ 的（111）晶面具有吸附 N_2 分子的最高活性。作助催化剂的是碱金属和碱土金属氧化物，有电子助催化剂 K_2O，结构助催化剂 Al_2O_3 以及 MgO、CaO 等，各种助催化剂是相互联系相互制约的。含不同助催化剂的样品，活性不同，还原活化的难易程度、抗毒性能等也不同。即使是化学组成相同的催化剂，由于制备工艺的差异，活性也会不同。应该说化学组成的不同，制备方法的不同，引起了催化剂的化学性质和物理结构不同。电子促进剂的主要作用是降低催化剂表面的电子逸出功，但也会降低 $\alpha-Fe$ 的表面积。结构促进剂的主要作用是稳定 $\alpha-Fe$ 晶粒，增大 $\alpha-Fe$ 的表面积，抑制铁晶粒的长大，保持多孔结构，提高催化剂的热稳定性，降低熔点和黏度使催化剂原料组分分布均等，但两种促进剂之间可能因酸碱中和而削弱了原来的促进作用。因此，各种助催化剂的用量是受限制的。

关于这一经典催化过程的催化作用机理至今尚未达成一致的见解。人们已提出了解离式和缔合式两种机理，两者的根本区别在于加氢的第一步是吸附氢与解离吸附的原子态氮（N_{ad}）反应还是与缔合式吸附的分子态氮（$N_{2,ad}$）反应。现代检测手段（如傅里叶变换红外光谱和激光拉曼光谱）与量子化学理论方法，以及计算机技术的应用为表面化学吸附物种的配位吸附模式和反应机理的理论研究提供了有力的支持。国内外学者对铁催化剂上的化学吸附物种和催化机理进行了广泛的研究。有研究表明，铁催化剂上的合成氨反应主要是经由缔合式途径进行，次要或局部的过程有可能通过解离式途径进行，两种机理是互相竞争的。但是，对这一典型的多相催化反应机理的研究还远远没有结束，还有许多重要和挑战性的问题需要去深入研究和解决。

第一代合成氨铁催化剂及其改进型已经沿用了近一个世纪，20世纪90年代，人们又开发了第二代负载型合成氨钌催化剂。与第一代铁催化剂相比，第二代钌催化剂具有催化活性高、反应条件温和（反应温度与压力低）、使用寿命长（耐毒性强、不易失活、对原料气要求不高）和成本低等优点。钌催化剂也是结构敏感型催化剂。在催化剂方面，作主要原料的是钌的氯化物和羰基物，如 $RuCl_3 \cdot nH_2O$ 和 $Ru_3(CO)_{12}$ 等。$RuCl_3 \cdot nH_2O$ 相对廉价和易得，所以使用的比较多。作助催化剂的仍是碱金属氧化物（如 K_2O）以及碱土金属氧化物等。这些助催化剂起电子促进作用和结构促进作用，可以促进钌颗粒的分散，并可以促进氢的吸附。对于钌催化剂来说，电子效应是重要的。有研究认为，钾和钡的氧化物是较好的助催化剂。在载体方面，主要采用处理过的碳材料（石墨、活性炭、$C_{60\sim70}$、碳纳米管等）以及高熔点热稳定的金属氧化物（如 $\gamma-Al_2O_3$、ZrO_2、MgO 等）。碳载体的电子传递能力好、储氢能力强、比表面积大，有利于活性金属的分散，但碳载体在反应条件下有甲烷化流失和机械强度较差的缺点。此外,强烈吸附氢还会抑制氨的合成。在催化反应机理方面,对于钌催化剂合成氨也存在着解离式和缔合式两种机理,但研究远不如铁催化剂深入和广泛。

第三代合成氨催化剂是多金属中心负载型催化剂。与第一代和第二代合成氨催化剂相比,主催化剂的构成从一种金属向两种以上发展,而且载体也不使用第二代合成氨催化剂使用的活性炭载体,采用了非碳主载体,但是助催化剂仍是由电子助催化剂和结构助催化剂两部分组成,同时考虑了纳米材料的应用。初步的研究结果已展现出了良好的应用前景和进一步深入研究的必要。

目前,合成氨催化剂正在经历着从第一代铁催化剂向第二代钌催化剂的转变过程,同时也开始了迈向第三代组合式多金属中心负载型催化剂的步伐。

9.4.4　金属氧化物催化剂及其应用

金属氧化物在催化领域中扮演着很重要的角色,它可以作为主催化剂、助催化剂和载体而被广泛使用。就主催化剂而言,金属氧化物催化剂又可分为过渡金属氧化物催化剂(常简称为氧化物催化剂)和非过渡金属氧化物催化剂(常简称为固体酸碱催化剂)。以下主要阐述过渡金属氧化物催化剂。

金属氧化物催化剂按其化学组成分为非计量的和有计量的,在非计量化合物中掺入杂质亦属此范畴。过渡金属具有可变价态,形成的氧化物具有半导体性质。在化学工业上很多反应都是以金属氧化物催化剂为基础的。这些反应过程大致分两类:一类是有 O_2 参与的反应,另一类是与 H_2 作用的反应。因此,金属氧化物催化剂和金属催化剂一样,能加速有电子转移的氧化、加氢、脱氢等反应。表9.9列出使用金属氧化物催化剂的一些重要反应。

表9.9　过渡金属氧化物催化剂及其催化剂反应

反应类型	反应式	催化剂
加氢脱硫	$C_2H_5SC_2H_5 + 2H_2 \longrightarrow 2C_2H_6 + H_2S$ $C_2H_5SH + H_2 \longrightarrow C_2H_6 + H_2S$ $COS + 4H_2 \longrightarrow CH_4 + H_2O + H_2S$ $RSH + H_2 \longrightarrow RH + H_2S$ $ZnOH_2S \longrightarrow ZnS + H_2O$	(1) $CoO - MoO_3 - Al_2O_3$; (2) ZnO
氧化	$SO_2 + \dfrac{1}{2}O_2 \longrightarrow SO_3$ $2NH_3 + \dfrac{5}{2}O_2 \longrightarrow 2NO + 3H_2O$ 萘 $+ \dfrac{9}{2}O_2 \rightleftharpoons$ 苯酐 $+ 2CO_2 + 2H_2O$	$V_2O_5 - K_2SO_4/$ 硅藻土

续表 9.9

反应类型	反应式	催化剂
脱氢	(苯环)C_2H_5 ⟶ (苯环)$CH=CH_2$ + H_2	$Fe_2O_3 - K_2O - Cr_2O_3 - CuO$
聚合	$3C_2H_2$ ⟶ (苯环)	$V_2O_5 - SiO_2$
催化裂化	(1) 断键: (苯环)$-CH_2-CH_3$ ⟶ (苯环) + $CH_2=CH_2$ (2) 芳构化: (环己烷) ⟶ (苯环) (3) 加和反应:异丁烯 + 异丁烷 → 异辛烷	(1) 酸处理过的天然硅酸铝(如酸性白土、蒙脱土、高岭土等); (2) 硅铝胶; (3) 分子筛
脱水	CH_3CH_2OH ⟶ $CH_2=CH_2 + H_2O$	$\gamma - Al_2O_3$
烷基化	(苯环) + $CH_2=CH_2$ ⟶ (苯环)$-CH_2-CH_3$	固体化磷酸

1. 金属氧化物催化剂的催化机理

（1）金属氧化物上的化学吸附。

过渡金属氧化物在空气中加热会失去氧（即缺少氧）或得到氧（即氧过剩），按此可分为：一类是有 n 型半导体性质（如 ZnO、Fe_2O_3、TiO_2、CuO、V_2O_5 和 CrO_3 等），其导电方式是电子导电；另一类是有 p 型半导体性质（如 NiO、CoO、Cu_2O、SnO、PbO 和 Cr_2O_3 等），其导电方式是带正电荷的空穴导电。

在适合的反应条件下或化学吸附时，n 型半导体金属氧化物晶格中的部分金属阳离子有可能得到电子，被还原到较低的氧化态，而 p 型半导体金属氧化物晶格中的部分金属阳离子有可能被氧化到较高的氧化态并放出电子，由于金属价态的变化（涉及电子传递）和氧物种（涉及化学吸附氧物种与晶格氧物种）的变化而影响到化学吸附作用和催化作用，特别是涉及氧物种的。此外，半导体金属氧化物催化剂还具有耐高温（熔点高）和不易中毒等优点。

例如，p 型半导体 NiO 在空气中或氧气中加热时得到氧而变成非化学计量氧化物，反应式为：$O_2 + 4e \rightarrow 2O^{2-}$，所需电子只能从 Ni^{2+} 中来，即 $4Ni^{2+} \rightarrow 4Ni^{3+} + 4e$，净过程为：$4Ni^{2+} + O_2 \rightarrow 4Ni^{3+} + 2O^{2-}$。由于得到了氧，在 NiO 上是 O^{2-} 过量，是空穴导电，属于 p 型半导体。

又如，n 型半导体 ZnO 在空气中加热时失去氧而变成金属组分过量的非计量氧化物，反应式为：$2O^{2-} \rightarrow O_2 + 4e^-$，产生的电子把 Zn^{2+} 还原为 0 价锌原子，$2Zn^{2+} + 4e^- \rightarrow 2Zn^0$，净反应为：$2Zn^{2+} + 2O^{2-} \rightarrow O_2 + 2Zn^0$。失氧过程中多出的电子构成电的传导，故属于 n 型半导体，其电导正比于锌原子的浓度。

气体在氧化物上的配位化学吸附情况比在金属上的复杂得多，因为所形成的配位化学吸附键可能是在气体原子与金属阳离子之间，也可能是在气体原子与氧阴离子之间，而且如果是还原性的气体(如 H_2 和 CO 等),还可能使氧化物部分还原而变成不可逆吸附。

两种氧化物吸附氧的能力以及在催化氧化反应中的作用大不相同。实验发现氧在 p 型半导体上吸附比在 n 型半导体上容易,因为此时要从氧化物取出电子,使 O_2 变为 O^-: $\frac{1}{2}O_2 + e \rightarrow O^-$,显然,p 型半导体,如 NiO,很容易从 Ni^{2+} 脱出电子而使 O^- 的形成变得容易。

p 型半导体金属氧化物上的机理主要涉及吸附态氧(O^-),而 n 型半导体金属氧化物上的机理主要涉及晶格氧(O^{2-})。因为吸附氧比晶格氧活性更高,所以对催化氧化反应来讲,通常 p 型半导体金属氧化物的催化活性比 n 型半导体金属氧化物的好,可变价态金属氧化物多与催化活性有关。

对于还原性气体,本质上加氢和 CO 的吸附是不可逆的,脱附后分别得到的是 H_2O 和 CO_2,这种吸附都是吸附质点将电子给予氧化物,所以在 n 型半导体上吸附比在 p 型半导体上容易。根据上述的基本观点,可能对某些反应如何选择催化剂提供一些线索。

(2)金属氧化物的电子理论。

20 世纪 50 年代,苏联学者 Вокенштейн 提出了半导体催化剂的电子理论,该理论利用半导体能带的研究成果来描述催化剂和反应分子间的电子传递关系。催化作用的电子理论把表面吸附的反应物分子看作是半导体的施主或受主,当它们吸附在表面时,对半导体金属氧化物的性质将产生影响。接受电子气体如氧在 n 型和 p 型半导体金属氧化物上的吸附以 O、O_2、O_2^-、O^-、O^{2-} 或 O^{3-} 等形式吸附于表面,表面形成负电荷层,此时表面分子起受主作用。与氧的吸附相反,给电子气体如氢在 n 型和 p 型氧化物上以正离子(H^+)形式吸附于表面,表面形成正电荷层,此时表面分子起施主作用。

表 9.10 列出了施主和受主杂质对半导体逸出功、电导率的影响。

利用表 9.10,可以把反应物分子的性质和催化剂性质(电导率、逸出功)的变化联系起来,从而可根据催化剂性质的变化来推测被吸附分子的状态,并把这种变化与催化活性相联系。

金属氧化物表面上有金属离子、氧负离子、缺位,因而比金属复杂得多。

表 9.10　施主和受主杂质对半导体金属氧化物逸出功、电导率的影响

杂质总类型	费米能级	逸出功变化	电导率变化	
			n 型	p 型
施主	提高	变小	增加	减少
受主	降低	变大	减少	增加

2.金属氧化物催化剂应用

(1)SO_2 在钒催化剂上催化氧化。

SO_2 氧化是无机基础化工重要过程之一,现在工业用催化剂是以硅酸盐(如分子筛、硅胶等)为载体的钒催化剂,碱金属盐助催化剂是 K_2SO_4,有时还引入一些硫,用于造孔及促进 V^{5+} 还原为 V^{4+},或形成新相而使反应平稳,其中 V_2O_5 的质量分数为 7% 左右,这些化学组分组成一个相互联系、不可缺少的统一整体。

加入钾盐能使 V_2O_5 的催化活性提高 20 倍以上。研究表明,助催化剂 K_2SO_4 与 V_2O_5 生成低熔混合物,其熔点在 440 ℃。一般情况下,SO_2 氧化反应的温度在 450 ~ 500 ℃,K_2SO_4 的存在,把熔点 675 ℃ 的 V_2O_5 转变为低熔点的 $K_2O \cdot 4V_2O_5$,因而在操作条件下,活性组分呈熔盐状态。在载体 SiO_2 表面上,覆盖着一层融体薄膜,在这层液膜中存在着反应物、产物和催化剂的成分。催化作用就在这个液膜中进行。支持这种解释的另一事实是,在共熔温度下,氧的吸收量剧烈增大,K_2SO_4 含量增大,氧的吸收量越大,活性也越大。

Mars 等提出在固体表面上的催化反应是:

$$SO_2 + 2V^{5+} + O^{2-} \Longrightarrow SO_3 + 2V^{4+} \tag{1}$$

$$\frac{1}{2}O_2 + 2V^{4+} \rightarrow 2V^{5+} + O^{2-} \tag{2}$$

他认为式(1)能快速到达平衡,式(2)(氧的活化吸附)是决定性步骤。Boreskov 等基本上认同 Mars 的观点,并补充提出反应是在表面熔融液相进行的,O_2 在熔盐层的扩散是决定步骤。总体来说,不少人认为该催化剂是熔盐催化剂,该催化反应属于固体表面上的液相反应。

(2)丁烷在 $Cr_2O_3 - Al_2O_3$ 上的催化脱氢。

工业上制取丁烯和丁二烯的一个重要方法是正丁烷在固体催化剂上的脱氢,人们对其反应动力学和机理进行了多方面研究。

Cr_2O_3 是从 $Cr(OH)_3$ 焙烧失水制成。由于水合 Cr_2O_3 的表面盖满 OH 基而没有催化活性,若在 450 ℃ 高温下焙烧,相邻的 OH 基之间脱水,产生配位不完全的 Cr^{3+} 离子:

配位数 5

$Cr_2O_3 - Al_2O_3$ 催化剂是一个两性的半导体,其导电性与所处环境有关。在还原性气氛下,由于吸附氧被除去和高价的铬被还原,$Cr_2O_3 - Al_2O_3$ 显示出 n 型半导体的特性。在氧化性气氛(如氧气流中)下,由于表面吸附氧等因素的影响,$Cr_2O_3 - Al_2O_3$ 显示出 p 型半导体的性质。实验发现,p 型半导体性能的 $Cr_2O_3 - Al_2O_3$ 在高温下与烃类接触时,立即变成 n 型半导体。

在 $Cr_2O_3 - Al_2O_3$ 催化剂上丁烷脱氢的活性中心是 Cr^{2+},当烷烃在 Cr^{2+} 上发生化学吸附时,烃类的 C—H 键一般发生均裂,形成烷基自由基,它从 Cr^{2+} 捕获 1 个电子而形成强受主键。其反应机理如图 9.5 所示。

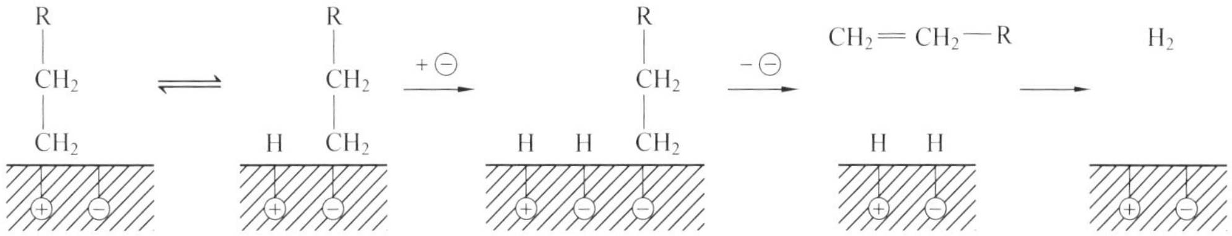

R R R CH₂ == CH₂—R H₂

CH₂ ⇌ CH₂ + ⊖ CH₂ − ⊖ →

CH₂ H CH₂ H H CH₂ H H

⊕ ⊕ ⊖ ⊕ ⊖ ⊕ ⊖ ⊕ ⊖

⊖ 和 ⊕ 分别表示催化剂表面上的电子和空穴

图 9.5 丁烷在 Cr_2O_3 – Al_2O_3 催化剂上脱氢机理

9.5 多相光催化剂及其应用

光催化反应是光和物质之间相互作用的多种方式之一,是光反应和催化反应的融合,是在光和催化剂同时作用下进行的反应。多相光催化是 20 世纪 70 年代发展起来的催化领域的新分支。1972 年, A. Fujishima 和 K. Honda 在 n 型半导体 TiO_2 电极上发现了水的光电催化分解作用。以此为契机,开始了多相催化研究的新纪元。20 世纪 90 年代以来, TiO_2 多相光催化在环境保护领域内的水和气相有机、无机污染物的光催化去除方面取得了较大的进展,被认为是一种极具前途的环境污染深度净化技术。

目前,常用的固体光催化剂主要是半导体金属氧化物和硫化物,如 TiO_2、ZnO、CdS、WO_3、SnO_2、Fe_2O_3 等,它们多为 n 型半导体材料,最早使用的是 ZnO,现在 TiO_2 因其催化剂活性高、光稳定性好、无毒等特点而成为最受重视的光催化剂。

1. TiO_2 的晶体结构

TiO_2 有三种晶体结构,这些结构的共同点是,其组成结构的基本单位是 TiO_6 八面体。这些结构的区别在于 TiO_6 八面体是通过共顶点还是共边组成骨架。金红石的结构是建立在 O 的密堆积上。板钛矿结构是由 O 密堆积而成的,Ti 原子处于八面体中心位置,不同于金红石结构。锐钛矿结构是由 TiO_6 八面体共边组成。而金红石和板钛矿结构则是由 TiO_6 八面体共顶点且共边组成,如图 9.6 所示。

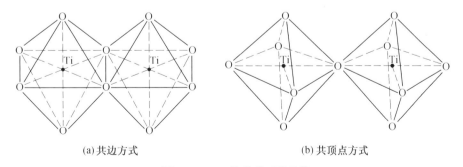

(a) 共边方式　　　　　　　　　　(b) 共顶点方式

图 9.6 TiO_6 结构单元的连接

锐钛矿实际上可以看作是一种四面体结构,而金红石和板钛矿则是晶格稍有畸变的八面体结构,其结构如图 9.7 所示。

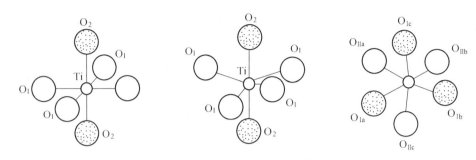

图9.7　金红石、锐钛矿和板钛矿的 TiO_6 八面体结构

金红石、板钛矿、锐钛矿型 TiO_2 是在自然界中天然存在的,其中金红石型 TiO_2 是热力学的稳定相。板钛矿和锐钛矿相向金红石相转化,温度一般为 $500 \sim 600$ ℃。在晶体结构中,高温相一般比低温相具有更加对称的结构,而在 TiO_2 中却相反。锐钛矿比金红石具有更高的对称性。在金红石中所有的 Ti—O 键键长都差不多,两个 Ti—O 键键角都是 $90°$,但是长的 Ti—O 键比短的 Ti—O 键之间的相差最大,这也部分地解释了为什么 TiO_2 晶体中的高温相是金红石相。由于其内在的晶体结构不同,表现出的就是锐钛矿、板钛矿和金红石具有不同的物理化学性质。板钛矿因为结构不稳定,是一种亚稳相,而极少被应用。锐钛矿和金红石虽属同一晶系,但是金红石的原子排列要致密得多,其相对密度和折射率也较大,具有很高的光分散本领,同时金红石具有很强的遮盖力和着色力,因而被广泛应用在油漆、造纸、陶瓷和纺织等工业中。

TiO_2 化学性质稳定,在常温下几乎不与其他化合物反应,不溶于水、稀酸,微溶于碱和热硝酸。只有在长时间煮沸条件下,才溶于浓硫酸和氢氟酸,不与空气中 CO_2、SO_2、O_2 等产生反应。其光化学性质也十分稳定,在紫外光照射下接触还原剂时,不会因为脱氧还原而被腐蚀。其生物学上是惰性的,不溶解、不水解、不参与新陈代谢、无急性或慢性毒性作用。特别是应用于饮用水处理时,能确保水质的安全性。因此,TiO_2 是难得的水处理剂。

2. TiO_2 的能带位置

半导体的光吸收阈值 λ_g 与带隙 E_g 有关,关系式为

$$\lambda_g(nm) = 1\ 240/E_g(eV) \tag{9.79}$$

各种光的波长和光量子能之间的对应关系见表9.11。TiO_2 是 n 型半导体,其中锐钛矿型 TiO_2 的带隙能为 3.2 eV,相当于波长 387.5 nm 光电子能量,最大吸收波长在紫外区。

半导体的能带位置及被吸附物质的还原电势,决定半导体光催化反应的能力。热力学允许的光催化氧化还原反应要求受体电势比半导体导带电势低(更正);给体电势比半导体价带电势高(更负),才能供电子给空穴。

TiO_2 的三种晶型中板钛矿型 TiO_2 很难在自然界中存在,因此常见的晶型主要是金红石型和锐钛矿型。许多实验表明,锐钛矿型比金红石型的 TiO_2 具有更高的光催化活性,所以在降解有机废液时,通常采用锐钛矿型 TiO_2 作催化剂。金红石型颗粒禁带宽度为

3.0 eV,在波长小于 410 nm 的入射光照射下可被激发;锐钛矿型 TiO_2 颗粒禁带宽度为 3.2 eV,需在波长小于 380 nm 的入射光照射下才可激发。从激发波长范围来看,金红石型更易被激发。但是,金红石型 TiO_2 吸附氧的能力低,产生的电子 - 空穴对的复合速率太快,以致它们来不及转化为氧化能力很强的自由基,从而不能起到光催化的作用。另外,金红石型 TiO_2 的比表面积小,也导致受激后其光生空穴和光生电子的简单复合太快,有机物在金红石型 TiO_2 表面的吸附也少。而锐钛矿型 TiO_2 的电子 - 空穴对的复合速率较慢,因此具有更高的活性。

表 9.11 各种光的波长和光量子能之间的对应关系

光	波长 /nm	频率 /s^{-1}	波数 /cm^{-1}	能量 /(kJ·mol^{-1})	E/eV
紫外	200	1.50×10^{15}	50 000	597.9	6.2
	300	1.00×10^{15}	3 333	398.7	4.1
可见	420	7.14×10^{14}	23 810	284.9	3.0
	470	6.38×10^{14}	21 277	254.4	2.6
	530	5.66×10^{14}	18 868	225.5	2.3
	580	5.17×10^{14}	17 241	206.3	2.1
	620	4.84×10^{14}	16 129	192.9	2.0
	700	4.28×10^{14}	14 286	170.9	1.8
红外	1 000	3.00×10^{14}	10 000	119.7	1.2
	10 000	3.00×10^{13}	1 000	12.0	0.1

3. 光催化反应机理

半导体材料自身的光电特性决定了它可以作为催化剂。由于半导体粒子具有能带结构,一般是由一个充满电子的价带(VB,低能量)和一个空的导带(CB,高能量)构成,它们之间为禁带。当半导体受到能量等于或大于禁带宽度的光照射时,其价带上的电子(e^-)受激发,穿过禁带进入导带,同时在价带上产生相应的空穴(h^+)。由于半导体粒子的能带间缺少连续区域,因而与金属相比较,半导体的电子 - 空穴对的复合时间相对较长。半导体受光激发后产生的电子 - 空穴对,在能量的作用下分离并迁移到粒子表面的不同位置,与吸附在 TiO_2 表面的物质发生氧化和还原反应。TiO_2 产生的光生空穴的还原电位为 3.0 eV,与标准氢电极相比,极易与水和表面羟基发生反应生成·OH 自由基,其还原电位约为 2.7 eV。由于光生空穴和·OH 自由基有很强的氧化能力,可夺取吸附在 TiO_2 颗粒表面有机物的电子,从而使有机物得以氧化分解。光生电子具有强还原性,可与溶解在水中的氧发生反应,生成 O^{2-},O^{2-} 再与 H^+ 发生一系列反应,最终生成·OH 自由基。基本过程如下:

(1)光激发产生电子 - 空穴对: $TiO_2 + h\nu \rightarrow h^+ + e^-$。

(2)电子 - 半空穴对的复合: $h^+ + e^- \rightarrow$ 热量。

（3）由 h^+ 产生·OH：　　　　　　$h^+ + OH^- \rightarrow \cdot OH$；

　　　　　　　　　　　　　　　　$h^+ + H_2O \rightarrow \cdot OH + H^+$。

（4）由 e^- 产生·OH：　　　　　　$e^- + O_2 \rightarrow O_2^-$；

　　　　　　　　　　　　　　　　$O_2^- + H^+ \rightarrow HO_2 \cdot$；

　　　　　　　　　　　　　　　　$2HO_2 \cdot \rightarrow O_2 + H_2O_2$；

　　　$H_2O_2 + O_2^- \rightarrow OH + OH^- + O_2 \rightarrow H_2O_2 + O_2^- \rightarrow \cdot OH + OH^- + O_2$；

　　　　　　　　　　　　　　　　$H_2O_2 + h\nu \rightarrow 2 \cdot OH$。

　　光生电子和空穴在迁移过程中有可能发生复合,电子 – 空穴对的复合速率是衡量光催化剂性能的一个指标。TiO_2 在光催化氧化反应中,水分子经一系列变化后生成羟基自基·OH,·OH 具有强氧化性,是水中存在的氧化剂中反应活性最强的,它几乎可以氧化所有的有机物。光生电子的捕获剂主要是溶解于水中且吸附于 TiO_2 表面的氧,氧的存在不仅可以作为电子的受体,抑制电子和空穴的复合,也可作为氧化剂,氧化已羟基化的反应产物,是表面羟基的另一个来源。另外,迁移到 TiO_2 表面的 e^- 活性很高,具有很强的还原能力,可以还原水中的金属离子。

4. 提高 TiO_2 光催化能力的途径

　　光催化体系均以高压汞灯、黑光灯、紫外线杀菌灯等为光源,能量消耗很大,因而必须提高 TiO_2 催化效率,缩短反应所需时间和使其吸收波长移向可见光区。从光催化机理看,TiO_2 的氧化性主要靠光生空穴的氧化作用,但 h^+ 很容易与 e^- 复合,降低了光能利用率。只有减少 h^+ 和 e^- 复合概率,才能有效地发挥光生空穴的氧化作用。因此,需要体系中存在充足的电子捕获剂来接受电子,使得电子不会大量停留积累在 TiO_2 微粒表面,抑制 h^+ 和 e^- 的复合,从而提高空穴的氧化分解效率。目前提高光催化效率的方法主要有半导体复合、贵金属修饰、过渡金属掺杂、稀土元素掺杂、表面光敏化等。

　　（1）半导体复合。

　　半导体复合是有效提高 TiO_2 的光催化性能的一种方法。复合半导体就是利用两种甚至多种半导体组分性质差异的互补性,提高催化剂的活性。对于这种现象主要有两种解释：

　　① 两种不同性能的半导体复合后,导带和价带的差异,使光生电子聚集在一种半导体的导带上,而空穴聚集在另一种半导体的价带上,抑制光生电子 – 空穴对的复合,大大提高光解效率。

　　②复合半导体的表面酸性比单一 TiO_2 的有所增强,酸性增强导致 TiO_2 的光催化性能提高。半导体复合中以 SnO_2 和 TiO_2 复合较为常见。

　　（2）贵金属修饰。

　　在贵金属修饰中,最常见的是 Pt 和 Ag。一般认为,贵金属有富集电子的作用,能够分离光生电子和空穴,抑制电子空穴对的复合。另外,在净化有毒气体时,Pt 的存在可以促进有毒中间体的移去,抑制反应过程中的有毒中间体吸附在催化剂的表面,从而使催化剂钝化。

（3）过渡金属掺杂。

过渡金属掺杂有第一系列过渡金属，第二系列过渡金属和第二、六副族金属离子。研究发现，第二过渡系列金属离子修饰 TiO_2 膜的催化活性要优于第一过渡系列金属离子修饰 TiO_2 膜。原因可能是第二过渡系列金属离子的电荷与离子半径的比值都大于第一过渡系列金属离子的电荷与离子半径的比值。

（4）表面光敏化。

有机染料对 TiO_2 的光敏化是延伸激发波长的一个重要手段，将光活性化合物物理吸附或化学吸附于 TiO_2 表面，利用有机染料在可见光区有较好的吸收这一特点来拓展光激发响应范围，增加光催化反应的效率。常见的光敏化剂有 Erythrosin B、Thionine、Eosine、酞菁、叶绿酸、蒽 – 9 – 甲酸、紫菜碱和玫瑰红等，这些物质在可见光下就具有较大的激发因子，只要活性物质激发态的电势比半导体导带电势更负，就有可能使激发态电子注入半导体材料的导带，从而扩大半导体受激发的波长范围，使更多的太阳能得到利用。

5. 光催化技术的应用

在过去的 30 年中，来自化学、物理、材料等领域的学者在光催化领域中进行大量的研究工作，探索氧化过程的原理，致力于提高光催化剂活性及催化效率，多相光催化已逐渐形成了两个主要研究方向：太阳能转化光催化和环境光催化。

太阳能转化光催化是在光催化研究的早期发展起来的，以新能源（太阳能）的开发和储能（光解水）为主要目标，以利用太阳能光解水制氢为主要途径的新技术。该技术具有利用高热值、可再生、无污染的氢能源代替日益减少、不可再生、具有污染的石油能源的潜能，是解决能源危机的很好办法。但是，该技术至今还没有取得实用性的研究成果，这也使得光催化技术在太阳能的应用研究转入低潮。

多相光催化应用于环境治理领域是从 20 世纪 70 年代开始的，以 TiO_2、ZnO、CdS、Fe_2O_3、WO_3 等为催化剂对金属离子、其他无机物和有机物进行光催化降解，最终将其降解为无毒的小分子物质、CO_2 和 H_2O。特别是能对污水中难降解的三氯乙烯、二氯甲烷等卤化有机物和活性黄 X6G、活性红 X3B、活性蓝 XBR 等燃料进行光致矿化，使人们意识到多相光催化技术在环境净化方面具有巨大的潜力，是现今光催化氧化技术研究的热点。

目前，多相光催化已经在许多方面得到了具体的实际应用或实现了产业化，如光催化空气净化器、光催化自洁玻璃、光催化自洁陶瓷、光催化环保涂料、光催化保鲜抗菌防霉塑料薄膜、光催化固体废弃物的自降解、光催化污水处理、光催化废气处理、光催化消毒剂等。例如，用微等离子体氧化法在钛原位生长 TiO_2/Ti 薄膜作为光催化剂，在紫外光灯照射下对罗丹明 B 进行降解，罗丹明 B 浓度变化和吸光值变化如图9.8 和图9.9 所示。从图中可看出，无光照时，TiO_2 膜对罗丹明 B 有一定的吸附作用，在45 min 时，对罗丹明 B 的最大吸附达10%，随着时间的延长，发生缓慢脱附。当没有 TiO_2 膜时，罗丹明 B 在紫外光灯照条件下能够发生缓慢降解，150 min 降解50%，而光照下微等离子体氧化所得 TiO_2 膜对罗丹明 B 的降解起催化作用，90 min 降解98%。

因此，光催化在环境和能源等众多领域具有广阔的前景，是今后的研究重点。一方面拓宽可利用的有效光区（特别是到可见光区），提高光催化过程效率；另一方面研发新型的高效多功能光催化剂，进一步拓宽光催化剂的应用领域，除了继续发展在环境污染治理方面的应用外,还要加强在洁净能源方面的应用。

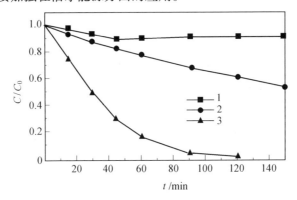

图9.8　不同条件下罗丹明 B 的降解

1—TiO$_2$ 膜,无光照;2—钛板,紫外光照;3—TiO$_2$ 膜,紫外光照

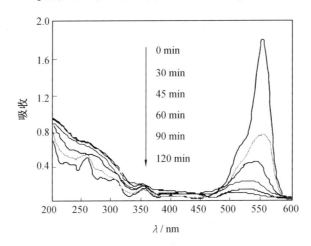

图9.9　罗丹明 B 在光催化降解过程中吸收光谱的变化

第10章　低维材料制备技术及应用

10.1　纳米材料制备技术及应用

近年来,纳米级超微粉、纤维(晶须)增强材料、各类多孔体功能材料是材料制备的热点。在新材料的制备中,可以进行分子设计和剪裁,可以设计新的反应步骤,可以在极端条件下进行反应,如在超高压、超高温、强辐射、冲击波、超高真空、无重力等环境中进行反应,合成常规条件下无法合成的新化合物。材料制备也可以在温和条件下进行化学反应,以控制反应的过程、路径和机制,一步步地设计中间产物和最终产物的组成和结构,剪裁其物理和化学性质,可以形成介稳态、非平衡态结构,形成低熵、低焓、低维、低对称性材料,可以复合不同类型、不同组成的材料(有机物 – 无机物、金属 – 陶瓷、无机物 – 生物体等),如溶液 – 溶胶 – 凝胶反应、插层反应、前驱体法、水热合成反应、局部化学反应、离子交换反应、助溶剂反应等。这里仅就高比表面积材料的制备进行典型介绍。

说起"纳米"大家并不陌生,纳米是什么呢? 纳米(nanometer)其实是一个长度单位,通常简写为 nm。$1\ nm = 10^{-3}\ \mu m = 10^{-9}\ m$。在原子物理中还经常使用埃作单位($Å$),$1\ Å = 10^{-10}\ m$,所以 $1\ nm = 10\ Å$。氢原子的直径为 $1\ Å$,所以 $1\ nm$ 等于 10 个氢原子一个挨一个排起来的长度,而人的一根头发丝的直径相当于 6 万纳米。由此可知,纳米是一个极小的尺寸,但它却代表人们认识上的一个新的层次,从微米进入纳米。

1959 年 12 月 29 日,一位被认为是继爱因斯坦之后最伟大的科学家之一,美国的理论物理学家理查德·费曼(当时在美国加州理工大学任教授)提出了一个新的想法。从石器时代开始,人类从磨尖箭头到光刻芯片的所有技术,都与一次性地削去或者融合数以亿计的原子以便把物质做成有用的形态有关。费曼设想,能不能从另外一个角度出发,从单个的分子甚至原子开始进行组装,以达到要求呢? 他认为物理学的规律不排除一个原子一个原子地制造物品的可能性。经过潜心研究,他在当年的美国物理学会年会上,进行了题为《物质底层有大量空间》的演讲,预言未来的人类有可能将单个原子作为建筑构件,在最底层空间制造任何东西。这位美国著名物理学家理查德·费曼首次提出了纳米技术的基本概念,也就是按人的意志安排一个个原子。而且,他当时预言按这种方式得到的材料将具有异乎寻常的特性。遗憾的是,当时并没有引起其他科学家的注意,与所有的天才假想一样,费曼所提出的纳米起初也不被人们所接受,甚至认为他是一派胡言。爱因斯坦的最为知名的狭义相对论,很多年来一直被看作是"象牙塔"假说而无实际意义,后来才被慢慢接受。

从费曼提出纳米技术的概念,到 20 世纪 70 年代中期,名不见经传的美国梦想家——埃里克·德雷克斯勒成了纳米技术真正的倡导者。他想,为什么不能用原子建造超小型机器呢,也就是纳米机器人,这样就可以给人们带来难以想象的财富。例如,可以在人的血管里游弋并修复细胞等。尽管当时多数主流科学家还认为这是天方夜谭,但是控制单个原子的朴素想法使一些研究人员开始了他们的工作。美国国家航空航天局从那以后就开始了探索一项与以往不同的新领域,即纳术技术。简单地说,纳米技术是一门用单个原子和分子建造事物的科学,这项技术希望实现的最终目标是微型化。曾经被人们认为只是一个幻想的纳米技术从此后成为研究重点,不仅仅在美国国家航空航天局,而且在美国的斯坦福大学和哈佛大学,以及德国的著名大学都设立了纳米技术研究所。日本发起投资 2 亿美元,开始长达 30 年的纳米技术研究行动。5 年之后,发明了扫描隧道显微镜,这不仅以空前的分辨率为人们揭示出"可见"的原子、分子毫微观世界,同时也给操作原子提供了有力工具,从而为人类进入纳米世界打开了一扇更加宽广的大门。

1989 年,纳米技术更获得了重大突破。美国国际商用机器公司的科学家们利用扫描隧道显微镜和类似小镊子的工具移动 35 个氙原子,最后把它们拼成了这个公司著名的由 3 个字母构成的商标 IBM,而 3 个字母加起来,还没有 3 nm 长。随后不久,日本科学家用 48 个铁原子排列了汉字"原子"二字,汉字的大小只有几纳米。费曼"按人的意志安排一个个原子"的愿望终于实现了。科技的迅猛发展很快证明了费曼是正确的,从此科学界兴起了一股纳米技术热浪,纳米材料亦成为当今材料科学研究中的热点之一。

实际上,用"纳米"来命名的材料是在20世纪80年代,纳米材料通常指的是由颗粒尺寸为1 ~ 100 nm 的粒子组成,并且出现纳米效应的新型材料。

在纳米材料发展初期,纳米材料是指纳米颗粒和由它们构成的纳米薄膜和固体。现在,广义的纳米材料是指在三维空间中至少有一维处于纳米尺度范围或由它们作为基本结构单元构成的材料。如果按维数,纳米材料大致可分为 4 类:① 零维的纳米粉末,指空间三维尺度均在纳米尺度,如纳米颗粒、原子团簇等;② 一维的纳米纤维(管),指在三维空间中有二维处于纳米尺度,如纳米丝、纳米棒、纳米管等;③ 二维的纳米薄膜,指在三维空间中有一维在纳米尺度,如多层膜等;④ 三维的纳米块体等。

10.1.1 纳米材料物理制备方法

1.蒸发冷凝法

蒸发冷凝法是目前纳米制备常用的物理方法之一。该法是在一个装有加热器和冷却棒的超真空密封室内充入低压惰性气体氦或氩,将初始材料置入坩埚内,由加热器升温加热,令其蒸发,蒸发后的初始材料原子与惰性气体原子相互碰撞并沉积在 77 K 的冷阱上,从而形成粒度为几纳米的松散粉末。当系统的压力重新抽到高真空时将粉末收集在专门的装置中,再施加5 ~ 10 MPa 的压力将其压成纳米晶体材料。材料的密度可达到其理论密度的80% ~90% ,Fe、Cu、Au、Pd 等纳米晶体、材料的平均粒度为5 ~ 10 nm。如果同时蒸发数种初始材料,则可制得复合纳米固体。该方法的优点是可直接得到纳米固体材料,缺点是装备庞大而且昂贵,而且不适于制备高熔点的物质,另外粒径分布范围较宽。

2.机械研磨法

该法是在无外部热能供给的情况下,通过高能球磨过程制备纳米粉体,操作简单,成本低,但由于球的磨损易在粉体中引入杂质,而且物体粒径分布不均匀。

1988 年日本首先报道利用高能球磨法制备 Al – Fe 纳米的晶体材料。高能球磨法可以较容易地使具有体心立方结构和密集六方结构纯金属形成纳米晶体结构。但是，对具有面心立方结构的金属，由于存在较多的滑移面，其应力通过大量滑移带的形成而释放，晶粒不易破碎形成纳米级晶体。一般认为，一些高熔点的金属间化合物要制备成纳米材料较困难，但高能球磨法已在 Fe – B、Ti – Si、Ti – B、Ni – Si、V – C、W – C、Si – C、Pd – Si、Ni – Mo、Nb – Al、Ni – Zr 等十多种合金系中制备了不同晶粒粒度的纳米是金属间化合物。用高能球磨法还可以较容易地得到一些高熔点和不互溶体系的亚稳相，如室温下几乎不互溶的 Ag – Cu、Al – Fe、Fe – Cu 等二元体系，以及即使液态也不互溶的 Cu – Ta、Cu – W 等二元体系都可用高能球磨法得到纳米结构固溶体。

人们早已认识到，材料的宏观性能取决于材料的微观结构和制备工艺，原料超细化（含纳米级细度）必将导致陶瓷致密度的提高，减少气孔率，增加烧结驱动力，降低烧结温度。而且粒度均匀的纳米粉体还会改善陶瓷的显微结构，解决陶瓷材料重现性差的问题。为此高纯超细的陶瓷粉体的研制和开发成为当今国内外学者研究的热点。

纳米化学研究的范围，在尺度上是分子以上到微米尺度以下（一般在 1 ~ 100 nm），但不拘泥于尺度上的分界而着眼于小尺寸所引起物质的变异行为。纳米物质的合成是纳米化学首先面临的问题。目前，制备纳米微粒的方法可分为物理方法、化学方法和综合方法三大类。物理方法主要包括蒸发冷凝法、离子溅射法、机械研磨法、低温等离子体法、氢脆法、电火花法和爆炸法等；化学方法主要包括水热法、水解法、熔融法（也有人认为溶胶 – 凝胶法同属此类）等；综合方法主要包括激光诱导化学沉淀法、等离子加强化学沉淀法等。现在看来要想合成超细的纳米级粉料可以找到合适的方法，但要得到少团聚或没有团聚的纳米粉料就不是容易的了。

10.1.2　纳米材料液相化学合成方法

液相化学合成方法是目前实验室和工业上应用最为广泛的合成纳米粒子的方法，与其他方法相比，液相化学合成方法可以在反应过程中采用多种精确手段；而且，通过得到的超细沉淀物，可制备各种反应活性良好的纳米粉体。这种方法的优点主要有：① 容易精确控制粉体的化学组成；② 容易添加微量的有效成分，制成多种化学成分均匀的纳米粒子；③ 容易对粉末进行表面改性或处理，制备具有良好表面活性的纳米粒子；④ 容易控制粉末的形状和粒度；⑤ 设备简单，容易实现，生产成本低。

1. 沉淀法

沉淀法是液相化学合成金属氧化物纳米粉体最常用的方法之一。它是在原料溶液中加入适当的沉淀剂，使得原料溶液中的阳离子形成各种形式的沉淀物，沉淀颗粒的大小和形状可以由反应条件来控制，然后再经过滤、洗涤、干燥，有时还需要经过加热分解等工艺过程得到纳米陶瓷粉体的方法。沉淀法又可分为直接沉淀法、化学共沉淀法和均匀沉淀法。

（1）直接沉淀法。

这是使溶液中的某一种金属阳离子发生化学反应而形成沉淀物，其优点是可以制备高纯度的氧化物粉体，而且粉体均一性好，工艺条件简单，适合工业化大规模生产，反应压强小、温度低,反应条件易于控制,反应时间短,原料成本低,粉体无须煅烧。

例如,以四氯化钛和氯化钡为原料利用直接沉淀法合成钛酸钡粉体。首先将 $TiCl_4$ 水解得到清亮的氧氯化钛($TiOCl_2$)水溶液。将 $TiOCl_2$ 水溶液和 $BaCl_2$ 溶液按一定比例混合制成钡钛混合液,将钡钛混合液与 NaOH 溶液反应即可得到 $BaTiO_3$ 纳米粉体。主要的反应方程式为

$$TiCl_4 + H_2O \longrightarrow TiOCl_2 + 2HCl$$

$$TiOCl_2 + BaCl_2 + 4NaOH \longrightarrow BaTiO_3 + 4NaCl + 2H_2O$$

粉体形貌如图 10.1 所示,钛酸钡粉体为立方晶系,且为均匀球形,粒径分布为 50 ~ 80 nm,纯度为 99.85%。

（2）化学共沉淀法。

一般是把化学原料溶解以溶液状态混合形成离子,并向溶液中加入合适的沉淀剂,使溶液中已经混合均匀的各个组分按预定化学计量比共同沉淀出来,或者在溶

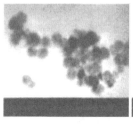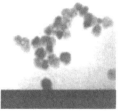

图 10.1　$BaTiO_3$ 的透射电镜照片（× 10^6）

液中先反应沉淀出一种中间产物,再把它煅烧分解得到最终所需成分的粉体。由于反应是在液相中均匀进行的,因此可以获得在微观线度中按化学计量比混合的产物。化学共沉淀法是制备含有两种或两种以上金属元素的复合氧化物粉体的重要方法。采用化学共沉淀法制备粉体的方法很多,比较成熟的有草酸盐法和铵盐法。

草酸盐法是以草酸溶液作为沉淀剂,制得含有所需金属阳离子的复盐沉淀产物。以草酸一步共沉淀法合成 $BaTiO_3$ 为例,说明其基本反应原理。首先在溶液中合成前驱体 $BaTiO(C_2O_4)_2 \cdot 4H_2O$,主要的反应方程式为

$$TiCl_4 + BaCl_2 + 2H_2C_2O_4 + 5H_2O \rightarrow BaTiO(C_2O_4)_2 \cdot 4H_2O + 6HCl$$

然后对沉淀产物 $BaTiO(C_2O_4)_2 \cdot 4H_2O$ 进行热处理进而获得 $BaTiO_3$ 粉体,反应式为

$$BaTiO(C_2O_4)_2 \cdot 4H_2O \xrightarrow{250\ ℃} BaTiO(C_2O_4)_2 + 4H_2O \uparrow$$

$$BaTiO(C_2O_4)_2 + \frac{1}{2}O_2 \xrightarrow{450\ ℃} BaCO_3(无定形) + TiO_2(无定形) + CO + 2CO_2$$

$$BaCO_3(无定形) \xrightarrow{450\ ℃} BaCO_3(新多型) \xrightarrow{750\ ℃} BaCO_3(斜方晶)$$

$$BaCO_3(无定形、新多型、斜方晶) + TiO_2 \xrightarrow{750\ ℃} BaTiO_3 + CO_2 \uparrow$$

草酸盐共沉淀法的主要优点是:产物中金属阳离子组成明确可靠;易于提纯;适合制成含两种以上金属的复盐产物,并且可以在不是很高的温度下分解沉淀物。主要缺点是:水中溶解度不大;成本比铵盐法高;碳易进入分解产物中形成非氧化气氛而使粉料呈灰色;高温烧结成瓷时碳燃烧易产生气孔。

铵盐法是采用氨水、碳酸氢铵或碳酸铵作为沉淀剂,使原料溶液中的金属离子以碳酸盐或氢氧化物的形式沉淀出来。例如,用铵盐法制备 $(Ba_{0.9}Pb_{0.1})TiO_3$ 粉体,采用氨水和 $(NH_4)_2CO_3$ 分步沉淀的方法。

首先把 $NH_3 \cdot H_2O$ 与 $TiCl_4$ 溶液进行反应,定量沉淀出 $Ti(OH)_4$,主要的反应方程式为

$$TiCl_4 + 4NH_3 \cdot H_2O \longrightarrow Ti(OH)_4 \downarrow + 4NH_4Cl$$

然后加入$(NH_4)_2CO_3$溶液,滴加$Pb(NO_3)_2$与$BaCl_2$的混合液,生成$BaCl_2$和$PbCO_3$吸附于$Ti(OH)_4$的表面上,使它与$Ti(OH)_4$形成吸附共沉淀产物,主要的反应为

$$(NH_4)_2CO_3 + 0.1Pb(NO_3)_2 + 0.9BaCl_2 \longrightarrow$$

$$0.9BaCO_3 + 0.1PbCO_3 + 2NH_4^+ + 1.8Cl^- + 0.2NO_3^-$$

总反应式为

$$4NH_4OH + (NH_4)_2CO_3 + 0.9BaCl_2 + 0.1Pb(NO_3)_2 + TiCl_4 \longrightarrow$$

$$[Ti(OH)_4 \cdot 0.9BaCO_3 \cdot 0.1PbCO_3]_{吸附共沉} + 5.8NH_4Cl + 0.2NH_4NO_3$$

将混合沉淀物进行洗涤、分离、干燥和煅烧,最后获得纳米粉料$Ba_{0.9}Pb_{0.1}TiO_3$,反应方程式如下

$$0.1PbCO_3 + 0.9BaCO_3 + Ti(OH)_4 \xrightarrow{加热} Ba_{0.9}Pb_{0.1}TiO_3 + CO_2\uparrow + 2H_2O\uparrow$$

制备流程如图10.2所示。

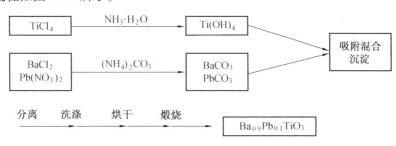

图 10.2　$(Ba_{0.9}Pb_{0.1})TiO_3$ 超细粉体制备流程

铵盐法的主要优点是粉体纯度较高、粒度细小、组分均匀、化学活性好、工艺简单、能耗低、成本比草酸盐法低;缺点主要是颗粒较硬、产品发黄、质量不稳定、操作技术要求苛刻。

目前,共沉淀法已被广泛用于制备钙钛矿型材料、尖晶石型材料的粉体。共沉淀法的优点是生产复合氧化物粉体的纯度较高,组分均匀,是固相混合加球磨粉碎方法难以达到的;其缺点是沉淀剂有可能作为杂质混入粉体当中,而且凝胶状的沉淀很难水洗和过滤,水洗时一部分沉淀物还可能再溶解,降低产率等。

（3）均匀沉淀法。

在沉淀法中,为了避免直接添加沉淀剂产生的局部浓度不均匀,可在溶液中加入某种物质,加入溶液中的沉淀剂不会立即与沉淀组分发生反应,而是通过化学反应在整个溶液中均匀地释放,缓慢均匀地生成沉淀剂,而内部生成的沉淀剂又会立即被消耗掉,所以沉淀剂的浓度可始终保持在很低的状态,因此沉淀产物的纯度高,这就是均匀沉淀法。其代表性的试剂是尿素,它的水溶液在 70 ℃ 左右会发生如下的水解反应

$$CO(NH_2)_2 + 3H_2O \longrightarrow 2NH_4OH + CO_2$$

生成的水解产物NH_4OH会起到沉淀剂的作用,在溶液中进一步可得到金属氢氧化物或盐沉淀。如进一步与$ZrOCl_2$发生水解反应,形成氢氧化锆

$$ZrOCl_2 + 2NH_4OH + H_2O \longrightarrow Zr(OH)_4\downarrow + 2NH_4Cl$$

热处理后即可得到氧化锆纳米粉。

与其他沉淀法比,均匀沉淀法的优点是:由于沉淀离子在溶液中比较均匀,故沉淀物的颗粒比较均匀、致密,而且可以避免其他杂质沉淀的形成。工艺也比较简单,关键是要选择合适的沉淀剂以及有效控制沉淀剂的释放过程。

2. 溶胶 – 凝胶法

溶胶 – 凝胶(sol – gel)法在纳米合成上是目前最普遍采用的方法,虽然早在19世纪就有人采用溶胶 – 凝胶法制备无机化合物,但它成为制备纳米材料的手段还是近几十年的事。特别是1989年以来多次召开的"从溶胶制备玻璃和陶瓷"专题国际讨论会,以及近几届美国陶瓷学会年会、材料研究会季度会议专题的讨论,都推动了溶胶 – 凝胶法的深入发展。

溶胶 – 凝胶技术是指金属的有机或无机化合物在液体介质中分散经过溶液、形成胶体溶胶,而后液体溶胶转变为具有一定空间结构的凝胶而固化,再经过适当热处理或减压干燥制备出相应的粉末、薄膜和固体材料的方法,即在温和条件下,将金属醇盐等原料经水解、缩聚等化学反应,由溶胶转变为凝胶,然后在比较低的温度下烧结成无机材料。由于应用这种方法制备玻璃、玻璃陶瓷所需温度比传统的高温熔化法低得多,故又被称为低温合成法。其过程是:用液体化学试剂(或粉状试剂溶于溶剂)或溶胶为原料,而不是用传统的粉状物为反应物,在液相中均匀混合并进行反应生成由 1 ~ 100 nm 的胶体颗粒构成的稳定且无沉淀的溶胶体系,放置一段时间后转变为凝胶,经脱水处理,在溶胶或凝胶状态下成型为制品,再在略低于传统的温度下烧结。具体过程如图10.3所示。

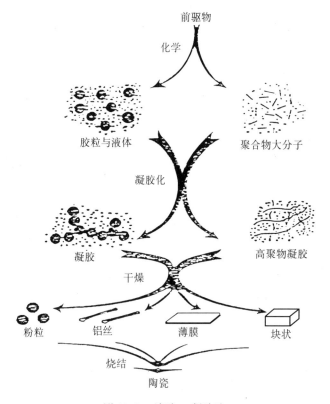

图 10.3 溶胶 – 凝胶法

在学术和实用方面,溶胶 – 凝胶法越来越受到人们的关注。由于溶胶 – 凝胶技术在控制产品的成分及均匀性方面具有独特的优越性,因此可以将各种金属离子均匀地分布在溶胶中。利用溶胶 – 凝胶法分散均匀的特点,可以对材料进行掺杂改性。例如,

$PbTiO_3$ 陶瓷被认为是一种用途广泛的电子陶瓷材料,它作为一种压电和铁电材料具有良好的高温高频压电性,同时还是一种极有前途的热释电材料,可制成传感器、滤波器、换能器等器件,用于电子、航天等领域。但是,由于 $PbTiO_3$ 陶瓷内在的结构原因,导致 $PbTiO_3$ 陶瓷在烧结过程中的降温阶段易出现微裂(自身粉化),阻碍了 $PbTiO_3$ 陶瓷的应用。图 10.4 是掺杂改性 $PbTiO_3$ 陶瓷的具体工艺过程。

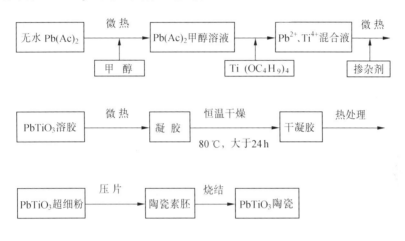

图 10.4　$PbTiO_3$ 陶瓷制备工艺过程

以采用此法制备 $BaTi_4O_9$ 纳米粉体为例,说明制备溶胶的工艺条件对粉体性质的影响。工艺过程:选用酞酸四丁酯 $[Ti(OC_4H_9)_4]$ 作为 TiO_2 的前驱体,乙二醇甲醚作为溶剂,冰醋酸为催化剂和螯合剂,醋酸钡作为钡离子的提供源。采用浓硝酸溶解氧化镨制备镨掺杂剂,浓度为 0.1 mol/L[用 Pr(aq) 表示]。将钛酸四丁酯溶于乙二醇甲醚中,加入适量冰醋酸,混合均匀后不断加入醋酸钡水溶液和硝酸镨溶液,调节 pH 得到淡黄色透明溶液,搅拌得到透明溶胶,进一步得到凝胶,干燥后经 1 200 ℃ 热处理,研细即为掺镨 $BaTi_4O_9$ 的纳米粉。

这里的乙二醇甲醚作为溶剂起着溶解、分散 $Ti(OC_4H_9)_4$ 的作用,可以减小 $Ti(OC_4H_9)_4$ 的黏度,使之分散均匀,易于形成网络状结构。由于溶剂与溶质分子之间的相互作用,造成醇盐水解活性的变化,所以同一醇盐如果选用的溶剂不同,其水解速率和凝胶时间都会随之变化。溶剂的种类会对胶体的质量产生影响,见表 10.1。由表 10.1 可知,采用这四种溶剂都可以形成溶胶。用乙二醇作溶剂,成胶时间快,但干燥时间长;而用正丁醇、乙醇作溶剂,胶体状态不稳定,容易出现浑浊;用乙二醇甲醚作溶剂,成胶时间和干燥时间较短,胶体质量好,体系稳定,易于稀土元素的掺入。

表 10.1　溶剂对胶体质量的影响

溶剂	成胶时间 /h	干燥时间 /h	凝胶状态
乙二醇	12	120	透明
正丁醇	13	120	半透明
乙醇	108	3	浑浊
乙二醇甲醚	36	5	透明

掺杂离子的含量亦会对胶体的质量产生影响,结果见表10.2。掺错量[按Pr离子与 $Ba(CH_3COO)_2$ 的摩尔比]越大,成胶时间越长,体系越不稳定,越易出现浑浊,胶体质量越差。

表10.2 不同掺错量对胶体质量的影响

掺错量/%	成胶时间/d	溶胶状态	凝胶状态
0	3	透明	透明
1	4	透明	透明
3	5	透明	透明
5	8	透明	透明
8	12	半透明	半透明

在溶胶 – 凝胶法中水既是溶解原料的溶剂,又是水解过程的催化剂。因此,加水量(即水与醇盐的摩尔比,用 R 表示)是醇盐水解速度和无机盐 $Ba(CH_3COO)_2$ 溶解程度的重要参量。从表10.3可知,当加水量 $R > 60\%$ 时,凝胶变得不透明,这是因为 R 较高时,可促进以下的水解反应

$$Ti(OC_4H_9)_{4-x}Ac_x + (4-x)H_2O \rightarrow Ti(OH)_{4-x}Ac_x + (4-x)HOC_4H_9$$

如果该反应产生的大量水解产物发生直接聚合,来不及形成均一的溶胶,则凝胶的透明性差,甚至在聚合反应特别快时,会直接形成不透明的凝胶。如果加水量过少($R < 30\%$),水解反应进行得很慢,产生线状轻度交联聚合物结构,导致成胶时间延长。这里,R 在 $30\% \sim 50\%$ 可得到澄清透明的溶胶和凝胶。$R = 40\%$ 时,水解和聚合反应速度适宜,胶体清澈,成胶时间短。

表10.3 加水量对胶体质量的影响($BT_4 - Pr$)

$R/\%$	成胶时间/d	溶胶状态	凝胶状态
10	10	透明	透明
20	8	透明	透明
30	4	透明	透明
50	3	透明	透明
60	4	透明	略浑浊
70	5	透明	略浑浊
80	5	浑浊	浑浊

水合离子和氢氧化离子是溶胶 – 凝胶过程中发生水解缩聚反应所必需的,水解反应有以下平衡关系

$$[M-(OH_2)]^{z+} \Longleftrightarrow [M-(OH)]^{z-1} + H^+ \Longleftrightarrow [M-O]^{z-2} + 2H^+$$

水合离子　　　　　　　氢氧化离子　　　　　　氧化离子

pH 将影响以上的平衡,不同的 pH,成胶时间不同,胶体质量也不一样。pH 对胶体的影响见表 10.4。随 pH 增大,碱性增强,$[OH]^-$ 浓度变大,上述的水解平衡关系将因 OH^-、H^+ 中和而向右进行,水合离子和氢氧化离子浓度减小,水解缩聚反应得到抑制,从而延长了凝胶时间。pH 太小,缩聚反应在水解完全进行之前即已开始,反应生成的聚合物碰撞交联而形成沉聚物,溶胶不稳定。实验表明,当 pH 为 3.5 ~ 3.8 时溶胶和凝胶状态良好,成胶干燥时间适宜。

表 10.4　pH 对胶体质量的影响($BT_4 - Pr$)

pH	凝胶时间 /d	溶胶状态	凝胶状态
3.0	6	浑浊	浑浊
3.5	3	清澈透明	清澈透明
3.8	3	透明	透明
4.0	10	透明	透明
4.5	12	透明	透明

水解温度对成胶过程也有较大的影响,温度越高,成胶时间越短。但是温度过高,溶胶会变得浑浊,因为过高的温度易使凝胶中析出 TiO_2、BaO 沉淀,形成白色浑浊的胶体。温度过低,又有盐析现象出现,即有醋酸钡晶体析出,溶胶亦浑浊。从表 10.5 中看出,温度越高,成胶时间越短。这是因为一方面温度升高,加速了水解反应的进行,从而缩短了成胶时间;另一方面,温度升高,溶剂挥发,水解聚合的反应物浓度增加,产物亦增加,胶粒碰撞频繁,易于缩聚,成胶时间缩短,但也看出,温度过高,胶体不稳定,易产生浑浊、沉淀。成胶温度为 50 ℃ 时得到的凝胶均匀透明。

表 10.5　水解温度对胶体的影响($BT_4 - Pr$)

水解温度 /℃	成胶时间 /d	溶胶状态	凝胶状态
30	12	略浑浊	略浑浊
40	4	透明	透明
50	3	透明	透明
60	2	透明	略浑浊
70	1	浑浊	浑浊

用溶胶 – 凝胶法制备的经不同温度热处理的 $BaTi_4O_9$ 粉体物相组成如图 10.5 所示。720 ℃ 主晶相为 $BaTi_5O_{11}$;850 ℃ 主晶相变为 $BaTi_4O_9$,同时含有少量的 $BaTi_5O_{11}$ 晶相;1 000 ℃ 时 $BaTi_4O_9$ 晶相减少,主晶相变为 $Ba_4Ti_{13}O_{30}$;1 200 ℃,峰加强并尖锐,为纯相 $BaTi_4O_9$,由于掺错量较小,错离子并没有与 $BaTi_4O_9$ 形成第二相。图 10.6 为 1 200 ℃ 热处理 1 h 后所得 $BT_4 – Pr$ 粉末的 TEM 照片,图中粉体粒径在 30 nm 左右,因颗粒较小,有轻微团聚现象。

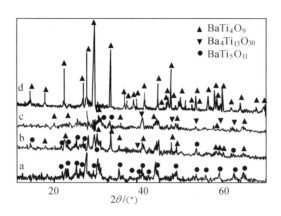

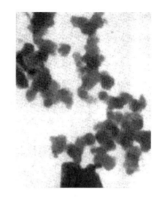

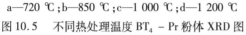

a—720 ℃;b—850 ℃;c—1 000 ℃;d—1 200 ℃

图 10.5 不同热处理温度 BT₄ – Pr 粉体 XRD 图

图 10.6 BT₄ – Pr 粉末的 TEM 照片

溶胶 – 凝胶法制备材料过程中,反应过程的机理比较复杂,尤其是无定形态的凝胶转变为晶态的超细粉过程中发生的结构和化学变化。对溶胶 – 凝胶法制备 BT₄ – Pr 粉体的过程进行分析,发现在凝胶形成过程中,主要发生的是 $Ti(O—C_4H_9)_4$ 的水解和缩聚反应

$Ti(O—C_4H_9)_4$ 水解反应

$$Ti(O—C_4H_9)_4 + H_2O \longrightarrow Ti(OH)(O—C_4H_9)_3 + C_4H_9OH$$

反应持续进行,直至生成 $Ti(OH)_4$

$$Ti(OH)(O—C_4H_9)_3 + 3H_2O \longrightarrow Ti(OH)_4 + 3C_4H_9OH$$

水解反应生成的单体 $Ti(OH)_x(O—C_4H_9)_y$ 发生缩聚反应

$$(C_4H_9—O)_3—Ti(OH) + (HO)Ti—(C_4H_9—O)_3 \longrightarrow —Ti—O—Ti— + H_2O$$
$$(C_4H_9—O)_3—Ti(OH) + (C_4H_9—O)_4—Ti \longrightarrow —Ti—O—Ti— + H_2O$$

除此之外,还会有一些副反应发生

$$Ti(O—C_4H_9)_4 + CH_3OCH_2CH_2OH \longrightarrow Ti(O—C_4H_9)_3OCH_2CH_2OCH_3 + C_4H_9OH$$
$$Ti(O—C_4H_9)_3OCH_2CH_2OCH_3 + CH_3COOH \longrightarrow$$
$$CH_3COOTi(O—C_4H_9)_2OCH_2CH_2OCH_3 + C_4H_9OH$$
$$CH_3COOH + CH_3OCH_2CH_2OH \longrightarrow CH_3COOCH_2CH_2OCH_3 + H_2O$$
$$Ba(OOCCH_3)_2 + CH_3OCH_2CH_2OH \longrightarrow CH_3OCH_2COBaOOCCH_3 + CH_3COOH$$
$$Ba(OOCCH_3)_2 + CH_3COOTi(O—C_4H_9)_2OCH_2CH_2OCH_3 \longrightarrow$$
$$(CH_3COO)2Ti(O—C_4H_9)OCH_2CH_2OCH_3 + C_4H_9OBa(OOCCH_3)$$
$$Ti(O—C_4H_9)_4 + CH_3COOCH_2CH_2OCH_3 \longrightarrow CH_3COOCH_2CH_2OCH_2Ti(O—C_4H_9)_3 +$$
$$C_4H_9OH$$

在凝胶制备过程中,上述反应均可能发生,反应生成物是各种尺寸和结构的溶胶粒子。随着溶剂的蒸发和缩聚反应的不断进行,胶体粒子逐渐聚集长大为小粒子簇,小粒子簇长大成大粒子簇,进一步相互连接成二维或三维网状结构,导致溶胶向凝胶逐渐转变,阳离子就分布在 Ti—O—Ti 形成的凝胶体中。由于没有进行热处理,体系中残留大部分有机物,因此为非晶态。

图 10.7(a) 是干凝胶的红外光谱。3 430 ~ 3 000 cm^{-1} 范围内的 ν_{OH} 的伸缩振动已很弱,说明体系中的水已基本蒸发,溶剂乙二醇甲醚也剩得很少。在 1 562 cm^{-1} 和 1 499 cm^{-1} 处有 2 个 —COO⁻ 基团的特征峰,这说明此干凝胶体系是离子化的 —COO⁻ 基团,尚存有 Ba(CH₃COO)₂ 和 CH₃COOH。479 cm^{-1} 低频处有一个尖锐的吸收峰,这是 Ba—O 键的特征吸收峰,推测 Ba(CH₃COO)₂ 的化学键并未被破坏,钡离子主要以羧酸盐和碳酸盐形式存在。1 715 cm^{-1} 和 1 026 cm^{-1} 是由于 ν_{CO} 的伸缩振动引起,表明少量有机物受热分解以 CO、CO_2 的形式析出。1 378 cm^{-1} 只出现了一个 C—O—Ti 特征峰,说明凝胶中钛酸四丁酯已大部分水解为 Ti(OH)₄。786 cm^{-1} 和 742 cm^{-1} 是 Ti—O—Ti 特征吸收,说明凝胶结构是无定型 TiO_2 构成的三维网络,Ba^{2+} 随机填充于网络中的空位之中。

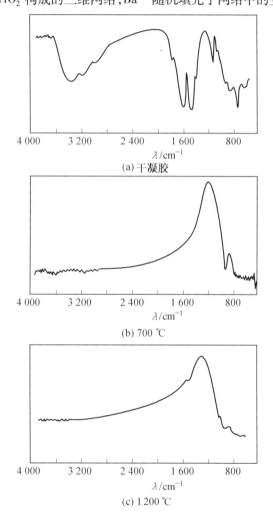

(a) 干凝胶

(b) 700 ℃

(c) 1 200 ℃

图 10.7 干凝胶及不同热处理温度粉末红外光谱

钛酸四丁酯已大部水解形成 Ti—O—Ti 三维网络,钡离子、乙二醇甲醚和醋酸根随着水解聚合的进行而均匀地分散于多聚物形成的空间网络结构中,在老化的过程中,过量的水和溶剂分子逐渐穿过网络结构而析出,钡离子和醋酸根离子由于较强的静电作用留在凝胶主体中,因此在 IR 图中有很强的离子键形式存在的醋酸根离子吸收峰。

图10.7(b)是干凝胶在700 ℃下煅烧后的红外光谱。OH基的吸收带已经消失,说明体系中的水已完全挥发掉。—O—CO—基在1 653 cm^{-1}的弱吸收峰和1 419 cm^{-1}处很弱的 COO—吸收带说明体系的有机溶剂已经基本挥发。845 cm^{-1}处的弱吸收峰对应 CO_3^{2-}基团伸缩振动的吸收,说明有少量$BaCO_3$非晶态物质。742 cm^{-1}是 Ti—O—Ti 特征吸收,550 cm^{-1}处出现了 Ba—O 基收缩振动吸收带。结合 XRD[见图10.7(a)]分析,700 ℃下生成的是 $BaTi_5O_{11}$。

Choy 等人报道了它们的反应

$$(Ba,Ti) \xrightarrow{370 \sim 600 \text{ ℃}} BaCO_3, CO_2, H_2O, (BaCO_3)_x(TiO_2)_y \xrightarrow{700 \text{ ℃}}$$
$$BaTi_5O_{11} + CO_2$$

图10.7(c)是干凝胶在1 200 ℃热处理后的红外光谱。700 ℃存在的各种杂峰(CO_3^{2-}、COO^-、$O-CO$)已经消失。只在908 cm^{-1}处出现较强 Ti—O 键的吸收峰,这不在 Ti—O—Ti 的特征吸收范围内(700 ~ 900 cm^{-1}),而是略有偏移,分析认为是由于稀土掺入后进入晶格引起 Ti—O 的不正常吸收。700 ~ 500 cm^{-1}处广泛吸收是 Ba—O 基收缩振动引起的,XRD 结果表明在1 200 ℃下生成纯相 $BaTi_4O_9$。

结合不同温度下的 XRD 结果,$BaTi_4O_9$ 粉末的生成过程主要为 $BaTi_5O_{11}$ 的分解过程。其反应方程式为

$$BaTi_5O_{11} \longrightarrow BaTi_4O_9 + TiO_2$$
$$4BaTi_5O_{11} \longrightarrow Ba_4Ti_{13}O_{30} + 7TiO_2$$
$$Ba_4Ti_{13}O_{30} + 3TiO_2 \longrightarrow 4BaTi_4O_9$$

综上所述,溶胶－凝胶法制备掺镨 $BaTi_4O_9$ 纳米粉体的机理是:首先,$Ti(OC_4H_9)_4$ 完全水解为 $Ti(OH)_4$,形成三维网络凝胶结构,钡离子和醋酸根离子在体系中主要以离子形式存在;热处理后,有机溶剂逐渐挥发,700 ℃时生成 $BaTi_5O_{11}$,随温度升高到850 ℃,$BaTi_5O_{11}$ 部分分解成 $BaTi_4O_9$,1 000 ℃又形成 $Ba_4Ti_{13}O_{30}$,1 200 ℃时 $BaTi_5O_{11}$ 和 $Ba_4Ti_{13}O_{30}$ 完全分解形成 $BaTi_4O_9$。

溶胶－凝胶法能制备均匀的、颗粒很细的粉料,大大降低了陶瓷的烧结温度和烧结时间,与传统的无机材料制备方法相比,具有明显的特点。首先,合成温度低,烧结温度比传统的固相反应法低200 ~ 500 ℃,对反应系统工艺条件的要求低,材料制备过程易于控制。其次,由于这种方法中的水解、缩聚等化学反应是在溶液中进行的,材料各组分相互混合,尤其是多组分制品,其均匀度可达到分子或原子的尺度,并且粉体化学组成精确,均匀性好,纯度高,平均晶粒容易达到纳米数量级。因此,用溶胶－凝胶法制备纳米粉体具有纯度高、粒径小且粒径分布窄、分散均匀(掺杂物质可达到分子、原子级水平分散)、温度低等优点,但该方法也存在制备周期长、产量小、热处理时易团聚、不易工业化、环境污染(原料多为有机物,有些对健康有害)的缺点。

3.高分子网络凝胶法

高分子网络凝胶法是粉体制备的新方法,它对原料的要求很简单,无机盐水溶液即可。由于网络凝胶法最后所得的网络凝胶的阻碍作用使离子在溶液中的移动受到限制,

在以后的干燥和烧结过程中,离子接触和聚集的机会减少,有利于形成粒径尺寸小、团聚少的粉体材料。

这种方法主要利用丙烯酰胺,与交联剂 N,N′-亚甲基双丙烯酰胺,2 个活化双键的双功能团效应,在催化剂的作用下两者聚合成含有酰氨基侧链的脂肪族长链。相邻的两个链通过亚甲基桥交联起来就形成三维网状结构的聚丙烯酰胺凝胶。这是一种人工合成的凝胶,通过调节控制单体浓度或单体和交联剂的比例,形成不同程度的交联结构,容易得到孔径大小范围广的凝胶,实验重复性很高。凝胶的形成使各种离子在溶液中的移动受到限制,在后续的干燥和煅烧过程中,粒子接触机会减少,有利于粉体分散,降低团聚程度。重要的是有利于将各种所需离子均匀地添加到溶液中,制备出组成复杂的粉体。

丙烯酰胺

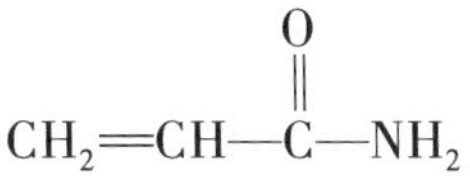

$$CH_2\!\!=\!\!CH\!-\!\underset{\overset{\|}{O}}{C}\!-\!NH_2$$

N,N′-亚甲基双丙烯酰胺

$$CH_2\!\!=\!\!CH\!-\!\underset{\overset{\|}{O}}{C}\!-\!NH\!-\!CH_2\!-\!NH\!-\!\underset{\overset{\|}{O}}{C}\!-\!CH\!\!=\!\!CH_2$$

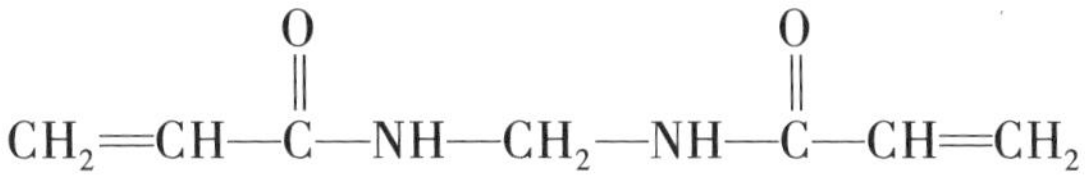

聚丙烯酰胺

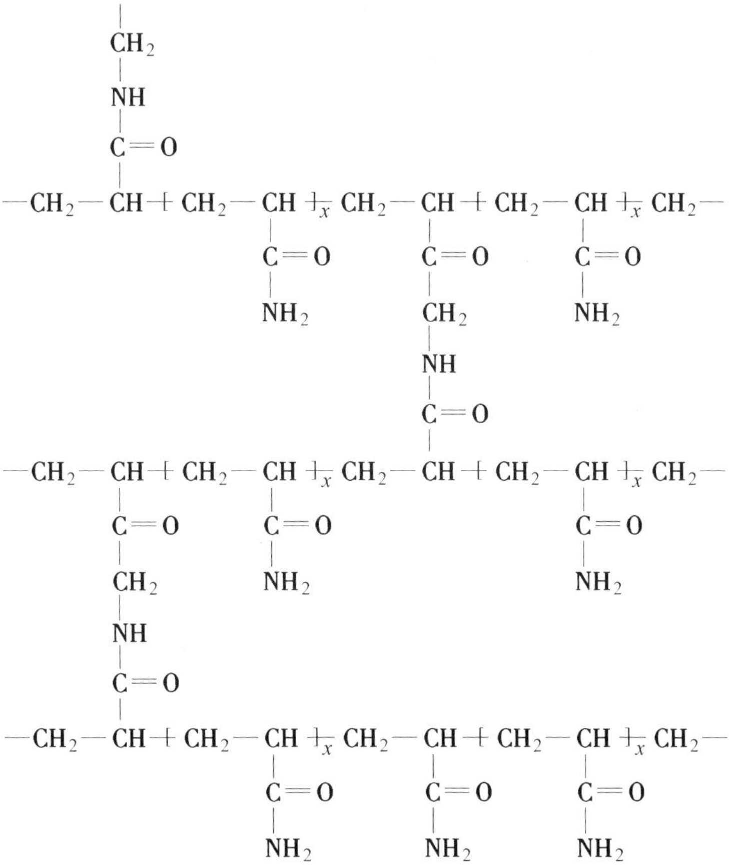

以高分子网络凝胶法合成羟基磷灰石(HA)粉体为例,简单介绍其合成过程,以及工艺参数对粉体性质的影响。具体合成路线如图 10.8 所示。

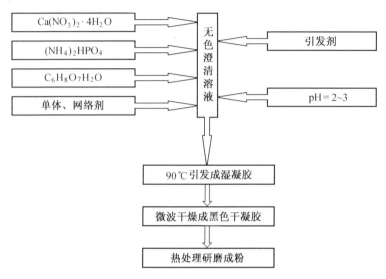

图 10.8 高分子网络凝胶法合成羟基磷灰石粉体制备流程

高分子网络凝胶法合成羟基磷灰石粉体的过程中,磷酸根在溶液中的水解与溶液的 pH 有关。pH 不同,其水解程度不同,产物不同。因此,pH 是影响粉体合成的一个重要因素。在实验中需要对溶胶的 pH 进行控制,在羟基磷灰石的合成过程中,将溶胶体系的 pH 控制在 2 ~ 3 时,溶胶清澈透明,没有混浊现象产生。

采用高分子网络凝胶法,加入引发剂偶氮二异丁氰将溶胶聚合之后即得到了湿凝胶。随后对湿凝胶进行干燥处理,湿凝胶的干燥是羟基磷灰石粉体合成过程中的一个重要的步骤。在干燥过程中应尽量避免粉体团聚,控制团聚的状态,包括键合机制、团聚的尺寸和结构等。凝胶干燥时表观上为收缩、硬固,这是因为湿凝胶中含有大量的水分、有机基团和溶剂。这个过程中会产生应力,最后导致凝胶开裂。为了获得质量较好的干凝胶,要严格控制干燥条件。

干凝胶的热处理工艺由 TG – DTA(热重 – 差热)曲线确定。图 10.9 是高分子网络凝胶法合成的羟基磷灰石干凝胶的 TG – DTA 曲线,图中显示,HA 干凝胶升温过程中,在 365.6 ℃、462.5 ℃ 及 864.3 ℃ 附近出现 3 个较明显的放热峰。第一阶段出现在 365.6 ℃ 并对应着约 33% 的剧烈失重。分析其是由干凝胶中结晶水的脱附、硝酸盐的分解以及脱碳造成的,同时该阶段干凝胶由黑色转变成棕色,开始随着温度的升高干凝胶体积不断膨胀,后发烟燃烧而散发出刺激性气味。说明此时干凝胶中的 NH_4NO_3 分解,释放出 NO_x、O_2、H_2O 等大量气体。第二阶段,在 462.5 ℃ 处有放热峰出现并伴随着约 36.5% 的失重。说明主要的有机物丙烯酰胺、双丙烯酰胺以及柠檬酸盐的分解反应在此温度进行,反应时放热量大,反应速率快。第三阶段,放热峰出现在 864.3 ℃ 附近,并伴随着微量的失重。此峰是 HA 的结晶峰,而后温度升高 DTA – TG 曲线趋于平稳,没有失重现象。说明主要的化学反应已经完成,各组成不再发生变化,羟基磷灰石粉体已经形成。粉体热处理过程中也发现 850 ℃ 以后粉体呈白色。

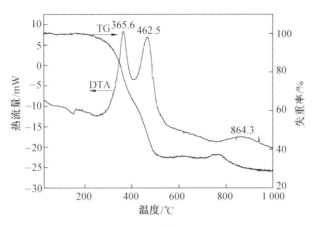

图 10.9　HA 干凝胶的 TG – DTA 曲线

湿凝胶经过微波干燥后得到黑色物质,化学组成上是由有机物和无机物构成的混合物。为了获得结晶良好的羟基磷灰石单相粉体,需要对羟基磷灰石干凝胶在 300 ℃、500 ℃、700 ℃、800 ℃、900 ℃ 和 1 000 ℃ 下进行高温热处理,以除去其中的氨根、硝酸根离子和一些有机成分。表 10.6 是各热处理温度下所得粉体的颜色,800 ℃ 煅烧前,粉体中均有不同程度的有机物残留,煅烧产物中混有黑或灰色的物质,而 900 ℃ 煅烧过后粉体最终呈现出纯白色。

表 10.6　煅烧温度对粉体状态的影响

煅烧温度 /℃	500	600	700	800	900
粉体颜色	灰色	灰掺白	白掺灰白	白掺灰	白

煅烧温度对羟基磷灰石粉体的性能影响很大。煅烧温度低,晶化程度差;煅烧温度高,晶化程度高。图 10.10 是不同煅烧温度羟基磷灰石粉体的 XRD 图。由图中可以看到,煅烧 300 ℃ 时 HA 粉末在 XRD 曲线上 30° ~ 35° 出现了由(300)、(112) 和(211) 三强峰组成的馒头峰,说明粉末样品在这个温度下以非晶相为主,结晶度较低。随热处理温度的提高,各衍射峰强度增加,底部宽度变窄,峰形变尖锐,表明粉体的晶化程度提高。煅烧 700 ℃ 以下时各衍射峰强度变化不明显,粉末的晶化程度不高。煅烧 800 ℃ 以后,各主要衍射峰均出现,其中(300)、(112)、(211) 三强峰基本分离,表明粉末已具有较高的结晶度,但是此时在煅烧粉体的时候发现煅烧后的产物粉体呈现出白中掺灰的颜色,说明其中仍然留有少许有机物。煅烧 900 ℃ 以后,羟基磷灰石粉末的衍射峰,峰形尖锐,粉末晶化完全。图 10.11 是羟基磷灰石放大 10 万倍的 TEM 照片。从照片中可以看到,采用高分子网络凝胶法合成的羟基磷灰石纳米粉体,呈现六边形的形貌,有轻微团聚,粉体平均粒径约为 100 nm。

为了研究干凝胶在不同温度中发生的反应,实验中对 6 个温度下煅烧所得粉体进行了红外分析,如图 10.12 所示。图中 602 cm^{-1} 和 571 cm^{-1} 处的吸收峰对应 PO_4^{3-} 的弯曲振动峰。300 ℃ 煅烧后两处的吸收峰没有分开而是共同组成强而宽的简并吸收带,500 ℃ 煅烧后两峰明显分开。875 cm^{-1} 处对应 HPO_4^{2-} 的吸收峰,表明产物中可能有少量的缺钙磷灰石生成,900 ℃煅烧后HPO_4^{2-}的吸收峰消失。962 cm^{-1}处的吸收峰对应PO_4^{3-}的对称伸缩振动峰,1 090 cm^{-1}、1 045 cm^{-1}处的吸收峰对应PO_4^{3-}的非对称伸缩振动峰,700 ℃煅烧前,1 090 cm^{-1}、962 cm^{-1}处的吸收峰强度很弱,和1 045 cm^{-1}两处的吸收峰共同组成强而宽的简并吸收带。1 090 cm^{-1}、962 cm^{-1}与1 045 cm^{-1}处的吸收峰,是磷酸根离子存在于无定形物中的标志,表明700 ℃合成的粉体是弱结晶的羟基磷灰石。

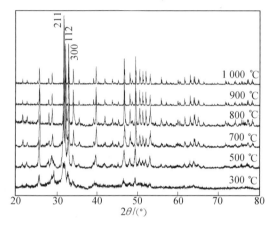

图10.10 不同煅烧温度羟基磷灰石粉体的XRD图

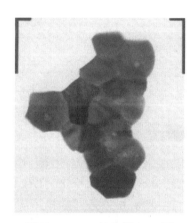

图10.11 HA纳米粉TEM图

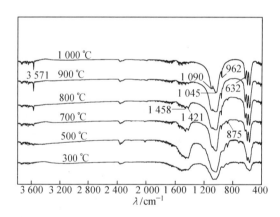

图10.12 不同温度下HA的FT‐IR谱

随着煅烧温度的提高,1 090 cm^{-1}和962 cm^{-1}处的吸收峰从简并吸收带中分裂,表明磷酸根四面体进入HA的晶体结构,弱晶态的HA向晶态转化。1 458 cm^{-1}和1 421 cm^{-1}处的双分裂吸收峰对应CO_3^{2-}的非对称伸缩振动峰,是CO_3^{2-}进入羟基磷灰石晶体结构的重要标志。CO_3^{2-}的存在是由于粉体在合成过程中溶液吸收了空气中的CO_2,CO_2进入反应液后生成的CO_3^{2-}离子参与了HA的合成反应。900 ℃煅烧后CO_3^{2-}的吸收峰消失。从图上可以看到,3 571 cm^{-1}和632 cm^{-1}处的吸收峰分别对应羟基OH^-的伸缩振动峰和摆动振动峰,700 ℃煅烧前两处峰没有出现,随热处理温度的提高,700 ℃煅烧后两峰出现但峰强很弱,900 ℃煅烧后增强,这与CO_3^{2-}的脱除有关。

4. 水热法

水热法(hydrothermal process)也是用来制备纳米粒子的一种常用方法。这种方法是在密封压力容器中,以水(或其他溶剂)作为溶媒(也可以是固相成分之一),在高温(> 100 ℃)、高压(> 9.81 MPa)条件下研究、加工材料的方法。水热条件下,水可作为一种化学组分起作用并参与反应,既是溶剂又是膨化促进剂,同时还可以作为压力传递介质。水热条件能加速离子反应和促进水解反应。在常温常压下一些从热力学分析看可以进行的反应,往往因反应速度极慢,以至于在实际上没有价值,但水热条件下却可能使反应得以实现。

水热技术具有两个特点,一是反应温度相对低,二是反应在封闭容器中进行,避免了组分挥发。水热条件下粉体的制备有水热结晶法、水热合成法、水热分解法、水热脱水法、水热氧化法、水热还原法等。工艺过程为将金属醇盐 M(OR) 与水反应,过滤、干燥后可制得粒径从几纳米到几十纳米的氧化物纳米粉末。近年来还发展出电化学水热法以及微波水热合成法。前者将水热法与电场相结合,而后者用微波加热水热反应体系。与一般湿化学法相比较,水热法可直接得到分散且结晶良好的粉体,不需做高温灼烧处理,避免了可能形成的粉体硬团聚。例如,以 $ZrOCl_2 \cdot 8H_2O$ 和 YCl_3 作为反应前驱物可以制备出 6 nm 的 ZrO_2 粒子。用金属 Sn 粉溶于 HNO_3 形成 $\alpha - H_2SnO_3$ 溶胶,水热处理制得分散均匀的 5 nm 四方相 SnO_2。以 $SnCl_4 \cdot 5H_2O$ 前驱物,水热合成出 2 ~ 6 nm 的 SnO_2 粒子。水热过程中通过控制条件,调节纳米颗粒的晶体结构、结晶形态与晶粒纯度。利用金属 Ti 粉能溶解于 H_2O_2 碱性溶液生成 Ti 的过氧化物溶剂(TiO_4^{2-})的性质,在不同的介质中进行水热处理,制备出不同晶型、形状不同的 TiO_2 纳米粉。以 $FeCl_3$ 为原料,加入适量金属粉,进行水热还原,分别用尿素和氨水作沉淀剂,水热制备出80 ~ 160 nm 棒状 Fe_3O_4 和 80 nm 板状 Fe_3O_4。类似的反应还可以制备出 30 nm 球状 $NiFe_2O_4$ 及 30 nm $ZnFe_2O_4$ 纳米粉末,在水中稳定的化合物和金属也能用此技术制备。用水热法制备6 nm ZnS,不仅能提高产物的晶化程度,而且可以有效地防止纳米硫化物氧化。

水热法工艺简单,易于控制,制造组成成分精确,分散均匀,且纯度高、粒度细、规模大,是极有希望的氧化物纳米粉末的制备方法。

5.其他化学方法

在各种合成方法中,值得注意的是液相法,如最近用苯热法已合成出 30 nm 的 GaN。所获得的 GaN 除了大部分属于六方相外,还含有少量的岩盐型 GaN,这是用高分辨透射式电子显微镜观察到的。在5 MPa压力下出现岩盐型 GaN(晶胞参数 $\alpha = 0.318\,8$ nm),而有文献报道这种 GaN 至少要在 37 GPa 下才能存在。

用卤化物气相水解法制备 TiO_2 和 ZrO_2 等纳米氧化物是基于动力学和热力学考虑的。此法均较气相氧化法有利,且反应温度低。变化制备条件,可在几纳米到 100 nm 间调节粒径大小,粒子呈球形,粒度分布均匀,得到的产物是氧化物而不是氢氧化物,因而粒子团聚少。再利用自发单层分散原理,可得到 Y_2O_3(30%) 单层分散在 ZrO_2 表面,经烧结可使 ZrO_2 转变为四方相,1 150 ℃ 常压烧结可达理论密度的 98%,此方法不失为无团聚 ZrO_2 纳米粉体制备的好方法。

微乳液法是近年来发展起来的一种制备纳米微粒的有效方法。微乳液是指热力学稳定分散的互不相溶的液体组成的宏观上均匀而微观上不均匀的液体混合物。微乳液中,微小的“水池”被表面活性剂和助剂表面活性剂所组成的单分子层界面所包围而形成微乳颗粒,其大小可控制在几纳米至几十纳米之间。通常是将两种反应物分别溶于组成完全相同的两份微乳液中,然后在一定条件下混合两种反应物,通过物质交换而彼此相遇,产生反应。通过超速离心,使纳米粉末与微乳液分离。再以有机溶质除去附着在表面的油和表面活性剂。最后经干燥处理即可得到纳米微粒的固体样品。该法得到的产物粒径较小,分布均匀,易于实现高纯化。

高分子纳米微球是用微乳液聚合而得,其直径小于100 nm。当相对分子质量足够大时,是单链或少链高分子微球。在微球中高分子键的形态受限于圆球内的三维无规则行走轨迹,因此不是高斯线团。其他制备单链或少链高分子的方法是稀溶液(小于10^{-5})喷雾干燥法,或是液面扩展蒸发法,其产物可以是单链高分子玻璃态颗粒或是纳米单晶。

仿生纳米合成是很有意义的研究方向,自然界存在的很多生物结构为材料的合成与设计提供了有益的借鉴。骨、牙、珍珠和贝壳等的主要成分都是很普通的物质,如羟基磷酸钙则以板状的形式镶嵌于特定的位置;人牙釉质是纳米羟基磷酸钙晶粒的有序排列,龋齿则在某种程度上与位错的堆垛有关;珍珠、贝壳之所以有很高的强度和韧性(抗弯强度达100 MPa,抗压强度更高,断裂能大于1 kJ/m^2),是由于层状碳酸钙中有蛋白质和多糖。因此,探索有机和无机材料的纳米复合组装是有价值的。

超临界流体干燥法是近年来新发展起来的一种粉末制备方法。所谓超临界流体,是一种温度和压力处于临界点以上的无气 – 液界面区别而兼具液体和气体性质的物质状态,作为干燥介质具有独特的优点。超临界流体干燥法有四个步骤:首先加入含凝胶样品的溶剂到高压釜内,通过升温、加压及临界点以上的超临界状态;其次是在超临界状态达到平衡和稳定;三是蒸气在恒温下释放;四是降至室温。采用超临界流体干燥工艺,使干燥过程中溶剂的表面张力不复存在,从而保持凝胶的网络结构,得到结构未遭破坏的纳米多孔材料。已有报道用这种方法制备出了纳米TiO_2粉末。

10.1.3　纳米材料的四个效应

纳米材料与传统的块体材料相比具有许多奇异的特性,如各种块状金属有不同颜色,但当其细化到纳米级的颗粒时,所有金属都呈现出黑色;纳米材料的熔点降低,金属的熔点通常是1 000多℃,而晶粒尺度为3 nm的金微粒,其熔点仅为普通金属的一半。纳米微粒会有如此超常的特性的根本原因是纳米材料具有4个基本的物理效应。

1. 表面效应

纳米微粒尺寸小、比表面积大、位于表面的原子占相当大的比例。随着粒径的减小,表面急剧变大,引起表面原子数迅速增加。纳米材料的表面效应是指纳米粒子的表面原子数与总原子数之比随粒径的变小而急剧增大后所引起性质上的变化。例如,粒子直径为10 nm时,微粒包含4 000个原子,表面原子占40%;粒径在10 nm以下,将迅速增加表面原子的比例;当粒径降到1 nm时,表面原子数比例达到约90%以上,原子几乎全部集中到纳米粒子的表面。主要原因是由于粒子直径减小,表面原子数量增多。再如,粒径为10 nm时,比表面积为90 m^2/g;粒径为5 nm时,比表面积为180 m^2/g;粒径小到2 nm时,比表面积猛增到450 m^2/g。这样高的比表面积,使处于表面的原子数越来越多,大大增强了纳米粒子的活性。表面粒子活性高的原因在于它缺少近邻配位的表面原子,极不稳定,很容易与其他原子结合。图10.13给出了一个简单的示意图,说明处于表面的原子(A、B、C、D和E)比处于内部的原子的配位有较明显的减少,如 A 原子缺少3个近邻,B、C、D原子各缺少2个近邻,E原子缺少1个近邻,它们均处于不稳定状态,近邻缺位越多越容易与其他原子结合。由于表面原子数增多,原子配位不足及高的表面能,使这些表面原子具有高的活性。例如,金属的纳米粒子在空气中会燃烧,无机材料的纳米粒子暴露在大气中会吸附气体,并与气体发生反应。

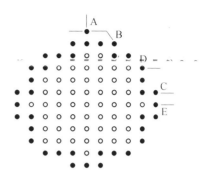

图 10.13　表面原子配位模式

2. 体积效应

由于纳米粒子体积极小,所包含的原子数很少,相应的质量极小。因此,许多现象就不能用通常有无限个原子的块状物质的性质加以说明,这种特殊的现象通常称之为小尺寸效应。其中有名的久保理论就是体积效应的典型例子。久保理论是针对金属纳米粒子费米面附近电子能级状态分布而提出的。久保把金属纳米粒子靠近费米面附近的电子状态看作是受尺寸限制的简单电子态,进一步假设它们的能级为准粒子态的不连续能级,并认为相邻电子能级间距 δ 和金属纳米粒子直径 d 的关系为

$$\delta = \frac{4E_F}{3N} \propto V^{-1} \propto \frac{1}{d^3}$$

式中,E_F 为费米能级;N 为一个金属纳米粒子的总导电电子数;V 为纳米粒子的体积。

随着纳米粒子直径的减小,能级间隔增大,电子移动困难,电阻率增大,从而使能隙变宽,金属导体将变为绝缘体。

陶瓷材料在通常情况下呈现脆性,而由纳米粒子制成的纳米陶瓷材料却具有良好的韧性。这是由于纳米粒子制成的固体材料具有大的界面,界面原子排列相当紊乱。原子在外力作用下容易迁移,因此韧性和延展性甚佳,从而使陶瓷具有新奇的力学性能。目前在一些展销会上推出的所谓"摔不碎的陶瓷碗"就属于纳米陶瓷。

3. 量子尺寸效应

当大量原子构成固体时,单个原子的能级就构成了能带。由于原子数目很多,能带中能级的间距很小,因此形成连续的能带,这就是能带理论。从能带理论出发已成功地解释了大块金属、半导体、绝缘体之间的联系与区别。对于纳米粒子而言,大块材料中连续的能带将分裂成分立的能级,能级间的距离随颗粒尺寸减小而增大。当热能、电场能或磁场能比平均的能级间距还小时,超微颗粒就会呈现一系列与宏观物体截然不同的反常特性,称为量子尺寸效应。如导电的金属在制成超微粒子时,就可以变成半导体或绝缘体;磁矩的大小和颗粒中的电子是奇数还是偶数有关;比热容也会发生反常变化,光谱线会产生向短波方向的移动;催化活性与原子数目有奇妙的联系,多一个原子活性很高,少一个原子活性很低,这就是量子尺寸效应的客观表现。因此,对纳米粒子在低温条件下必须考虑量子效应,原有的宏观规律已不成立。

4. 宏观量子隧道效应

"隧道效应"是指微观粒子贯穿势垒的能力,像电子这种微观粒子既具有粒子性又具有波动性,因此存在隧道效应。在纳米微粒中会出现与微观粒子的量子隧道效应相似的宏观量子隧道效应,因而会产生一些特殊的物理现象和磁现象。

以上4个效应是纳米材料的基本效应,它们使纳米材料呈现出一些奇异的特性。由于纳米粒子细化,晶界数量大幅度地增加,可使材料的强度、韧性和超塑性大为提高。其结构颗粒对光、机械应力和电的反应完全不同于微米或毫米级的结构颗粒,使纳米材料在宏观上显示出许多奇妙的特性。例如,纳米相铜强度比普通铜高5倍;纳米相陶瓷是摔不碎的,这与大颗粒组成的普通陶瓷完全不一样。纳米材料从根本上改变了材料的结构,可望得到诸如高强度金属和合金、塑性陶瓷、金属间化合物以及性能特异的原子规模的复合材料等新一代材料。

10.1.4 纳米材料的特性及应用

1. 纳米材料的力学特性

(1) 纳米材料的超塑性。

所谓超塑性就是指在拉伸实验中,在一定的应变速率下,材料产生较大的拉伸形变。普通陶瓷材料只有在 1 000 ℃ 以上,应变速率小于 $10^{-4}/s$ 时表现出塑性。而纳米陶瓷在高温下具有类似于金属的超塑性。纳米氧化钛陶瓷在室温下就可以发生塑性形变,在180 ℃ 下塑性形变可达到 100% 。

20 世纪 90 年代初期,已有文献报道纳米氧化锆陶瓷在适当温度下(即在其熔点的 0.4 ~ 0.5)具有很大的塑性。不仅离子型的纳米氧化锆陶瓷是如此,在适当温度下,共价型的纳米氧化硅陶瓷也具有很大的塑性。郭景坤院士曾用晶粒尺寸为 120 nm 的氧化锆陶瓷的大尺寸试样,在室温下进行拉伸疲劳实验,对断口做原子力显微镜(Atomic Force Microscopy,AFM)的检查,发现在断口表面的 2 μm 范围内的晶粒已被拉长,约有近 400% 的形变,而距离2 μm 以上的晶粒则没有什么变化,如图 10.14 所示。

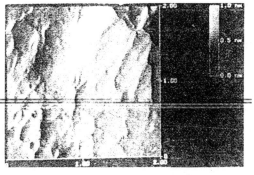

图 10.14 室温下,纳米氧化锆陶瓷拉伸疲劳实验后,断口表面的晶粒伸长现象(AFM 照片)

室温下纳米氧化锆陶瓷具有微区超塑行为,这种异常性能将改变人们对陶瓷的传统认识。材料的晶粒尺寸达到纳米尺度时,其硬度有大幅度的增加。如 100 ℃ 时,纳米 TiO_2 陶瓷的显微硬度为 13 GPa,而普通 TiO_2 陶瓷的显微硬度低于 2 GPa;而其强度则有报道认为,并不因晶粒尺寸减小而增加,即并不遵循霍尔 – 佩奇(Hall – Petch)关系。当然还需更多的实验验证才能下此结论。例如,颗粒为 6 nm 的固体铁基断裂应力要比常规铁材料高近 12 倍,硬度要高 2 ~ 3 个数量级;室温下合成的纳米 TiO_2 陶瓷晶体,能被弯曲,在

180 ℃下其塑性变形可高达100%，陶瓷的增韧问题在纳米陶瓷晶体中可获得解决。纳米固体为开发高强度、高韧性的结构材料开辟了一条有广阔前景的途径。

（2）纳米材料的高强度和高韧性。

颗粒复合是陶瓷材料增韧强化的有效途径，采用微米级的颗粒复合，增韧作用不明显，而采用纳米颗粒复合后，增韧补强效果显著。Niihara 和 Nakahira 首先采用纳米颗粒增韧陶瓷，20 世纪 80 年代末，他们在氧化铝基体中加入质量分数为 50% 的 SiC 纳米颗粒，使其在室温下的抗弯强度从单相氧化铝的 350 MPa 提高到 1.00 GPa。虽然目前这一结果很难重复，但已提供了一种很好的纳米复合陶瓷的全新设计方法，自此国际上展开了大量关于纳米复合陶瓷的研究。随着对纳米材料研究的深入，又出现了 Al_2O_3/Si_3N_4、MgO/SiC、Si_3N_4/SiC 等纳米复合材料。多数研究表明，同传统的微米级陶瓷相比，这些纳米复合陶瓷的强度和韧性均有很大提高，抗蠕变性、耐磨性、硬度及高温性能等都得到改善。传统的陶瓷由于晶粒较大，表现出很强的脆性，而纳米陶瓷由于其晶粒尺寸小至纳米级，在受力时可以产生变形而表现出一定的韧性。室温下的纳米氧化钛陶瓷表现出很高的韧性，压缩至原长度的 25% 仍不破碎，一改陶瓷材料的脆性特征。

图 10.15 和图 10.16 分别是添加氧化锆纳米颗粒的 ZrO_2/HA 复合陶瓷的抗弯强度和断裂韧性。纳米复合陶瓷的抗弯强度由 362 MPa 分别变为 446 MPa、434 MPa、466 MPa，增加近 100 MPa。复合陶瓷的断裂韧性由 6.71 MPa·m$^{1/2}$ 变为 7.82 MPa·m$^{1/2}$，7.75 MPa·m$^{1/2}$，7.98 MPa·m$^{1/2}$。由此可见，添加纳米氧化锆使复合陶瓷的抗弯强度和断裂韧性均提高 20% 以上。大多数陶瓷材料的断裂韧性与强度有相同的变化趋势。

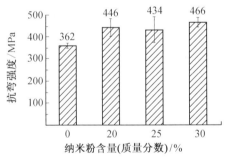 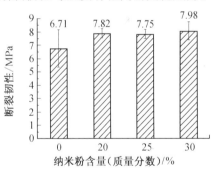

图 10.15　纳米复合前后陶瓷的抗弯强度　　图 10.16　纳米复合前后陶瓷的断裂韧性

如果氧化锆的粒径为纳米级，将其添加到复合陶瓷中形成纳米复合陶瓷。体系中适量的纳米粉可以提高复合陶瓷的抗弯强度和断裂韧性，起到增强和增韧的作用。由于选择的纳米粉质量分数为 20% ~ 30%，既可充分起到纳米粒子增韧增强的作用，又不会因为纳米粉过量团聚而影响材料性能。因此，陶瓷断裂韧性和抗弯强度均有较大提高。另外，纳米复合后体系中性能优异的四方相氧化锆含量增多，同时发生相变的四方氧化锆也增多，相变增韧作用加强，也导致陶瓷强度和韧性升高。三种不同纳米含量复合陶瓷之间的抗弯强度和断裂韧性的差别主要是由于发生相变的四方氧化锆含量不同，相变增韧的程度不同造成的，含 25% 纳米氧化锆粉的陶瓷其相变四方氧化锆含量最低，因此其强度和韧性在三种纳米复合陶瓷中也最小。

纳米材料的尺寸被限制在 100 nm 以下,这是一个引起各种特性开始有相当大的改变的尺寸。此外,对于同样的烧结温度,纳米陶瓷的硬度均高于常规陶瓷,而对应于同样的硬度值,纳米氧化钛的烧结温度可以降低几百度,这充分显示了纳米陶瓷的优越性。纳米材料的诞生为陶瓷增韧提供了一条有效的途径。

2. 纳米材料的热学特性

(1)纳米微粒的熔点低。

由于纳米粒子的尺寸小、表面能高、比表面积原子数多,同时表面原子近邻配位不全,纳米微粒的活性大,以及纳米微粒体积远小于大块材料,因此纳米粒子熔化时所增加的内能小得多,这就使得纳米微粒的熔点急剧下降。例如,2 nm 的金颗粒的熔点为 600 K,块状金熔点为 1 337 K;纳米银颗粒在低于 373 K 就开始熔化,而常规银的熔点为 1 233 K。纳米级材料的熔点可降到常规材料的 40% ~ 60%,如纳米级银粉的熔点低至 100 ℃。

(2)纳米材料的烧结温度低。

纳米微粒表面能高,压成块后的界面具有高能量。在烧结中高的界面能成为原子运动的驱动力,有利于界面中的孔洞收缩,因此在较低的温度下烧结就能达到致密化的目的。例如,常规氧化铝烧结温度为 1 700 ~ 1 800 ℃,而纳米氧化铝可在 1 400 ℃ 左右烧结,致密度可达到 99% 以上。常规氮化硅烧结温度高于 1 800 ℃,纳米氮化硅烧结温度可降低 200 ~ 300 ℃。纳米陶瓷的烧结温度比传统陶瓷约低 600 ℃,烧结过程也大大缩短,陶瓷的致密化速率迅速提高。

纳米金属材料由于其特别低的熔点,不仅可在低温条件下烧结制成合金,而且有望将一般不可互溶的金属冶炼成合金,制造出质量好、韧性大的"超流"钢等。那些通常需要在高温下烧结的材料,如 SIC、WC、BN 等制成纳米材料后便可在较低温度下烧结了。纳米材料的高比热容、高的热膨胀系数也是显著的,纳米 Ni/ZrO_2 复合材料的比热容,大大偏离复合材料混合准则计算值。

3. 纳米材料的高磁化率与矫顽力对电磁波均匀的强吸收特性

纳米颗粒一般为单畴颗粒,其磁化过程由晶粒的磁各向异性和晶粒间的磁相互作用所决定。晶粒的磁各相异性与晶粒的形状、晶体结构内的应力,以及晶粒表面的原子状况有关。另外,在纳米材料中存在大量的界面成分,当晶粒尺寸减小到纳米级时,晶粒之间的铁磁性相互作用并开始对材料的宏观磁性产生重要的影响。

纳米微粒奇异的磁特性主要表现在它具有超顺磁性或高的矫顽力上,20 nm 的纯铁粒子的矫顽力比大块铁大 1 000 倍。而当粒子尺寸小到一定的临界值(6 nm)时,矫顽力为零,表现为超顺磁状态。利用超微粒子具有高矫顽力的性质,已作为高储存密度的磁记录粉,用于磁带、磁盘、磁卡等,利用超顺磁研制出应用广泛的磁流体,用于密封。

纳米颗粒膜的巨磁阻效应有望用于制造高灵敏度的磁传感器,具有高的红外吸收能力的 Al_2O_3/TiO_2 和 SiO_2/Fe_2O_3 纳米复合体系,为进一步研究红外隐身和屏蔽提供了基础。Ag_2S 掺杂可以使 ZnS 微粒荧光强度增加;多层组装体中的聚电解质惰性层,也会部分抑制由浓度引起的荧光淬灭效应,纳米粒子的光谱特性有"蓝移"和"红移"现象,这为光电子应用提供了较宽的调整余地。在合成稀土 ABO_3 型纳米晶体中发现,随结构类型的不同,晶粒尺寸与电阻率和导电活化能有不同的关系。用纳米级的 SiO_2、γ - Al_2O_3 或稀土氧化物,对紧凑节能灯的玻璃管做表面处理,可提高灯的光通维持率;溶胶 - 凝胶法合成的纳米复合氧化物,对 BAM 蓝色荧光粉表面包覆处理,则可增加发光中心。利用纳米 NiO、FeO、CoO、CoO - Al_2O_3、SiC 等的载体温度效应引起电阻变化,可制红外检测传感器。利用纳米 ZnO_2、SnO_2、γ - Fe_2O_3 等的半导体性质,可制成氧敏传感器等。磁性纳米微粒具有单磁畴结构,矫顽力很高的特性,用作磁记录材料可大大提高信噪比,改善其音质图像质量,并具有对电磁波在较宽范围的强吸收特性使其成为优秀的隐身材料,可用于战略轰炸机、导弹等的反雷达。

4. 纳米粒子特殊的光学特性

纳米粒子的一个重要标志是尺寸与物理的特征量相差不多,当纳米粒子与玻尔半径、电子德布罗意波长相当时,小颗粒的量子尺寸效应十分显著。也就是说,粒子尺度的下降使纳米体系中包含的原子数大大降低,宏观固体的准连续能带消失,而表现为分立的能级,小尺寸效应和量子尺寸效应对纳米微粒的光学特性有很大影响。

（1）宽频带强吸收。

大块金属具有不同颜色的光泽,这表明它们对可见光范围各种波长的反射和吸收能力不同。当尺寸减小到纳米量级时,各种金属纳米微粒几乎都呈黑色,说明它们对可见光的反射率极低。例如,铂纳米粒子的反射率为 1%,金纳米粒子的反射率小于 10%。纳米氮化硅、碳化硅、氧化铝粉对红外有一个宽频带强吸收谱,即红外吸收谱频带展宽,吸收谱中的精细结构消失。纳米氧化铝在 1 000 ~ 400 cm^{-1} 中红外范围出现了一个较强的吸收"平台";纳米三氧化二铁和纳米氧化硅、纳米氧化钛也都在中红外范围有很强的光吸收能力。纳米氮化物也有类似的现象,这是因为纳米粒子的比表面积的增大,导致了平均配位数下降,不饱和键增多。与常规大块材料不同,没有一个单一择优的键振动模,而存在一个较宽的键振动模的分布,这就导致了纳米粒子红外吸收带的宽化。

（2）蓝移现象。

1993 年,美国贝尔实验室在 CdSe 中发现,随着颗粒尺寸减小到纳米级,发光的颜色从红色到绿色到蓝色,这说明发光带的波长由 690 nm 移向了 480 nm。这种发光带或吸收带由长波长移向短波长的现象称为"蓝移"。与大块材料相比,纳米微粒的吸收带和发光带普遍存在"蓝移"现象,如纳米碳化硅颗粒和大块碳化硅固体红外吸收的频率峰值分别为 814 cm^{-1} 和 794 cm^{-1}。纳米氮化硅颗粒和大块氮化硅固体红外吸收的频率峰值分别为 949 cm^{-1} 和 935 cm^{-1}。利用这种蓝移现象可以设计波段可控的新型光吸收材料。

此外,纳米微粒还出现了常规材料不会出现的新的发光现象。硅是具有良好半导体特性的材料,是微电子的核心材料之一,但硅材料不是好的发光材料,这对硅材料来说确实是极大的缺憾。但人们发现,当硅的尺寸达到纳米级(6 nm) 时,在靠近可见光范围内有较强的光致发光现象,使灰色的硅变得有颜色,这一发现使硅如虎添翼,可能成为有应用前景的光电子材料。此外,在纳米氧化铝、氧化钛、氧化硅、氧化锆中也观察到常规材料根本看不到的发光现象。

5. 纳米材料特殊的电性能

对于同一种材料当颗粒达到纳米级,电阻、电阻温度系数都发生变化。银是优异的良导体,而 10 ~ 15 nm 的银颗粒电阻突然升高,失去金属特性,变成非导体。氮化硅、氧化硅等当尺寸达到 10 ~ 15 nm 时,电阻大大下降,用扫描隧道显微镜观察时,不需要在其表面镀上导电材料就能观察到其表面的形貌,这是常规的氮化硅和氧化硅根本没有的现象。

6.纳米材料的化学性质 —— 催化与纳米化学、局域反应

催化在很大程度上取决于催化剂的表面效应,表面不饱和的性质对其选择性能有很大的影响。纳米化学为有效的、高性能的催化剂的制备提供了可能。

纳米微粒铂黑、Ag、Al_2O_3 和 Fe_2O_3 等在聚合物合成反应中作催化剂可大大提高反应效率。把纳米微粒掺到发动机液态气体燃料中或掺到火箭的固体燃料中(如掺纳米微粒铝),则可提高其燃烧效率。

负载型纳米非晶合金是较理想的催化加氢材料。用 Ni – B/SiO_2 非晶态催化剂、催化环戊二烯选择性加氢制备环戊烯反应,其转换率可达100%,而选择性为96%以上。以溶胶 – 凝胶法制备的 γ – Al_2O_3 陶瓷膜,可用于超滤或经过修饰成为催化膜用于膜反应器,实现分离反应一体化。由于膜表面的酸性,它还可直接作为催化剂用于酸性催化反应。

利用波美石(γ – AlOOH)溶液胶粒,以过渡金属(包括贵金属)、稀土金属和碱土金属修饰,可制成多种催化膜。Ni/γ – Al_2O_3 催化剂具有高稳定性,在应用于850 ℃下进行的甲烷部分氧化制合成气反应中,具有大于95%的转化率,以及98%的 CO 选择性。气凝胶氧化物承载的 Co 基催化剂,具有很高的 F – T 合成活性和烃产物选择性。ZrO_2 涂层 SiO_2 载体承载的 Co 基催化剂,有利于重质产物的生成;而溶胶 – 凝胶法制得的 ZrO_2、SiO_2 混合气凝胶承载的 Co 基催化剂,则有利于液态烃的生成。

用氩电弧等离子体制备的过渡金属、贵金属和稀土金属等的纳米金属催化剂,以及用合金制成的纳米稀土薄壳或贮氢催化剂等,有望为规模生产提供基础。金属簇及金属离子对上述催化剂的修饰,在催化与合成领域的应用也是研究热点之一。为制备具有可控粒径的负载金属催化剂,提出了配位捕获法、氢键配合物法等各种金属簇的固载方法。纳米化学也可为纳米分子筛的合成提供途径。它除了有巨大的内、外表面积之比和高的晶内扩散性能外,更有利于提高负载型催化剂中金属组分的负载量及分散性能。

碳纳米管具有独特的孔腔结构,大的比表面积(每克表面积高达几百平方米)是多种气体快速吸附的理想介质。若再辅以不同的表面修饰处理,可引入不同的功能团。同时它具有较高的机械强度,这些使它在化工领域的很多方面得到应用。

中国科学院大连化学物理研究所催化基础国家重点实验室的包信和等人的研究工作着重于催化活性组分在碳纳米管道中的组装,重点研究纳米体系的束缚效应对催化反应的影响。他们的研究结果表明,碳纳米管的束缚效应对组装在其管道内的金属及其氧化物的氧化还原特性具有调变作用。他们还发现,将金属铑和锰纳米粒子组装到碳纳米管管道内,可以作为合成气(一氧化碳和氢的混合物)转化制乙醇反应的催化剂,显示出非常独特的催化性能。这类复合催化剂上所表现出的独特催化性能为碳纳米管和金属纳米粒子体系的"协同束缚效应"所致。迄今为止,作为重要化工原料和液体燃料的乙醇,主要来源是粮食发酵,而以煤和天然气等气化制备得到的合成气为原料,经催化过程制备乙醇将开辟一条由大宗化石资源廉价制备乙醇的新路线。这项成果发表在英国《自然·材料》(*Nature Material*)。美国斯坦福大学 Zare 教授称赞该项工作为"一个非常重要的发现,应该具有普遍意义和广泛应用",《自然·材料》审稿人评价这是一项"对后续研究具有很强激发潜力"的重要工作。

假如能够使化学反应局限于一个很小的范围内进行,显然会发现它和在均相溶液中进行的反应不同,这就是所谓的局域反应。纳米反应器是实现局域反应的一种途径。在纳米反应器中,反应物在分子水平上有一定的取向和有序排列,同时还限制了反应物分子和反应中间体的运动。这种取向、排列和限制作用将影响和决定反应方向和速度。

例如,用纳米尺度的多孔固体作为反应载体,每个孔就是一个纳米反应器,它只能容纳一个底物分子(因此只能发生分子内反应),并且孔的密度很大,可以在载体用量少的情况下合成大环化合物。利用 NaY 分子筛作载体,可合成萘和蒽的加成产物。在烯烃的光敏氧化中,用 ZSM – 5 分子筛作反应器,使底物分子在反应器的孔腔中,敏化剂在溶液中,这样就只生成单重态的氧化产物。除分子筛以外,可以按此思路合成具有一定孔径的化合物。用金属醇化合物 $[(Ro)_4M]$ 与羧酸反应,可合成获得具有一定孔径的大环化合物。利用嵌段和接枝共聚物会形成微相分离,可形成不同的"纳米结构"作为纳米反应器。

刘忠范教授提出了"针尖化学"的概念,利用分子设计和化学组装方法,对扫描探针显微镜的针尖,进行能动的功能化设计与修饰,可使之成为"功能针尖"。该"针尖"可以是"化学反应的透镜",即把特定的化学反应限域在纳米尺度的空间范围内,以便研究少数分子反应热力学和动力学性质,反应初始过程,以及对表面实施的纳米级的化学修饰与加工;它也是"化学反应的探针",用于考察非均相表面反应过程的局域化学反应特征;它还是"化学反应场所",通过针尖与基底物质间的局域相互作用,可研究少数乃至单个分子的物理化学性质。

利用导电的原子力显微镜针尖,施加高度局域化的强电场,在空气中诱导硅表面的局域化氧化,可得到 SiO_x 纳米点,它呈现电的单向导通性。利用针尖作为化学力滴定,可研究表面酸碱基团的局域解离性质。利用针尖可作化学键键能测试,使待测量的化学键形成于探针与样品表面之间,测量它们之间的黏滞力,就可计算出键能。这样得出的是接近于单个化学键的键能。利用原子力显微镜和扫描隧道显微镜针尖进行单分子层修饰,使其直接参与单电子隧穿结的构建,可实现室温下的单电子隧穿。基于上述思想,已在室温下观察到 3 ~ 6 nm 的库仑岛结构中有明显的台阶,台阶高度达 450 mV 以上。

纳米材料的异常行为使其在磁记录、阻燃剂、橡胶添加剂、功能陶瓷、结构陶瓷、涂料、隐身材料、催化剂、服装、化妆品、燃料电池、医疗(纳米 SiO_2 颗粒用于定位病变治疗,也可减少不良反应)等领域均有重要的应用价值。

10.1.5 纳米材料应用中的团聚及解决措施

纳米粒子的粒径小,比表面积大,比表面积能高,使纳米粉有巨大的表面 Gibb 函。强烈吸附外来杂质(如水),反应生成新的表面结构(如 R—O—H 结构),增加了粉体间相互作用力和表面活性,具有很强的团聚趋势,极易产生自发凝并、团聚现象。团聚将降低表面 Gibbs 能量,这在热力学上是自发的。而团聚后的纳米粉体会大大影响其优势的发挥,导致制备、分级、混匀、输运等加工工程无法正常进行,影响坯体和陶瓷体的均匀性及致密度,使新材料性能劣化。因此,如何改善纳米粉体的分散和稳定性就显得十分重要,这严重阻碍粉体工程及其他相关领域的发展,成为纳米粉体最终产业化的必要前提。

1. 超细粉体的团聚机理

团聚可由各种键合形式聚集,一般而言,由物理上的键合(如范德瓦耳斯力等)引起的团聚,称为软团聚;由化学上的键合(如桥氧键、氢键)引起的团聚,称为硬团聚。软团聚可以由机械方法打开,而硬团聚打开比较困难。

所谓纳米粉体的团聚是指纳米粉体颗粒在制备、分离、处理及存放过程中,相互连接,由多个颗粒形成较大颗粒团簇的现象。纳米粉体的团聚现象,在纳米粉体的制备、加工、应用等操作过程中都会发生。

从表面化学的角度来看,粉体粒子的表面原子数与总原子数之比随粒径的变小而急剧增大。表面原子的势场环境和结合能与本体原子不同,具有很大的化学活性,表面作用能力大大增强。体系表面能很高,成为一个不稳定热力学体系,颗粒间产生范德瓦耳斯键或化学键,故导致颗粒表面极易与其他原子相结合而成为动力学稳定体系,产生团聚。对湿化学法制备粉体,颗粒间静电引力、毛细管力、范德瓦耳斯力致使颗粒吸附多水分子,同时胶体粒子间共同对反离子的吸附也使颗粒相互吸引,形成"架桥效应",引起团聚。

2. 粉体团聚对陶瓷材料烧结的影响

在一般的原始粉料(粉体)中常常含有一定数量的在一定力作用下结合成的微粒团,即团聚体。无论是"软团聚体",还是"硬团聚体",其尺寸、分布、数量及性质对烧结体的显微组织结构与性能都会对材料带来不良影响。同时,由于工艺条件不当还可使团聚体进一步变化成尺寸更大的团聚体,即形成团聚体的组合,从而对材料的烧结及烧结体的性能产生更为不利的影响。主要表现如下。

(1)粉体团聚对烧结温度的影响。

将原料粉碎时,不仅颗粒表面发生变化,而且内部结构也产生局部变形,成为高能活化状态。原料颗粒越细,体系的能量越高,烧结的推动力越大,越有利于烧结,从而导致烧结温度降低,这正是纳米粉体促进烧结的原因。而当粉体中存在团聚时可导致坯体堆积密度下降、形态不均匀,同时,由于团聚体内颗粒间的烧结温度高于团聚体之间的烧结温度,故会使所需烧结温度提高。H. K. Bowen 研究小组应用激光驱动的新方法制得的超细、均一无团聚体而又密堆、微粒直径均为 $0.2~\mu m$ 的氧化铝粉料,掺入微量的外加剂,仅在 1 350 ℃ 便能被烧结成半透明的氧化铝陶瓷,这个烧结温度比通常氧化铝陶瓷烧结温度降低了 300 ~ 400 ℃。对具有团聚的粉体来说,由于烧结温度的提高,极容易导致过烧,同时也易导致二次重结晶,给烧结体的性能造成极其不良的后果。

(2)粉体团聚对烧结致密度的影响。

对 Al_2O_3 粉体中掺入微量 NiO,1 735 ℃,氧化气氛中烧结 6 h,烧结后密度随团聚程度变化而变化,其结果见表 10.7。团聚越少,烧结密度越高。

采用含片状团聚体的 $\alpha - Al_2O_3$ 粉料及除去这类团聚体的 $\alpha - Al_2O_3$ 粉料进行烧结的情况也证实了前述观点。就硬团聚体与软团聚体比较来说,研究结果表明,含硬团聚体的烧结体的相对密度远低于含可以打碎的软团聚体的烧结体相对密度。说明粉体中硬团聚的危害更大,会导致烧结密度的大大降低。

表 10.7　团聚系数对氧化铝陶瓷烧结密度的影响

试样编号	料浆搅拌时间/min	AF(50)值	烧结密度(占理论密度)/%
A	6	26	54.5
B	20	8	81.1
C	36	3	93.2

(3) 粉体团聚对显微组织结构的影响。

不含团聚体的纳米粉体,由于颗粒细小、均一,会使显微结构均一。但是,如果使用含较多团聚体,尤其是硬团聚体的粉料,只能得到低密度、高气孔的素坯及其烧结体。在烧结过程中容易发生异常的现象,将造成后期的烧结体出现结构的瑕疵。粉料中的团聚体使得在低密度的素坯中气孔分布不均,最终易在烧结体中留下较大的气孔,因而无法得到高密度的多晶材料。这是由于在含有团聚体的材料烧结时,团聚体由于颗粒之间距离较小,质点的迁移距离较小,故其内部的微粒之间优先烧结,而团聚体之外的颗粒因距离较大,传质距离较远。存在气孔,不优先烧结成大晶粒。在团聚体周围的微粒同时正常地烧结,它与团聚体晶粒形成了大小不一的非均匀的显微组织。大气孔存于晶界上及晶粒内,即使再进一步烧结,这些气孔也无法排除,相反会引起二次重结晶。从颗粒的大小和均匀程度来说,应该是小而均。对氧化铝陶瓷烧结的研究表明,粉体团聚是生坯和烧结体显微结构不均匀的直接原因,其结果是在烧结体中产生各种裂纹状气孔。同时,团聚体间相互作用使得气孔无法排除,恶化显微结构。

(4) 粉体团聚对烧结体性能的影响。

粉体团聚对烧结显微结构、烧结温度有较大影响,从而影响到烧结体的性能,即必然使烧结体强度、韧性及可靠性和可重现性降低。采用料浆直接注浆成型,因为采用了易分散的料浆,故可大大减少团聚。对 $Al_2O_3 - ZrO_2$ 料浆直接注浆成型研究表明,烧结后密度达到理论密度的98%,平均抗折强度高达896 MPa,较用一般干粉工艺提高70%。当然,注浆时要设法排除液相,以免造成烧成收缩开裂。由此可见,粉体团聚对烧结体强度有非常大的影响。团聚体的存在将导致烧结体强度的降低。对陶瓷材料来说,断裂韧性 K_{IC} 是结构敏感的。由于团聚的存在,导致微观结构存在缺陷,致使材料断裂表面能降低,故对材料 K_{IC} 有较大的影响。由于粉体团聚体的存在,使制品中各处性能不一,即制品某处可达最好性能,而某处性能可能最差。众所周知,陶瓷材料被破坏首先是从薄弱环节开始,故团聚体的存在可导致烧结体可靠性的降低。

3. 粉体团聚的解决措施

理想的烧结粉料应该是超细(0.1 ~ 1.0 μm)、等轴形、无团聚及尺寸分布很窄。实际上,要做到这一点较困难,但可以通过各种手段使粉料尽量接近理想状态。"软团聚"由于质点间作用力较弱,且团聚体在成形时容易破碎,故一般可采用适当分散技术即可消除或减弱之,从而得到均匀的高密度坯体。但是,"硬团聚体"由于质点间作用属化学键合,作用力较大,故不仅不易分散,而且也不易破碎,故只能得到气孔分布不均匀的低密度坯体。由于硬团聚体优先发生烧结,故会恶化材料性能,应尽量消除。

硬团聚的解决办法要从引起其团聚的原因,即它们的键合类型有针对性地解决。① 防止(或消除)表面羟基层的产生;② 提高粉体间的排斥能,增加粉间的距离,减少羟基间相互作用力(范德瓦耳斯力、氢键);③ 将羟基层屏蔽起来,避免羟基层起作用;④ 减少电解质的产生和引入等。只有降低或消除表面羟基层相互作用,才能有效地防止和降低团聚。

(1) 物理法分散纳米粉。

① 机械力分散法。机械力分散法是借助外界剪切力、撞击力等机械能使纳米粒子在介质中充分分散的一种方法。机械力分散法有研磨、普通球磨、振动球磨、空气磨、机械搅拌等方法。普通球磨是一个圆筒型容器沿其轴线水平旋转,研磨效率与填充物性质及数量、磨球种类大小及数量、转速等很多因素有关,是最常用的机械力分散方式。缺点是研磨效率低。振动球磨是利用研磨体高频振动产生的球对球的冲击研磨粉体粒子的。尽管球磨是目前最常用的一种分散纳米粉体的方法,但最大的缺点是在研磨过程中由于撞击、研磨,使球磨筒和球本身被磨损,磨损的物质进入料浆成为杂质,这种杂质将不可避免地对料浆的纯度及性能产生影响。

② 超声分散法。超声波分散法是将需要处理的颗粒悬浮体直接置于超声场中,用适当频率和功率的超声波加以处理,是一种强度很高的分散手段。超声波分散的作用机理目前普遍认为与空化作用有关,超声波的传播是以介质为载体的,超声波在介质的传播过程中存在着一个正负压强的交变周期。介质在交替的正负压强下受到挤压和牵拉。当用足够大振幅的超声波来作用于液体介质保持不变的临界分子距离,液体介质就会发生断裂,形成微泡,微泡进一步长大成为空化气泡。这些气泡一方面可以重新溶解于液体介质中,也可能上浮并消失。实践证明,对于悬浮体的分散存在着最适宜的超声频率,它的值决定于被悬浮粒子的粒度。Sakka 等研究了 $ZrO_2 - Al_2O_3$ 双相组分混合料浆的黏度随超声时间的变化,其中加入适量聚羟酸盐为分散剂,超声频率为 20 kHz。研究结果表明,最好在超声一段时间后,停止若干时间,再继续超声,可以避免过热,超声中用空气或水进行冷却也是一个很好的方法。

超声波分散用于超细粉体悬浮液的分散虽可获得理想的分散效果,但由于能耗大,大规模使用成本太高,因此目前在实验室使用较多。但是,随着超声技术的不断发展,超声分散技术在工业生产中应用是完全可能的。

(2) 化学法分散纳米粉。

尽管物理方法可以较好地实现纳米粒子在水等液相介质中分散,但一旦机械力的作用停止,颗粒间由于范德瓦耳斯力的作用,又会相互聚集起来。要使纳米微粒分散,就必须增强纳米微粒间的排斥作用:① 强化纳米微粒表面对分散介质的润湿性,改变其界面结构,提高溶剂化膜的强度和厚度,增强溶剂化排斥作用;② 增大纳米微粒表面双电层的电位绝对值,增强纳米微粒间的静电排斥作用;③ 通过高分子分散剂在纳米粒子表面的吸附,产生并强化立体保护作用。

表面改性是指用物理、化学方法对粒子表面进行处理,有目的地改变粒子表面的物理化学性质,如表面原子层结构和官能团、表面疏水性、电性、化学吸附和反应特性等。可以改善纳米粉在基体中的分散性行为。纳米粉表面改性的方法有很多,如气相沉积法、机械球磨法等,但利用化学反应对纳米离子进行表面改性是最重要的一种方法。采用化学手段,利用有机官能团等使粒子表面进行化学吸附或化学反应,从而使表面改性剂覆盖在粒子表面。

有研究表明,在溶胶 – 凝胶过程中引入环氧乙烷失水梨醇单油酸酯(俗称"Tween 80")为表面活性剂,利用其调控正硅酸乙酯(TEOS)的水解缩聚反应过程,对溶胶胶粒表面进行修饰,可以有效地控制纳米粉体的团聚状态,所得到的莫来石粒子分散性好,不团聚。粒径在 30 ~ 50 nm 范围内,活性高。这是由于 TEOS 与 Al(NO₃)₃ 水解缩聚反应形成的铝硅酸溶胶粒子经 Tween 80 表面活性剂修饰后,其胶束结构不仅限制了溶胶胶粒自身的生成,而且在溶胶胶粒簇团的生长过程中起到了"导向"作用,形成不同空间构象的网络结构。图 10.17(a) 表明在溶胶形成早期没有加入表面活性剂的溶胶粒子会逐渐长大,形成的交联结构是无序化的,并且簇团粒度分布存在不均匀现象,而加入 Tween 80 的溶胶颗粒间的交联逐步形成由链状到树枝状的网络结构,并且簇团粒度分布均匀,如图 10.17(b) 所示。由此可见,Tween 80 在铝硅酸溶胶体系中对溶胶簇团的生长起到一定的调控作用。

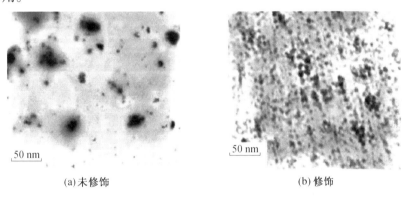

(a)未修饰　　　　　　　　　　　　　　(b)修饰

图 10.17　铝硅酸溶胶粒子的 TEM 照片

提高颗粒间斥力是稳定分散体系的关键所在,降低颗粒间引力,提高总势能位垒,阻止颗粒聚集,使用分散剂是抑制团聚的最好措施。它们在液相中有两个作用:一是吸附作用,降低界面的表面张力;二是胶束化作用,利用它们在固 – 液界面的吸附作用,形成一层液膜,阻碍颗粒间相互接触,同时降低界面的表面张力,从而减小毛细管的吸附力;并且还能通过库仑力及空间位阻作用,防止颗粒接触及产生排斥力,抑制团聚体形成。较常用的分散剂有醇类、酮类有机物、胺盐和明胶等。一方面,这些有机试剂在颗粒表面覆盖了一层不与水形成氢键的非极性基膜,起到了一定的空间位阻作用,阻止邻近颗粒因范德瓦耳斯力而相互靠近;另一方面,由于有机溶剂有着较低的表面张力,将减小干燥过程中因脱水而产生的毛细管力,使颗粒之间结合强度降低,从而消除了硬团聚。

例如,用乙二醇作分散剂,其原理是乙二醇的官能团取代了颗粒表面的羟基,还有一定的空间位阻效应,减少硬团聚。但是,采用有机物洗涤最大缺点是有机物洗涤量大,造成粉体制备成本高。在工业化生产中,可以采用回收有机洗涤剂或使用工业乙醇提纯的方法来降低成本。山东建筑大学为得到分散良好、抗团聚的纳米 Si_3N_4 悬浮液,用 PEG 作为分散剂,进行了沉降实验。研究了 Si_3N_4 纳米粉末分散性与悬浮液值、分散剂聚乙二醇(PEG)、分子及用量之间的关系。结果表明,所采用 Si_3N_4 纳米粉末等电位点在 pH = 5.5 附近,最佳分散条件为 PEG 相对分子质量为 4 000,分散剂的质量分数为 0.5% 及分散介质值为 9.5 ~ 10。分散前后粉体分散效果如图 10.18 所示。

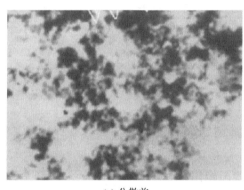 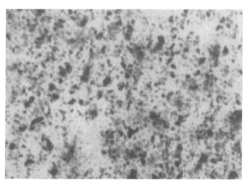

(a) 分散前   (b) 分散后

图 10.18 纳米 Si_3N_4 颗粒分散前后的效果

分散剂分散法可用于各种基体纳米复合材料制备过程中的分散,选择合适的分散剂来分散纳米微粒,则是目前研究得比较活跃的一个领域。但应注意,当加入分散剂的量不足或过大时,可能引起絮凝。因此,在使用分散剂分散时,必须对其用量加以控制。

近年出现的超分散剂,可以说是分散技术的一个飞跃。超分散剂克服了传统分散剂在非水体系中的局限性,与传统分散剂相比,有以下特点:① 在颗粒表面可形成多点锚固,提高了吸附牢固度,不易被解析;② 溶剂化链比传统分散剂亲油基团长,可起到有效的空间稳定作用;③ 形成极弱的胶束,易于活动,能迅速移向颗粒表面,起到润湿保护作用;④ 不会在颗粒表面导入亲油膜,从而不致影响最终产品的应用性能。通过基团转移聚合合成方法,合成出多种官能团的分子满足分散稳定的需要已成可能。大量性能优异的分散剂被发现、合成,这些分散剂大多数为大分子,对其稳定机理的研究也空前热烈。

(3)其他分散方法。

溶胶 – 凝胶法制备的颗粒由于胶粒之间的范德瓦耳斯引力大于双电层斥力并接近到一定程度时,即开始产生聚集,使得此法颗粒团聚现象难于避免。胶粒首先聚集形成聚集体,聚集体再次大规模聚集形成三维网络状凝胶,此若直接干燥,会形成非常坚硬、密实的硬团聚体,此种情况可以引入一定种类和数量的有机大分子作为胶体保护剂,使胶粒表面上形成稳定的大分子吸附层。外层包裹着一层大分子的胶粒时,由于吸附层的相互贯穿或压缩变形产生的斥力而呈现位阻稳定作用,从而抑制了聚集过程。另外,还可以通过调整 pH 来改善或消除团聚现象。由于 pH 可改变胶粒的 ζ – 电位,调整 pH,可使颗粒的 ζ – 电位提高,加大颗粒间的斥力,从而起到减少团聚的作用。莫来石、堇青石、氧化铝、氧化锆等可用此法制取粉体。粉体中加入改性剂或偶联剂对无机粉体进行包裹,使原本亲水性无机粉体变成亲油性,如氧化铝陶瓷添加油酸能收到良好效果。

液相法制粉体时,一般要多次水洗去除液相中残余杂质。但是,水洗后粉体存在严重的团聚,这时若用表面张力比水小的醇、丙酮等有机溶剂取代残留在粒子之间的水,便可减轻团聚程度。另外,在沉淀或洗净脱水时,加入有机大分子表面活性剂,如聚乙二醇,聚丙烯酸铵等,因有机大分子位阻效应也可起到减缓团聚的作用。合成纳米氧化锆时,$Zr_4(\mu-OH)_8-mH_2O$ 在脱水过程中,将会引起桥氧键的形成,如图 10.19 所示。这是造成纳米氧化锆硬团聚的主要根源。解决的办法是用 —OR 基来代替 —OH,就有可能避免桥氧键的形成。

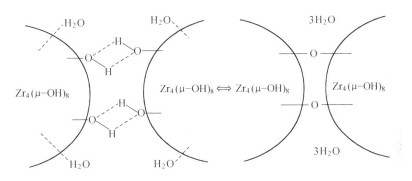

图 10.19　$Zr_4(\mu-OH)_8-mH_2O$ 在脱水过程中形成的桥氧键

冷却干燥处理也可实现纳米粉体的分散,即在低温、负压使冻成固相的原液相介质在负压下升华,以达到排除液相的目的。由于固相颗粒被冻住在原液相介质中,并且颗粒间的毛细管内不存在具有巨大表面张力的气-液界面,从而避免了因"液桥"造成的团聚。

此外,如共沸蒸馏、超临界干燥、液热法等都是有效避免硬团聚的方法,利用亲、疏水的基团修饰也可使团聚得到改善。纳米微粒分散技术的发展方向是:合成性能优异的分散剂,设计高效分散机械,提高分散后的粒子稳定性及有效分散体积和能量利用率,最终提高分散效果。同时,对纳米粉体的钝化、防聚结、密封包装加强管理,必要时亦可采用溶剂储存或直接成材的方法,解决其团聚问题。

10.2　纤维(晶须)的制备及应用

本节介绍的是光导纤维、碳纤维、有机纤维,金属纤维、晶须等。

10.2.1　光导纤维

1.石英光纤

石英光纤的组成以 SiO_2 为主,添加少量的 GeO_2、P_2O_5 及 F 等以控制光纤的折射率。它具有资源丰富、化学性能稳定、膨胀系数小、容易在高温下加工、具有的光纤性能不随温度而改变等优点。为了使其损耗尽量地小,要降低纤维过渡金属离子和羟基的含量,必须把制造玻璃用的各种原料极为小心地加以精制。在气体原料送入高温区后形成氧化物微粉并逐步沉积、加热堆积物便得到透明且具有既定折射率分布的母体,再由母体拔成细丝而制得光纤。根据玻璃的沉积状态,有如图 10.20 所示的三种典型制备方法。

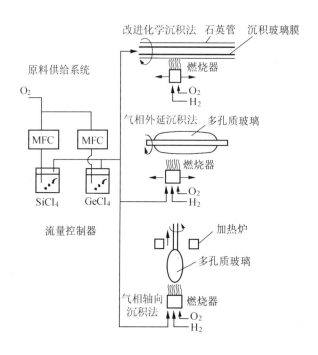

图 10.20 石英光纤母体材料的制备方法

改进的化学沉积法是在预先准备好的石英玻璃管外侧用氢氧焰加热到 1 200 ～ 1 400 ℃，并向管内吹进 SiCl$_4$ 等气体原料，同时有氧气送入，因此通过下列反应形成的氧化物粘在石英玻璃管的内壁上，并立即熔化形成玻璃膜 SiCl$_4$ + O$_2$ ——→ SiO$_2$ + 2Cl$_2$。氢氧焰沿管的轴向从原料气体喷射流的上游向下游反复移动，即形成与移动次数相等的沉积层层数的玻璃膜，通过控制每一玻璃层中的 GeO$_2$ 的添加量，即可构成既定的折射率分布。待玻璃膜沉积厚度约 1 mm 后，提高氢氧焰温度将石英管加热到 1 700 ℃，使其软化变成实心，便得到母材。

气相外延沉积法是将 SiCl$_4$ 等喷射入氢氧焰中，加水进行分解反应

$$SiCl_4 + 2H_2O \longrightarrow SiO_2 + 4HCl$$

形成的氧化物微粉沉积在耐高温的中心材料周围，用这种方法可获得类似于粉笔的多孔性玻璃体，然后取出中心棒材加热，便可得到透明母体材料。它的折射率分布也是通过控制每一玻璃层中 GeO$_2$ 等的添加量来调节的。

气相轴向沉积法与化学沉积法、气相外延沉积法沿径向进行玻璃沉积不同，它是沿轴向沉积的。它与气相外延沉积法相同之处都是用氢氧焰获得氧化物粉末，再将这些粉末用氢氧焰从石英玻璃棒下端面喷吹沉积而获得多孔的玻璃母体。通过安装在其上方的电炉加热到 1 500 ℃，便得到透明的玻璃母体。氢氧燃烧器中有数个喷吹原料的喷嘴，通过各个喷嘴分别喷吹各种适当组成的原料，一次即可沿径向形成折射率分布。

母体材料在石墨电阻炉内加热到 1 200 ℃ 后软化，由拔丝装置进行拔丝，可形成外径约为 125 μm 的光纤。包覆厚度约为 160 μm 的氨基甲酸乙酯和硅树脂包覆层，可减缓从侧面加在光纤上的各种载荷压力，还可以起到防止光损耗特性劣化的重要作用。氧化物

玻璃光纤除石英光纤外,还有多元氧化物,如 $SiO_2 - CaO - Na_2O$、$SiO_2 - B_2O_2 - Na_2O$ 等光纤,其中 SiO_2 为 40% ~ 70%(质量分数)。选定配方时,主要是能生成稳定状态的玻璃,具有优异的耐大气腐蚀和防水性能,容易获得高纯度的原料。多元氧化物光纤与石英光纤比,具有价格比较便宜,制造工艺和设备比较简单等优点,图 10.21 是制备多元氧化物光纤的双层坩埚法示意图。

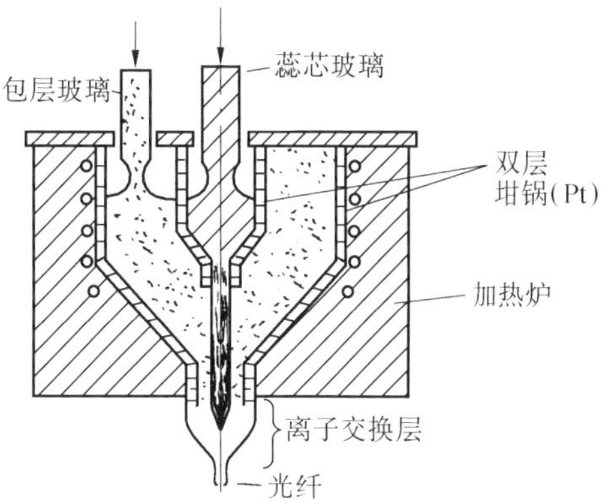

图 10.21　双层坩埚法制备多元氧化物光纤

将预先制备的具有既定组成的芯材与包覆层用的玻璃放入铂制的双层坩埚内,加热到 700 ~ 900 ℃,由下部拔丝而得到光纤。为了提高折射率,应加入 Tl(铊),使 $Tl \rightleftharpoons Na^+$ 在刚要纤维化前发生离子交换。与石英光纤相比,多元氧化物光纤的性能通常要差得多。

2. 非氧化物光纤

非氧化物光纤有氟化物玻璃、硫族化合物玻璃和卤化物晶体三类。与氧化物光纤相比,非氧化物光纤由重离子组成,熔点较低。离子间结合力很弱,对红外线长波域的吸收是其光损耗中材料固有损耗特性。

氟化物玻璃光纤基本组成为 $ZrF_4 - BaF_2 - LaF_3(GdF_3)$ 三元系,并添加 NaF、CsF、AlF_3、PbF_2 等。与氧化物玻璃相比,氟化物玻璃稳定性较差,有晶体析出的倾向,因此制备成均质、光散射小的光纤维有很大难度。从组成角度研究其稳定性,追求高纯度并降低其光损耗是当前的重要课题。主要采用母体法制备氟化物光纤,先将称量的原料投入金制坩埚内,在约 900 ℃ 下熔化,然后将熔体注入金属制的铸型中急冷,可得棒状玻璃体。它的拔丝方法与氧化物玻璃相同。

除氟化物外,还有用 $ZnCl_2$、$KCl - BiCl_2$、$ZnBr_2$ 等卤化物玻璃制备光纤,但在稳定性、耐潮解性等方面尚存在许多问题。硫族化合物玻璃光纤的典型例子,如 As - S 及 As - Se 等,它的原料必须是高纯的,其中 S、Se 要预先蒸馏提纯,As、Ge 可采用半导体工业的商品。在石英安培瓶内先合成具有既定组成比的玻璃,如 $As_{42}S_{58}$、$As_{38}Ge_5Se_{57}$ 等组成。晶体光纤有多晶与单晶两类。单晶光纤如 $CsBr$、CsI 是离子键晶体化合物,通常由熔体生长制成。多晶光纤以 $TiBrI$ 为代表,是通过加压使熔体由细直径管口挤出而形成的。晶体光纤在 1 ~ 10 μm 以上很宽的波长范围内是低损耗的,可用于波长为 12.6 μm 的 CO_2 气体激光的传送。

3. 聚合物光纤

聚合物光纤由高折射率的均匀塑料芯和低折射率的塑料涂层组成,其特点是质量轻、韧性好、接受光的能力强,但耐温较低,一般不超过 100 ℃,特殊处理后不超过 200 ℃,化学稳定性较差。一般用于制作聚合物光纤的材料有聚苯乙烯、聚甲基丙烯酸甲酯、聚碳酸酯。当波长为 0.3 ~ 0.6 μm 时,聚合物光纤的损耗是低的。它在汽车、飞机、通信等部门应用,尤其是大量用于仪器间连接等短距离通信。1982年日本采用重氮化技术制作聚甲基丙烯酸甲酯光纤,光的透过域可延伸到$0.9\ \mu m$,在$0.65\sim0.68\ \mu m$波段的光损耗已降至很小,是一种有希望的激光通信介质。

还有一类兼具成像作用的聚合物光纤,称为聚焦导光纤维,其焦距、像距、放大率都是纤维长度的周期函数,只要截取适当的长度就能得到放大或缩小、正立或倒立的实像或虚像。它主要以邻苯二甲酸二烯丙酯 – 甲基丙烯酸甲酯、二乙二醇双丙烯基碳酸酯 – 三氟乙基甲基丙烯酸酯等共聚物为材料制成。

10.2.2　碳纤维及无机纤维

1. 碳纤维

碳纤维相对密度小、强度高,其弹性模量比金属高2倍,抗拉强度比钢高4倍,比铝高6倍,达$3\sim4$ GPa,比强度是钢的16倍,是铝的12倍。碳纤维耐腐蚀性相当强,长期在水中使用不被腐蚀。一般在$-180\ ℃$下仍很柔软,$2\ 000\ ℃$以下仍保持原有强度和弹性模量,甚至在$3\ 000\sim4\ 000\ ℃$下,如无氧存在时也不受破坏,线膨胀系数很小,几乎接近于零;其导热系数也很小,且随温度升高而降低;是电的良导体,其导电性可与铜相媲美。根据性能不同,碳纤维可分为普通碳纤维、高强高模量碳纤维和石墨纤维三种。有机纤维不加张力的情况下在惰性气体或真空中经高温处理可制成普通碳纤维;而若在$2\ 000\ ℃$以下碳化并施加张力,使其不产生收缩,以保证分子有序排列,则制成高强度高模量的碳纤维;在$2\ 000\ ℃$以上高温可使有机纤维在惰性气体中碳化,便获得表面具有金属光泽、碳质量分数高达$98\%\sim99\%$,结构与石墨相似的石墨纤维。所用的有机纤维可以是人造纤维、聚乙烯醇、沥青等,但从价格和性能综合考虑,普遍采用的是聚丙烯腈(PAN)。图10.22与图10.23分别为碳纤维生产的工艺流程和制造过程中所发生的化学变化。

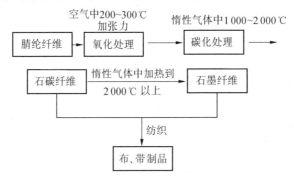

图10.22　碳纤维生产工艺流程

聚丙烯腈在$200\sim300\ ℃$的空气中加热时通过腈基闭环反应形成梯形聚合物,同时发生分解(产生NH_3、HCN、CO_2及腈化物等)、脱氢(产生H_2O)和附加氧的反应,变成黑化纤维。在惰性气体中进一步提高温度约$600\ ℃$时发生分子间缩合反应,伴随着H_2O、CO_2、NH_3等气体的释放。在$600\ ℃$以上进一步解离N_2或HCN得到排列较好的碳纤维。进而在$2\ 500\sim3\ 000\ ℃$高温下热处理,使晶体成长获得石墨纤维。近年以碳纤维为代表的先进复合材料在军用飞机、民用飞机的结构材料中获得广泛的应用。波音787的机身、

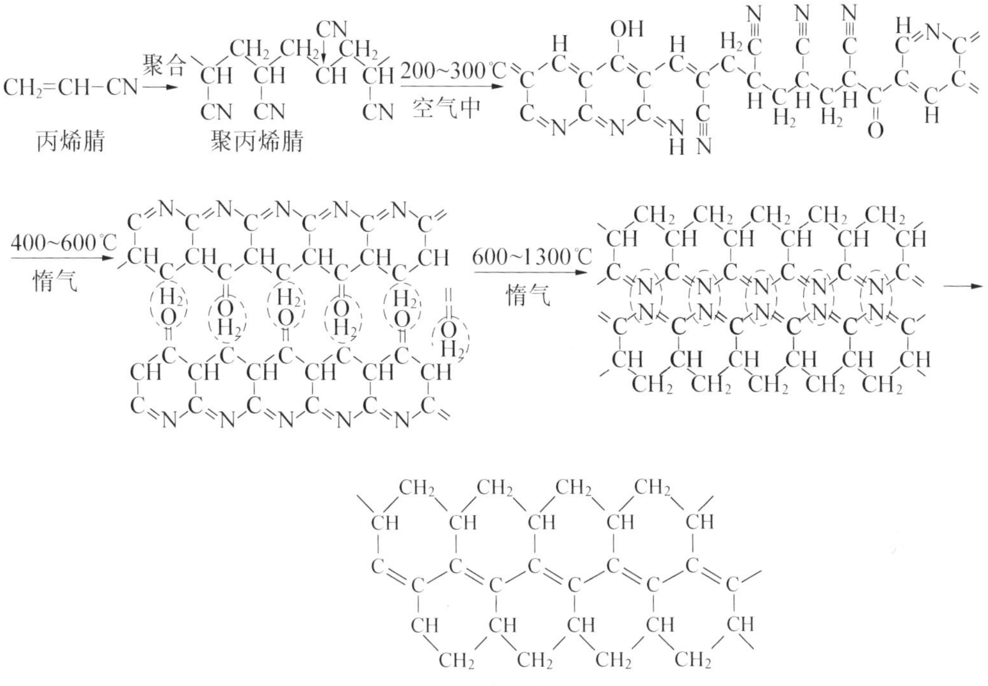

$$CH_2=CH-CN \xrightarrow{聚合}$$ 聚丙烯腈 $$\xrightarrow[\text{空气中}]{200\sim300\ ^\circ C}$$

丙烯腈　　　　　聚丙烯腈

$$\xrightarrow[\text{惰气}]{400\sim600\ ^\circ C} \qquad \xrightarrow[\text{惰气}]{600\sim1300\ ^\circ C}$$

碳纤维

图 10.23　碳纤维制造过程中所发生的化学变化

机翼、尾翼均为碳纤维增强塑料,如将油漆去掉,整个飞机均为黑色。

　　同传统碳纤维几微米的直径相比,还有一种直径非常细的纤维材料,这就是碳纳米管 (Carbon Nanotubes,CNT)。1991 年,日本 NEC 公司利用电子显微镜观察石墨电极直流放电的产物时,发现了直径为 4 ~ 30 nm、长达微米量级、管壁呈现石墨结构的碳纳米管。这是继 1985 年发现 C_{60} 后的又一令人振奋的发现。它具有比钢高 100 倍的抗拉强度,可以做成导体,是由单层或多层石墨片卷曲而成的无缝纳米级管状壳层结构。管直径一般为几纳米到几十纳米,管壁厚度仅为几纳米,像铁丝网卷成的一个空心圆柱状"笼形管"。长径比为 100 ~ 10 000。据报道,美国的科学家制造出了世界上最长的碳纳米管。这种纳米管呈阵列生长,每个碳纳米管长度略小于 2 cm,是其直径的 90 万倍。由于制备方法和条件的不同,碳纳米管的结构形态有所不同,根据管的长度、粗细度、螺旋形状和层数,存在多样的结构形式。主要区别在于碳纳米管的管壁有单层的,也有多层的,碳纳米管的管身有笔直的,也有弯曲的;多层碳纳米管的片层之间还存在一定角度的扭曲,称为螺旋角,因此碳纳米管还分螺旋形和非螺旋形两种。一个理想的单壁碳纳米管是由六边形碳原子环网格围成的无缝、中空管体,其两端通常由半球形的大富勒烯分子罩住,如图 10.24 所示。

图 10.24　单壁碳纳米管

由于 CNT 为纤维形状，又称为碳纳米纤维(Carbon Nanofibers,CNF)。它是石墨中一层或若干层碳原子卷曲而成的笼状"纤维"，内部是空的，外部直径只有几纳米到几十纳米，因此这样的材料很轻，但非常结实。它的密度是钢的 1/6，而强度却是钢的 100 倍。用这样轻而柔软又非常结实的材料做防弹衣是最好不过的了。它的拉伸强度是普通碳纤维的 2 ~ 3 倍以上(10 GPa)，弹性模量是 2 ~ 3 倍以上(800 GPa 以上)，有可能成为代替碳纤维的新的增强材料，故被称为超级纤维。它的优良性能有可能在电子材料、生物传感器、能源材料以及复合材料中获得广泛的应用。例如，由于碳纳米管的细尖极易发射电子，可用作电子枪，制成几厘米厚的壁挂式电视屏。还可制成极好的导线、微细的针具、理想的储能器件、极佳的隐形材料，以及催化剂和吸脱分离材料等。它还具有一个重要特性，即随着外加电压的变化，碳管的长度会有规律地伸展或收缩。利用这一特性科学家以碳纳米管为成分，研究出人造肌肉纤维，其伸缩性和灵敏度超过迄今的任何人造材料。据称，这种人造肌肉纤维不仅适用于人类的移植和修复手术，还可作为未来机器人的运动构件，或者作为高灵敏度传感器的材料。

目前制备碳纳米管的主要方法有三种：电弧放电法、催化裂解法和激光蒸发法。另外，还有用太阳能法制备单壁碳纳米管的。

(1)电弧放电法。

电弧放电设备主要由电源、石墨电极、真空系统和冷却系统组成。为有效地合成碳纳米管需要在阴极中掺入催化剂，有时还配以激光蒸发。在电弧放电过程中，反应室内的温度可高达 2 700 ~ 3 700 ℃，生成的碳纳米管高度石墨化，接近或达到理论预期的性能，但电弧放电法制备的碳纳米管空间取向不定、易烧结，且杂质含量较高。经过不断地探索总结出对碳纳米管的形成有较大影响的因素，即高电场强度是碳纳米管维持开口生长的重要因素，这可由大量纵向的烧结碳纳米管束的存在来解释；阴极表面存在一个降压鞘层，该层中的动力学机制在碳纳米管的生长过程中起主导作用。阴极表面附近的碳原子是碳纳米管沿长度方向生长和碳纳米颗粒生长的碳源；连续、均匀和稳定的等离子体有利于维持温度分布的均匀和稳定性，向阴极表面提供碳原子的连续性以及保持阴极表面等离子体鞘层中电场的稳定；采用平稳缓和的自维持放电过程使电流分散，能显著地消除碳纳米管之间的烧结，即稳定的放电状态是得到高产量、高质量碳纳米管的关键。采用旋转匀速推进的阴极(或阳极)能较好地改善放电条件，可连续稳定大规模地制备碳纳米管。

(2)催化裂解法。

催化裂解法是目前应用较为广泛的一种制备碳纳米管的方法。该方法主要采用过渡金属作催化剂，适于碳纳米管的大规模制备，产物中的碳纳米管含量较高，但碳纳米管的缺陷较多。催化裂解法制备碳纳米管所需的设备和工艺都比较简单，关键是催化剂的制备和分散。目前用催化裂解法制备碳纳米管的研究主要集中在以下两个方面：① 大规模制备无序的、非定向的碳纳米管；② 制备离散分布、定向排列的碳纳米管列阵。一般选用 Fe、Co、Ni 及其合金作催化剂，黏土、二氧化硅、硅藻土、氧化铝及氧化镁等作载体，乙炔、丙烯及甲烷等作碳源，氢气、氮气、氦气、氩气或氨气作稀释气，在 530 ~ 1 130 ℃ 范围内，碳氢化合物裂解产生的自由碳离子在催化剂作用下可生成单壁或多壁碳纳米管。

（3）激光蒸发法。

激光蒸发法是制备单壁碳纳米管的一种有效方法。用高能 CO_2 激光或 Nd/YAG 激光蒸发掺有 Fe、Co、Ni 或其合金的碳靶制备单壁碳纳米管和单壁碳纳米管束，管径可由激光脉冲来控制。Iijima 等人发现激光脉冲间隔时间越短，单壁碳纳米管产率越高，而单壁碳纳米管的结构并不受脉冲间隔时间的影响。用 CO_2 激光蒸发法，在室温下可获得单壁碳纳米管，若采用快速成像技术和发射光谱可观察到氩气中蒸发烟流和含碳碎片的形貌，这一诊断技术使跟踪研究单壁碳纳米管的生长过程成为可能。激光蒸发（烧蚀）法的主要缺点是单壁碳纳米管的纯度较低、易缠结。

2. 碳化硅纤维

结构吸波材料作为雷达吸波材料的一个重要分支，已倍受关注。美国的 F-117 隐身战斗轰炸机、B-2 隐身战略轰炸机和 F-22 隐身战斗机都大量采用了结构吸波材料。轻质、高强高模、耐高温且同时具备良好吸波性能的吸波纤维是当前吸波材料的研究方向之一。碳化硅（SiC）纤维具有高强度、高模量及优异的耐高温氧化性、耐化学腐蚀性等特性，而且 SiC 纤维自身是一种半导体材料，具有与玻璃纤维相近的介电常数和电阻率。通过改变原料组成或制备工艺条件可调节碳化硅纤维的电阻率，又具有与碳纤维相当的强度与模量，是碳纤维、芳纶等无法比拟的，是目前使用的增强材料中工作温度最高的，是高性能复合材料的理想增强剂。

美国 AVCD 公司利用化学气相沉积法使硅、碳同时沉积在钨丝上制出碳化硅纤维。日本碳化物公司以有机硅聚合物为原料，经热处理制出碳化硅纤维，如图 10.25 所示。

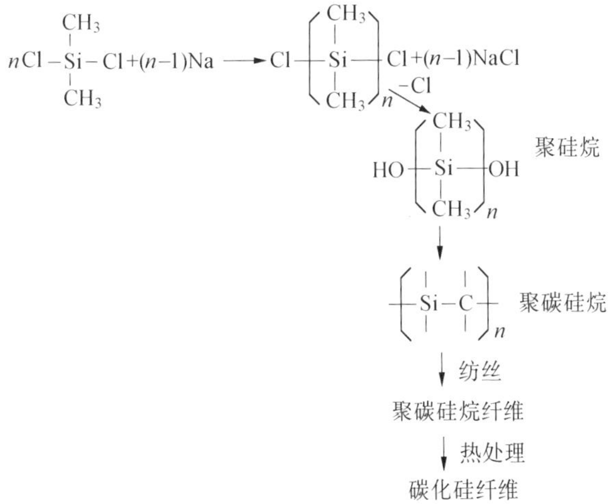

图 10.25　碳化硅纤维的制备反应

通过改变制备工艺条件，或通过物理或化学改性，可获得不同介电性能的 SiC 系列纤维。当 SiC 纤维的电阻率为 $10^1 \sim 10^3$ Ω·cm 时，对 X-波段的雷达波具有最佳吸收性能。日本碳化物公司已推出几种电阻率不同的 SiC 纤维；日本 UBE 工业公司制造的、商品牌号为"Tyranno"的 SiC 纤维也是一种具有吸波功能的陶瓷纤维。法国 Alore 公司制造的无人驾驶飞机大量采用了这种纤维。洛克西德公司用 SiC 纤维编织物增强铝板制造了

F - 22 的四个直角尾翼。用 SiC 纤维和聚醚醚酮纤维混杂增强的结构材料适宜制造隐身巡航导弹的头锥和火箭发动机壳体。由于 SiC 纤维的电阻率可调，可采用不同的铺层、编制及混杂方式获得具有一定电阻率梯度分布的结构吸波材料，因此结构设计上 SiC 纤维比其他纤维优越。由此看来，将力学性能优良且电阻率可调的 SiC 纤维应用到结构隐身复合材料中具有良好的前景，它能承受较长时间的高温冲击，这对现役飞行器的隐身化改造以及新一代武器装备耐高温部件的隐身设计具有重要意义。

3. 钛化合物系纤维

无机纤维常用的合成方法有烧结法、熔融法、水热法、助熔剂法和慢冷烧结法等。日本的清水纪夫发明的 KDC 法(Kneading - Drying - Calcination method) ，是在总结其他方法的基础上开发改进的一种新型合成方法。用这种方法合成的纤维结晶性好，适合工业化生产。

KDC 法制备 BaO - TiO$_2$ 系纤维的具体工艺，如图 10.26 所示。

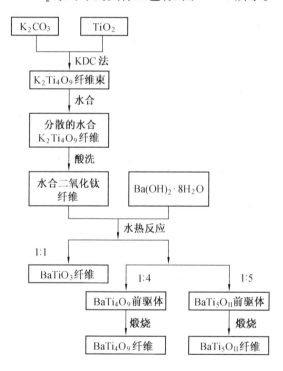

图 10.26 BaO - TiO$_2$ 系纤维的制备工艺流程

制备 K$_2$Ti$_4$O$_9$ 纤维，是以 K$_2$CO$_3$ 与 TiO$_2$ 为初始原料经 1 000 ℃，烧结 100 h 制出的四钛酸钾纤维，如图 10.27 所示。纤维的平均长度为 100 μm，直径为 2 ~ 5 μm，这种纤维的 TiO$_6$ 八面体通过共用边和角相互连接，在垂直纤维轴向构成了层状结构，因而其比表面积相当高，钛原子位于氧八面体的中心，而其发生的主要反应如下。

干燥过程中内部的 K$_2$CO$_3$ 水溶液向表面扩散，导致干燥物表面的 K$_2$CO$_3$ 浓度比内部略高，继续升温的反应

$$K_2CO_3 \xrightarrow{\leqslant 880 \ \text{℃}} K_2O + CO_2$$

同时发生

$$K_2O + 3TiO_2 \xrightarrow{\leqslant 880 \ \text{℃}} Y - phase(三钛酸钾)$$

反应。随着温度的升高,大量的 K_2CO_3 分解生成 K_2O,由于局部的 TiO_2 物料不充分,将有

$$K_2O + nTiO_2 \xrightarrow{\leqslant 880 \ \text{℃}} Amor \cdot A(L)(K_2O \cdot nTiO_2, n < 3)$$

随着温度升高,$Amor \cdot A(L)$ 继续与 TiO_2 作用转化为 Y 相,930 ℃ 后将有固相 $K_2Ti_4O_9(S)$ 与液相 $K_2O(L)$ 生成

$$Amor \cdot A(L) + TiO_2 \xrightarrow{\leqslant 930 \ \text{℃}} Y - phase$$

$$Y - phase \xrightarrow{930 \ \text{℃} < T \leqslant 1\ 114 \ \text{℃}} K_2Ti_4O_9(s) + K_2O(L)$$

将 KDC 法制备的 $K_2Ti_4O_9$ 纤维在蒸馏水中水合后酸洗,再用蒸馏水反复洗,将纤维滤出并干燥,可以得到均匀的水合二氧化钛纤维。纤维的平均长度为 50 μm,直径为 1 ~ 3 μm,酸洗前后纤维的形态没有发生改变,其形貌如图 10.28 所示。

图 10.27　$K_2Ti_4O_9$ 纤维的 SEM 照片　　图 10.28　水合二氧化钛纤维的 SEM 照片

水合作用和酸洗处理后,位于两个 TiO_6 层间的 K^+ 很容易溶脱出来。当 K^+ 完全溶脱后,即可获得具有层状结构的水合二氧化钛。水合二氧化钛的形成如下

$$K_2Ti_4O_9 + 2H^+ + 1.2H_2O \longrightarrow H_2Ti_4O_9 \cdot 1.2H_2O + 2K^+$$

水合二氧化钛也可写作 $TiO_2 \cdot 0.55H_2O$,呈白色,与 $K_2Ti_4O_9$ 纤维具有相同的层状结构,只是层间距略有增大,易转化为隧道结构(tunnel structure)。结合纤维的 DTA 和 XRD 曲线变化可知,在 40 ~ 120 ℃、120 ~ 250 ℃、300 ~ 450 ℃ 发生了三步脱水反应,分别为

$$H_2Ti_4O_9 \cdot 1.2H_2O \longrightarrow H_2Ti_4O_9 + 1.2H_2O$$

$$H_2Ti_4O_9 \longrightarrow 1/2H_2Ti_8O_{17} + 1/2H_2O$$

$$1/2 \ H_2Ti_8O_{17} \longrightarrow 4TiO_2(B) + 1/2H_2O$$

由于 $TiO_2(B)$ 纤维的 Ti - O 八面体层状结构和 $K_2Ti_4O_9$ 纤维相同,因此具有很高的表面活性,将其用于光催化臭氧化处理小分子含氯有机物,结果表明纤维 TiO_2 的处理效果与纳米 TiO_2 相当,而且解决了纳米二氧化钛难于回收的问题。

哈尔滨工业大学王福平等人用水热法将 $TiO_2(B)$ 与 $Ba(OH)_2 \cdot 8H_2O$ 按等物质量比混合,加入适量的水,140 ℃ 恒温 72 h,热水洗至 pH = 7 左右,干燥后得到纤维状 $BaTiO_3$,

如图 10.29 所示。经调节 TiO_2 纤维与 $Ba(OH)_2$ 的质量分数,在世界上首次合成了纤维状的 $BaTi_4O_9$、$BaTi_5O_{11}$,发生的主要反应如下。

水合二氧化钛也可粗略写作 $(H_3O^+,H^+)Ti_4O_9$,生成钛酸钡的反应如下

$$(H_3O^+,H^+)Ti_4O_9 + Ba(OH)_2 \longrightarrow BaTiO_3 + H_2O$$

对前驱体进行煅烧实验,水热法生成的 $BaTiO_3$ 与未反应的 TiO_2 在较低温度就开始相互作用,当温度进一步提高,$BaTi_4O_9$ 相大量生成,如图 10.30 所示,其反应如下

$$BaTiO_3 + 3TiO_2 \longrightarrow BaTi_4O_9$$

总之,利用纤维状 $K_2Ti_4O_9$ 为原料,可制得一系列钛化合物的纤维,特别是纤维状的四钛酸钡有望成为各向异性的微波介质材料。

图 10.29　$BaTiO_3$ 纤维的显微形貌

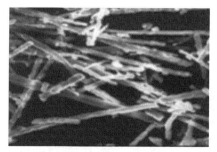

图 10.30　$BaTi_4O_9$ 纤维 1 000 ℃ 处理温度下的 SEM 图

4. 金属纤维及其他无机纤维

金属纤维有钨、钼、不锈钢、铝等,主要是利用拉丝加工制作而成。此外,熔融纺丝法、挤压法、析出法、冷却法等制造金属纤维的新途径也在积极探索着。一些超合金增强纤维也陆续被开发,如质量分数为 1% ~ 2% 氧化钍的钨纤维,含有微量氧化硅、氧化铝的钨纤维等。

氮化硼纤维是由 B_2O_3 玻璃纤维的氨气流中加热氮化而得。硼纤维是利用化学气相沉积法使 BCl_3 在氢气氛中释出硼,一般以硼纤维作芯线。为防止硼纤维在高温下与金属进行反应,有的还在硼纤维外表涂一层 1 ~ 2 μm 的碳化硅与碳化硼。美国杜邦公司将粒径小于 0.5 μm 的 $\alpha - Al_2O_3$ 制成料浆后,纺丝、烧结成直径为 20 μm 的 $\alpha - Al_2O_2$ 纤维,并在其表面涂一层 SiO_2。日本住友化学工业公司将铝的无机聚合体与硅化合物共熔于有机溶剂后,经纺丝、烧结得到由 $\alpha - Al_2O_3$ 超微粒子凝集而成的,SiO_2 质量分数为 10% 的氧化铝纤维。ICI 公司用铝盐和有机聚合物的混合溶液纺丝后,烧结成 SiO_2 质量分数为 5% 的氧化铝短纤维。美国 Tyco 公司由氧化熔融液拉出氧化铝单晶的连续纤维,直径为 250 μm,较其他氧化铝纤维粗,氧化铝纤维最大的特征是耐 1 300 ~ 2 000 ℃ 的高温,还兼备导热率低、相对密度小等氧化铝所固有的性质。

纤维与晶须在尺寸上没有本质的差别,但制作方法上晶须一般是从溶液、熔液、蒸气或固相中成长的直径为微米量级的针状或发状单晶,由于它接近理想晶体的理论强度,因而很受重视。金属晶须经常采用蒸发 – 凝结法制造,它是在真空或惰性气体气氛中使晶须原料升华或蒸发,然后在低温使其凝结成长。但是,对熔点高的氧化物等,此法难以实

现,并且效率不高。应用范围广泛的是化学反应法,它是使晶须原料(化合物)与炉内气体经还原反应长出晶须,如在 $FeCl_2 \cdot nH_2O$ 中加入 Fe_2O_3,通过氢的还原制得铁晶须。其他金属晶须也可通过还原卤化物而制得。$\alpha - Al_2O_3$ 晶须及 SiC 晶须通过卤化物的热分解而制得,而 B_4C、Si_3N_4、MgO 等的晶须也是通过相应的化学反应制得的。

10.2.3 芳纶纤维及表面改性

芳纶纤维是芳香聚酰胺纤维的统称,根据美国联邦贸易委员会的定义,芳纶纤维是一种由 85% 以上的酰胺键直接连接于芳香环的聚酰胺生产而合成的纤维。早在 20 世纪 60 年代,Monsanto 公司和 Du Pont 公司就各自独立地进行了高模量芳香纤维的研制,但 Du Pont 公司在 1971 年率先开发了商业化的对位芳纶纤维——Kevlar 纤维,并且始终在国际芳纶纤维的市场上处于领先地位。1967 年 Du Pont 就已推出结构为聚间苯二甲酰间苯二胺的耐热阻燃纤维,随后又研制成功了干喷湿纺的液晶纺丝技术,并使用该技术生产出全对位芳香聚酰胺(聚对苯二甲酰对苯二胺和聚对苯甲酰胺)纤维——Kevlar。为改进芳纶纤维的力学性能,采用其他的二胺为反应单体与对苯二甲酰氯进行聚合,或与对苯二胺和对苯二甲酰氯进行共聚。引入二胺的结构和对应的性能见表 10.8。

表 10.8 结构对芳纶纤维力学性能的影响

单体结构	质量比 ($a:b$)	拉伸强度 /GPa	拉伸模量 /GPa	延伸率 /%
H_2N——NH_2 H_2N——NH_2	11:89	1.95	125	5.3
H_2NCH_2——CH_2NH_2 H_2N——NH_2	32:68	2.59	117	4.9
H_2N————NH_2 H_2N——NH_2	20:80	3.14	344	—
$ClCO$——O—— $HOOC$——$COOH$	20:80	3.96	239	3.0
H_2N————NH_2 NHCO	—	3.19	284	3.9

续表 10.8

单体结构	质量比 ($a:b$)	拉伸强度 /GPa	拉伸模量 /GPa	延伸率 /%
$H_2N-\!\!\langle\ \rangle\!\!-SO_2\!\!-\!\!\langle\ \rangle\!\!-NH_2$ （含砜基芳二胺） $H_2N-\!\!\langle\ \rangle\!\!-NH_2$	20:80	3.27	127	4.9
$H_2N-\!\!\langle\ \rangle\!\!-O\!\!-\!\!\langle\ \rangle\!\!-NH_2$ $H_2N-\!\!\langle\ \rangle\!\!-NH_2$	10:90	0.97	56.8	4.5
	20:80	2.75	75.3	4.5
	50:50	3.48	79.2	5.0
	80:20	2.49	59.3	5.7
	100:0	1.62	41.4	4.6
$H_2N-\!\!\langle\ \rangle\!\!-S\!\!-\!\!\langle\ \rangle\!\!-NH_2$ $H_2N-\!\!\langle\ \rangle\!\!-NH_2$	30:70	2.04	53.6	4.2
	50:50	2.13	61.9	3.7
	70:30	1.95	60.2	3.5
	100:0	1.48	34.0	4.0
$H_2N-\!\!\langle\ \rangle\!\!-SO_2\!\!-\!\!\langle\ \rangle\!\!-NH_2$ $H_2N-\!\!\langle\ \rangle\!\!-NH_2$	30:70	1.91	—	3.4
	50:50	2.12	—	4.2
	70:30	1.89	—	3.8
	100:0	1.25	—	3.3
$H_2N-\!\!\langle\ \rangle\!\!-CO\!\!-\!\!\langle\ \rangle\!\!-NH_2$ $H_2N-\!\!\langle\ \rangle\!\!-NH_2$	30:70	2.08	—	3.7
	50:50	2.17	—	3.8
	70:30	1.84	—	3.5
	100:0	1.37	—	4.0
$H_2N-\!\!\langle\ \rangle\!\!-O\!\!-\!\!\langle\ \rangle\!\!-NH_2$	—	1.55	10.1	10.6

　　苏联曾进行芳纶纤维的研制和开发,在 Kevlar 纤维制成功不久,又推出了相应的聚对苯二甲酰对苯二胺纤维和聚间苯二甲酰间苯二胺纤维,随后又研制成功了 APMOC(由对苯二甲对苯二胺和含氮芳杂环结构的芳香酰胺单元聚合而成)。该纤维的力学性能高于 Kevlar,是当时报道的力学性能最好的有机纤维。但是,APMOC - Ⅱ 纤维也具有其他芳纶纤维的一些缺点,如易吸水、纤维微纤化、纤维表面呈惰性、与树脂基体的黏接强度低。因此,必须对其进行表面改性,使 APMOC 纤维优异力学性能得以充分发挥。对芳纶的表面改性主要有两方面:一是改变纤维的表面形态,依靠锁匙结构的物理作用提高纤维与基体间的相互作用;二是在纤维表面引入极性基团或活性基团,使纤维与树脂复合后,在纤维表面与树脂基体间产生极性相互作用甚至共价键合,增强纤维与基体之间的黏附性。

　　在芳纶纤维表面引入活性或极性基团的方法有两种:一种是通过芳纶纤维表面的苯环和酰氨基团等官能团进行化学反应;另一种是通过冷等离子体、电子束、紫外线等高能粒子的作用,在纤维表面直接引入活性基团,或利用这些高能粒子所产生的活性基、自由基等活性中心,进一步引发化学反应或接枝聚合。

1. 芳纶纤维的化学改性方法

芳纶纤维的化学改性方法是利用芳纶纤维表面的苯环和酰胺键进行取代、加成、水解等化学反应。

（1）基于苯环的取代反应。

Penn 等人采用硝酸或硝酸铵对 Kevlar – 29 纤维进行硝化处理,引入硝基然后再将硝基还原成氨基

改性后的表面形貌和表面能并未发生变化,虽然纤维的拉伸强度略有降低,但硝化后 Kevlar – 29 环氧复合材料的界面剪切强度则有了很大的提高。Penn 对硝化／还原后纤维表面的氨基进行了化学滴定分析,结果每 $100 \ nm^2$ 的纤维表面可引入 0.45 个氨基。R. Benrashid 等人同时还采用氯磺酸处理 Kevlar 纤维,通过纤维表面引入氯磺基,进一步转化为引入羟基、羧基和氨基等活性基团。

$$R_1 = -H, -CH_2CH_2NH_2, \text{—NH}_2, -CH_2COOH, -CH_2CH_2OH$$
$$R_2 = -CH_3, -CH_2CH_3$$

（2）基于酰胺键的反应。

酰胺键在酸碱的作用下可以发生水解反应,E. G. Chazi 发现室温下用 10% 的 NaOH 浸泡 Kevlar 纤维或水煮 50 min,就可使纤维表面的酰胺键水解,所生成的羟基和氨基的化学活性比苯环和芳酰胺键高,可进一步发生新的化学反应。A. I. Sviridenok 等人采用聚乙烯醇水溶液中的生物酶使聚对苯并咪唑（PABI）纤维表面的酰胺键水解成羧基和氨基,其中氨基被生物酶所消耗,而溶液中含有大量羟基的聚乙烯醇则与羧基发生反应接枝到纤维表面。

改性后的 PABI 纤维增强聚砜复合材料的界面剪切强度从 43.4 MPa 提高到 73.2 MPa,PABI 纤维增强聚碳酸复合材料的界面剪切强度从 45.2 MPa 提高到73.9 MPa。

另一种基于酰胺键的反应是采用异氰酸酯与酰胺键上的活泼氢发生接枝反应,在纤维表面引入高活性的异氰酸酯基团,再与水反应生成氨基。

Penn 通过这条反应路线对 Kevlar/ 环氧复合材料的界面进行设计,希望利用改性后纤维表面的氨基与树脂的环氧基团发生化学反应,进而提高复合材料的界面性能。

在基于酸胺键的芳纶纤维化学改性中,研究最为广泛的是 Na 金属反应,即采用二甲基亚砜的 Na 盐与酰胺键上的活泼氢反应生成阴阳离子时,这种阴阳离子对既可与卤代烃发生反应,将具有特定结构的官能团接枝到纤维表面,又可作为阴离子引发剂引发阴离子聚合。

RX: $C_8H_{17}Br$, $C_{18}H_{37}Br$, $CH_2=CHCH_2Br$, $HOOCCH_2Br$

单体: $CH_2=CH-C≡N$, $O=C-(CH_2)_5-NH$

Ravichandran 对接枝改性前后的 Kevlar – 49 纤维的表面张力进行了分析,发现丁烷和硅烷接枝后,纤维表面具有明显的疏水性;而二醇和环氧接枝后,纤维表面则具有亲水性。

2. 芳纶纤维的物理－化学改性方法

由于芳纶纤维表面的化学活性较低,因此利用冷等离子体、电子束、γ 射线等高能粒子对纤维表面进行活化改性。这里仅对冷等离子体改性进行介绍。

(1)冷等离子处理高聚物表面的化学反应。

冷等离子体是物质在外电场作用下,由电化学放电、高频电磁振荡、高能辐射等方法产生的电中性电离气体,电子的温度非常高,而气体的温度是常温或接近常温,因此称为冷等离子体(cold plasma)。从化学的角度来看,等离子体空间含有大量的反应活性中心,可以对所有的聚合物表面进行改性。在低真空状态下,从直流放电到微波放电等大范围的频率放电都可产生 plasma,其中无线电频率(13.56 MHz)的电子能量大约为 5 eV,而微波 plasma 中电子的能量更高,这个能量值与有机化合物原子间的键能值以及中性原子或分子的离子化能量值相吻合,可以激活高聚物的表面,使其进行接枝等化学反应。固体表面参与 plasma 化学反应归纳起来可分 4 类:

① A(s) + B(g) ——→ C(g)

② A(g) + B(g) ——→ C(s) + D(g)

③ A(s) + B(g) ——→ C(s)

④ A(g) + B(g) + M(s) ——→ AB(g) + M(s)

第①类反应表示气体 B 经辉光放电后与固体材料 A 反应,使其全部或表面的一部分形成挥发性生成物除去,即 plasma 刻蚀;第②类反应表示两种以上气体在 plasma 状态下相互反应,新生成的固体物质通常是以薄膜形式沉积在基片上,即 plasma 化学气相沉积;第③类反应表示 plasma 与固体表面反应并生成新的化合物,使固体表面性质发生显著变化,所以称为表面改性或表面处理;第④类反应表示固态物质 M 的表面起催化作用,促进气体的复合反应等。plasma 与高聚物表面的反应是前三类反应。通过这三类 plasma 化学反应,可产生如下作用。

① 对高聚物表面进行刻蚀,去除弱边界层;

② 粗化高聚物表面;

③ 在 plasma 中通过表面反应在高聚物表面引入特定的官能团,改善其表面的极性;

④ 在高聚物的表面形成交联层,使弱表面增强;

⑤ 在 plasma 处理气氛中加入可聚合性有机单体,利用 plasma 聚合法在材料表面被覆聚合膜。

(2)plasma 刻蚀。

使用刻蚀气体(etching gas),如 Ar、O_2、N_2、CO_2、空气等,对芳纶纤维表面进行清洗刻蚀,去除芳纶纤维表面的有机杂质。由于上述气体的 plasma 作用于纤维表面可产生活性中心,能够进一步在纤维表面引入羟基、羰基、羧基等极性官能团,提高纤维表面的润湿性能。Wei 等人对清洗后的 Kevlar－49 纤维表面进行 O_2 冷等离子体处理前后的纤维表面 XPS 分析表明,处理后纤维表面的原子比率 O/C 从 0.189 提高到 0.272,羧基的含量明显提高,同时还引入了少量的羟基,增强了纤维表面的润湿性能,对界面复合强度有明显改善。

（3）plasma 接枝。

将活性小分子涂敷于纤维表面，或采用活性气体（NH_3、H_2O）及可聚合性气体（脂肪胺、环氧丙烷、六甲基二硅烷等），对芳纶纤维表面进行 plasma 处理，在纤维表面引入氨基、羟基、环氧基等活性基团，进一步接枝或聚合。

（4）plasma 后反应。

冷等离子体后反应是对芳纶纤维进行 plasma 预处理，然后再进行接枝或聚合。Penn 采用 CH_3NH_2 plasma 处理 Kevlar 纤维，再与 1,6 - 己二异氰酸酯反应，并进一步水解生成氨基。

$$\left|\xrightarrow[\text{kevlar}]{CH_3NH_2 \text{ plasma}}\right| \longrightarrow -CH_2-NH_2 \xrightarrow{O=C=N-R-N=C=O}$$

$$\left|-CH_2-NH-\overset{\overset{O}{\|}}{C}-NH-R-N=C=O \xrightarrow{H_2O}\right| -CH_2-NH-\overset{\overset{O}{\|}}{C}-NH-R-NH_2$$

在 Kevlar 纤维表面引入高活性的氨基，但化学分析表明，改性的 Kevlar 纤维表面的氨基并未与环氧树脂基体发生反应，所以并未改善界面的结合强度。而 Saihi - mobarakeh 等人用 O_2 plasma 对 Kevlar 纤维表面进行处理。在纤维表面引入羟基，然后采用二醇、二胺和二酰氯在纤维表面接枝聚酰胺。

$$\left|\xrightarrow[\text{kevlar}]{O_2 \text{ plasma}}\right| -\overset{\overset{O}{\|}}{C}-OH+HO-CH_2CH_2OH \longrightarrow -\overset{\overset{O}{\|}}{C}-O-CH_2CH_2OH$$

$$\xrightarrow{ClC\overset{\overset{O}{\|}}{R_1}\overset{\overset{O}{\|}}{C}Cl, H_2NR_2NH_2} , \longrightarrow -\overset{\overset{O}{\|}}{C}-O-CH_2CH_2{\left(O-\overset{\overset{O}{\|}}{C}-R_1-\overset{\overset{O}{\|}}{C}-NH-R_2-NH\right)}_n$$

结果表明，当 Kevlar 纤维表面聚酰胺的聚合度为 150 时，改性后的 Kevlar/ 尼龙的复合材料的纵向拉伸模量提高 5%，横向拉伸模量提高了 15%。

10.3　膜的制备及应用

地球上的物质绝大多数是以混合物的形式存在的，天然存在的单纯物质少之又少。实践证明，将各种各样混合物进行分离和提纯是提高生产和改善生活的重要途径。而将混合物进行分离和提纯的主要工具就是膜，膜及其相关技术在自然界中扮演着越来越重要的角色。特别是 1960 年 Loeb 和 Sourirajan 用相转化工艺制备出具有实际应用价值的非对称醋酸纤维素反渗透膜，标志着膜实用化时代的到来。此后伴随着物理化学、聚合物化学、生物学、医学和生理学等学科的进一步发展，各种新型膜材料和膜分离技术不断出现，微滤膜、超滤及离子交换膜、电渗析、反渗透膜等先后进入工业化使用,膜分离技术在近30年取得了长足的发展。

10.3.1 膜的定义与分类

给膜下一个精确的完整的定义是很困难的,一种最通用的广义定义是"膜"为两相之间的一个不连续区间,能够分隔两相界面,并以特定的形式限制和传递各种化学物质。定义中"区间"用以区别通常的相界面。一种气体和一种液体之间的相界面,或一种气体和一种固体之间的相界面,它们均不属于这里所指的"膜"。

国际纯粹与应用化学联合会将膜定义为"一种三维结构,二维中的一度(如长度方向)尺寸要比其余两度小得多,并可通过多种推动力进行质量传递",该定义在原来定义的基础上强调了维度的相对大小和功能(质量传递)。

膜具有两个明显的特征:其一,膜必须有两个界面,通过两个界面分别与两侧的相(气相、液相或固相)接触;其二,膜应有选择透过性,膜可以允许相中的一种或几种物质透过,而不允许其他物质透过。选择性是膜的固有特性。

值得注意的是,上述定义没有涉及膜的结构或功能。膜可厚可薄,其厚度可以从几微米到几百微米;其结构可能是均质的,也可能是非均质的;可能是对称型的或非对称型的;可能是固体的或液体的;可能是中性的或荷电性的;可以是天然存在的,也可以是合成的。另外,膜传递过程可以是主动传递或被动传递。膜涉及多种物质和多种结构,也涉及各种不同的用途,因此其分类方法也有多种,以下介绍几种分类方法。

从相态上可分为固体膜和液体膜,根据固体膜的形态又分为平面膜、管状膜和中空纤维膜。

按膜的材料可分为生物膜和合成膜,生物膜是天然物质改性或再生而制成;合成膜又分为无机材料膜、有机高分子膜和仿生膜。

根据物理结构和化学性质可分为微孔膜、均质膜、非对称型膜、复合膜、荷电膜和液膜。

按膜的用途可分为气-固系统中用膜、气相系统中用膜、气-液系统中用膜、液-固系统中用膜、液-液系统中用膜和固-固系统中用膜。

根据膜的功能分为超过滤膜、反渗透膜、渗析膜、气体渗透膜和离子交换膜,其中只有离子交换膜是荷电膜,其余都是非荷电膜。

按膜的作用机理可分为选择渗透膜、吸附性膜、扩散性膜、非选择性膜、离子交换膜。

以下以膜的功能和结构特性进行分类并做简单介绍。

1. 反渗透膜

反渗透膜是指截留粒子粒径从零点几纳米到60 nm或截留分子量在500以下的膜。

2. 超过滤膜

超过滤膜是指截留位于粒子粒径在零点几纳米到60 nm或截留分子量在500以上乃至几万到上百万的膜。最常见的超滤膜是二醋酸纤维素膜,它和反渗透膜的成膜工艺相似,在成型后不需要额外的热处理。此外聚砜膜也是一种常见的超滤膜,具有良好的化学稳定性和热稳定性。超滤膜的分离物质的基本原理是让溶液中的无机离子、低分子量物质透过,截留大分子、高分子物质及胶体颗粒等。

需要指出,低压反渗透膜与超过滤膜并没有严格的区分界限,二者的截留粒子范围也有交叉,只是它们的成膜工艺不同。

3. 微孔膜

微孔膜是指具有截留粒子粒径 0.1 nm ~ 10 μm 的膜,表 10.9 是几种微孔膜的性质、制备及应用。

表 10.9 微孔膜的性质、制备和应用

膜材料	孔径尺寸/μm	制造过程	应用
硅酸盐金属或高分子粉末	1 ~ 20	挤压和粉末烧结	硅酸盐支撑膜多用于气体分离
均匀的高分子薄膜(PE、PTFE)	0.5 ~ 10	延展挤压成型的高分子	微孔过滤人造血液槽
均匀的高分子薄膜(PC)	0.02 ~ 10	径迹 - 刻蚀	微孔过滤
高分子溶液(CN、CA)	0.05	相转变	微孔过滤

4. 离子交换膜

离子交换膜是指具有迁移传递阴、阳离子功能的膜,例如,电渗析和隔膜电解析选用的膜,是膜状的交换树脂。它包括三个基本组成部分,即高分子骨架、固定基团及基团上可移动的离子。按其带电荷的种类不同主要分为阳离子交换膜和阴离子交换膜。阳膜是其膜体中含有带负电酸性活性基团,可以使阳离子通过而阻止阴离子,阴膜则与之相反。

5. 气体分离膜

气体分离膜是指具有选择透过某种或某几种气体的反渗透膜,如氮氧气分离膜就是让氧透过膜而使氮气被截留下来。

6. 液态膜

液态膜是由 3 ~ 5 μm 的液滴组成的膜,该膜可以镶嵌在支撑体上,称为支撑体液膜。液膜有两种形式,一种是以乳化状态存在于液相之中称为乳状液膜,以表面活性剂稳定薄膜;另一种是带支撑层的液膜,即将液膜填充于微孔高分子结构中。后者比前者稳定。两种方法都可用于有选择地分离移去重金属离子和有机溶剂,同时也用于气体分离 SO_2、CO_2 等,当前采用液膜方法分离 O_2、N_2 等。

7. 蒸馏膜

蒸馏膜是利用膜两侧温度不同,因而水蒸气分压不同作为推动力,使水蒸气由高温侧向低温侧传递而达到分离。蒸馏膜可以做成毛细管状的形式,膜的直径约 2 mm,在毛细管膜壁上有 0.2 μm 的微孔,在毛细管膜的腔内有高温浓水流动,外壁有低温淡水流动,膜内外温差一般不小于 20 ~ 25 ℃,此时膜内的水在蒸气分压推动下,通过膜孔向膜外低温侧传递,水蒸气经冷却变成水滴,从而达到淡化的目的。

8. 生物酶膜

把某种生物菌体或把有催化能力的酶镶嵌在膜上,或用膜把它们包裹起来而形成的膜称为生物酶膜。这种膜在生物工程中发挥着重要作用。

9. 渐放膜(控制释放膜)

这种膜能使膜内包裹的物质逐渐不断地通过膜向外定量释放出来。

10. 压渗析膜

这种膜自身带有阴阳离子,凭借压力使溶液中的阴阳离子分离出去。

10.3.2 膜分离过程的基本原理和特征

膜分离是在 20 世纪初出现,20 世纪 60 年代后迅速崛起的。膜分离是利用一张特殊制造的具有选择透过性能的薄膜,在外力推动下对混合物进行分离、提纯、浓缩的一种分离新方法。膜可以是固相、液相或气相。目前使用的分离膜绝大多数是固相膜。混合物之所以能被分离,是由于它们之间的物理或化学性质有所差异,利用这些差异将其分开。性质完全相同的物质是不能被分离的。性质越相近,分离就越困难,反之亦然。例如,水与油比较容易分开,水与乙醇就不易分开。这是因为水与乙醇都具有较强的极性(分子上都具有羟基),而油的分子上只有无极性的键。

1. 膜分离过程基本原理

膜分离过程以选择性透过膜为分离介质,它可以使混合物质有的通过有的留下。但是,不同的膜分离过程,它们使物质留下、通过的原理有的类似,有的完全不一样。

在膜分离过程中,通过膜相际传质过程基本形式,如图 10.31 所示。

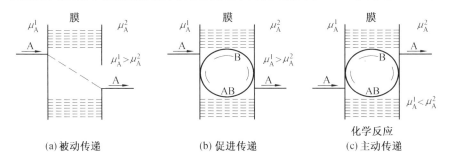

(a) 被动传递 (b) 促进传递 (c) 主动传递

图 10.31　通过膜相际传质过程基本形式示意图

图 10.31(a) 是最简单的形式,称为被动传递,为热力学"下坡"过程。所有通过膜的组分均以化学势梯度为推动力。组分在膜中化学势梯度,可以是膜两侧的压力差、浓度差、温度差或电势差。当膜两侧存在某种推动力时,原料各组分有选择性地透过膜,以达到分离、提纯的目的。图 10.31(b) 是促进传递过程,在此过程中,各组分通过的传质推动力仍是膜两侧的化学势梯度,各组分由其特定的载体带入膜中。促进传递是一种具有高选择性的被动传递。图 10.31(c) 为主动传递,与前两者情况不同,各组分可以逆其化学势梯度而传递,为热力学"上坡"过程。其推动力是由膜内某化学反应提供,主要发现于生命膜。

在以上三种传质形式中,以被动传质过程最为常见。这些被动传质过程有以压力差为推动力的超滤、微滤和反渗透,有以浓度差为推动力的渗析,有以电位差为推动力的电渗析,有以压力差和浓度差或化学反应相结合的渗透蒸发、乳化液膜等。主要膜分离过程的概况见表 10.10。

表 10.10 主要膜分离过程的概况

膜分离方法	目的或目的产物	推动力	分离机制	透过物	用膜类型
反渗透 （Reverse Osmosis，RO）	没有任何溶质的溶剂;浓缩溶液;溶剂脱溶质、含小分子溶质溶液浓缩	压力差	溶解－扩散 扩散－溶解	溶剂;可被电渗析截留组分	具有表层的非对称膜;复合膜
超滤 （Ultrafiltration，UF）	没有大分子溶质的溶液;溶液中的个别大分子溶质	压力差	筛分	小分子溶质	非对称型多孔膜
微滤 （Microfiltration，MF）	没有颗粒的溶液溶液脱粒子;气体脱粒子	压力差	筛分	溶液;气体	对称型多孔膜
电渗析 （Electrodialysis，ED）	没有离子的溶剂;有离子溶质的溶液浓缩;离子置换;电解质的分离	电位差	经过离子膜的逆向传递	溶质离子	离子交换膜
渗透蒸发 （Pervaporation，PVAP）	挥发性液体混合物分离;产品中可以浓缩或稀释不同组分	浓度差 分压差	溶解－扩散	液体组分;膜内易溶解组分或易挥发组分	均质膜;复合膜;非对称膜
渗析 （Dialysis）	溶液中大分子和小分子的分离	浓度差	扩散－溶解;筛分	小分子的物质	对称微孔膜
乳化液膜 （Emulsion Liquid Membrane，ELM）	液体混合物或气体混合物分离、富集、特殊组分脱除	浓度差 pH 差	促进传递和溶解扩散传递	在液膜相中高溶解度的组分或能反应组分	液膜

总体说来,分离膜之所以能使混在一起的物质分开,主要通过以下两种手段。

(1)根据混合物物理性质的不同,主要是质量、体积和几何形态差异,用过筛的办法将其分离。反渗透、超滤、微滤、电渗析为四大已开发应用的膜分离技术,用以分离含溶解的溶质或悬浮微粒的液体、溶剂和相对小分子溶质透过膜,相对大分子溶质被膜截留。图 10.2 是反渗透、超滤和微滤膜去掉水中固体颗粒的示意图。这些膜过程的装置、流程设计都相对较成熟,已有大规模的市场。

(2)根据混合物化学性质的不同,通过分离膜的速度取决于以下两个步骤的速度。首先是从膜表面接触的混合物中进入膜内的速度(称为溶解速度),其次是进入膜内后从膜的表面扩散到膜的另一表面的速度,二者之和为总速度。总速度越大,透过膜所需的时间越短;总速度越小,透过时间越久。溶解速度完全取决于被分离物与膜材料之间化学性

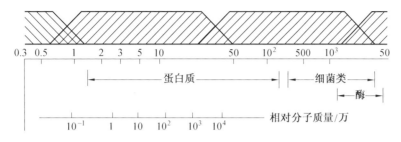

图 10.32　各种反渗透膜的节流区段

质的差异,扩散速度除与化学性质有关外还与物质的分子量有关。混合物质透过的总速度相差越大,则分离效率越高,反之,若总速度相等,则无分离效率可言。

各种膜分离过程的基本原理如下。

(1) 渗透和反渗透。

一种只透过溶剂而不透过溶质的膜,称为理想的半透膜。当把溶剂和溶液(或把两种不同浓度的溶液)分别置于此膜的两侧时,置于膜两侧的溶液通常会有以下4种状态。

① 平衡。当膜两侧溶液的浓度和静压力相等时,系统处于平衡状态。

② 渗透。假定膜两侧静压力相等,当把溶剂和溶液(或把两种不同浓度的溶液)分别置于此膜的两侧时,由于 $c_1 > c_2$,所以 $\pi_1 > \pi_2$,纯溶剂将自然穿过半透膜而自发地向溶液(或从低浓度溶液向高浓度)一侧流动,这就是以浓度差为推动力的渗透现象。

③ 渗透平衡。在渗透过程中,如果此系统不取走渗透过来的溶剂,那么最终就会呈现一流体静压差,以抵消溶剂向溶液方向流动的趋势,在此压差之下物质净传递量为零。这种状态被称为渗透平衡,相应的压差称为渗透压。渗透压的大小取决于溶液的种类、浓度和温度,而与膜本身无关。渗透平衡是一个动态平衡,此时仍有溶剂渗透过膜,但在两个方向上透过膜的流量的统计平均值大小相同。

④ 反渗透。人们提出了氢键理论、扩散 – 细孔流动理论、优先吸附 – 毛细孔流动理论、细孔理论和溶解扩散理论模型解释反渗透的原理,其基本原理如图 10.33 所示。

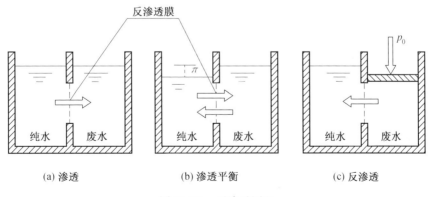

图 10.33　反渗透原理

如果在渗透实验装置的膜两侧施加一个压力差,并且大于溶液的渗透压差时,溶剂将与原来的渗透方向相反,溶剂将从溶质浓度高的溶液侧透过膜流向浓度低的一侧,这就是反渗透现象。反渗透的选择透过性与组分在膜中的溶解、吸附和扩散有关,因此除与膜孔的大小、结构有关外,还与膜的化学、物化性质有密切关系,即与组分和膜之间的相互作用密切相关。因此,反渗透过程必须满足两个条件:一是有高选择性和高透过率(一般是透水)的透过膜;二是操作压力必须高于溶液的渗透压。

(2)超滤。

超滤是介于微滤和纳滤之间的一种膜过滤,利用膜的"筛分"作用进行分离,膜孔径范围为 0.05 μm(接近微滤)～1 nm(接近纳滤)。

最简单的超过滤器的工作原理如图 10.34 所示,即在一定压力作用下,当溶液流过膜的表面时,溶剂和小分子溶质(如无机盐类)将透过膜,作为透过物被收集起来,大分子溶质(如有机胶体等)则被薄膜截留而作为浓缩液被回收,使大小不同的粒子得以分离。溶质的截留包括被机械地截留在过滤膜的表面上(筛分)、在膜孔中的停留(阻塞)和被吸附在过滤膜的表面上和孔中(基本吸附)。超滤膜的孔径较小,具有不对称结构,其皮层致密,因此流体阻力要大得多,一般操作压力为 0.1～0.5 MPa,比微滤略高。

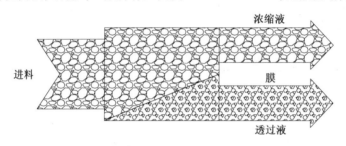

图 10.34 超过滤器的工作原理

(3)透析。

利用膜两侧溶质的自身浓度梯度从溶液中分离出小分子物质的过程称为透析或渗析。由于分子大小及溶解度不同,使得扩散速率不同,从而实现分离。透析的目的就是借助这种扩散速率的差,使两组分以上的溶质得以分离。浓度差是这种分离过程的唯一推动力。不容忽视的是,一般的透析过程在原则上与渗透相重叠,因此使原溶液浓度不断降低,过程的推动力也因此不断减小。如果通过渗透组分的不断传递获得很大的浓度梯度,那么用这种方法能够达到良好的净化效果。为得到较高通量,膜应尽可能薄,图 10.35 为透析过程示意图,其中原料流动方向和渗透物流动方向是相反的。透析过程的简单原理如图 10.36 所示,即中间以膜(虚线)相隔,A 侧通原液,B 侧通溶剂。如此,溶质由 A 侧根据扩散原理,而溶剂由 B 侧根据渗透原理相互进行移动,一般低分子比高分子扩散得快。

工业上利用透析从人造毛和合成丝厂的纤维素废液中回收 NaOH。最著名的应用例子还有对慢性肾病患者的治疗。在某些情况下,利用 Donnan 平衡可使透析的效果得以改善。

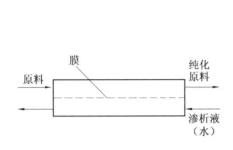

图 10.35　渗析过程

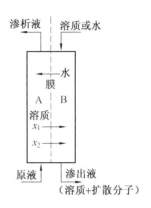

图 10.36　透析原理

（4）渗透蒸发。

渗透蒸发是膜技术中较新的一种,原理是液体混合物在膜的一侧与膜接触,其中易渗透组分较多地溶解在膜上,并扩散通过膜,在膜的另一侧气化并在真空条件下被抽出,从而得到分离的膜过程。正因为这一过程是由渗透和蒸发两个过程组成的,所以简称"渗透蒸发"。

渗透蒸发的推动力是液相通过的膜化学势梯度。它和反渗透有相似的传质过程,首先是易渗透组分分子溶解或吸附于膜上游表面,然后在某种形式的推动力下扩散通过膜,再从膜的下游脱附。它与反渗透不同的是渗透蒸发的膜下游是在负压系统中,透过物被惰性气流或在真空系统中汽化,并被冷凝收集,渗透蒸发的浓差推动力是反渗透的压差趋近无穷大时才能达到的值,即最大推动力。与反渗透相比,渗透蒸发要求连续的真空系统（或其他的气体吹除设备）及冷凝装置。

图 10.37 为渗透蒸发原理示意图,渗透蒸发区别于其他膜过程的最大特点是,由液相通过一个均匀的膜向蒸气相的物质传递,膜起到改变蒸气 - 液相平衡的作用。物质传递时出现相转变,相变的发生是因为渗透组分在下游侧的分压低于其相应的饱和蒸气压。因此,在操作过程中,必须不断加入至少相当于透过物潜热的热量,才能维持一定的操作温度。

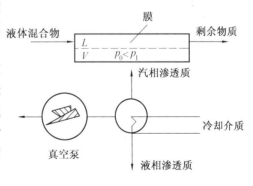

图 10.37　渗透蒸发原理

因此这种方法首先适用于不能采用精馏或者所需要的设备很庞大的场合,也即分离那些沸点很接近和有共沸点的有机物 - 水、有机物 - 有机物分离,是最有希望取代某些高能耗的精馏技术的膜过程。如在实验室规模上对二甲苯异构物的分离、对芳香物质和环烷的分离及对水 - 乙醇 - 共沸物等的分离,渗透蒸发均显示出很好的选择性。20 世纪 80 年代初有机溶剂脱水的渗透蒸发膜技术已进入规模化应用。

（5）液膜技术。

液膜是液体膜的简称,和固体膜相比液膜分离法具有选择性高和传质速率大的特点,因此被各界日益重视。

液膜是由悬浮在液体中一层很薄的乳液微粒构成的。乳液通常由溶剂(水或有机溶剂)、表面活性剂(乳化剂)和添加剂组成,其中溶剂构成膜的基体,表面活性剂含有亲水基和疏水基,它可以定向排列以固定油水分界面,使膜的形状得以稳定。通常膜的内相试剂与液膜不互溶,而膜的内相(分散相)与膜的外相(连续相)互溶,将乳液分散在第三相(连续相),就形成了液膜。液膜主要有两种形式,以乳化状态存在于液相之中,称为乳状液膜,以表面活性剂稳定薄膜;另一种是带支撑层的液膜,即将液膜填充于微孔高分子结构中。后者比前者稳定,两种方法都选择分离移去重金属离子和有机溶剂,同时也用于分离 SO_2 和 CO_2 等,采用液膜方法分离 O_2 和 N_2 等气体。

（6）微滤。

微滤是与常规的粗滤十分相似的膜过程。微滤膜的孔径范围为 $10 \sim 0.05 \ \mu m$。微滤又称"微孔过滤",是利用膜的"筛分"作用进行分离的过程,小于膜孔径粒子通过膜,大于膜孔的粒子则被阻在膜的表面上,使大小不同的粒子得以分离,其作用相当于过滤,由于微孔滤膜孔径相对较大,空隙率高,因而阻力小过滤速度快,实际操作压力也较低(1 ~ 2 标准大气压)。

微滤主要适用于对悬浮液和乳浓液进行截留。从气相和液相物质中截留微米及亚微米的细小悬浮物、微生物、微滤、细菌、酵母、红细胞、污染物等,以达到净化、分离和浓缩的目的,是目前应用最广的膜过程,使用方便。

（7）纳滤。

纳滤介于传统分离的超滤和反渗透之间,是新型的分子级分离技术,属压力驱动型膜过程。纳滤膜的孔径在纳米级,操作压力为 0.7 MPa 左右,最低的为 0.3 MPa,比超滤要高得多。

纳滤膜的一个明显特征是膜本体带有电荷性,其对无机盐的分离行为不仅受化学势控制,同时也受到电势梯度的影响,所以其确切的传质机理至今尚无定论。

纳滤膜与其他分离膜的分离性能比较,填补了超过滤与反渗透之间的空白,它能截留透过超滤膜的那部分小分子的有机物,透析被反渗透膜所截留的无机盐。由于无机盐能透过纳滤膜,使其渗透压远比反渗透膜的低。因此,在通量一定时,纳滤过程所需的外加压力比反渗透低得多。而在同等压力下,纳滤的通量则比反渗透大得多。此外,纳滤能使浓缩与脱盐同步进行。所以用纳滤代替反渗透时,浓缩过程可有效、快速地进行,并达到较大的浓缩倍数。它对相对分子质量大于 300 以上的有机溶质有 90% 的截留能力,对盐类有中等程度以上的脱除率。纳滤膜可用于软化水、水净化、相对分子质量在百级的物质的分离、分级和浓缩等。随着社会发展的需求,纳滤在饮用水净化、水质软化、染料、抗生素、多肽、多糖等化工和生物工程产物的分级和浓缩、脱色和去异味,甚至废水处理和资源回收等方面都会发挥越来越明显的作用。

2.膜分离技术的特征

在膜分离出现之前,已经有很多的分离技术在生产中得到广泛的应用。较常用的有蒸馏、吸附、吸收、萃取和深冷分离等。与这些传统的分离技术相比,膜分离具有以下特点。

①　膜分离由于分离膜具有选择透过特性,是一个高效的分离过程。

②　膜分离过程的能耗通常比较低,被分离物料加热或冷却的消耗很小,大多数膜分离过程都不发生"相"的变化,也没有相变化的化学反应。

③　在膜分离过程中,一些物质得到分离,另一些物质被浓缩,分离与浓缩同时进行。

④　多数膜分离过程是在室温下进行的,不会对热有敏感和对热不稳定的物质造成损害。

⑤　膜分离设备本身没有运动的部件,工艺适应性强,处理规模可大可小,工作温度又在室温附近,所以操作及维护方便,运行费用低,易于实现自动化控制。

⑥　根据膜的选择透过性和膜孔径大小不同,可以将不同性质的物质分离,同时物质的原有属性不会发生改变。

⑦　膜分离过程还具有附加值高、无毒、无公害、无污染、零排放等许多突出优点。

10.3.3　无机膜的制备

无机膜是指采用陶瓷、金属、金属氧化物、玻璃、硅酸盐、沸石等无机材料制成的半透膜。根据其表层结构不同分为致密膜和多孔膜。根据化学组成,无机膜有 Al_2O_3 膜、ZrO_2 膜、TiO_2 膜、SiO_2 膜等单组分膜,还有 Al_2O_3 – SiO_2 膜、SiO_2 – TiO_2 膜、TiO_2 – ZrO_2 膜和 Al_2O_3 – SiO_2 –TiO_2 等双组分和多组分膜。

无机膜的研究和发展始于20世纪40年代,可分为三个阶段:第一阶段,从铀同位素的分离,发展了气相膜分离技术;第二阶段,在1980—1990年期间无机超滤膜及微滤膜的发展,并成功地应用于液相体系的分离;20世纪90年代至今,无机膜的发展进入了第三阶段,即以气体分离应用和陶瓷膜分离器 – 反应器组合构件为主的研究阶段。在这一阶段无机膜的应用已扩展到食品工业、生物化工、能源工程、环境工程、电子技术等领域,同时,无机膜在气体分离、膜催化反应等领域也显示出广阔的发展和应用前景。

无机膜具有有机膜无法比拟的优点:孔径分布窄、分离效率高、过滤效果稳定;化学稳定性好,耐酸、碱、有机溶剂;耐高温,可再生或高温消毒灭菌;抗微生物污染能力强,适宜在生物医药领域应用;机械强度大,可高压反冲洗;无溶出物产生,不会产生二次污染,不会对分离物料产生负面影响;分离过程简单,能耗低,操作简单;使用寿命长等特点。由于无机膜与有机膜相比,具有很好的物理和化学方面的优点,因而在许多领域得到了广泛的应用。目前无机膜的研究主要在膜的制备、膜的应用、膜催化反应。本节主要介绍无机膜的制备技术。

无机膜的制备技术涉及化学工程及材料学科方面的理论和方法,像材料学科中的胶体化学与表面化学、粉体工程、材料化学、固态离子学、材料加工工程等。

1. 溶胶 – 凝胶法

以金属醇盐及其化合物为原料,在一定介质和催化剂存在的条件下,进行水解 – 缩聚反应,使溶液由溶胶变成凝胶,再经干燥、热处理而得到合成材料的方法称为溶胶 – 凝胶法。溶胶 – 凝胶法是合成无机膜的重要方法,主要用于制备超滤膜和微滤膜。目前材料科学家对此法均产生浓厚兴趣,其原因不仅在于这种工艺可以制得孔径小(1.0 ~ 5.0 nm)、孔径分布狭窄的膜,而且还在于许多单组分和多组分金属氧化物膜都可用这种工艺制得,例如,Al_2O_3、TiO_2、SiO_2、ZrO_2、Al_2O_3 – CeO_2、TiO_2 – SiO_2 SiO_2 – ZrO_2、TiO_2 – ZrO_2 膜等。这种膜作为控制层既可用于超滤和气体分离,经修饰后也可作为催化膜用于膜反应器,充分显示出溶胶 – 凝胶法的广泛应用前景。

溶胶 – 凝胶法是将金属有机化合物前驱体溶于溶剂(水或有机溶剂)中形成均匀的溶液,溶质与溶剂产生水解或醇解反应,反应生成物聚集成几纳米左右的粒子并组成溶胶,如 ① 和 ② 所示。

① 水解反应。金属醇盐 $M(OH)_n$(n 为金属 M 的原子价) 与水反应,如

$$M(OR)_n + xH_2O \longrightarrow M(OH)_n(OR)_{n-x} + xROH$$

反应可延续进行,直至生成 $M(OR)_n$。

② 缩合反应。可分为失水缩合(a) 和失醇缩合(b)

$$(a)...M...OH + OH...M \longrightarrow ...M...O...M + H_2O$$

$$(b)...M...OH + OH...M \longrightarrow ...M...O...M + ROH$$

反应生成物是各种尺寸和结构的溶胶粒子。溶胶经干燥后得到凝胶,凝胶在一定的温度下烧结即可得到无机膜材料。

溶胶 – 凝胶工艺按起始原料是金属盐还是烷基氧化物可分为两条主要路线,其技术分别称为胶溶法(DCS) 和分子聚合法(PMU)。前者是通过无机盐、金属氧化物或氢氧化物(也可以是烷基氧化物) 完全水解后产生的无机水合金属氧化物,与电解质进行胶溶形成溶胶;后者是通过控制烷基氧化物水解和聚合反应形成溶胶。 其工艺流程如图10.38 所示。

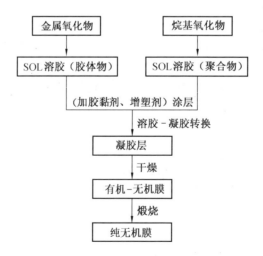

图 10.38　溶胶 – 凝胶法制无机膜工艺过程

溶胶 – 凝胶法制备无机膜方法简单,不需特殊设备,厚度可通过反复涂膜控制。此技术的难点是溶胶的制备严格,受许多因素限制,干燥、煅烧难以控制,易开裂、易剥落。涂膜时,溶胶渗入深度难以掌握,容易阻塞基体管的孔道,造成阻力大,渗透量小。孔的大

小由凝胶(胶体)的原始颗粒大小控制,焙烧过程会影响孔径,孔径一般为几纳米,难以再小。

2. 固态粒子烧结法

固态粒子烧结法是将无机粉料微小颗粒或超细颗粒(粒度 0.1 ~ 10 μm)与适当的介质混合分散形成稳定的悬浮液,成型后制成生坯,再经干燥,然后在高温(1 000 ~ 1 600 ℃)下进行烧结处理。这种方法不仅可以制备微孔陶瓷膜或陶瓷膜载体,也可用于制备微孔金属膜。固态粒子烧结法的工艺流程如图 10.39 所示。

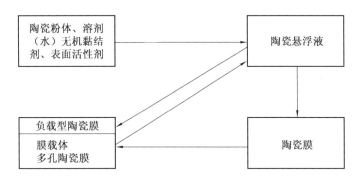

图 10.39 固体粒子烧结法制备多孔陶瓷膜及膜载体

在固态粒子烧结法制备基质膜过程中,影响膜的质量因素颇多,主要有粉体的制备及分级、成型方法及干燥和焙烧条件等。

在固态粒子烧结法中,焙烧温度是影响膜性能的最重要因素。烧结的推动力主要取决坯体表面能和晶粒界面能。在高温下,坯体中粉料颗粒释放表面能形成晶界,由于扩散、蒸发、凝聚等传质作用,发生晶界移动和晶界的减少,以及颗粒间气孔的排除,从而导致小颗粒减少。由于许多颗粒同时长大,一定时间后必然相互紧密堆积成多个多边形聚合体,形成瓷坯的组织结构。

对焙烧过程的研究表明,随着焙烧温度的升高,平均孔径、孔隙率及渗透速率均下降,只是机械强度随焙烧温度的升高而增加。由此可见,膜孔结构和机械强度是相互矛盾的因素。在制备过程中,既要有良好的孔结构,也要具有一定的机械强度,必须很好地选择和确定焙烧温度。

3. 化学气相沉积法

化学气相沉积(Chemical Vapor Deposition,CVD)法可以在相对较低的温度下沉积元素或化合物,近年来 CVD 技术用于无机膜的制备研究也很多。其原理是把含有构成需要元素的一种或几种化合物、单质气体供给载体,借助气相作用,在载体表面通过化学反应生成相应的薄膜。这种化学制膜方法完全不同于物理气相沉积(Physical Vapor Deposition,PVD)法,后者是利用蒸镀材料或溅射材料来制备薄膜的。

CVD 法是建立在化学反应基础上的,其反应式为

$$aA(g) + bB(g) \longrightarrow cC(s) + dD(g)$$

从以上的实例可以看出,化学气相沉积必须满足以下 3 个基本条件。

① 在沉积温度下,反应物必须有足够高的蒸气压。如果反应物在室温下全部为气态,沉积装置就比较简单;如果反应物在室温下挥发性很小,就需要对其加热,使其挥发并用载气把它带入反应室。

② 反应生成物除需要的沉积物为固态外,其余都必须是气态。

③ 沉积物的蒸气压要足够低,以保证在整个沉积反应进行过程中,能维持在加热的载体上。

图 10.40 为化学气相沉积法原理,其工艺过程包括气相反应物的形成、气相反应物传输到沉积区域和固体产物从气相中沉积于衬底,其主要步骤有:

① 反应剂被气体引入反应器后,在基体材料表面附近形成边界层,然后在主气流中的反应剂越过边界扩散到材料表面。

② 反应剂被吸附到基体材料表面,并进行化学反应。

③ 化学反应生成的固态物质,即所需要的沉积物,在基体材料表面成核,生长成薄膜。

④ 反应气相产物离开基体材料表面,扩散回到边界层,并随输运气体排出反应室。

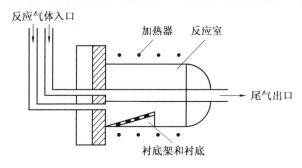

图 10.40　化学气相沉积法原理

CVD 法影响沉积的因素颇多,除反应动力学及扩散速率外,实验条件如沉积方式、载体孔径、载体温度、载体大小及形状、载体压力降、反应物浓度等,均对沉积结果产生影响。而沉积层的厚度更受到沉积时间、沉积次数、沉积温度和载体孔径的控制。上述影响因素之间又互有联系和影响。

化学气相沉积法的优点是:原料易得,对易挥发物质易精制提纯,生成物纯度高;生成颗粒分散性好;反应条件易控制,孔径、颗粒大小易控制。与溶胶 - 凝胶法相比,该法不用煅烧,膜可以很薄,孔径可小于 2 nm,主要用于膜的修饰。此技术的缺点是:设备装置和工艺复杂,沉积速度、反应条件、动力学有待深入研究,若物质汽化或升华温度太高,流程不易控制。

4. 阳极氧化法

阳极氧化法是目前制备多孔 Al_2O_3 膜的重要方法之一。其特点是用该法制备的膜的孔径是同向的,几乎互相平行并垂直于膜表面,是其他方法难以达到的。

阳极氧化过程的基本原理是以高纯度的合金铝箔为阳极,并使一侧表面与酸性电解质溶液(如草酸、硫酸、磷酸)接触,通过电解作用在此表面上形成微孔 Al_2O_3 膜。其反应

过程为

$$2Al + 3H_2O \longrightarrow Al_2O_3 + 6H^+ + 6e^-$$

金属的溶解反应为

$$Al \longrightarrow Al^{3+} + 3e^-$$

氧化物 Al_2O_3 的溶解反应为

$$Al_2O_3 + 6H^+ \longrightarrow 2Al^{3+} + 3H_2O$$

在薄膜形成初期,金属的溶解和电化学氧化反应同时发生。溶解反应产生金属离子和水,电化学氧化在金属表面形成氧化物薄膜。金属的活性溶解停止。这时,在绝缘性金属氧化膜中,通过金属离子和电子穿行,在膜的表面继续形成金属氧化膜。为了通过离子的穿行继续形成金属氧化膜,必须外加很强的电场。测量结果表明,所需要的电压大约是 7×10^6 V/cm。氧化膜的生成与溶解同时进行。氧化初期,膜的生成速度大于溶解速度,膜的厚度不断增加,随着厚度的增加,其电阻也增大,结果使膜的生长速度减慢,一直到与膜溶解速度相等时,膜的厚度才为一定值。氧化膜的生长过程如图 10.41 所示。

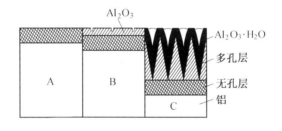

图 10.41　氧化膜生长过程

然后用适当方法除去未被氧化的铝载体和阻挡层,便得到孔径均匀、孔道与膜平面垂直的微孔 Al_2O_3 膜。

20 世纪 60 年代末,Diggle 等就指出,阳极氧化膜的微孔孔径与所用的酸性电解质密切相关,当电解质分别为硫酸、草酸和磷酸时,Al_2O_3 膜的孔径分别为 10.0 nm、20.0 nm 和 30.0 nm。另外,除了电解质对所得膜孔径尺寸有影响之外,温度、电压、浓度和氧化时间也对其有影响。不同电解质氧化时使用的工艺条件也不相同,见表 10.11。这是因为硫酸的刻蚀过程是缓慢的,孔的直径将会由于化学溶解而变大,为此硫酸和草酸溶液的温度分别保持在 0 ℃ 和 15 ℃,而其质量分数则分别为 20% 和 4%。表 10.12 为分别用硫酸和草酸作电解质时所得膜的参数,结果和 Diggle 等所得结果一致。

表 10.11　不同电解质使用的工艺条件

电解质	工艺条件			
	质量分数 /%	温度 /℃	电压 /V	阻挡厚度 /nm
硫酸	20	0	20	20
草酸	4	15	60	60

表 10.12　分别用硫酸和草酸作电解质时所得膜的参数

参数	硫酸膜	草酸膜
晶格大小 /nm	50	140
孔径 /nm	10 ~ 12	20
空隙率 /%	4.8	1.1
表面孔密度 /cm^{-2}	4.6×10^{10}	5.9×10^{9}

　　铝的多孔型膜作为超微过滤介质的研究在国外已获重大进展。众所周知,氧化膜的孔径和结构可以通过阳极氧化的工艺参数来控制,孔径在 10 ~ 250 nm 之间,孔的密度可达10^8 ~ 10^{11} cm^2。而膜厚可以超过 100 μm,因此在超微过滤方面成为多孔型无机物膜的理想材料。其关键是如何将多孔膜与金属基体分离开来。分离过程可在相同电解液中进行,并采用控制电压下降来实现。

5. 热分解法

　　热分解法是在惰性气体保护或真空条件下,高温热分解热固性聚合物,如纤维素、酚醛树脂、聚偏二氯乙烯等,可制成碳分子筛膜(Molecular Sieve Carbon Membrane, MSCM)。碳分子筛膜由于其孔径大小与气体分子尺寸相近、气体因分子大小不同而被分离,因此有极高的选择性。

　　热分解法制备碳分子筛膜的工艺过程主要由两个步骤组成。第一步是将聚合物制成膜,然后在惰性气体中加热分解,在裂解过程中高分子键断裂并释放出小的气体分子,使膜成为多孔性物质,但这过程中制得的膜的气体渗透性很差;第二步是在氧化气氛中进行活化或氧化烧蚀,其目的是将封闭的孔打开,活化条件不同,就可以制得不同孔径分布的碳分子筛。热分解制备碳分子筛过程中影响因素主要有:有机前驱体的种类、活化过程的工艺条件和热分解工艺参数等。

　　制备无机膜还有一些其他的方法,如化学提取法、原位合成法、炭化法。可根据制膜材料、载体的结构、膜的用途选择不同的制备方法。

10.3.4　有机膜的制备

　　有机膜是由高分子材料合成的,如醋酸纤维素、芳香族聚酰胺、聚醚砜、聚丙烯、聚氟聚合物等。有机膜的占有率为 80% 以上。虽然有机膜存在热稳定性差、机械强度差、化学稳定性差、不耐腐蚀、基本不能再生等弱点,但是其具有制备简单、工艺成熟、成本低、膜产品可塑性大、取材容易、膜组件的装填密度高等优点。例如,在含油废水的处理中,不需投加药剂,所以二次污染小;不产生含油污泥,浓缩液可以焚烧处理,后处理费用低;分离过程耗能少,分离出水含油量低,处理效果好等优点吸引着人们不断对其开发利用。以下主要介绍醋酸纤维素及其衍生物膜、非对称膜、复合膜和荷电膜的制备方法。

1. 醋酸纤维素及其衍生物膜的制备

　　纤维素是资源丰富的天然高分子化合物,天然纤维素的结构中每个重复单元含有 3 个游离醇羟基(1 个是伯羟基,2 个是仲羟基),因此使纤维素具有高度亲水性,而且能顽固地保持水分,所以纤维素是很好的也是用得最早的反渗透和超滤膜材料。由于结晶度很高,天然纤维素加热直至分解也不溶融,难于加工,特别是天然纤维素抗氧化能力差,易水解、压密,抗微生物侵蚀能力也较弱,因此人们利用纤维素中羟基的化学反应(如酯化、醚化等),破坏氢键,可获得改性纤维素系膜材料,如三醋酸纤维素(Cellulose Triacetate, CTA)、醋酸丙酸纤维素(Cellulose Acetate Propionate,CAP)、再生纤维素(Regenerated Cellulose,RCE)等。

醋酸纤维素及其衍生物反渗透膜的制备工艺如图 10.42 所示。

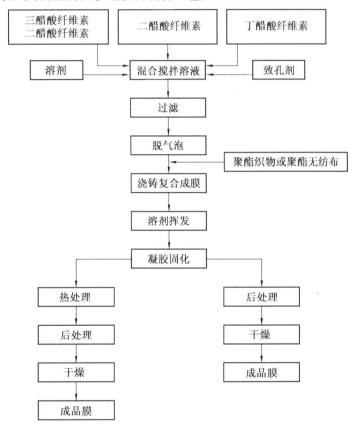

图 10.42　醋酸纤维素及其衍生物反渗透膜的制备工艺

上述每一步工序对膜性能都有很大的影响,如在成膜条件相同的情况下,制膜液组成不同,膜的微观结构和性能也不同,因此选择适宜的聚合物、溶剂、致孔剂及其配比是制备性能优良膜的关键。同一制膜液在不同的条件下成膜,膜的性能差别极大。如成膜环境的温度、湿度、气体性质、凝胶条件、成膜速度、进水角度等都会影响膜的性能,热处理条件和干燥条件对膜性能影响也很大。所以,制膜时要较好地考虑这些因素的影响。

2. 非对称膜的制备

第一张成功的海水淡化用反渗透膜就是用相转化法制备的非对称醋酸纤维素膜,非对称膜的出现大大地促进了膜技术的发展。

制备非对称膜,首先是含有聚合物 – 溶剂 – 添加剂的制膜液的制备,然后将制膜液在玻璃板上展开成一薄的液层,放置一定时间使溶剂蒸发,将液层浸入水中,使之凝胶成聚合物固态膜。若要使膜孔径更小,可将膜进行热处理或压力处理,最终得到所需性能的膜。

制膜液中聚合物的质量分数太小时膜强度差,太大时聚合物溶解状态不佳,因此制膜液中聚合物的质量分数在10% ~ 40%为宜。在制膜液中,聚合物的大分子呈相互交织的、有大量孔隙的网络状态,且这种网络聚集体的胶束有一定的大小。添加剂对所成膜的性能影响极大,因为它们的用量和性质决定了上述制膜液的结构(当溶剂固定时),也就是初生态膜的结构。

蒸发阶段主要是溶剂蒸发,高聚物则在表层浓缩甚至沉淀,下层的溶剂向表层扩散,从而形成膜横断面的浓度梯度。溶剂蒸发速度与制膜液的组成与环境条件有关。

在凝胶阶段膜浸入凝胶中,溶剂和添加剂从膜中被漂洗出来,这是一个双扩散过程,其交换速度和聚合物的沉淀速度决定了膜中孔的结构,这与凝胶液的组成、温度和制膜液成分有关。

3. 复合膜的制备

复合膜是用坚韧的材料制备支撑基体,用高脱盐的材料制备超薄层而形成的膜材料,这种膜可以克服过渡层易被压密的缺点。制备复合膜的方法有稀溶液中拉出法、水面形成法、溶液涂布法、就地聚合法、界面聚合法及等离子聚合法等,其中就地聚合法和界面聚合法用得多,而界面聚合法用得最广。

就地聚合法是将聚砜支撑膜浸在一定浓度的预聚体中,取出滴干,于一定温度下反应一段时间而成。界面聚合法是将聚砜支撑膜先浸入一定浓度的单体中,取出滴干,再将该膜浸入一定浓度的另一单体中反应一定时间,取出干燥或涂以保护层。聚砜支撑膜是通过第一单体槽,吸附第一单体后经初步干燥接着进入第二单体槽,反应生成超薄复合膜,再经洗涤和干燥后,则得到成品复合膜。

4. 荷电膜的制备

荷电膜包括离子交换膜、荷电渗析膜、荷电反渗透膜、荷电超滤膜和荷电微孔膜等。由于这些膜用途不同,膜的荷电性能和结构也不同,因而有各种各样的制备方法。

(1)浸涂法。

将离子交换材料浸入一定的溶剂,配制成黏稠液或乳液,然后将增强网布浸入该乳液中,并通过一定的间隙拉出,使该黏液均匀地分布于网布上,再加热使溶剂挥发,该黏液则发生胶 - 交联 - 固化过程而成膜。

(2)热压成型法。

该法主要用于异相离子交换膜、半均相膜及缩聚和共聚的离子交换膜的生产。制备时将离子交换树脂粉与一定量的黏合剂等一起混炼后,再拉片,然后在一定温度和压力下,加上增强网布在压机上热压而成膜。

(3)涂浆法。

将成膜的各组分(单体、交联剂和引发剂等)的黏液均匀地涂布到增强网布上,如氯纶网布,再以覆盖材料包在膜的两面,在一定压力下加热聚合后处理导入离子交换基团,最终成膜。

（4）与膜材料直接化学反应法。

将带反应基团的聚合物制成多孔膜,再与荷电试剂反应,则生成荷电膜。如多孔的聚偏氟乙烯膜与多胺类反应,则生成相应的荷电膜。

还有许多方法可以制作荷电膜,如切削法、流涎法、交聚法、成互聚物法、离子交联法和动力形成法等。

10.3.5 膜技术的应用

膜分离技术应用于国民经济的各个领域,主要的应用介绍如下。

1. 水的脱盐与净化

随着城市化的发展,工农业和日常生活用水的与日俱增,地球上的淡水资源匮乏日趋严重。为了缓解用水的窘困局面,多年来人们千方百计地在水的精制、提纯、回收和淡化等方面,采用了各种手段和高新技术,例如,应用闪蒸法、电渗析法、反渗透法、冷冻法及渗透蒸发法等,已取得了可喜的成果。

反渗透等膜分离技术已被用于电子工业、纯水、医药工业及无菌纯水等的超纯水制备系统中。半导体电子工业所用的高纯水,以往主要是采用化学凝集、过滤、离子交换树脂等制备方法,这些方法的最大缺点是流程复杂,再生离子交换树脂的酸碱用量大,成本高。随着电子工业的发展,对生产中所用纯水水质提出了更高要求,由膜技术与离子交换法组合过程生产的纯水中杂质含量已可接近理论纯水。

2. 在食品工业中的应用

膜分离技术用于食品工业始于20世纪60年代末,是从乳品加工和啤酒无菌过滤开始的。随后逐渐用于果汁、饮料加工、酒类精制、乳业、酶工业等方面。

膜分离与传统的食品工业中的加工技术相比,有以下3个特点。

① 节能。食品工业中,脱水问题比较普遍。食品工业中传统的脱水方法是蒸发,需要吸收大量的热。而用膜分离方法脱水,能量消耗大大降低。

② 最大限度保留原有的营养成分。在食品加热蒸发过程中,不耐高温的营养成分易被破坏。膜分离是在常温下进行脱水的,如有需要,还可以把操作温度降到室温之下。所以食品用膜分离脱水,可以把食品中的营养成分全部或大部分保存下来。

③ 简化工艺流程和操作步骤。

表 10.13 为部分膜分离技术在食品工业中的应用。

表 10.13　部分膜分离技术在食品工业中的应用

膜过程	应用
反渗透	水果和蔬菜汁的浓缩(柑橘汁、番茄汁、苹果汁等)
反渗透	糖的浓缩,从冲水中回收糖,制糖工业中水处理再利用
反渗透	糖的浓缩,从冲水中回收糖,制糖工业中水处理再利用
反渗透	枫树糖液的预浓缩
反渗透	再进一步利用或运输以前对牛乳和乳清进行浓缩

续表 10.13

膜过程	应用
反渗透	循环到锅炉中之前对锅炉浓缩水进行处理
超滤	果汁(苹果和酸果蔓)澄清
超滤	分馏／浓缩乳清制造乳清蛋白浓缩物
超滤	分馏／浓缩牛乳,制造各种乳酪
超滤	酒类的澄清
超滤	从加工废水中回收油籽蛋白
电渗析	乳清的去矿化
电渗析	甜菜和甘蔗糖液的去矿化
微滤	啤酒的冷过滤(消毒)
膜法气体分离	生产富氮空气用于包装食品袋充气和食品贮藏

3. 在医疗、卫生方面的应用

膜技术在制药领域中的应用已经非常广泛,如利用中空超滤膜制备大输液;应用超滤膜分离工艺除去(或降低)注射用药物(药液)中热原含量;应用超滤法提炼热敏性、保味性和易发生化学物质反应的抗生素。另外,在原药生产、制药工艺和原材料的回收利用等方面,可根据不同需要,采用膜电解、电渗析、透析、微滤、超滤或反渗透技术,达到分离的目的。

膜分离技术还在医用纯水及注射用水的制备、中药注射剂及口服液的制备、中药有效成分提取、人工肾、血液透析及腹水的超滤、培养基的除菌等方面,都取得了重要的科研成果。

4. 在石油、化工方面的应用

膜技术在石油化工方面有广泛的应用,如美国的 Bend Research 公司采用中空丝支撑液膜组件,以铀矿的硫酸浸出液为原料进行了铀的分离浓缩,从而进行铀的分离与回收;利用膜技术回收合成氨弛放气中的氢气;在有机合成、石油化工、油漆涂料、溶剂喷涂和半导体等工业中,利用膜技术回收大量有机蒸气;冶金、化肥及国防等工业利用膜技术制备富氧空气;膜技术回收强化采油伴生气中二氧化碳;在油田注水中利用中空纤维超过滤技术,对浊度较高的水进行净化,在许多油田得到广泛应用;利用膜技术中的液膜法,将酶固定在内水相中的乳化液膜制成酶反应器,进行氨基酸的生成与分离;利用渗透蒸发法由乙醇脱水生产无水乙醇等。

5. 在环境工程中的应用

工农业生产的污染主要是由排放的废渣、废水、废气造成的,其中尤以废水对人类的危害最为直接和严重。膜技术一经问世,便很快被人们用在环境工程中,目前已经成为一项广泛用于工业废水治理的有效手段。

汽车工业、电器工业等部门用超滤和反渗透组合系统处理电泳漆废水;电镀行业利用反渗透法处理电镀铬、铜、锌、镉等产生的废水,取得了完全的成功并被迅速推广应用。

20 世纪 70 年代中期,开始用膜技术处理纤维工业产生的废水,用超滤法回收聚乙烯醇(PVA)退浆水,处理印染废水、洗毛废水以及纤维油剂回收等。

造纸工业产生的大量废水,用超滤和反渗透处理亚硫酸纸浆废液,可以降低成本,简化工艺。对于含油和脱脂废水,如钢铁工业的压延、金属切削、研磨所用的润滑剂废水、石油炼制厂及油田含油废水、海洋船舶中的含油废水(机械、船底、油槽泄漏)、金属表面处理前的除油废水等,都可以用膜技术进行处理,废水中的乳化油是较难处理的,用超滤和反渗透处理乳化油废水最有效。对于其他废水,如摄影废水、放射性废水及城市生活废水都可以用相应的膜技术进行处理。

膜技术在生物技术领域、国防、交通运输等方面也有广泛的应用。生物产品加工过程的原料灭菌、预处理、生物反应,以及反应的检测控制和产品的分离、提纯、浓缩等步骤,膜技术可以用于生物产品加工过程的各个阶段和所有步骤。舰艇、船只、铁路供水,油槽船防爆,大楼、办公室、大厦自来水脱氧,小型锅炉用水脱氧,集成电路超纯水脱气等方面都有膜技术的应用。

6. 膜技术的开发趋势

在膜技术的发展中,膜材料的开发是最重要的。为克服传统有机高分子膜的不足,需要开发合成各种分子结构的功能高分子,制成均质膜,定量地研究分子结构与分离性能之间的关系,按照一定的分离要求组装、设计膜材料;而且需要对膜表面进行化学改性,根据不同的分离对象,引入不同的活化基团,通过改变高分子结构,达到分离目的;发展高分子合金,通常制取高分子合金要比通过化学反应合成新材料容易些,它还可以使膜具有性能不同甚至截然相反的基团,在更大范围内调节其性能。对于无机膜的研究除结合膜反应、超滤、微滤中的各种应用开发外,还应进行有机－无机和无机－有机复合／杂化材料膜的制备。

未来的膜技术和新膜过程将围绕能源、环境、医药智能化、高效化、专一化的目标发展。近期应开发仿生膜的研制、新型高效电解质膜和分子认识型膜材料及膜系统的开发与研究。

20 世纪的膜技术虽然有了长足的发展,但基本上还处于单性能阶段,如根据粒度大小分离、溶解扩散分离、静电分离等。21 世纪的膜技术将向复合机能膜即系统化膜方向发展。在膜的研究中将应用到超分子化学的知识,以化学传感器、人工细胞、人工脏器等目标,对分子认识型膜材料及膜系统进行开发与研究,包括分子认识型膜材料膜系统的概念设计、合成制备以及其超分子特性等方面的研究。

参考文献

[1] 姜兆华. 界面物理化学导论[M]. 哈尔滨:哈尔滨工业大学出版社,1990.

[2] 吴树森,章燕豪. 界面化学:原理与应用[M]. 上海:华东化工学院出版社,1989.

[3] 唐小真. 材料化学导论[M]. 北京:高等教育出版社,1997.

[4] MORRISON S R. 表面化学物理[M]. 赵壁英,译. 北京:北京大学出版社,1984.

[5] HIEMENZ P C. 胶体与表面化学原理[M]. 周祖康,马季铭,译. 北京:北京大学出版社,1986.

[6] 苏勉曾. 固体化学导论[M]. 北京:北京大学出版社,1987.

[7] 姚允斌,裘祖楠. 胶体与表面化学导论[M]. 天津:南开大学出版社,1988.

[8] MORRISON S R. 半导体与金属氧化膜的电化学[M]. 吴辉煌,译. 北京:科学出版社,1988.

[9] 查全性. 电极过程动力学导论[M]. 北京:科学出版社,1976.

[10] 赵国玺. 表面活性剂物理化学[M]. 北京:北京大学出版社,1984.

[11] ADAMSON A W. 表面的物理化学(上、下册)[M]. 顾惕人,译. 北京:科学出版社,1984.

[12] 北原文雄. 表面活性剂(物性、应用化学、生态学)[M]. 孙绍曾,译. 北京:化学工业出版社,1984.

[13] 王竹溪. 热力学[M]. 北京:高等教育出版社,1955.

[14] 朱涉瑶,赵振国. 界面化学基础[M]. 北京:化学工业出版社,1996.

[15] 程传煊. 表面物理化学[M]. 北京:科学技术文献出版社,1996.

[16] 刘旦初. 多相催化原理[M]. 上海:复旦大学出版社,1997.

[17] VOLKOV A G,DDMER D W. Liquid Interfaces Theory and Methods[M]. Florida:CRC Press,1995.

[18] 吴越. 催化化学[M]. 北京:科学出版社,1998.

[19] ROUTENBACH R. 膜工艺:组件和装置设计基础[M]. 王乐夫,译. 北京:化学工业出版社,1998.

[20] MULDER M. 膜技术基本原理[M]. 2版. 李琳,译. 北京:清华大学出版社,1999.

[21] 刘茉娥. 膜分离技术[M]. 北京:化学工业出版社,2000.

[22] 甄开吉,王国甲,毕颖丽. 催化作用基础[M]. 3版. 北京:科学出版社,2005.

[23] 汪信,刘孝恒. 纳米材料化学简明教程[M]. 北京:化学工业出版社,2006.

[24] 邓景发. 催化剂作用原理导论[M]. 长春:吉林科学技术出版社,1984.

[25] 王尚弟,孙俊全,王正宝. 催化剂工程导论[M]. 北京:化学工业出版社,2001.

[26] 向德辉. 固体催化剂[M]. 北京:化学工业出版社,1983.

［27］王湛.膜分离技术基础［M］.北京:化学工业出版社,2000.

［28］RAUTENBACH R.膜分离方法:超滤和反渗透［M］.黄怡华,董汶秀,译.北京:化学
工业出版社,1991.

［29］朱长乐.膜科学技术［M］.北京:高等教育出版社,2004.

［30］徐铜文.膜化学与技术教程［M］.合肥:中国科学技术大学出版社,2003.

［31］郑领英,王学松.膜技术［M］.北京:化学工业出版社,2000.

［32］克莱邦德,陈建峰,邵磊,等.纳米材料化学［M］.北京:化学工业出版社,2004.

［33］陈敬中,刘剑洪,孙学良,等.纳米材料科学导论［M］.北京:高等教育出版社,2006.

［34］施利毅.纳米材料［M］.上海:华东理工大学出版社,2007.